高职高专机械制造类专业系列教材

机械制图与识图项目式教程

主　编　成海涛

副主编　白月香　徐　洁　袁义邦

西安电子科技大学出版社

内容简介

本书以典型任务为驱动，采用项目式教学方式组织内容，每个项目拆解为具体任务，每个任务由任务导入、任务分析、相关知识、任务实施、任务评价、拓展练习等部分组成。本书共有6个项目，每个项目都有明确的学习目标，主要内容包括平面图形的绘制、简单形体视图的绘制与识读、复杂形体视图的绘制与识读、机械零件结构的表达与识读、典型零件图的识读、典型装配图的识读等。本书配有数字化资源，扫描二维码便可观看相关三维模型，学习该任务的实施步骤等。

本书可作为高职高专机械类、近机类相关专业的通用教材，也可供相关技术人员使用或参考。

图书在版编目(CIP)数据

机械制图与识图项目式教程 / 成海涛主编. --西安：西安电子科技大学出版社，2023.9
ISBN 978-7-5606-6975-5

Ⅰ. ①机…　Ⅱ. ①成…　Ⅲ. ①机械制图—高等职业教育—教材②机械图—识图—高等职业教育—教材　Ⅳ. ①TH126

中国国家版本馆CIP数据核字(2023)第151664号

策　　划　李鹏飞
责任编辑　李鹏飞
出版发行　西安电子科技大学出版社(西安市太白南路2号)
电　　话　(029)88202421　88201467　　邮　　编　710071
网　　址　www.xduph.com　　电子邮箱　xdupfxb001@163.com
经　　销　新华书店
印刷单位　陕西天意印务有限责任公司
版　　次　2023年9月第1版　2023年9月第1次印刷
开　　本　787毫米×1092毫米　1/16　印　张　17.25
字　　数　411千字
印　　数　1～2000册
定　　价　60.00元
ISBN 978-7-5606-6975-5 / TH
XDUP 7277001-1

本书根据高等职业院校培养技术技能型人才的目标，坚持立德树人的根本任务，立足于理论与实践相结合，以案例为载体，以培养学生的图形表达能力、空间思维能力和创新能力为主线，以必需、实用、够用为原则，结合编者多年制图教学改革实践经验编写而成。

本书共设置了 6 个项目。项目一平面图形的绘制中设置了两个学习任务，通过识读扳手零件图样和绘制手柄平面图形两个任务，使学生掌握制图国家标准的有关规定及平面图形的绘制方法。项目二简单形体视图的绘制与识读中设置了四个学习任务，从构成形体最基本的点、线、面投影开始，到基本形体的三视图，再到基本形体的轴测图，通过具体案例，使学生掌握点、线、面的投影特性，基本形体的三视图的投影特征，学会借助轴测图想象立体图形。项目三复杂形体视图的绘制与识读中设置了两个学习任务，每个学习任务中设置了三个子任务，通过具体案例，使学生掌握切割体、相贯体和组合体视图的绘制与识读。项目四机械零件结构的表达与识读中设置了五个学习任务，通过具体案例，使学生掌握各种不同结构形状的机械零件结构的表达方法与识读。项目五典型零件图的识读中设置了四个学习任务，通过轴套类零件图、轮盘类零件图、叉架类零件图和箱体类零件图，使学生掌握零件图的识读方法和步骤。项目六典型装配图的识读中设置了一个学习任务，通过齿轮油泵装配图，使学生掌握装配图的识读方法和步骤。

本书具有以下几个特点：

(1) 书中学习任务的设计遵循了由简单到复杂、由单一到综合的认知规律，重点突出了以能力培养为主的教学理念，通过将教、学、做融于一体的项目训练，培养学生的绘图能力、读图能力和空间想象能力。

(2) 书中各学习任务按照任务导入、任务分析、相关知识、任务实施、任务评价、拓展练习等进行模块化设计，将案例与理论知识深入融合，让学生在完成具体任务的过程中构建相关理论知识，使学生在学习的过程中明白“画什么”“怎样画”“读什么”“怎样读”。

(3) 本书以二维码的形式给相关知识配备了微课视频，给复杂图形配备了三维模型动态展示，学生可以使用移动终端随扫随学，这样不仅降低了学生的理解难度，还有利于学生自学习惯的养成和自学能力的培养。

(4) 本书采用与技术制图、机械制图等相关的最新国家标准，以培养学生贯彻使用最新国家标准的意识。

成海涛担任本书主编，白月香、徐洁、袁义邦担任副主编。

本书在编写中参考了许多文献资料和相关教材，在此向这些文献资料和相关教材的作者表示衷心感谢。限于编者水平，书中难免有不妥之处，恳请广大读者批评指正。

编　者

2023 年 5 月

目　录

绪　论

一、机械制图与识图课程的性质与任务

机械制图与识图课程是研究如何运用正投影的基本理论和方法来绘制和阅读机械图样的课程，是一门工科高等职业院校重要的技术基础课。机械图样是工程界通用的技术语言。

机械制图与识图课程的任务是培养学生绘制与识读机械图样的能力、空间思维能力和形体构建能力，培养学生分析问题和解决问题的能力，使其具备继续学习专业技术的能力，为后续课程的学习及自身职业能力的提高奠定基础。

二、机械制图与识图课程的学习目标

机械制图与识图课程的主要目标是培养学生掌握机械制图的基本知识，使学生具有绘图和读图的基本技能。

1. 知识目标

(1) 掌握正投影法的基本理论和作图方法。

(2) 掌握并能够执行制图国家标准及其有关的技术标准。

(3) 掌握机械零件和机器(或部件)的表达原则和方法。

2. 能力目标

(1) 能形成由图形想象形体、以图形表现形体的意识和能力。

(2) 能根据零件的结构特点合理选择表达方法。

(3) 能识读中等复杂程度的零件图和装配图。

3. 素质目标

(1) 具备独立分析问题、解决问题的能力。

(2) 具备认真负责的工作态度和严谨细致的工作作风。

(3) 具备创新精神、团队协作精神和团队管理能力。

(4) 具备自我总结、自我评价和自我提高的能力。

三、机械制图与识图课程的学习方法

机械制图与识图课程是研究怎样将空间形体用平面图形表达，怎样根据平面图形构建空间形体形状的一门课程。学习时一定要抓住“形体”和“图形”之间相互转化的方法和规律，注意培养空间思维能力和形体构建能力。在掌握基础理论的同时，应注意对其进行总结和提炼，培养创新意识，以适应现代工程技术创新设计的需要。

机械制图与识图课程既重理论又重实践，是一门实践性强的技术基础课，“每课必练”

是机械制图与识图课程的特点。学习机械制图与识图课程的基本理论和基本方法时，需要通过大量的作图实践，才能锻炼出扎实的绘图基本功，提高绘图和读图的能力，达到本课程的学习目标。

对于制图中的有关国家标准，要严格遵守、认真贯彻，其中的常用标准、规定应记牢。学生还应学会查阅有关标准和手册。

由于图样是生产的重要依据，绘图和识读中的任何疏忽都会给生产造成严重损失，因此，在学习中要注重养成认真负责、耐心细致和一丝不苟的良好作风。

四、我国制图的发展概况

我国是世界文明古国之一，在制图方面有着悠久的历史。制图是劳动人民长期生产经验的积累和总结。从出土文物中考证，我国新石器时代(约一万年前)的劳动者就能绘制一些几何图形、花纹，具有简单的图示能力。春秋时期的技术著作《周礼·考工记》中有画图工具规、矩、绳、墨、悬、水的记载。在战国时期，我国人民就已运用设计图(包括确定的绘图比例、酷似用正投影法画出的建筑规划平面图)来指导工程建设。“图”在人类社会文明的进步和现代科学技术的发展中起了重要作用。

随着生产技术的不断发展，农业、交通、军事等领域的器械日趋复杂和完善，“图”的形式和内容也日益接近现代工程图样。例如，宋代苏颂所著的《新仪象法要》、元代王祯撰写的《农书》、明代宋应星所著的《天工开物》、明代程大位所著《算法统宗》等书中都有大量制造仪器和工农业生产所需要的器具及设备的插图。

制图技术在我国历史上虽有光辉成就，但因古代中国长期处于封建制度的统治之下，导致制图技术在理论上缺乏完整的、系统的总结，致使工程图学停滞不前。中华人民共和国成立后，随着工农业生产的发展，工程图学得到了前所未有的发展。1956 年原机械工业部颁布了第一个部颁标准《机械制图》，1959 年我国正式颁布国家标准《机械制图》，1970 年、1974 年、1984 年、1993 年相继做了必要的修订，之后又陆续制定和修订了多项适合于多种专业的《技术制图》国家标准，逐步实现了与国际标准的接轨。

我国图学经历了几千年的发展，留下了大量宝贵的资料和财富，现代计算机成图技术的出现与发展大大推动了图学的发展与进步，同时也对某些社会职业提出了严峻的挑战，我们要冷静分析，提前预测，使计算机成图技术为我们的生活服务，使图学发展得越来越完备。

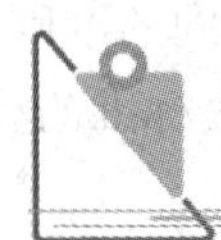

项目一　平面图形的绘制

学习目标

(1) 认识机械图样，熟悉国家标准有关图纸幅面及格式、比例、字体、图线和尺寸标注的相关规定。

(2) 能正确使用绘图工具和仪器，养成良好的绘图习惯。

(3) 能对平面图形进行尺寸分析和线段分析，能正确绘制平面图形。

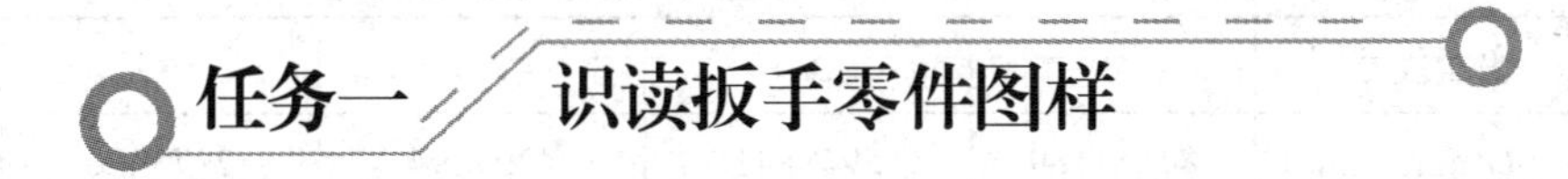

任务一　识读扳手零件图样

任务导入

认识如图 1-1-1 所示的扳手零件图样，说明图样采用的绘图比例，零件的材料、数量，图样中使用了哪些图线，标注了哪些尺寸。

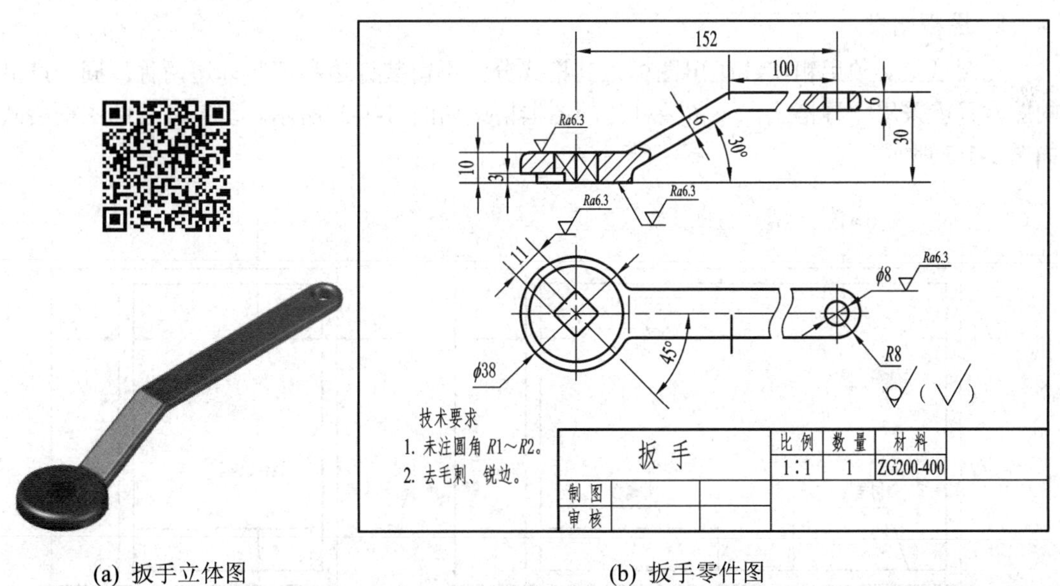

(a) 扳手立体图　　(b) 扳手零件图

图 1-1-1　扳手

任务分析

图样是根据投影原理、制图标准及有关规定绘制的用于表达机械零部件的形状结构、尺寸大小和有关技术要求的图。图 1-1-1(a)所示为扳手立体图，图(b)所示为扳手零件图。为了便于绘制与阅读图样，《技术制图》《机械制图》等国家标准(简称“国标”或“GB”)对图样的内容、格式、表达方法等作了统一规定，使绘图和阅图都有共同的准则。要完成此任务，需要掌握图纸幅面及格式、比例、字体、图线和尺寸标注等几个标准的相关知识，在绘图中必须树立标准意识，严格遵循和贯彻国家标准的有关规定。

相关知识

一、图纸幅面及格式(GB/T 14689—2008)

1. 图纸幅面尺寸

图纸幅面是指绘制机械图样时所用的图纸的大小。国家标准规定的基本图幅大小有 5 种，分别为 A0、A1、A2、A3、A4，其幅面尺寸见表 1-1-1。

表 1-1-1　图纸幅面及图框尺寸

幅面代号	A0	A1	A2	A3	A4
$B \times L$/(mm × mm)	841×1189	594×841	420×594	297×420	210×297
e/mm	20		10		
c/mm	10			5	
a/mm	25				

2. 图框格式

在图纸上必须用粗实线画出图框，其格式分为不留装订边和留装订边两种。同一产品的图样只能采用一种格式。不留装订边的图框格式如图 1-1-2 所示。留装订边的图框格式如图 1-1-3 所示。

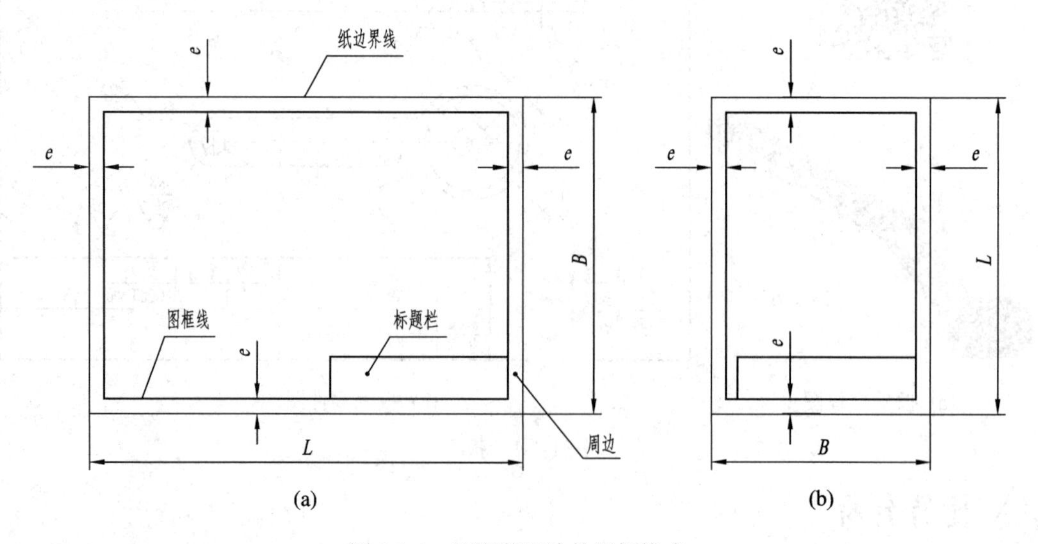

图 1-1-2　不留装订边的图框格式

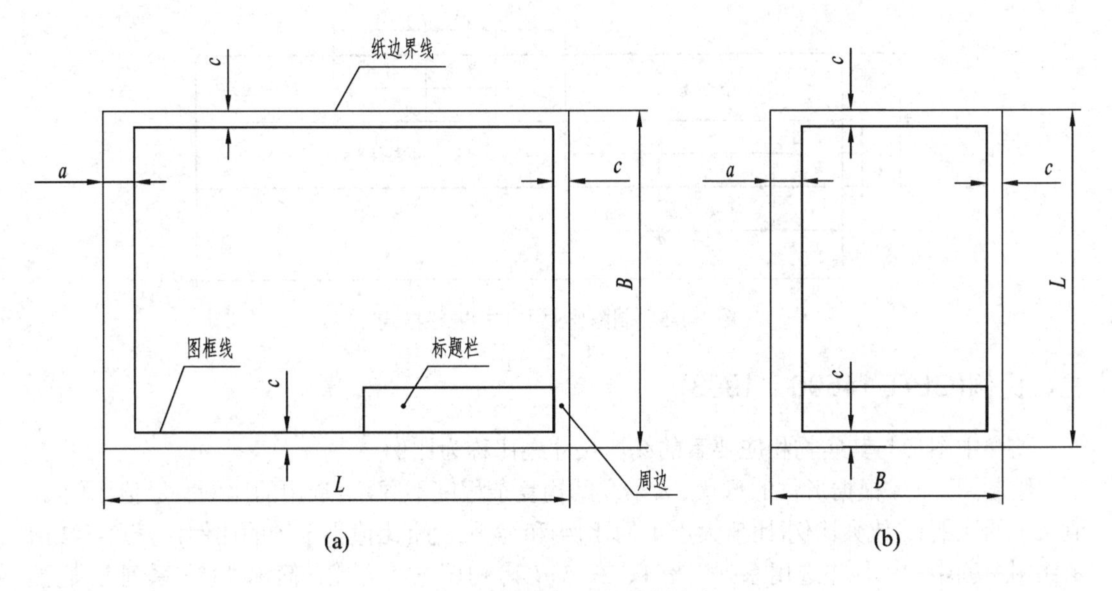

图 1-1-3　留装订边的图框格式

3. 标题栏

在机械图样中必须画出标题栏。标题栏位于图纸的右下角，如图 1-1-2 和图 1-1-3 所示。看图的方向应与标题栏的文字方向一致。标题栏的长边置于水平方向并与图纸的长边平行时，构成 X 型图纸，如图 1-1-2(a)、图 1-1-3(a)所示。标题栏的长边与图纸的长边垂直时，则构成 Y 型图纸，如图 1-1-2(b)、图 1-1-3(b)所示。

国家标准《技术制图　标题栏》GB/T 10609.1—2008 对标题栏的内容、格式和尺寸作了规定。按国家标准绘制的标题栏一般均印刷在图纸上，不必自己绘制，如图 1-1-4 所示。在制图作业中标题栏可以简化，建议采用图 1-1-5 所示的格式绘制，此格式的标题栏不能用作正式图样的标题栏。

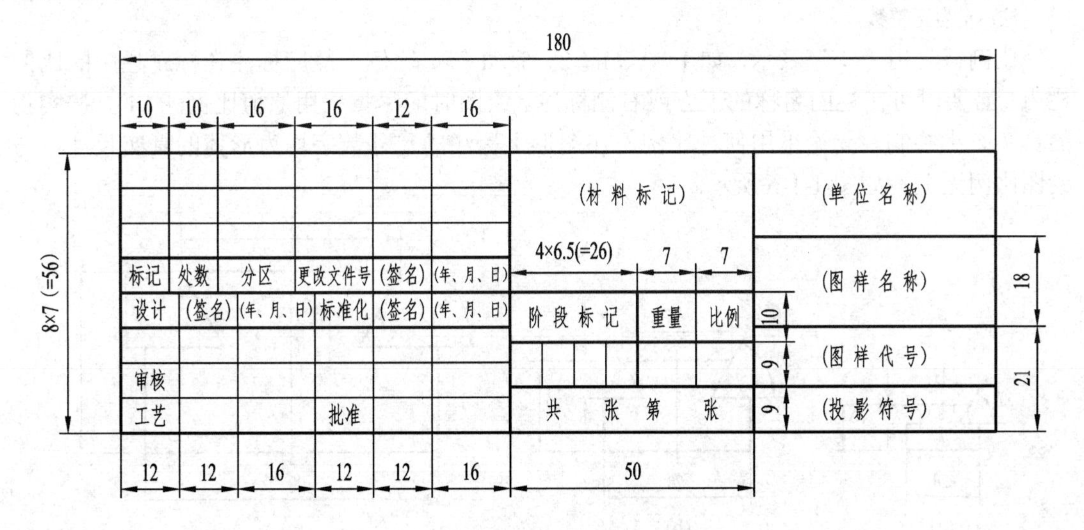

图 1-1-4　国标规定的标题栏格式

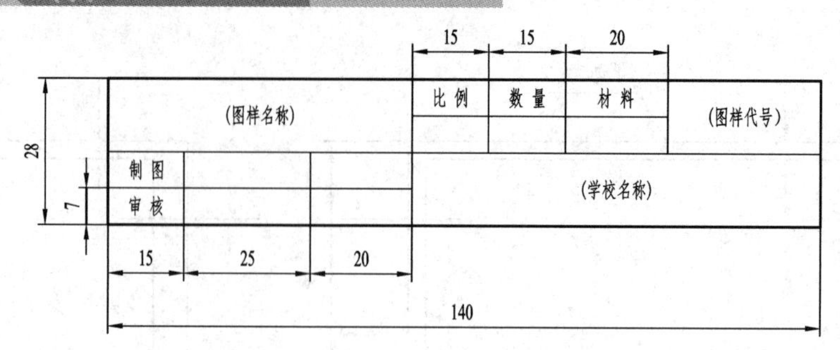

图 1-1-5 制图作业中的标题栏格式

二、比例(GB/T 14690—1993)

图样中图形与其实物相应要素的线性尺寸之比称为比例。

绘制图形时，根据形体的形状、大小及结构复杂程度不同，可选用的比例有原值比例(比值为 1 的比例)、放大比例(比值大于 1 的比例)和缩小比例(比值小于 1 的比例)。表 1-1-2 所示比例系列中的“优先选用系列”是 1、2、5 及其$\times 10^n$与 1 之比，简称“125 系列”，它能满足绝大多数情况下的使用要求；“允许选用系列”则考虑了不同行业的某些特殊需要，必要时可选用。

表 1-1-2 比 例 系 列

种类	比例	
	优先选用系列	允许选用系列
原值比例	1∶1	
放大比例	5∶1，2∶1 5×10^n∶1，2×10^n∶1，1×10^n∶1	2.5∶1，4∶1 2.5×10^n∶1，4×10^n∶1
缩小比例	1∶2，1∶5，1∶10 1∶2×10^n，1∶5×10^n，1∶1×10^n	1∶1.5，1∶2.5，1∶3，1∶4，1∶6 1∶1.5×10^n，1∶2.5×10^n，1∶3×10^n，1∶4×10^n，1∶6×10^n

注：n 为正整数。

比例符号用“∶”表示，如 1∶1、1∶2、5∶1 等。比例一般应标注在标题栏中的比例栏内，必要时可在视图名称的下方或右侧标注。绘图时应尽量采用原值比例(1 : 1)，按实物的真实大小绘制。无论采用何种比例，在图形上标注的尺寸数字均为形体的真实尺寸，与绘图比例无关，如图 1-1-6 所示。

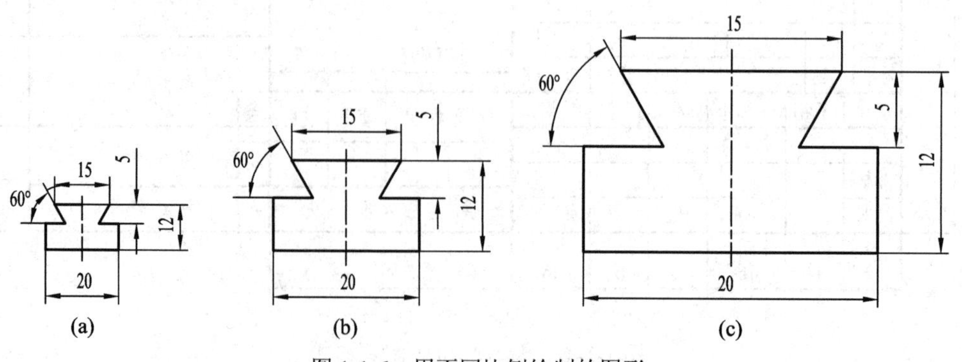

图 1-1-6 用不同比例绘制的图形

三、字体(GB/T 14691—1993)

字体包括汉字、数字和字母的字体，图样中书写的字体必须做到字体工整、笔画清楚、间隔均匀、排列整齐。

字体号数即字体高度(用 h 表示)，公称尺寸系列为 1.8 mm，2.5 mm，3.5 mm，5 mm，7 mm，10 mm，14 mm，20 mm。汉字的字高不能小于 3.5mm，其字宽一般为字高的 $h/\sqrt{2}$。

1. 汉字

在图样中书写的汉字应采用长仿宋体，并应采用国家正式公布的简化字。书写长仿宋体字的要领是横平竖直、注意起落、结构匀称、填满方格。

2. 数字和字母

数字和字母可写成直体和斜体，一般常用斜体。斜体字字头向右倾斜，与水平基准线成 75°。

3. 字体示例

汉字、数字和字母的示例如表 1-1-3 所示。

表 1-1-3　字体示例

字 体	示 例
汉字	字体端正 笔画清楚 排列整齐 间隔均匀 横平竖直 注意起落 结构均匀 填满方格 机械制图 技术制图 机械电子 汽车船舶
数字	直体：0123456789 斜体：*0123456789*
字母	大写直体：ABCDEFGHIJKLMNOPQRSTUVWXYZ 小写斜体：*abcdefghijklmnopqrstuvwxyz*

四、图线(GB/T 4457.4—2002)

1. 图线的形式及应用

国家标准《机械制图　图样画法　图线》GB/T 4457.4—2002 规定了 9 种线型和主要用途，这些图线的名称、线型、宽度及其应用见表 1-1-4。

表 1-1-4　线型及其应用

名称	线 型	线宽	一 般 应 用
粗实线	————————	d	可见棱边线、可见轮廓线、剖切符号用线
细实线	————————	$d/2$	尺寸线、尺寸界线、指引线、基准线、剖面线、重合断面的轮廓线
细虚线	- - - - - - - - - -	$d/2$	不可见棱边线、不可见轮廓线

续表

名称	线　型	线宽	一 般 应 用
细点画线	——·——·——	$d/2$	轴线、对称中心线、分度圆(线)、孔系分布的中心线、剖切线
细双点画线	——··——··——	$d/2$	相邻辅助零件的轮廓线、可动零件的极限位置的轮廓线
波浪线	～～～	$d/2$	断裂处边界线、视图与剖视图的分界线
双折线	—\/\—\/\—	$d/2$	
粗虚线	- - - - - - - -	d	允许表面处理的表示线
粗点画线	——·——·——	d	限定范围表示线

2. 图线的尺寸

所有线型的图线宽度(d)应按图样类型和尺寸大小在下列推荐系列中选择：0.13 mm，0.18 mm，0.25 mm，0.35 mm，0.5 mm，0.7 mm，1 mm，1.4 mm，2 mm。

机械图样中的图线分粗、细两种，它们之间的比例为 2∶1。绘图时粗线 d 在 0.5～2 mm 间选择，一般取 0.7 mm 或 0.5 mm，避免采用 0.18 mm。图线的具体应用示例如图 1-1-7 所示。

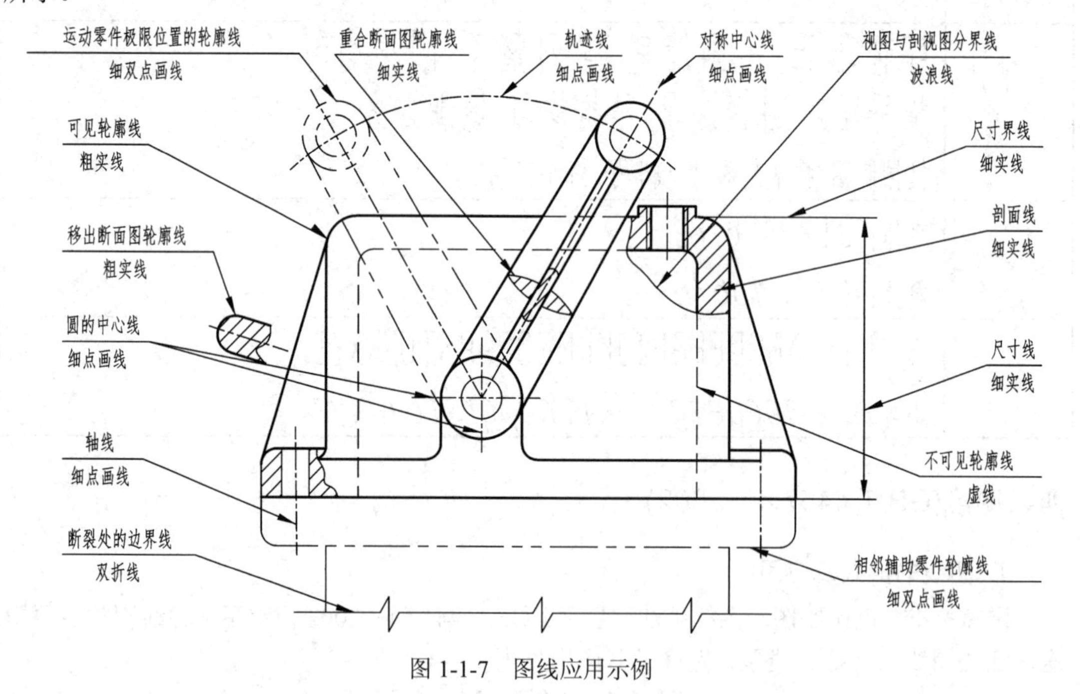

图 1-1-7　图线应用示例

3. 图线的画法规定

同一张图样中同类图线的宽度应基本一致。虚线、点画线及双点画线的线段长度和间隔应大致相同。两条平行线之间的最小距离不得小于 0.7 mm。

当有两种或多种图线重合时，一般按照粗实线、细虚线、细点画线的顺序，只画出排序在前的图线。画图线的要求及正确画法与错误画法示例见表 1-1-5。

表 1-1-5　图 线 画 法

要　求	示　例	
	正　确	错　误
点画线、双点画线的首末两端应是画，而不是点		
画圆的中心线时，圆心应是画的交点，点画线两端应超出轮廓 2～5 mm；当圆较小时，允许用细实线代替点画线	2~5 mm	
细虚线与细虚线或实线相交，应以线段相交，不得留有间隔		
细虚线直线在粗实线的延长线上相接时，细虚线应留出间隔。 细虚线圆弧与粗实线相切时，细虚线圆弧应留出间隔		

五、尺寸注法(GB/T 4458.4—2003)

图形中的尺寸是确定形体大小的依据。尺寸的标注要严格遵守国家标准《机械制图　尺寸注法》GB/T 4458.4—2003 中有关尺寸标注的规定。

1. 基本规则

(1) 机件的真实大小应以图样上所注的尺寸数值为依据，与图形绘制比例与准确度无关。

(2) 在机械图样(包括技术要求和其他说明)中的尺寸以 mm(毫米)为单位，不需标注计量单位的代号或名称。如采用其他单位，则必须注明相应计量单位的代号或名称。

(3) 机件的每一个尺寸在图样中一般只标注一次，并应标注在反映该结构最清晰的图形上。

(4) 标注尺寸时，应尽可能使用符号或缩写词。常用的符号和缩写词见表 1-1-6。

表 1-1-6　常用的符号和缩写词

序号	含义	符号或缩写词	序号	含义	符号或缩写词
1	直径	ϕ	8	正方形	□
2	半径	R	9	深度	↧
3	球直径	$S\phi$	10	沉孔或锪平	⌴
4	球半径	SR	11	埋头孔	⌵
5	厚度	t	12	弧长	⌒
6	均布	EQS	13	斜度	∠
7	45° 倒角	C	14	锥度	◁

2. 尺寸的组成

一个完整的尺寸标注是由尺寸界线、带有终端符号的尺寸线和尺寸数字组成。尺寸标注示例如图 1-1-8 所示。

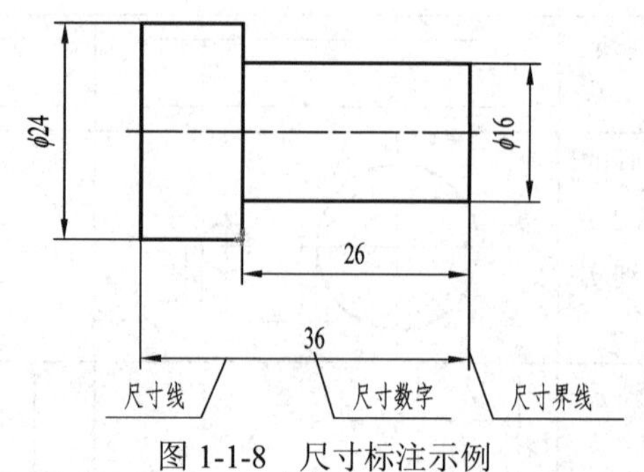

图 1-1-8 尺寸标注示例

(1) 尺寸界线：用于表示所注尺寸的范围，用细实线绘制。

尺寸界线应从图形中的轮廓线、轴线或中心线引出，也可用轮廓线、轴线或中心线作为尺寸界线。尺寸界线一般应与尺寸线垂直，并超出尺寸线末端约 2～3 mm。

(2) 尺寸线：用于表示尺寸度量的方向，用细实线绘制在尺寸界线之间。

标注线性尺寸时，尺寸线必须与所标注的线段平行。尺寸线应单独画出，不能用其他图线代替，也不得与其他图线重合或画在其延长线上。

尺寸线终端符号形式有箭头和斜线两种，机械图样中一般采用箭头作为尺寸线终端形式，如图 1-1-9(a)所示。箭头尖端应与尺寸界线接触，不得超出，也不得有空隙。图 1-1-9(b)所示为箭头的不正确画法示例，在绘制图样时应尽量避免。

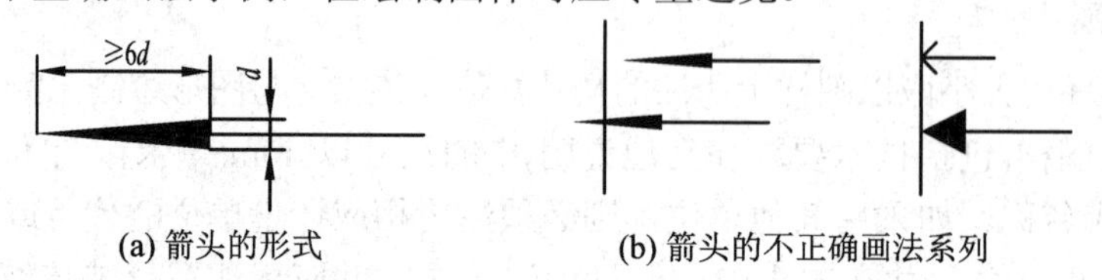

(a) 箭头的形式　(b) 箭头的不正确画法系列

图 1-1-9 尺寸线终端形式

(3) 尺寸数字：用于表示机件的真实大小。

线性尺寸数字一般应注写在尺寸线的上方，如图 1-1-10(a)所示，也允许注写在尺寸线的中断处，如图 1-1-10(b)所示。同一张图样中的注写形式应一致。

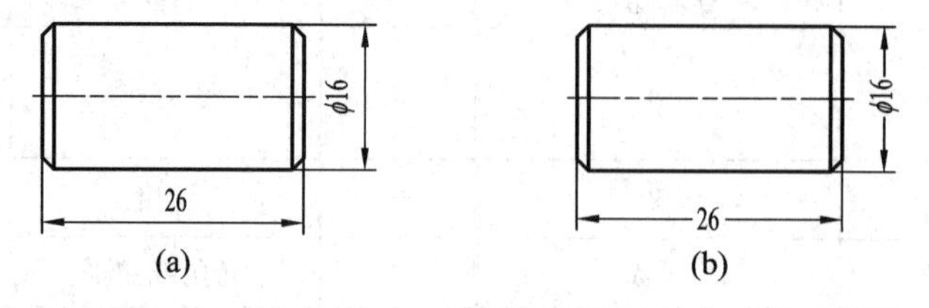

(a)　(b)

图 1-1-10 线性尺寸标注

线性尺寸数字的方向一般应按图 1-1-11(a)所示的方向注写，即尺寸线为水平方向的尺寸数字字头朝上；尺寸线为垂直方向的尺寸数字字头朝左，并且尺寸数字注写在尺寸线的左侧；尺寸线为倾斜方向的尺寸数字字头保持朝上的趋势。尽量避免在 30° 范围内标注尺寸，若无法避免时，允许按图 1-1-11(b)所示形式标注。

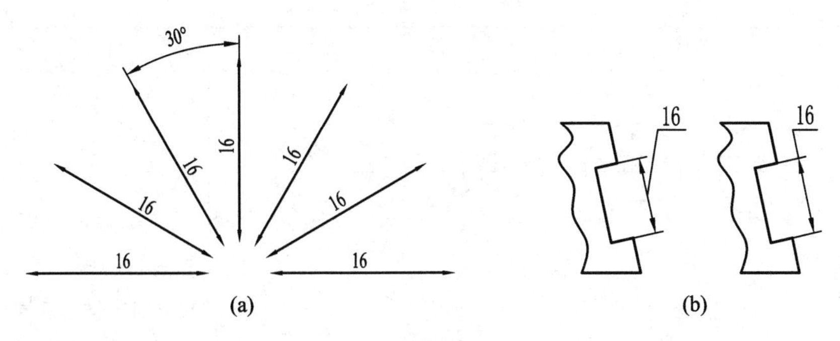

图 1-1-11　尺寸数字的注写方向

尺寸数字不可被任何图线所通过，若不可避免时，图线必须断开，如图 1-1-12 所示。

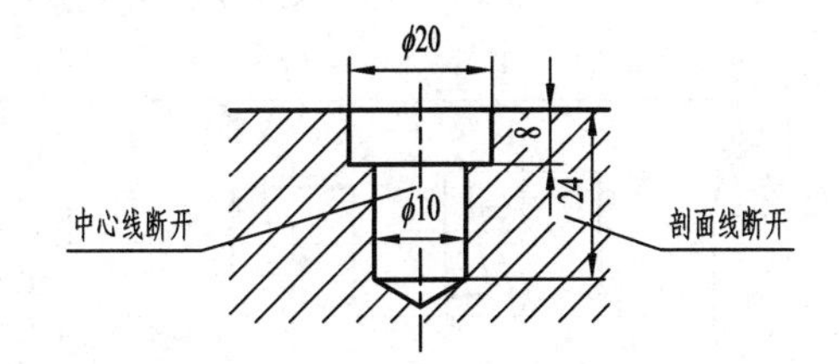

图 1-1-12　尺寸数字不可被图线通过

3. 尺寸标注示例

常见的尺寸标注方法见表 1-1-7。

表 1-1-7　常见的尺寸标注示例

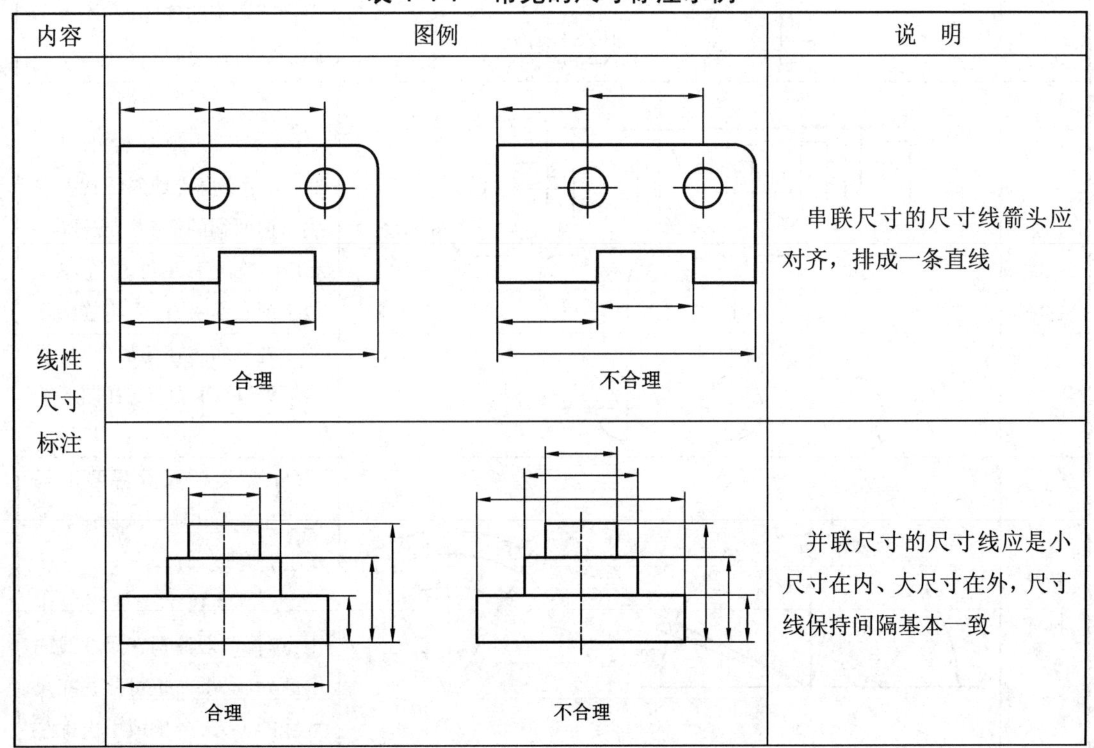

内容	图例	说　明
线性尺寸标注	合理　　不合理	串联尺寸的尺寸线箭头应对齐，排成一条直线
	合理　　不合理	并联尺寸的尺寸线应是小尺寸在内、大尺寸在外，尺寸线保持间隔基本一致

续表

内容	图　　例	说　　明
圆的尺寸标注	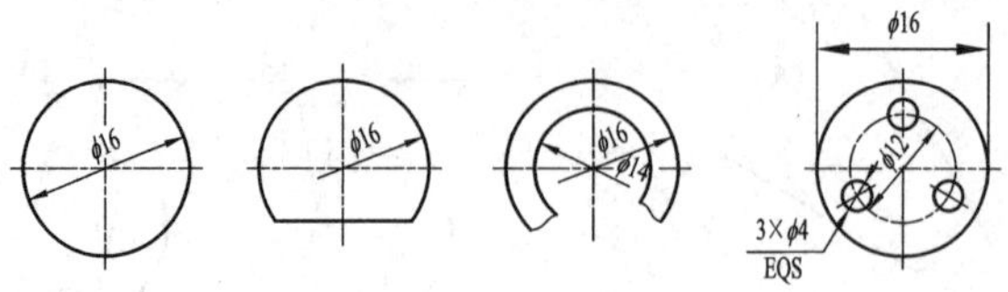 正确 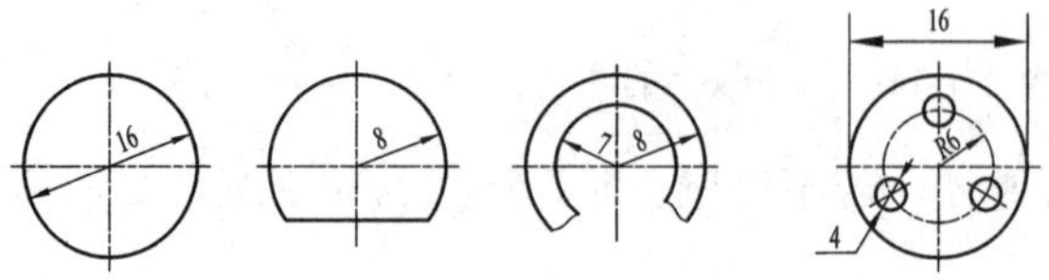 错误	圆和大于半圆的圆弧尺寸应标注直径，尺寸线通过圆心，箭头指向圆周轮廓，并在尺寸数字前加注符号“ ϕ”
圆弧尺寸标注	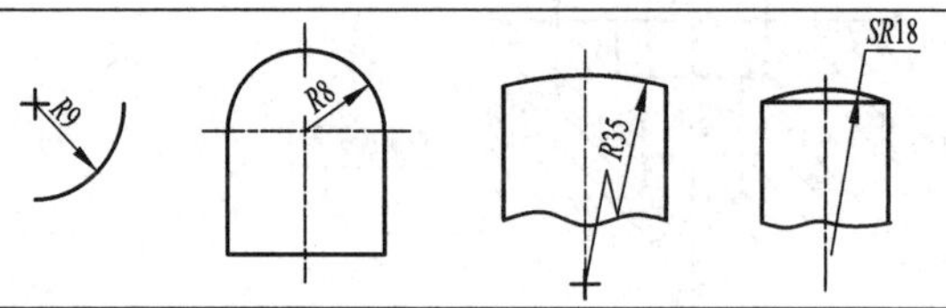	小于和等于半圆的圆弧尺寸一般标注半径，尺寸线从圆心引出，箭头指向圆弧轮廓，并在尺寸数字前加注符号“R”
球体尺寸标注	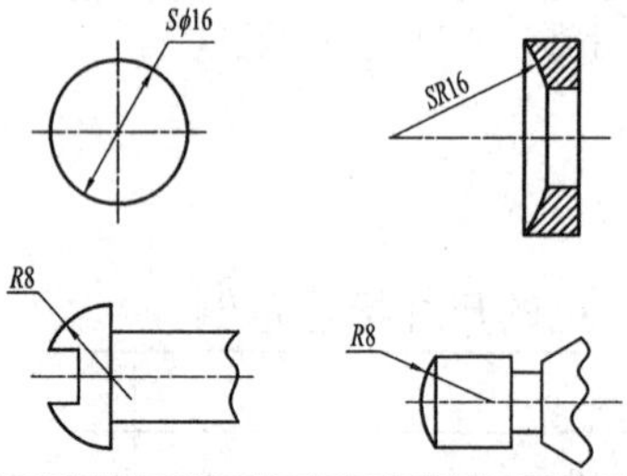	(1) 球面的直径或半径标注，应在符号“ ϕ” 或“R” 前加注符号“S”。 (2) 对于螺钉、铆钉头部、手柄等端部的球体，在不致引起误解时，可省略符号“S”
狭小尺寸标注	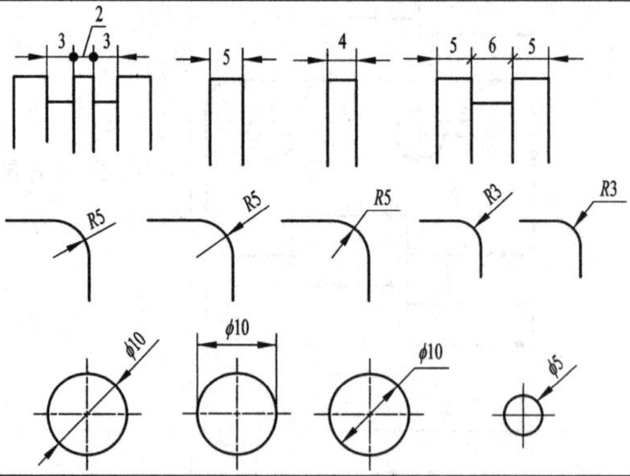	(1) 标注串联线性小尺寸时，可用小圆点或斜线代替箭头，但两端的箭头仍应画出。 (2) 当没有足够位置注写数字或画箭头时，可将箭头或数字之一布置在图形外，也可将箭头与数字均布置在图形外
角度标注	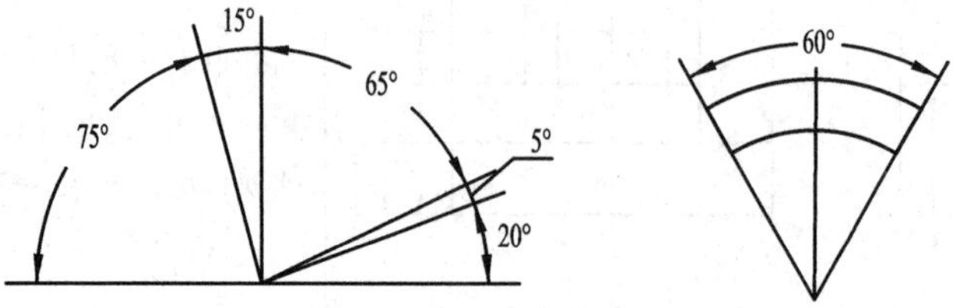	(1) 角度的尺寸界线沿径向引出，尺寸线画成圆弧，其圆心是角度顶点。 (2) 角度数字一律写成水平方向，一般注写在尺寸线的中断处，必要时也可注写在尺寸线的上方、外侧或引出标注

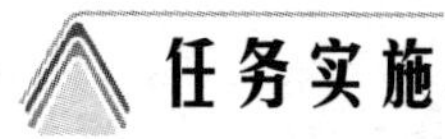

任务实施

识读如图 1-1-1(b)所示的扳手零件图样。标题栏内容中图名为扳手，绘图比例为 1∶1，零件材料为 ZG200-400，属于铸钢，零件数量为 1。该图样用了两个视图来表达零件的结构形状，图中使用的字体为长仿宋体，使用的图线有粗实线、细实线、细点画线、细虚线和波浪线。尺寸标注有线性尺寸标注、直径尺寸标注、半径尺寸标注和角度尺寸标注等。

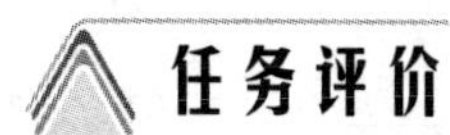

任务评价

根据本任务的学习目标，结合课堂学习情况，按照表 1-1-8 中的相应项目进行评价。

表 1-1-8　识读扳手零件图样任务评价表

序号	评价项目	自评			师评		
		A	B	C	A	B	C
1	能否识读标题栏中的各项内容						
2	能否正确认识图样中各种图线						
3	能否识读图样中尺寸标注的类型						

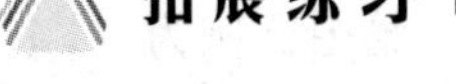

拓展练习 1

(1) 抄画图形。

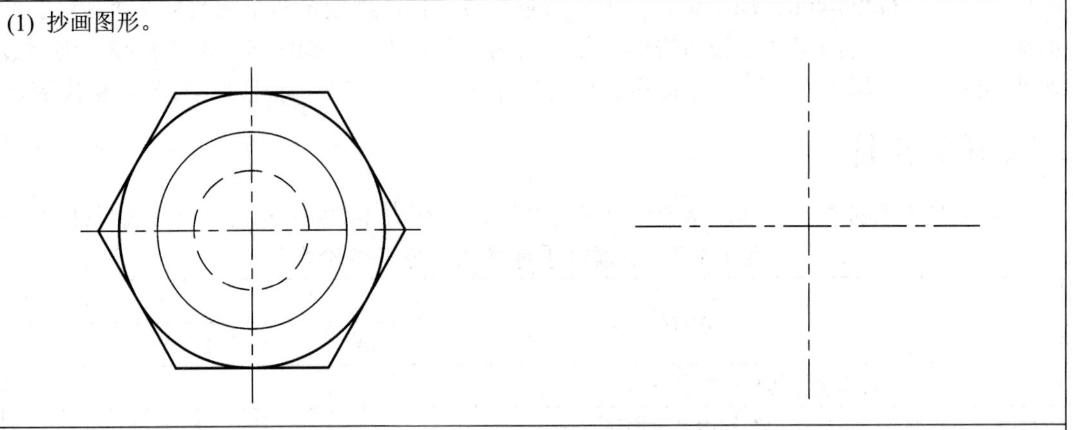

(2) 填写尺寸数值并画出箭头，标注圆的直径尺寸与圆弧的半径尺寸。(数值从图中量取，并圆整成整数。)

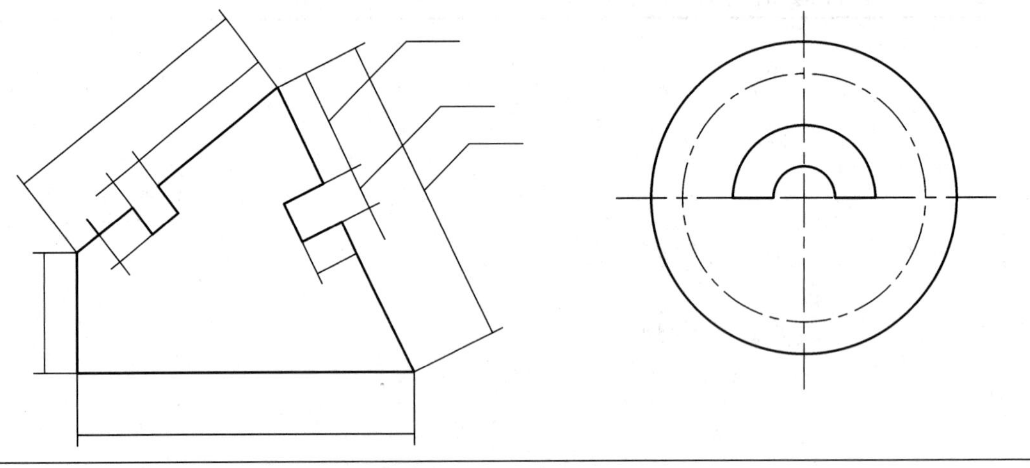

(3) 找出图中尺寸标注的错误，并在右边图中进行正确标注。

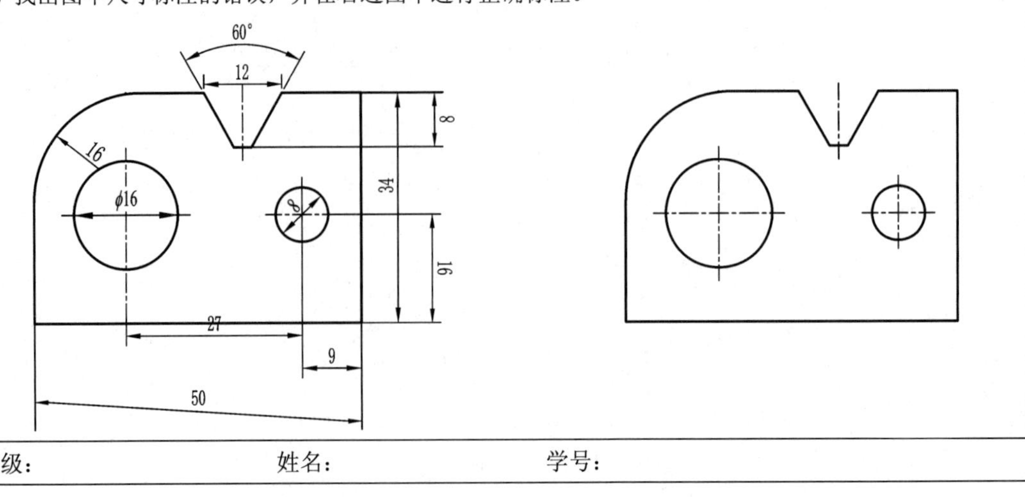

班级： 姓名： 学号：

任务二　绘制手柄平面图形

任务导入

选择合适图幅，按 1∶1 绘制图 1-2-1 所示的手柄平面图形并标注尺寸，填写标题栏，要求符合制图国家标准中的有关规定。

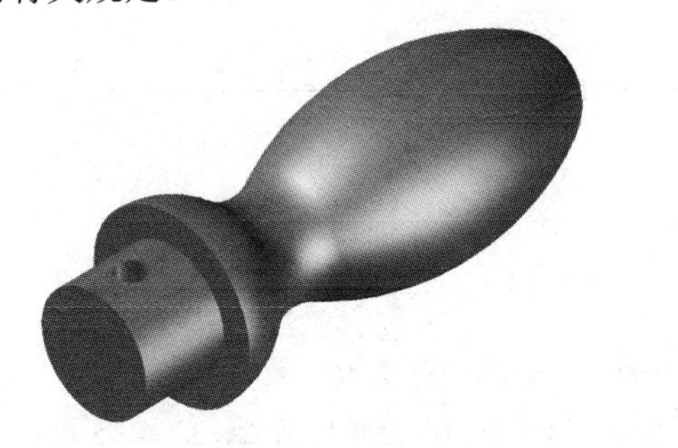

(a) 手柄立体图

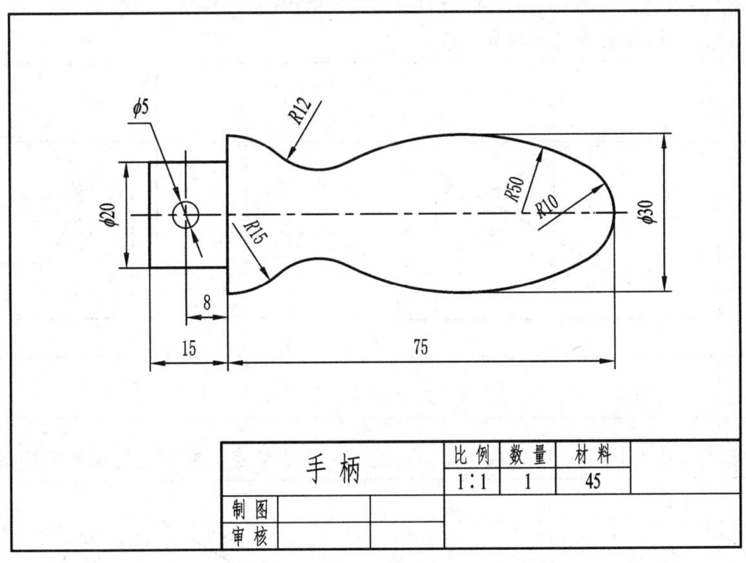

(b) 手柄平面图

图 1-2-1　手柄

任务分析

图 1-2-1 所示的手柄图形轮廓是由直线和圆弧连接构成的。圆弧连接的作图关键是要确定连接圆弧的圆心位置和连接点(切点)的位置。绘制手柄平面图形时，首先要对图形进行尺寸分析、线段性质分析，确定正确的作图方法和步骤，其次必须遵守制图国家标准的相关规定，以确保图样的规范性。

相关知识

一、几何作图

1. 等分作图

绘制机械图样常用的等分作图的方法和步骤见表 1-2-1。

表 1-2-1 等分作图的方法和步骤

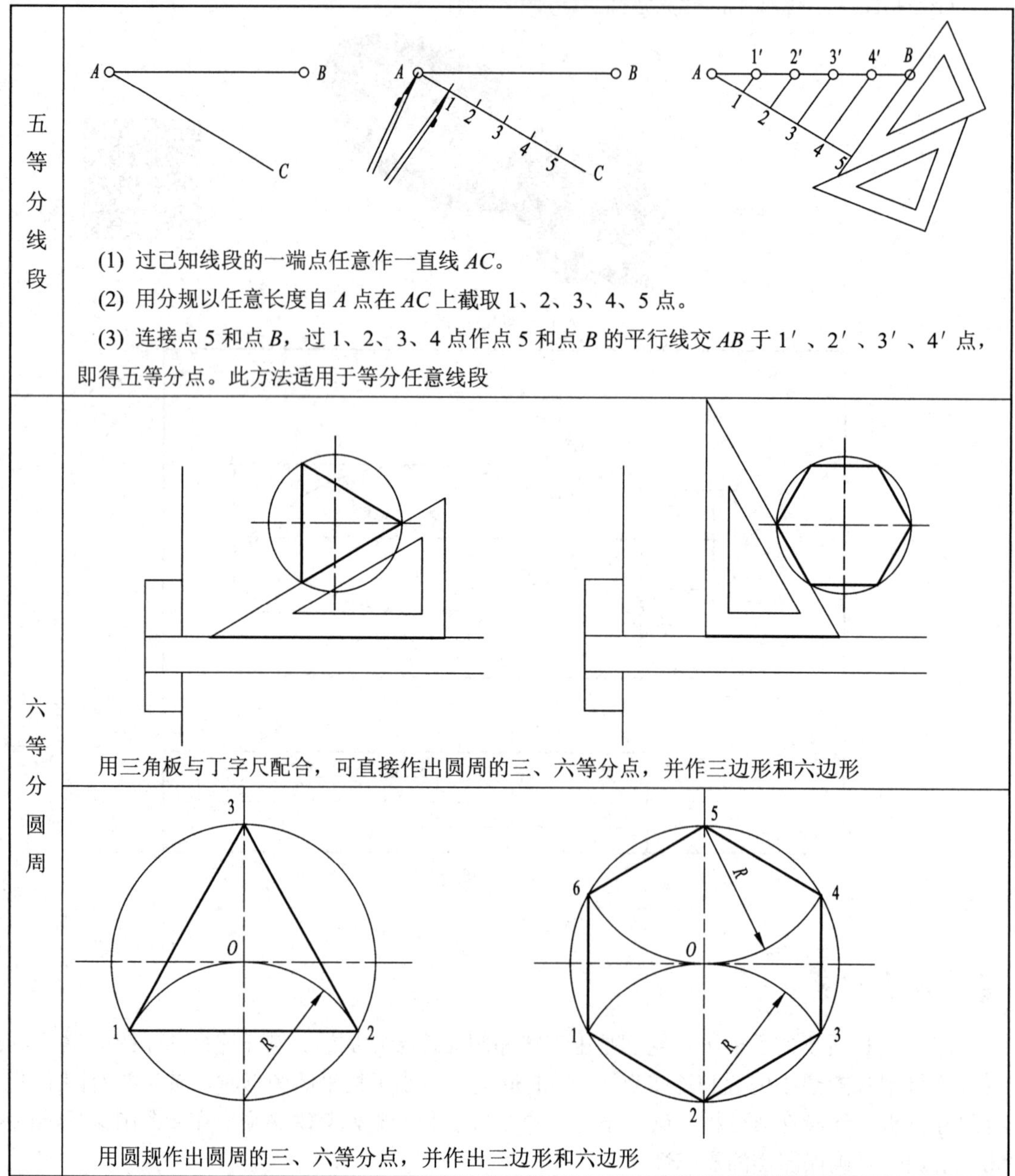

项目	方法和步骤
五等分线段	(1) 过已知线段的一端点任意作一直线 *AC*。 (2) 用分规以任意长度自 *A* 点在 *AC* 上截取 1、2、3、4、5 点。 (3) 连接点 5 和点 *B*，过 1、2、3、4 点作点 5 和点 *B* 的平行线交 *AB* 于 1′、2′、3′、4′ 点，即得五等分点。此方法适用于等分任意线段
六等分圆周	用三角板与丁字尺配合，可直接作出圆周的三、六等分点，并作三边形和六边形
	用圆规作出圆周的三、六等分点，并作出三边形和六边形

2. 圆弧连接

在绘制机械图样时，经常会遇到用一段圆弧光滑连接相邻两线段或两圆弧的情况，这种光滑连接在几何中称为相切，在制图中通常称为圆弧连接。切点也称为连接点，起连接作用的圆弧称为连接弧。

为保证连接光滑，必须使连接弧与已知线段(直线或圆弧)相切。因此，作图时应准确求出连接弧的圆心及切点。

(1) 圆弧连接的作图原理如表 1-2-2 所示。

表 1-2-2　圆弧连接的作图原理

种类	图　　例	连接弧圆心轨迹	切点位置
与已知直线连接(相切)	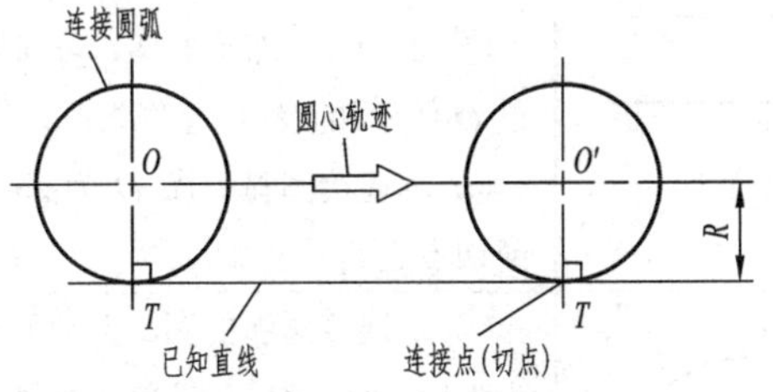	与已知直线平行且间距等于 R 的一条平行线	自圆心向已知直线作垂线，其垂足 T 即为切点
与已知圆弧外连接(外切)	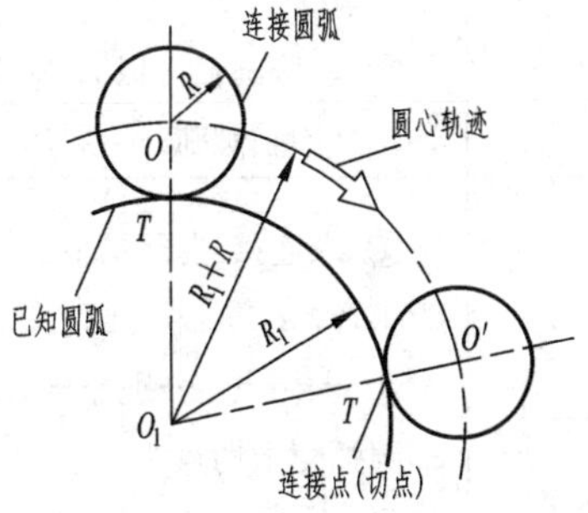	为已知圆的同心圆，半径为 R_1+R	两圆心连线与已知圆的交点 T
与已知圆弧内连接(内切)	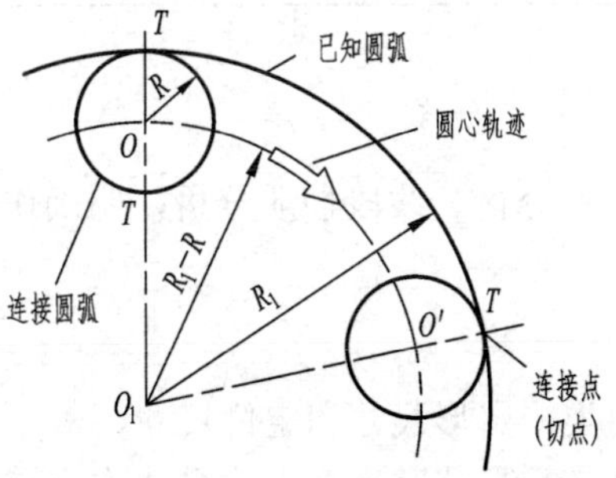	已知圆的同心圆，半径为 R_1-R	两圆心连线的延长线与已知圆的交点 T

(2) 圆弧连接的作图方法如表 1-2-3 所示。

表 1-2-3 圆弧连接的作图方法

类别	作图方法	作图步骤
圆弧连接两已知直线		① 求连接圆弧的圆心：作已知直线的平行线，间距为 R，两条轨迹线的交点即为圆心 O。 ② 求切点：过圆心作已知直线的垂线，垂足 T 即为切点。 ③ 画连接圆弧：以 O 为圆心，R 为半径，在两切点之间画圆弧
圆弧连接已知直线和圆弧		① 求连接圆弧的圆心：以 R_1+R 为半径作已知圆的同心圆，以 R 为间距作已知直线的平行线，两条轨迹线相交得点 O。 ② 求切点：连接 OO_1，与圆 O_1 相交于切点 T，过 O 作已知直线的垂线得垂足 T。 ③ 画连接圆弧：以 O 为圆心，R 为半径，在两切点之间画圆弧
圆弧外切连接两已知圆弧		① 求连接圆弧的圆心：分别以 R_1+R、R_2+R 为半径，O_1、O_2 为圆心，画圆弧交于点 O。 ② 求切点：分别连接 OO_1、OO_2 与已知圆弧交于切点 T。 ③ 连接圆弧：以 O 为圆心，R 为半径，在两切点之间画圆弧
圆弧内切连接两已知圆弧		① 求连接圆弧的圆心：分别以 $R-R_1$、$R-R_2$ 为半径，O_1、O_2 为圆心，画圆弧交于点 O。 ② 求切点：分别连接 OO_1、OO_2 并延长，与已知圆弧交于切点 T。 ③ 连接圆弧：以 O 为圆心，R 为半径，在两切点之间画圆弧

二、平面图形的绘制

绘制平面图形前先要对图形进行尺寸分析、线段性质分析，明确作图顺序，才能正确绘制图形和标注尺寸。

1. 尺寸分析

平面图形中的尺寸按作用可分为两类：定形尺寸和定位尺寸。

(1) 定形尺寸：平面图形中用于确定各线段形状大小的尺寸称为定形尺寸，如直线段的长度，圆、圆弧的半径(或直径)和角度大小等尺寸。图 1-2-2 中的 $R15$、$R12$、$R50$、$R10$ 等尺寸为圆弧半径。

(2) 定位尺寸：平面图形中用于确定线段之间相对位置的尺寸称为定位尺寸，如圆或圆弧的圆心位置、直线段位置的尺寸等。图 1-2-2 中的尺寸 8 是确定 $\phi5$ 圆心位置的尺寸。

有时同一个尺寸既是定形尺寸又是定位尺寸。例如，图 1-2-2 中的尺寸 75 既是手柄长度的定形尺寸，又是 *R*10 的定位尺寸。

(3) 尺寸基准：标注尺寸的起点。一个平面图形应有两个方向的尺寸基准，通常以图形的对称轴线、圆的中心线及其他线段作为尺寸基准。图 1-2-2 中对称线 *A* 为手柄的垂直方向尺寸基准，直线 *B* 为水平方向尺寸基准。

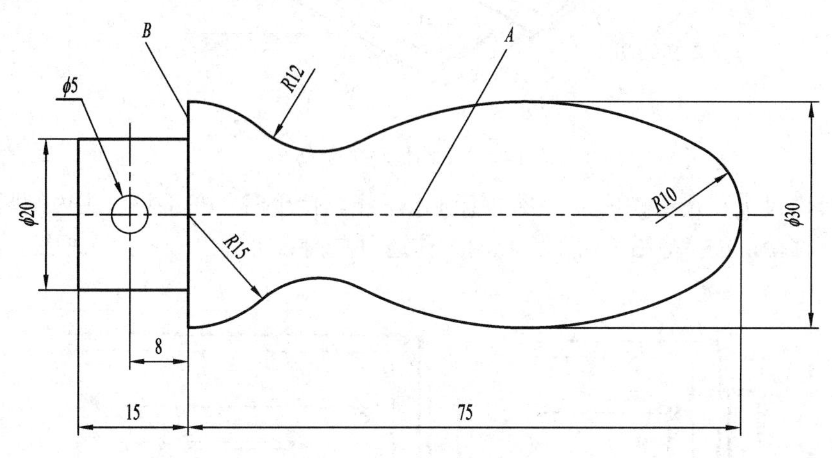

图 1-2-2　手柄平面图形

2. 线段分析

平面图形中的线段(直线或圆弧)根据其定位尺寸是否完整，可分为已知线段、中间线段、连接线段三种。下面对图 1-2-2 中圆弧的性质进行分析。

(1) 已知圆弧：根据作图基准线位置和已知尺寸就能直接作出的圆弧，如图 1-2-2 中的 *R*15、*R*10 等圆弧。

(2) 中间圆弧：尺寸不全，但只要一端的相邻圆弧先作出，就能由已知尺寸和几何条件作出的圆弧，如图 1-2-2 中的 *R*50 圆弧。

(3) 连接圆弧：尺寸不全，需两端相邻圆弧先作出，然后依赖相邻圆弧的连接关系才能作出的圆弧，如图 1-2-2 中的 *R*12 圆弧。

在绘制平面图形时，要分析线段性质，以确定各线段之间的连接关系。一般应先绘制作图基准线和已知线段，再绘制中间线段，最后绘制连接线段。连接线段在平面图形中起着封闭图形的作用。

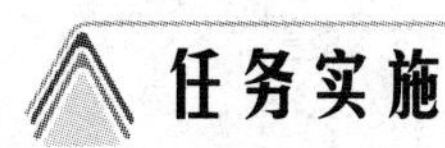

一、准备绘图工具

1. 图板和丁字尺

图板是用来铺放和固定图纸的，图板的板面要求平坦光滑，左侧边为丁字尺的导边，要求光滑平直，如图 1-2-3 所示。

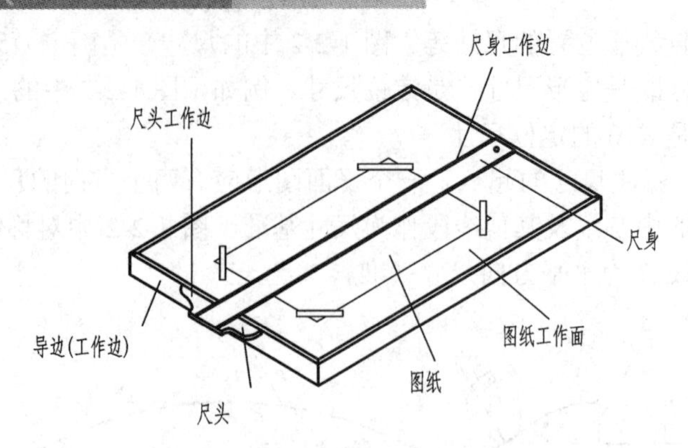

图 1-2-3 图板与丁字尺

丁字尺由尺头和尺身构成，主要用于画水平线。使用时，左手将尺头内侧紧靠图板左侧导边上下移动，右手持铅笔沿丁字尺的工作边自左向右可画出一系列水平线，如图 1-2-4 所示。

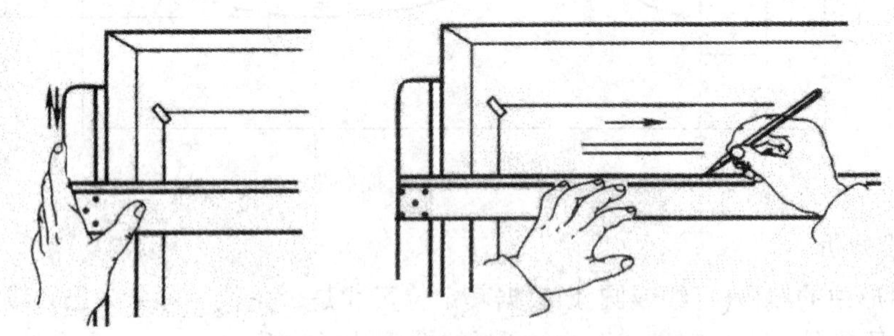

图 1-2-4 丁字尺的使用

2. 三角板

一副三角板由 45° 和 30°、60° 两块直角三角板组成。丁字尺与一块三角板配合使用可画出垂直线，与两块三角板配合使用可画出 15° 倍数角的斜线，如图 1-2-5 所示。

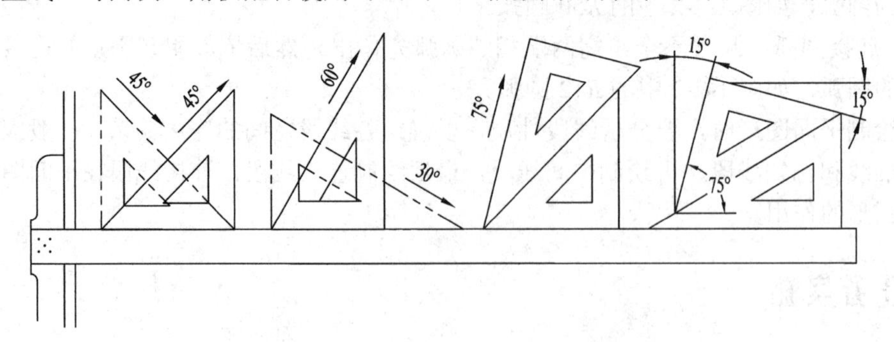

图 1-2-5 用丁字尺与三角板配合画线

3. 圆规

圆规主要用来画圆或圆弧。画圆时，圆规的钢针应使用有肩台的一端，并使肩台面与铅芯尖端平齐，两脚与纸面垂直，如图 1-2-6(a)所示。画圆时一般应按顺时针方向旋转圆规，转动时让圆规向转动方向稍微倾斜，如图 1-2-6(b)所示；画较大圆时，应调整钢针与铅芯插脚，保持与纸面垂直，如图 1-2-6(c)所示；画大圆时，需接上延长杆，如图 1-2-6(d)所示；画小圆时，圆规两脚应向里弯曲，如图 1-2-6(e)所示。

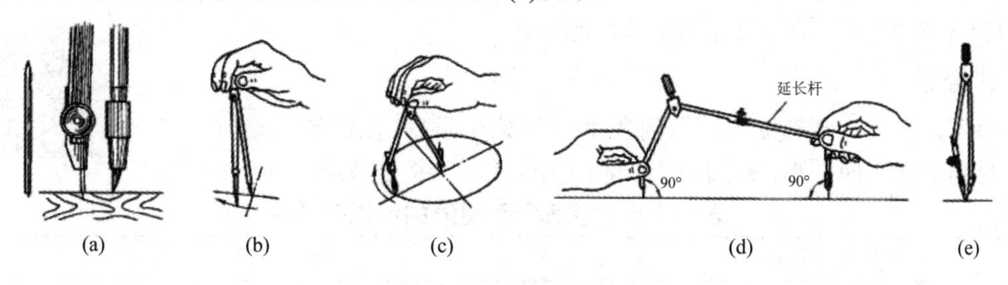

图 1-2-6　圆规的用法

4．铅笔

绘图铅笔用“B”或“H”表示铅芯的软硬程度。“B”前数字越大表示铅芯越软，绘出的图线越深；“H”前数字越大表示铅芯越硬，绘出的图线越浅；标号“HB”的铅芯则软硬适中。铅笔应从没有标号的一端开始使用，以便保留标号。铅笔与铅芯的选用如表 1-2-4 所示。

表 1-2-4　铅笔与铅芯的选用

	铅　笔			圆规用铅芯	
用途	画细线	写字	画粗线	画细线	画粗线
软硬程度	H 或 2H	HB	B 或 2B	H 或 HB	B 或 2B
削磨形状	锥　形		铲　形	楔　形	截面为矩形的四棱柱

绘图前先准备好绘图工具，将绘图工具擦拭干净，削磨好铅笔并洗净双手。然后分析图形、拟定作图顺序、确定绘图比例、选用图幅、固定图纸。

二、绘制手柄平面图形

1. 绘制底稿

(1) 选用 H 或 2H 的铅笔，按各种图线的线型规定轻而细地绘制底稿，各种线型暂不分粗细。

(2) 绘制底稿的步骤如下：

① 绘制作图基准线，以确定图形位置。

② 先绘制图形的主要轮廓线，再绘制图形中的细节部分。

③ 检查修改，擦去多余图线，完成全图底稿。

2. 加粗图线

(1) 选用 B 或 2B 铅笔将各种图线按规定的粗细加深。保证图线连接光滑，同类线型规格一致。

(2) 加粗图线的顺序一般是先曲后直，先粗后细，由上向下，由左向右，并尽量将同类型图线一起加深。

(3) 标注尺寸，填写尺寸数字和标题栏。

3. 整理

检查、修饰、整理图形，做到全面符合制图规范，图面清晰整洁。

绘制手柄平面图形，采用 1∶1 的比例绘图，绘图步骤如表 1-2-5 所示。

表 1-2-5　手柄平面图形的绘图步骤

方法步骤	图　　示
绘制作图基准线，并根据定位尺寸绘制作图定位线	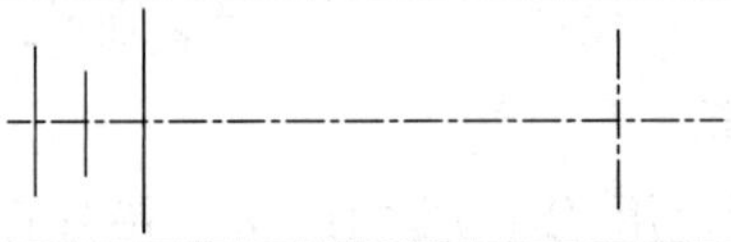
绘制已知圆弧：根据所给的定形尺寸和定位尺寸，绘制直径为 ϕ20，长为 15 的圆柱轮廓线，ϕ5 的小圆孔和半径为 R15、R10 的圆弧	
绘制中间圆弧：根据所给的定形尺寸 ϕ30 和 R50，及 R50 圆弧与 R10 圆弧的连接关系，绘制半径为 R50 的两段圆弧	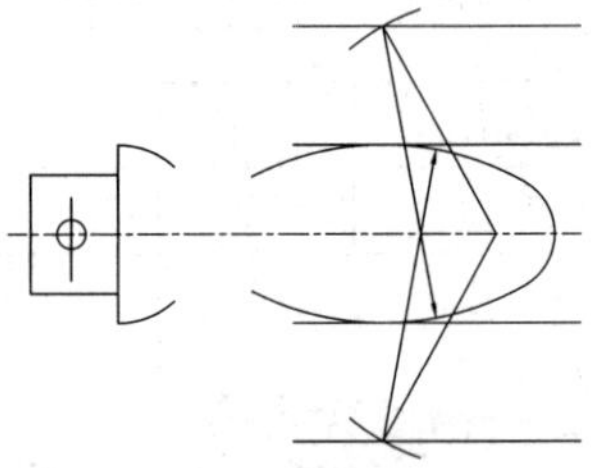
绘制连接圆弧：根据所给的定形尺寸 R12，及与相邻圆弧 R15、R50 的连接关系，绘制半径为 R12 的两段圆弧	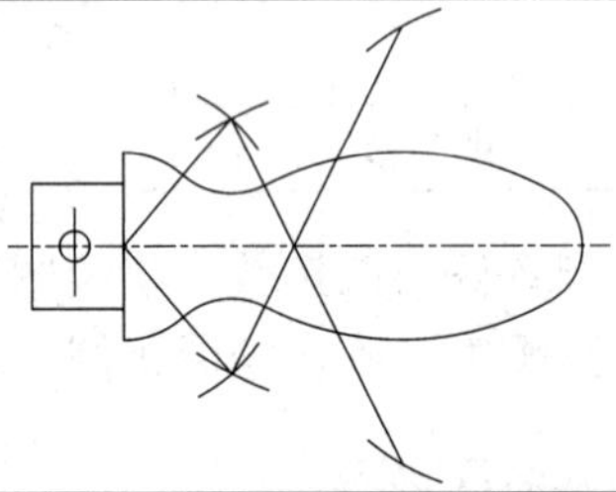
检查修正图形，加粗图线，标注尺寸，并填写标题栏	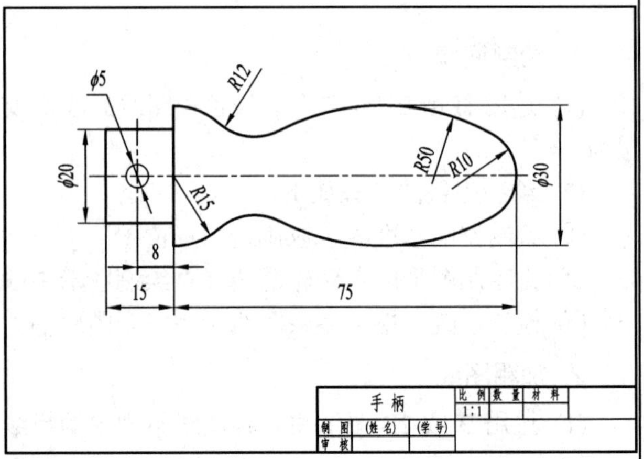

任务评价

根据本任务的学习目标，结合课堂学习情况，按照表 1-2-6 中的相应项目进行评价。

表 1-2-6　绘制手柄平面图形任务评价表

序号	评价项目	自评			师评		
		A	B	C	A	B	C
1	能否正确使用绘图工具，图形布局是否合理						
2	能否正确绘制图形						
3	圆弧连接是否光滑过渡						
4	图线绘制是否规范						

【知识拓展】

一、斜度

一条直线(或平面)对另一直线(或平面)的倾斜程度称为斜度。其大小用两直线或两平面夹角的正切来表示，如图 1-2-7(a)所示，即

$$\text{斜度} = \tan\alpha = \frac{CB}{AB} = \frac{H}{L}$$

在机械图样中，斜度常以 1∶n 的形式标注。在比数前用斜度符号“∠”表示，斜度符号标注在斜度轮廓线引出线上，符号倾斜的方向应与斜度的方向一致，如图 1-2-7(b)所示。斜度符号的画法如图 1-2-7(c)所示。

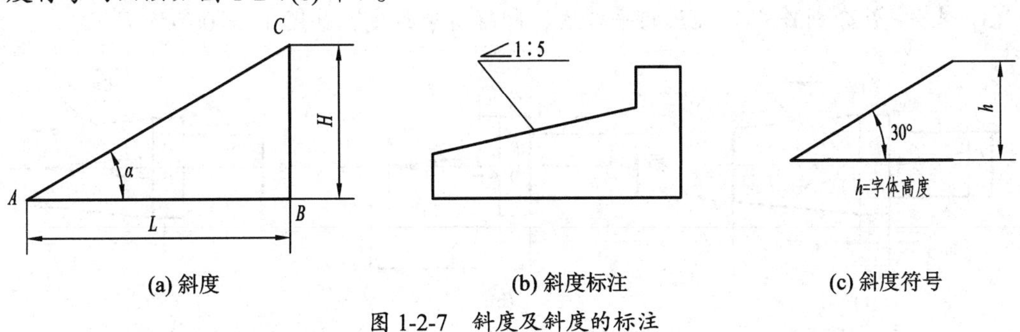

(a) 斜度　(b) 斜度标注　(c) 斜度符号

图 1-2-7　斜度及斜度的标注

图 1-2-8 所示为斜度的作图步骤。

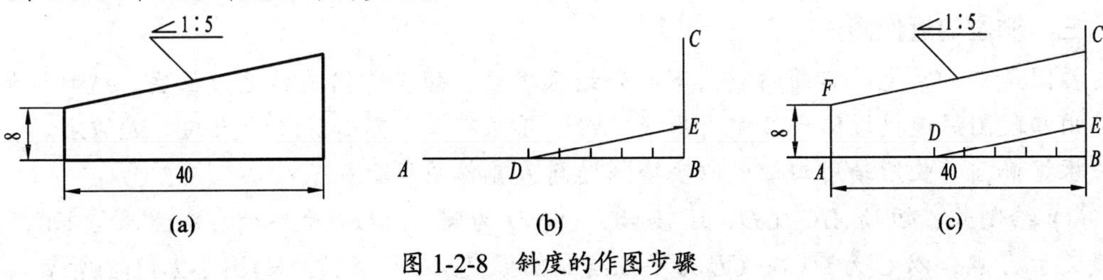

(a)　(b)　(c)

图 1-2-8　斜度的作图步骤

(1) 已知斜度为 1∶5，如图 1-2-8(a)所示。

(2) 作 $CB\perp AB$，在 AB 上取 5 个单位长度得 D，在 CB 上取 1 个单位长度得 E，连接 D

和 E，得 1：5 参考的斜度线，如图 1-2-8(b)所示。

(3) 按尺寸定出点 F，过点 F 作 DE 平行线，即得所求，如图 1-2-8(c)所示。

二、锥度

锥度是指正圆锥的底圆直径与圆锥高度之比，如图 1-2-9(a)所示，锥度 C 的计算公式为

$$C = \frac{D-d}{L} = 2\tan\frac{\alpha}{2}$$

在机械图样中，锥度常以 1∶n 的形式标注。在比数前用锥度图形符号“⊳”表示，锥度图形符号标注在与引出线相连的基准线上，基准线应与圆锥轴线平行，锥度图形符号方向应与锥度的方向一致，如图 1-2-9(b)所示；锥度符号的画法如图 1-2-9(c)所示。

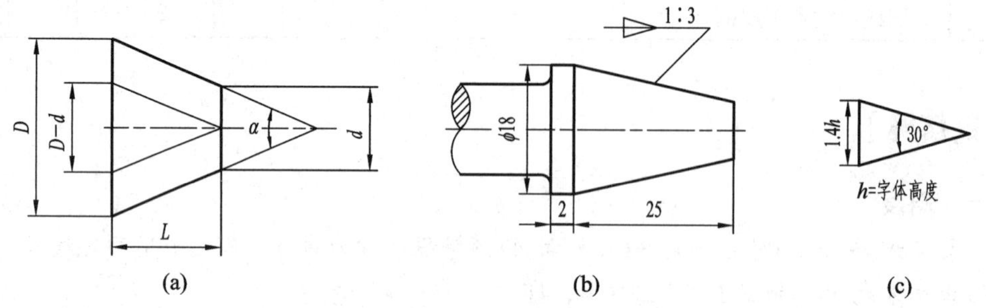

图 1-2-9 锥度及锥度的标注

图 1-2-10 所示为锥度的作图步骤：

(1) 已知锥度为 1：5，如图 1-2-10(a)所示。

(2) 按尺寸先画出已知线段，在轴线上取 5 个单位长度，在 AB 中心量取 1 个单位长度，得锥度 1：5 两条斜边 CD、CE，如图 1-2-10(b)所示。

(3) 过 A、B 分别作 CD、CE 的平行线，即得所求锥度，如图 1-2-10(c)所示。

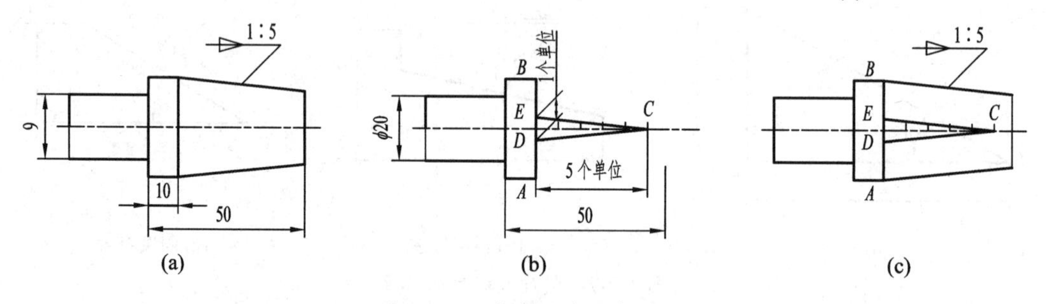

图 1-2-10 锥度的作图步骤

三、椭圆的近似画法

椭圆是一种常见的非圆曲线，下面介绍根据长、短轴作椭圆的近似画法。这种近似画法是用四段圆弧连接近似代替椭圆曲线，四段圆弧有四个圆心，又称为四心近似法。

根据椭圆的长短轴用四心近似法绘制椭圆，其作图步骤如下：

(1) 绘制长、短轴 AB、CD，连接 AC。以 O 为圆心、OA 为半径绘制圆弧与 OC 的延长线交于 E 点，以 C 为圆心、CE 为半径绘制圆弧交 AC 于 F 点，如图 1-2-11(a)所示。

(2) 作 AF 的中垂线，与长、短轴分别交于 1、3 两点，再定出其对称点 2、4 两点，连接 13、32、24 和 41 点并延长，如图 1-2-11(b)所示。

(3) 分别以3、4点为圆心、以 $R=3C=4D$ 为半径绘制圆弧，再分别以1、2为圆心、以 $R=1A=2B$ 为半径绘制圆弧，四段圆弧相切于圆心连接线上，即得近似的椭圆，如图1-2-11(c)所示。

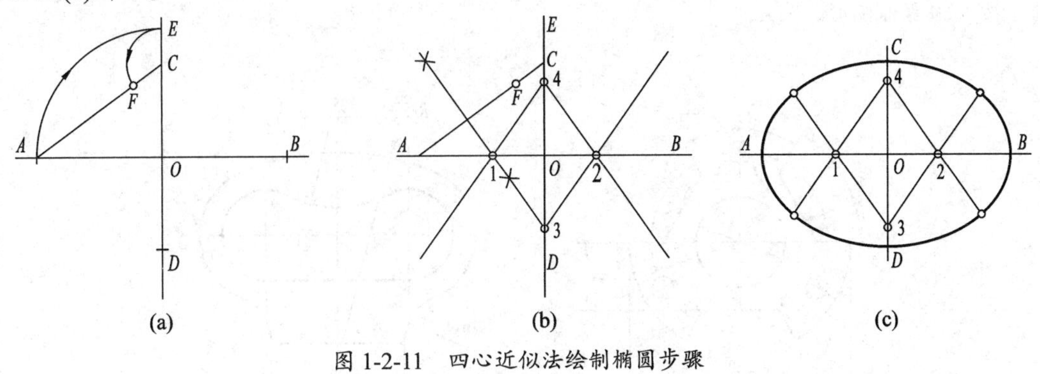

图 1-2-11　四心近似法绘制椭圆步骤

拓展练习

(1) 按 1∶1 绘制图形。

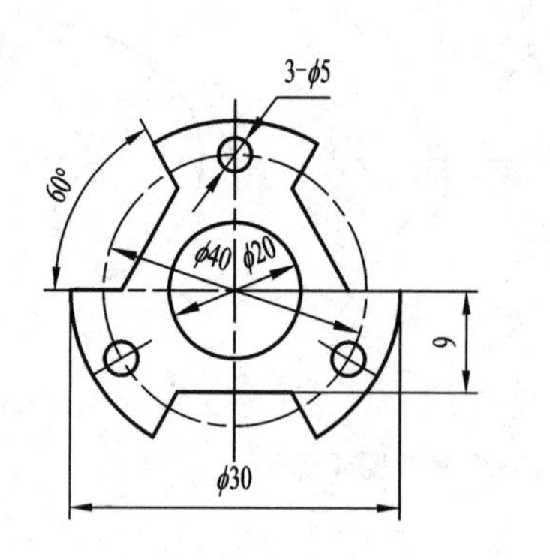

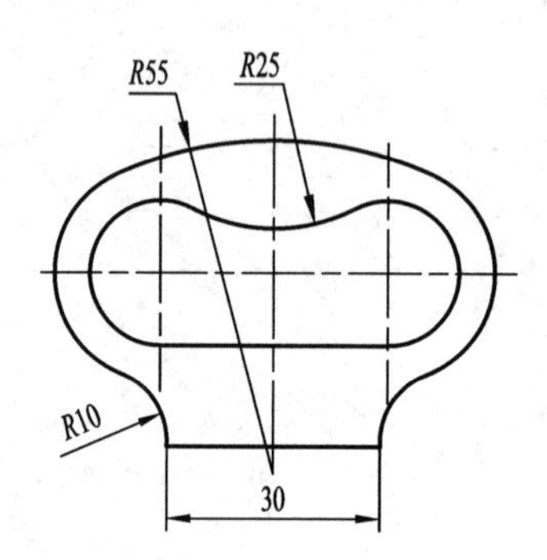

(2) 绘制平面图形。

目的：掌握圆弧连接的作图方法，对平面图形的尺寸进行正确分析，熟悉平面图形的作图步骤和尺寸标注。

内容：选择适当的比例和图幅绘制平面图形。

要求：布置合理、图形正确、线型标准、字体工整、尺寸齐全且标注符合国家标准，图面整洁。

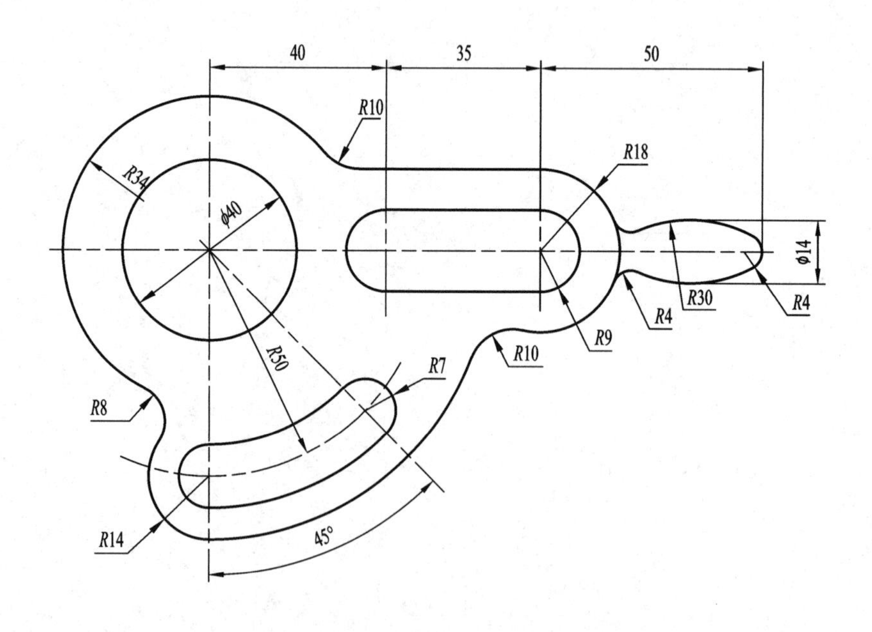

班级：　　　　　　　　　　姓名：　　　　　　　　　　学号：

项目二　简单形体视图的绘制与识读

学习目标

(1) 理解投影的概念，掌握正投影的基本特性。

(2) 掌握点、直线和平面的投影特性和作图方法，能根据形体的三视图判断其线、面的空间位置。

(3) 掌握基本体三视图的投影特性和作图方法，能正确绘制简单形体的三视图。

(4) 能正确绘制简单形体的正等轴测图，能根据形体特点选择合适的轴测图进行表达。

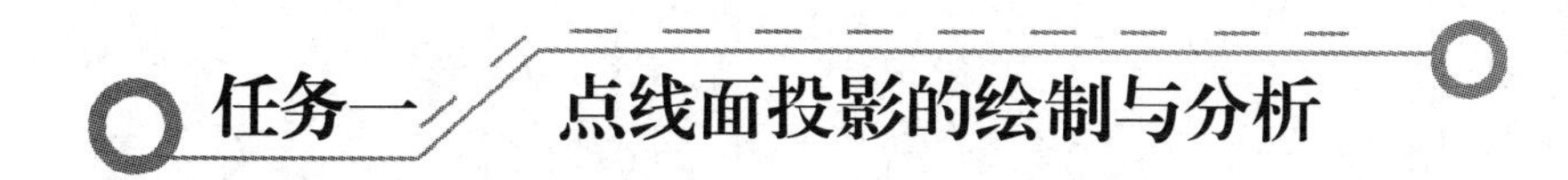

任务一　点线面投影的绘制与分析

子任务1　绘制点的三面投影

任务导入

如图 2-1-1(a)所示，将空间点 A 置于三投影面体系中向三个投影面进行投影，根据点的投影规律绘制点的三面投影，如图 2-1-1(b)所示，判断点的空间位置。

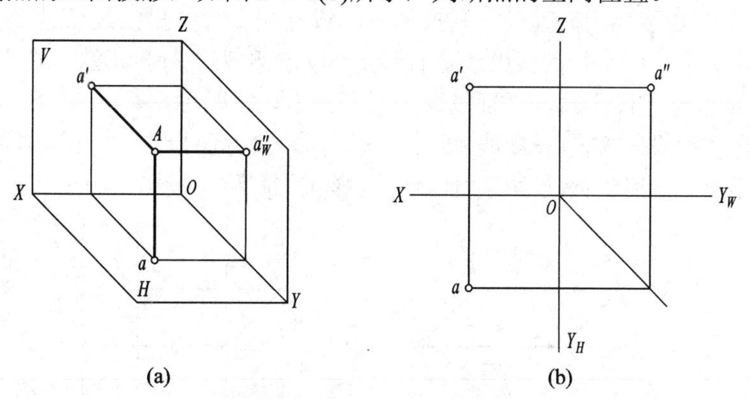

图 2-1-1　点的三面投影

任务分析

点是构成形体最基本的几何元素。把空间点 A 置于三投影面体系中，绘制点的三面投影，需要掌握投影的概念及点的投影规律的相关知识。

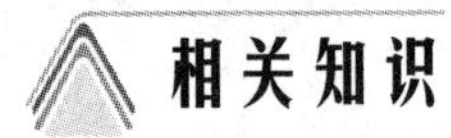

相关知识

一、投影的概念

在日常生活中，当灯光或太阳光照射形体时，在地面或墙面上都会产生影子，人们对这种自然现象进行科学的总结和抽象，提出了将空间形体表达为平面图形的投影方法，即投影法。所谓投影法，就是将投射线通过形体向选定的面投射，在该面上得到图形阴影的方法。

1. 投影法的种类

投影法根据投射线性质的不同可分为中心投影法和平行投影法两类。

1) 中心投影法

投射线由投射中心的一点射出，通过形体与投影面相交得到图形的方法称为中心投影法，如图 2-1-2 所示。由于中心投影法中的投射线互不平行，所得图形不能反映形体的真实大小，即投影的度量性差，因此中心投影法在绘制机械图样时很少采用，一般用于绘制建筑物的透视图，如图 2-1-3 所示。

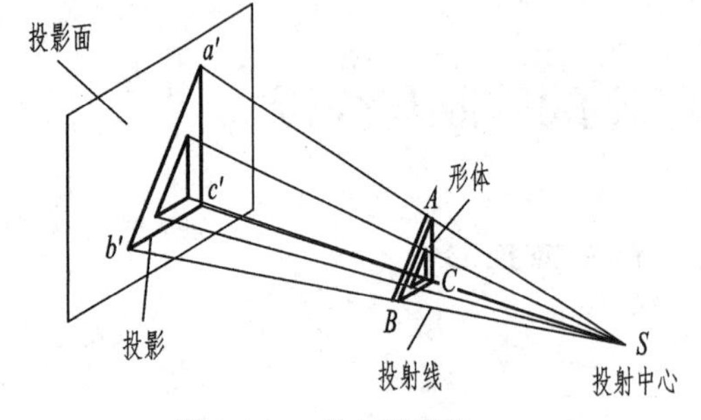

图 2-1-2 中心投影法

图 2-1-3 建筑物的透视图

2) 平行投影法

如果将投影中心移至无穷远处，则投影可看成互相平行的投射线通过形体与投影面相交，如图 2-1-4 所示，用平行的投射线进行投影的方法称为平行投影法。在平行投影法中，根据投射方向是否垂直投影面，平行投影法又可分为以下两种：

(1) 斜投影法：投影方向(投影线)倾斜于投影面，简称斜投影，如图 2-1-4(a)所示。

(2) 正投影法：投影方向(投影线)垂直于投影面，简称正投影，如图 2-1-4(b)所示。

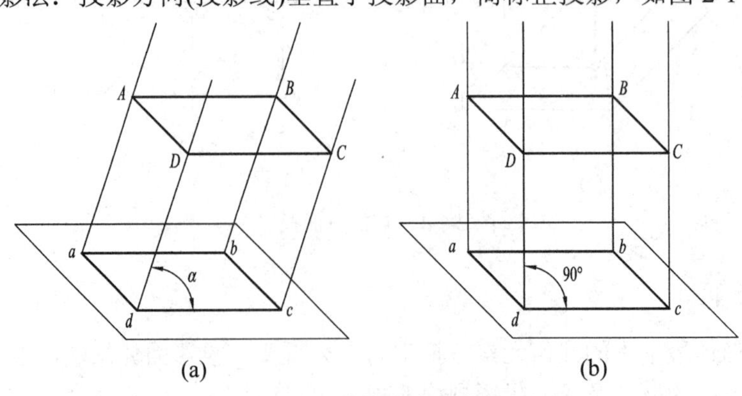

图 2-1-4 斜投影与正投影

由于正投影法能完整、真实地表达形体的形状和大小，度量性好且作图简便，因此它是机械图样中广泛应用的投影方法。

2．正投影的基本特性

1）真实性

当直线或平面图形平行于投影面时，其投影反映线段的实长和平面图形的真实形状相同，如图 2-1-5(a)所示。

2）积聚性

当直线或平面图形垂直于投影面时，直线段的投影积聚成一点，平面图形的投影积聚成一条直线，如图 2-1-5(b)所示。

3）类似性

当直线或平面图形倾斜于投影面时，直线段的投影仍然是直线段，但比实长短，平面图形的投影是原图形的类似形，但不能反映平面实际形状，如图 2-1-5(c)所示。

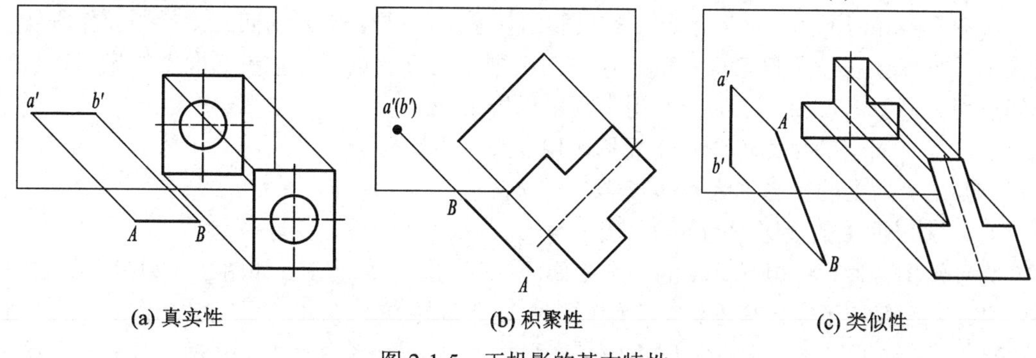

(a) 真实性　(b) 积聚性　(c) 类似性

图 2-1-5　正投影的基本特性

由以上性质可知，在采用正投影法绘制图形时，为了反映形体的真实形状和大小及作图方便，应尽量使形体上的平面或直线对投影面处于平行或垂直的位置。

二、三投影面体系的建立

三投影面体系由三个相互垂直的投影面组成，这三个投影面将空间分为八个分角，分别为第一分角，第二分角，第三分角，…，如图 2-1-6(a)所示。国家标准规定，技术制图优先采用第一分角画法，如图 2-1-6(b)所示。

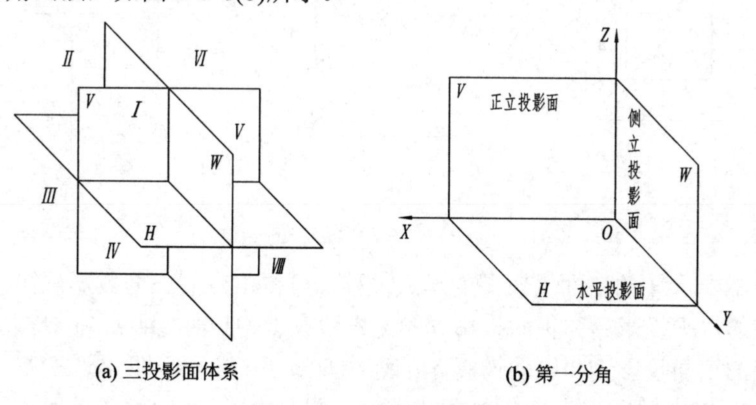

(a) 三投影面体系　(b) 第一分角

图 2-1-6　三投影面体系

三个投影面分别如下：

(1) 正立投影面，简称正面或 V 面。

(2) 水平投影面，简称水平面或 H 面。

(3) 侧立投影面，简称侧面或 W 面。

三个投影面之间的交线称为投影轴，它们分别是：

(1) OX 轴，简称 X 轴，是 V 面和 H 面的交线，反映形体的长度。

(2) OY 轴，简称 Y 轴，是 H 面和 W 面的交线，反映形体的宽度。

(3) OZ 轴，简称 Z 轴，是 V 面和 W 面的交线，反映形体的高度。

OX、OY、OZ 三根轴的交点称为坐标原点。

三、点的投影

1．点的三面投影

如图 2-1-7(a)所示，把点 A 置于三投影面体系中，过点 A 分别向三个投影面作垂线，其垂足即为点 A 在三个投影面上的投影。为区别空间点及点在三个投影面上的投影，规定空间点用大写字母表示，点的投影用小写字母表示。

A 点在 H 面上的投影称为水平投影，用 a 表示。

A 点在 V 面上的投影称为正面投影，用 a'表示。

A 点在 W 面上的投影称为侧面投影，用 a''表示。

为了绘图方便，将相互垂直的三个投影面展开到同一平面上，如图 2-1-7(b)所示。展开方法是：V 面保持不动，H 面绕 OX 轴向下、向后旋转 90°，W 面绕 OZ 轴向右、向后旋转 90°，使 H 面、W 面与 V 面在同一平面上。在旋转过程中，将 OY 轴一分为二，在 H 面上的称为 OY_H，在 W 面上的称为 OY_W。绘图时不需要画出表示投影面的边框线，便得到点 A 的三面投影图，如图 2-1-7(c)所示。

图中 a_x、a_{YH}、a_{YW}、a_Z 分别为点的投影连线与投影轴 OX、OY、OZ 的交点。

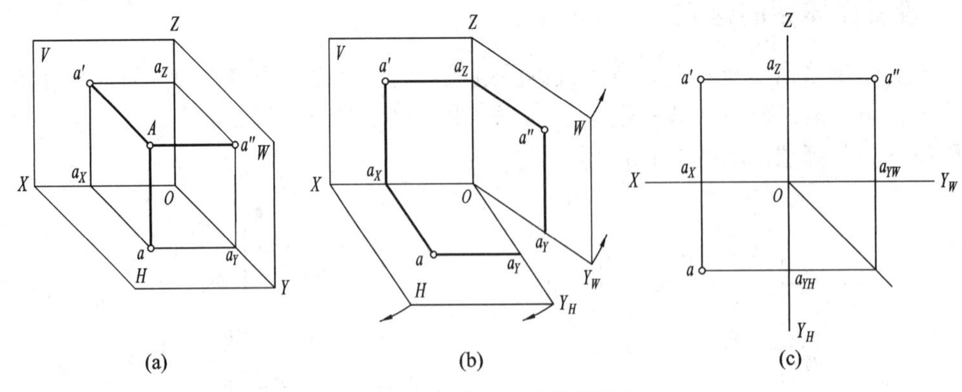

图 2-1-7　点的三面投影图

从图 2-1-7 中点 A 的三面投影图的形成过程，可得出点的三面投影规律：

(1) A 点的水平投影 a 和正面投影 a'的连线垂直于 OX 轴，即 $aa' \perp OX$。

(2) A 点的正面投影 a'和侧面投影 a''的连线垂直于 OZ 轴，即 $a'a'' \perp OZ$。

(3) A 点的水平投影 a 到 OX 轴的距离等于其侧面投影 a''到 OZ 轴的距离，即 $aa_X = a''a_Z$，

且 $aa_{YH} \perp OY_H$，$a''a_{YW} \perp OY_W$。

2. 点的投影与直角坐标的关系

如图 2-1-8(a)所示，点 A 在空间的位置可由点 A 到三个投影面的距离来确定，即点的三面投影与点的三个坐标有以下对应关系：

点 A 到 W 面距离$(Aa'') = a_XO = x$ 坐标。

点 A 到 V 面距离$(Aa') = a_YO = y$ 坐标。

点 A 到 H 面距离$(Aa) = a_ZO = z$ 坐标。

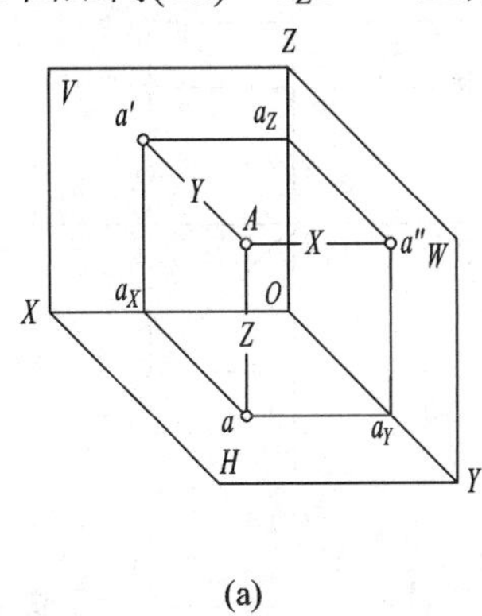

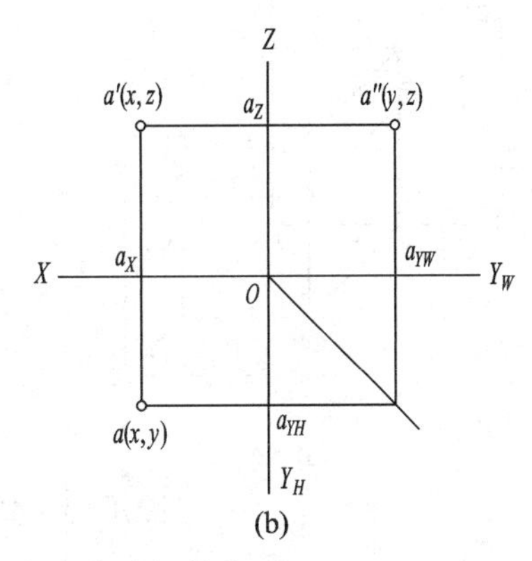

图 2-1-8　点的投影与直角坐标的关系

由此可见，空间点的位置可由该点的坐标$(x，y，z)$确定。如图 2-1-8(b)所示，点 A 三面投影坐标分别是 $a(x，y)$，$a'(x，z)$，$a''(y，z)$。任一投影都包含了两个坐标，所以点的两面投影就包含了确定该点空间位置的三个坐标，即确定了该点的空间位置。

3. 两点的相对位置

两点的相对位置是指空间两个点的上下、左右、前后关系，如图 2-1-9(a)所示。其相对位置由 X、Y、Z 三个坐标差确定。

X 坐标反映左、右方向，其值大在左、值小在右。

Y 坐标反映前、后方向，其值大在前、值小在后。

Z 坐标反映上、下方向，其值大在上、值小在下。

从图 2-1-9(b)所示可知，$a_X < b_X$，$a_Y < b_Y$，$a_Z > b_Z$，所以 A 点在 B 点的右、后、上方，B 点在 A 点的左、前、下方。

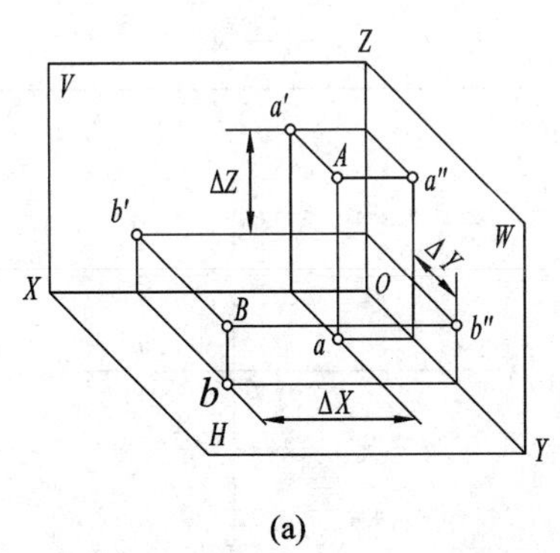

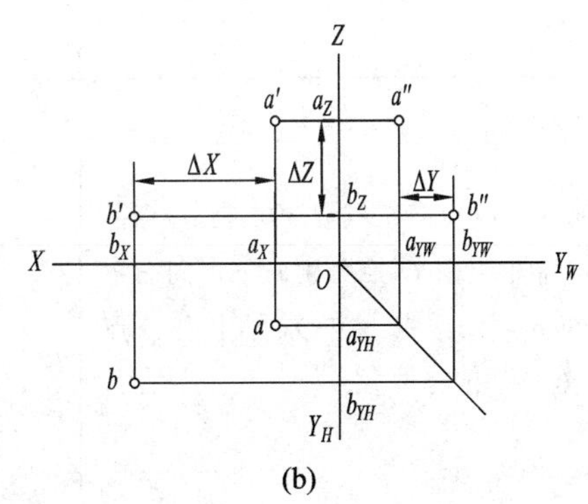

图 2-1-9　两点的相对位置

4. 重影点

如图 2-1-10(a)所示，C、D 两点的坐标关系是：$c_X = d_X$，$c_Y = d_Y$，$c_Z > d_Z$。由此可知，C 点在 D 点的正上方，这使得 C、D 两点在水平面上的水平投影 c、d 重合。

我们把这种共处于同一条投射线上，在相应投影面上具有重合投影的两点，称为对该投影面的一对重影点。两点重影时，远离投影面的一点为可见，另一点为不可见，并规定在不可见点的投影符号外加括号表示，如图 2-1-10(b)所示，D 点的水平投影用 d 表示。

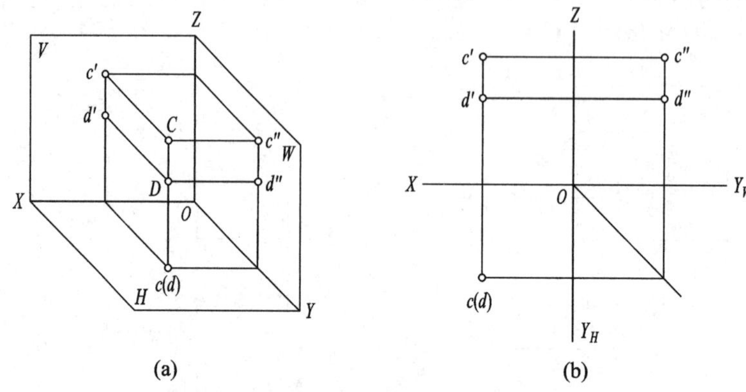

图 2-1-10　重影点的投影

任务实施

绘制点 A(30，10，20)的三面投影，并判断其空间位置，作图步骤如表 2-1-1 所示。

表 2-1-1　绘制点 A(30，10，20)三面投影的作图步骤

作图步骤	图　示
绘制坐标轴 OX、OY_H、OY_W、OZ，建立坐标系	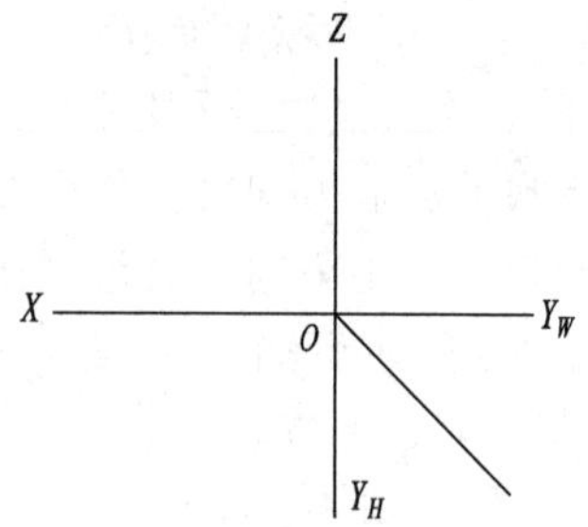
在 OX 轴上由 O 点向左量取 30，得 a_X 点；在 OY_H、OY_W 轴上由 O 点分别向下、向右量取 10，得出 a_{YH}、a_{YW} 点；在 OZ 轴上由 O 点向上量取 20，得出 a_Z 点	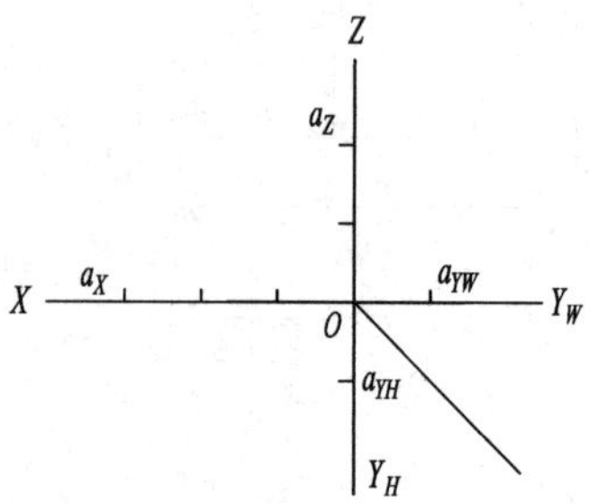

续表

作图步骤	图　示
过点 a_X 作 OX 轴的垂线，过点 a_{YH}、a_{YW} 分别作 OY_H、OY_W 轴的垂线，过点 a_Z 作 OZ 轴的垂线	Z a_Z X a_X O a_{YW} Y_W a_{YH} Y_H
各条垂线的交点 a、a'、a'' 为点 A 的三面投影图。 判断点 A 的空间位置：点 A 在距 W 面为 30 mm、距 V 面为 10 mm、距 H 面为 20 mm 的空间位置上	Z a' a_Z a'' X a_X O a_{YW} Y_W a a_{YH} Y_H

任务评价

根据本任务的学习目标，结合课堂学习情况，按照表 2-1-2 中的相应项目进行评价。

表 2-1-2　绘制点的三面投影图任务评价表

序　号	评 价 项 目	自　评			师　评		
		A	B	C	A	B	C
1	能否正确建立坐标系						
2	能否按照点的投影规律正确绘制点的投影						
3	能否对点的投影进行正确标注						
4	能否正确判断点的空间位置						

拓展练习

<table>
<tr>
<td>(1) 已知 A(30，20，15)、B(20，10，0)两点坐标，求作三面投影，并说明它们与投影面的距离。

X
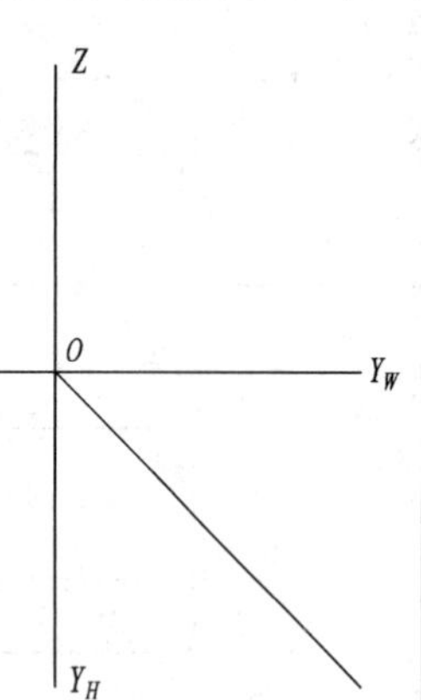
</td>
<td>(2) 已知 A、B 两点的两面投影，求其第三面投影。

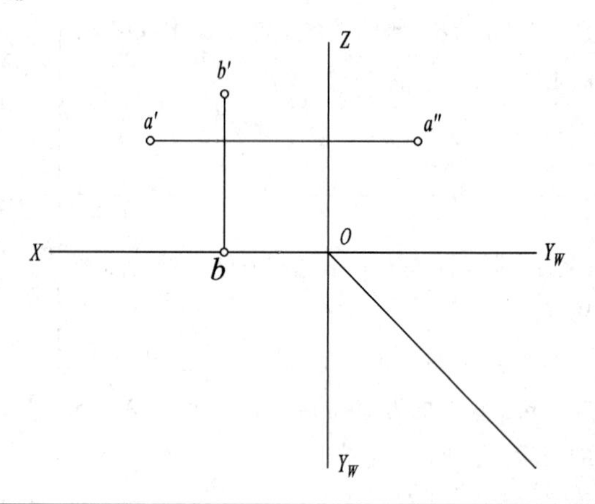
</td>
</tr>
<tr>
<td>(3) 已知点 A 到 V 面的距离为 25 mm，点 B 到 H 面的距离为 30 mm，点 C 到 V 面和 H 面的距离相等，补全 A、B、C 三点的两面投影。

c'
a'
X O
b</td>
<td>(4) 判别 A、B、C 三点的相对位置，完成其三面投影。

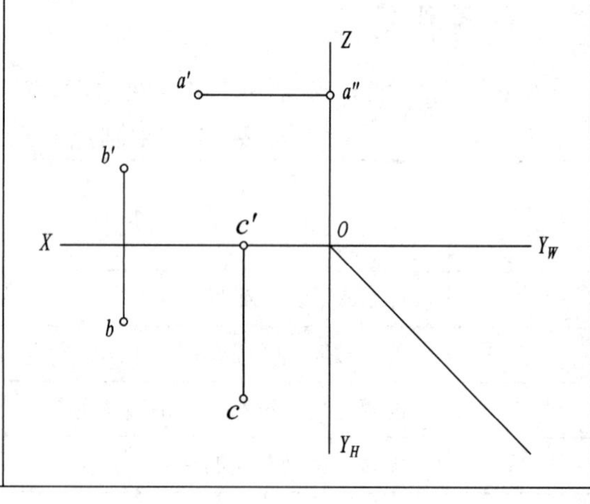
</td>
</tr>
<tr>
<td colspan="2">班级：　　　　　　　　姓名：　　　　　　　　学号：</td>
</tr>
</table>

子任务 2　绘制和分析直线的投影

任务导入

(1) 如图 2-1-11(a)所示的正三棱锥由△*SAB*、△*SBC*、△*SAC* 和△*ABC* 四个棱面所组成，各棱面分别交于棱线 *SA*、*SB*、*SC*……将其中一条棱线 *SA* 从正三棱锥中分离出来，试绘制棱线 *SA* 的三面投影，如图 2-1-11(b)所示。

(2) 分析正三棱锥上各棱线的空间位置。

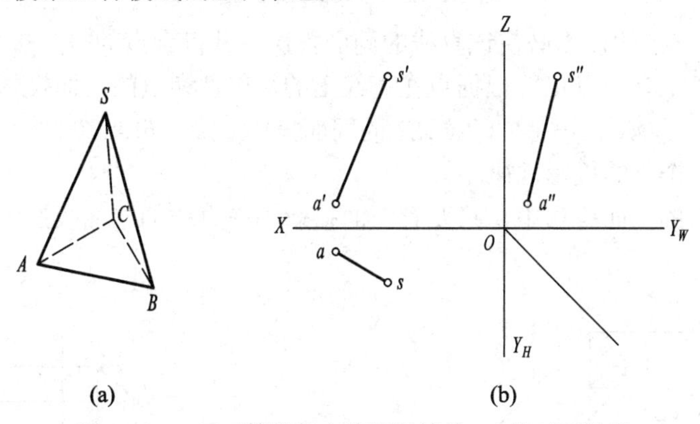

图 2-1-11　正三棱锥的立体图及棱线 *SA* 的三面投影

任务分析

空间两点可以确定一条直线，要作直线的投影，可以先分别作出直线上两个端点的投影，然后连接各端点的同面投影即可。如图 2-1-11(a)所示，正三棱锥的各条棱线均为直线，将棱线 *SA* 从正三棱锥中分离出来，分别作出 *S* 点和 *A* 点的三面投影，然后再连接两点的同面投影。分析正三棱锥各棱线与三个投影面之间的位置关系，即可知正三棱锥各棱线的空间位置。要完成此任务，需要掌握直线的三面投影作图及空间各种位置直线的投影特性。

相关知识

一、直线的三面投影

(1) 直线的投影一般仍是直线。如图 2-1-12(a)所示，直线 *AB* 的水平投影 *ab*，正面投影 *a'b'*，侧面投影 *a''b''*均为直线。

(2) 直线的投影可由直线上两点的同面投影来确定。因空间一直线可由直线上的两点来确定，所以直线的投影也可由直线上任意两点的投影来确定。先做出线段的两端点 *A*、*B* 的三面投影，如图 2-1-12(b)所示。再连接两点的同面投影得到 *ab*、*a'b'*、*a''b''*，就是直线 *AB* 的三面投影，如图 2-1-12(c)所示。

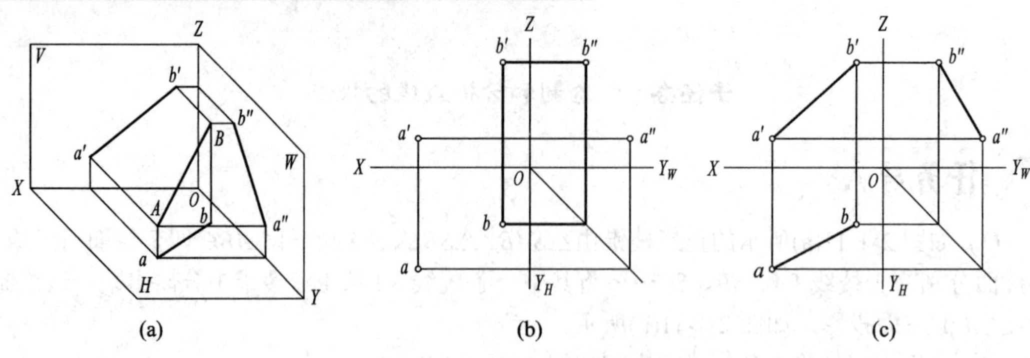

图 2-1-12 直线的三面投影

(3) 直线上任一点的投影必在该直线的同面投影上并符合点的投影规律。如图 2-1-13(a)所示，在直线 *AB* 上有一点 *C*，根据点在直线上的从属性和点的三面投影规律，可知点 *C* 的三面投影 *c*、*c*′、*c*″ 必定分别在直线 *AB* 的同面投影 *ab*、*a*′*b*′、*a*″*b*″上，如图 2-1-13(b)所示，而且符合同一个点的投影规律。

反之，在一点的三面投影中，只要有一面投影不在直线的同面投影上，则该点就一定不在该直线上。

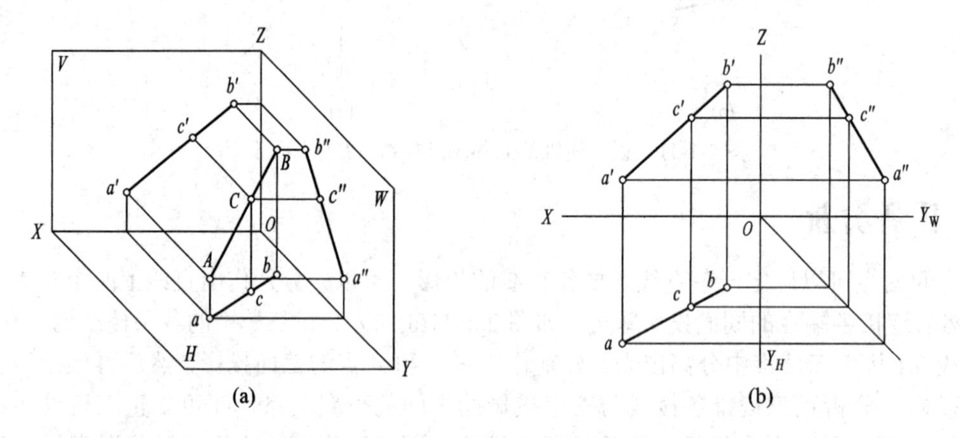

图 2-1-13 直线上点的投影

二、各种位置直线的投影特性

根据空间直线对三个投影面的不同位置，可分为一般位置直线、投影面平行线和投影面垂直线三种，后两种直线也称为特殊位置直线。

1. 一般位置直线

对三个投影面均处于倾斜位置的直线称为一般位置直线，如图 2-1-14 所示。其投影特性为三面投影都与投影轴倾斜，三面投影均不反映实长。

2. 投影面平行线

平行于一个投影面，同时倾斜于另外两个投影面的直线称为投影面平行线。

投影面平行线又可分为以下三种，如表 2-1-3 所示。

(1) 正平线：平行于正立投影面，倾斜于水平投影面和侧立投影面。

(2) 水平线：平行于水平投影面，倾斜于正立投影面和侧立投影面。

(3) 侧平线：平行于侧立投影面，倾斜于正立投影面和水平投影面。

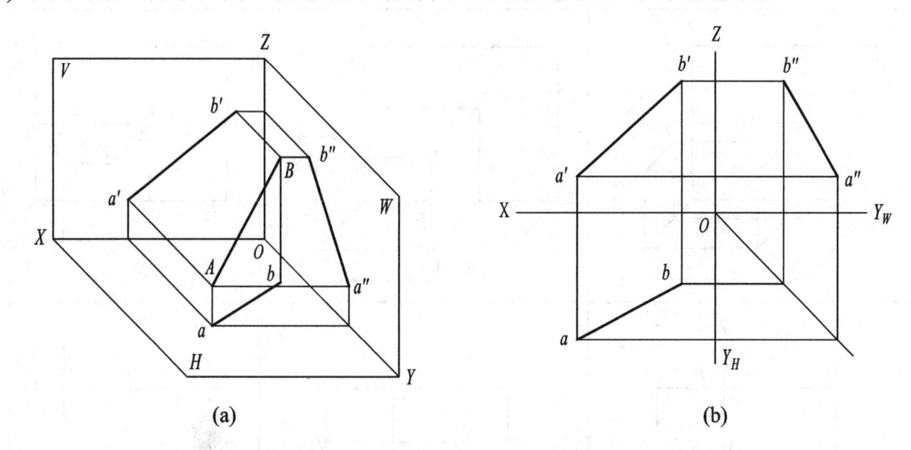

图 2-1-14　一般位置直线的投影

表 2-1-3　投影面平行线的投影特性

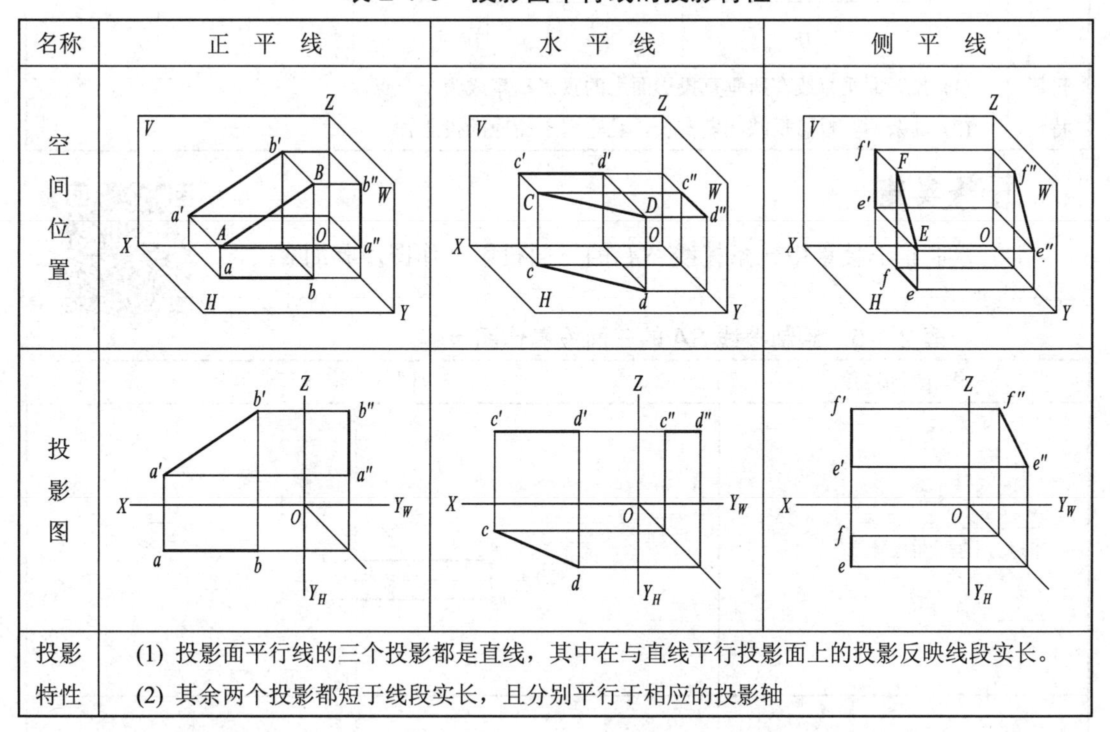

名称	正　平　线	水　平　线	侧　平　线
空间位置			
投影图			
投影特性	(1) 投影面平行线的三个投影都是直线，其中在与直线平行投影面上的投影反映线段实长。 (2) 其余两个投影都短于线段实长，且分别平行于相应的投影轴		

3. 投影面垂直线

垂直于一个投影面，同时平行于另外两个投影面的直线称为投影面垂直线。投影面垂直线又可分为以下三种，如表 2-1-4 所示。

(1) 正垂线：垂直于正立投影面，平行于水平投影面和侧立投影面。

(2) 铅垂线：垂直于水平投影面，平行于正立投影面和侧立投影面。

(3) 侧垂线：垂直于侧立投影面，平行于水平投影面和正立投影面。

表 2-1-4　投影面垂直线的投影特性

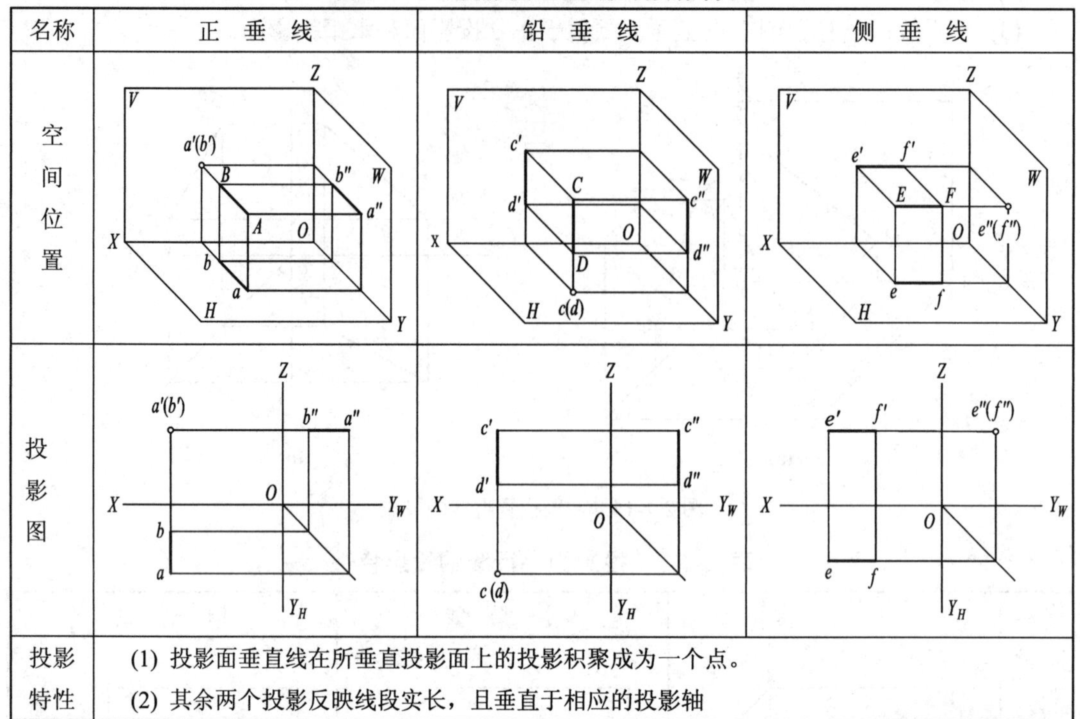

名称	正垂线	铅垂线	侧垂线
空间位置			
投影图			
投影特性	(1) 投影面垂直线在所垂直投影面上的投影积聚成为一个点。 (2) 其余两个投影反映线段实长，且垂直于相应的投影轴		

任务实施

(1) 绘制正三棱锥中一条棱线 *SA* 的三面投影，作图步骤如表 2-1-5 所示。

表 2-1-5　绘制棱线 *SA* 的三面投影作图步骤

作图步骤	图示
作点 *A* 的三面投影	Z a′　a″ X　O　Y_W a Y_H
作点 *S* 的三面投影	Z s′　s″ a′　a″ X　O　Y_W a s Y_H

续表

作 图 步 骤	图　示
分别连接 A、S 两点的同面投影，完成直线 SA 的三面投影	Z s′ s″ a′ a″ O X Y_W a s Y_H

(2) 分析如图 2-1-15 所示的正三棱锥中棱线 SA、SB、AC 的三面投影，判断其空间位置。

① 棱线 SA：如图 2-1-15 所示，sa、$s'a'$、$s''a''$ 的三面投影与投影轴都是倾斜，可确定 SA 属于一般位置直线。

② 棱线 SB：如图 2-1-15 所示，sb 和 $s'b'$分别平行于 OY_H轴和 OZ 轴，$s''b''$投影倾斜，可确定 SB 为侧平线，侧面投影 $s''b''=SB$ 反映实长。

③ 棱线 AC：如图 2-1-15 所示，ac 和$a'c'$都平行于 OX 轴，侧面投影 $a''(c'')$重影，可确定 AC 为侧垂线，$ac=AC$、$a'c'=AC$ 反映实长。

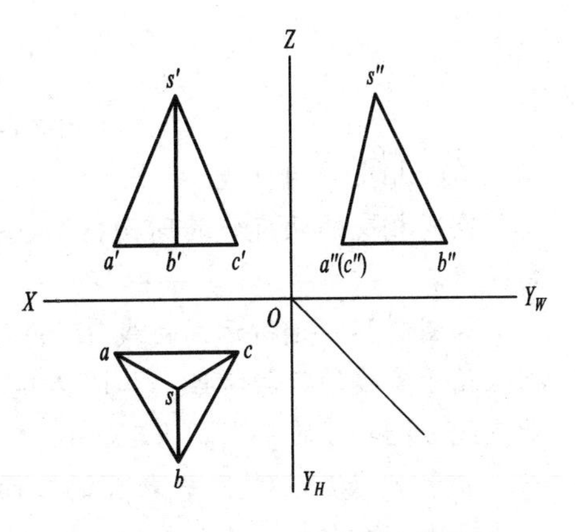

图 2-1-15　分析各棱线的空间位置

任务评价

根据本任务学习目标，结合课堂学习情况，按照表 2-1-6 中的相应项目进行评价。

表 2-1-6　绘制与分析直线三面投影图任务评价表

序号	评 价 项 目	自评			师评		
		A	B	C	A	B	C
1	能否正确建立坐标系						
2	能否按照点的投影规律正确绘制直线的投影						
3	能否对直线各端点的投影进行正确标注						
4	能否正确判断正三棱锥各棱线的空间位置						

【知识拓展】

空间两直线的相对位置

空间两直线的相对位置有平行、相交和交叉三种情况。两直线平行或相交即为共面直线，两直线交叉即为异面直线。两直线的投影特性分述如下：

一、平行的两直线

空间相互平行的两直线的各组同面投影也一定相互平行。如图2-1-16(a)所示，若AB∥CD，则$ab \parallel cd$、$a'b' \parallel c'd'$，$a''b'' \parallel c''d''$，如图2-1-16(b)所示。

反之，如果两直线的各组同面投影都相互平行，则可判定它们在空间也一定相互平行。

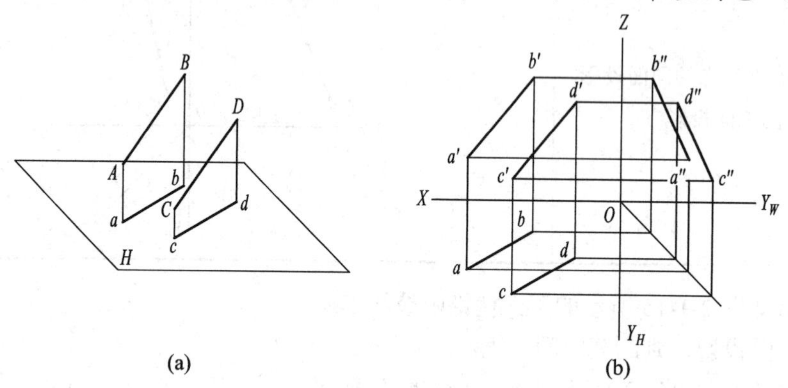

(a) (b)

图 2-1-16 平行两直线的投影

二、相交的两直线

空间相交的两直线的同面投影也一定相交，交点为两直线的共有点，且应符合点的投影规律。

如图 2-1-17(a)所示，直线 *AB* 和 *CD* 相交于点 *K*，点 *K* 是直线 *AB* 和 *CD* 的共有点。根据点属于直线的投影特性，如图 2-1-17(b)所示，点 *k* 属于直线 *ab*，又属于直线 *cd*，即点 *k* 是直线 *ab* 和 *cd* 的交点。同理，点 k′必定是 *a′b′*和 *c′d′*的交点，*k″*也必定是 *a″b″*和 *c″d″*的交点。由于 *k*、*k′*和 *k″*是同一点 *K* 的三面投影，因此，*k*、*k′*的连线垂直于 *OX* 轴，*k′*和 *k″*的连线垂直于 *OZ* 轴。

反之，如果两直线的各组同面投影都相交，且交点符合点的投影规律，则可判定这两直线在空间也一定相交。

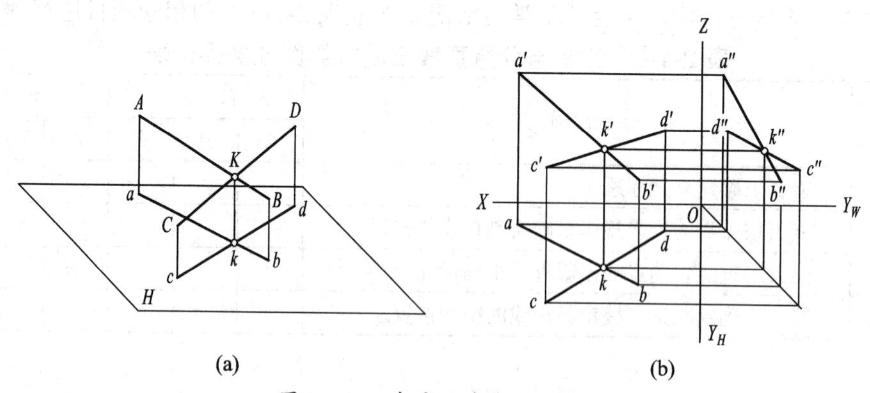

(a) (b)

图 2-1-17 相交两直线的投影

三、交叉的两直线

在空间既不平行也不相交的两直线为交叉两直线，又称异面直线，如图2-1-18(a)所示。

若交叉两直线的投影中有某投影相交，这个投影的交点同处于一条投射线上，且分别从属于两直线的两个点，即重影点的投影。各组同面投影交点连线不垂直于相应的投影轴，不符合点的投影规律。

如图2-1-18(b)所示，水平面投影的交点1(2)，是点I(从属于直线AB)和点II(从属于直线CD)的水平面重影点投影。正面投影的交点3′(4′)，是点III(从属于直线CD)和点IV(从属于直线AB)的正面重影点投影。

由于$Z_1 > Z_2$，所以I点可见，而II点不可见，故标记为1(2)。由于$Y_3 > Y_4$，所以III点可见，而IV点不可见，故标记为3′(4′)。

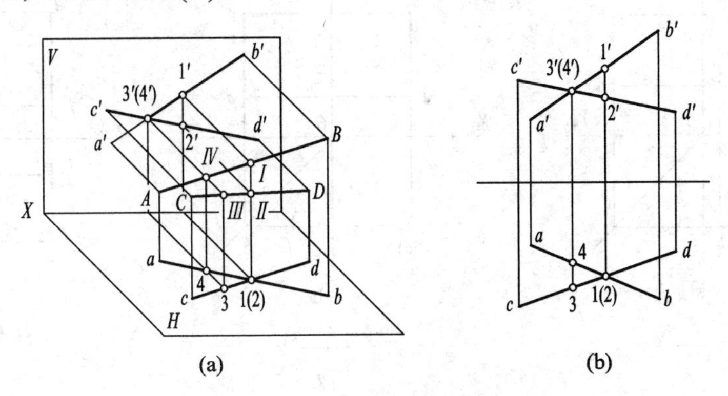

图 2-1-18　交叉两直线的投影

拓展练习

(1) 判别下列直线相对于投影面的位置。

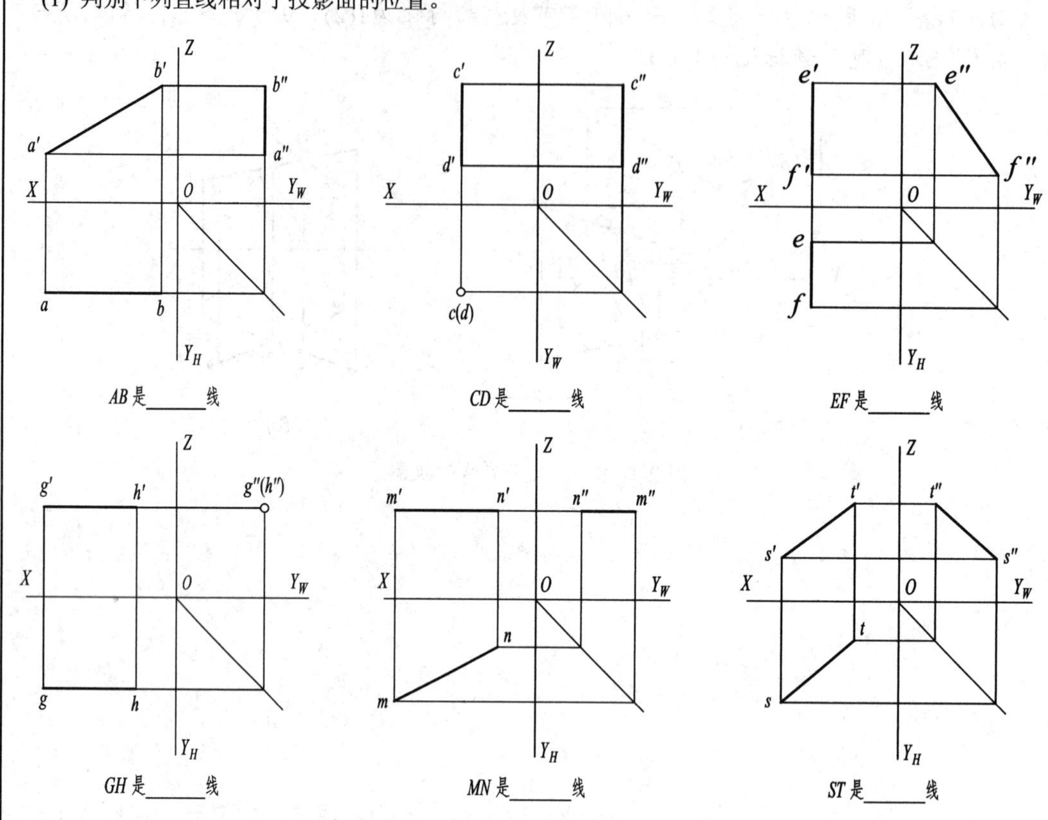

AB是______线　　CD是______线　　EF是______线

GH是______线　　MN是______线　　ST是______线

(2) 已知 A 点的三面投影及 B 点在 A 点的下方 5 mm，左方 15 mm，后方 8 mm，完成直线 AB 的三面投影。

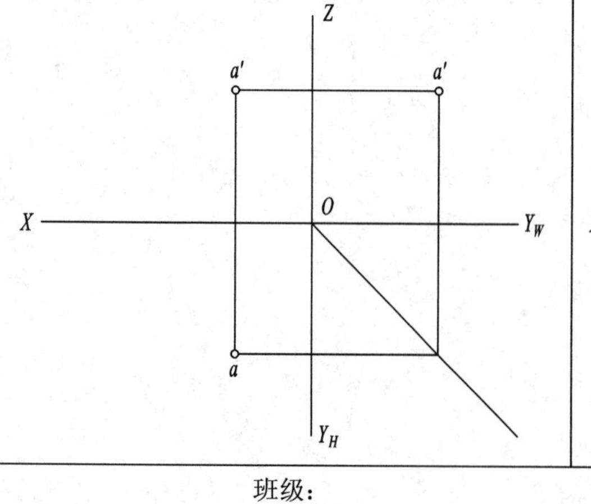

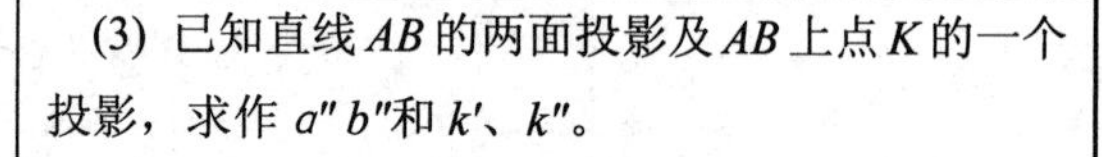
(3) 已知直线 AB 的两面投影及 AB 上点 K 的一个投影，求作 a″ b″和 k′、k″。

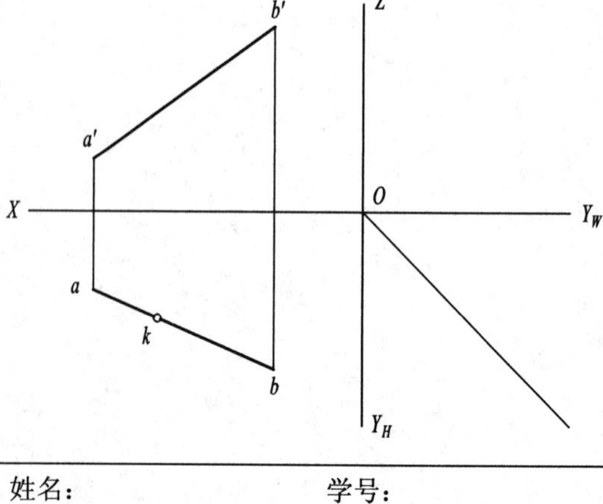

班级：　　　　　　姓名：　　　　　　学号：

子任务3 绘制和分析平面的投影

任务导入

(1) 如图 2-1-19(a)所示正三棱锥，由△*SAB*、△*SBC*、△*SAC* 和△*ABC* 四个棱面所组成，将其中一个棱面△*SAB* 从正三棱锥中分离出来，试绘制棱面△*SAB* 的三面投影，如图 2-1-19(b)所示。

(2) 分析正三棱锥中各棱面△*SAB*、△*SAC*、△*ABC* 的空间位置。

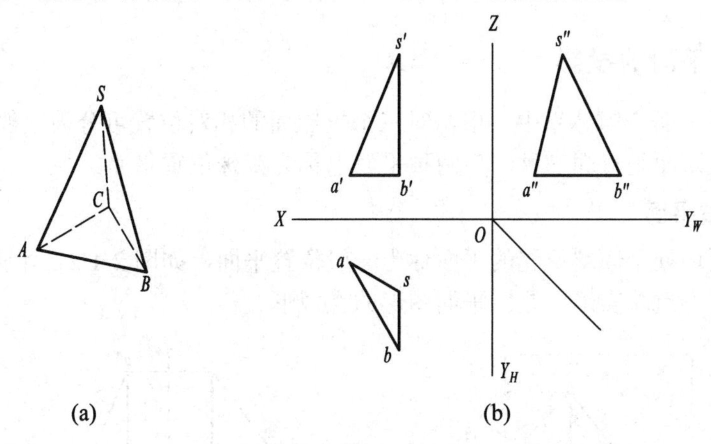

图 2-1-19 正三棱锥的立体图及棱面△*SAB* 的三面投影

任务分析

如图 2-1-19(a)所示，正三棱锥的各个棱面均为平面三边形，平面三边形由三条直线围成，有三个顶点。作平面的投影，可先作出平面各顶点的投影，然后将各点的同面投影依次连接即可得平面投影。分析正三棱锥各棱面与三个投影面之间的位置关系，即可知正三棱锥各棱面的空间位置。要完成此任务，需要掌握平面的三面投影作图及空间各种位置平面的投影特性。

相关知识

一、平面的表示法

不属于同一直线的三点可确定一平面。因此，平面可以用如图 2-1-20 所示的任何一组几何要素的投影来表示。

(1) 不在同一直线上的三点，如图 2-1-20(a)所示。

(2) 一直线和直线外的一点，如图 2-1-20(b)所示。

(3) 相交的两直线，如图 2-1-20(c)所示。

(4) 平行的两直线，如图 2-1-20(d)所示。

(5) 任意平面图形，如图 2-1-20(e)所示。

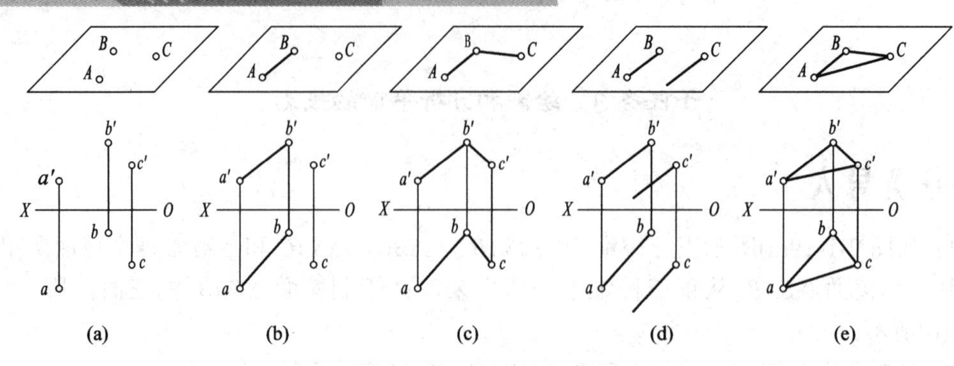

图 2-1-20 平面的表示法

二、各种位置平面的投影

空间平面在三面投影体系中，根据对三个投影面的相对位置可分为一般位置平面、投影面平行面和投影面垂直面三种，后两种平面也称为特殊位置平面。

1. 一般位置平面

三个投影面均处于倾斜位置的平面称为一般位置平面，如图 2-1-21 所示。其投影特性为：各面投影都不反映实形，是原平面图形的类似形。

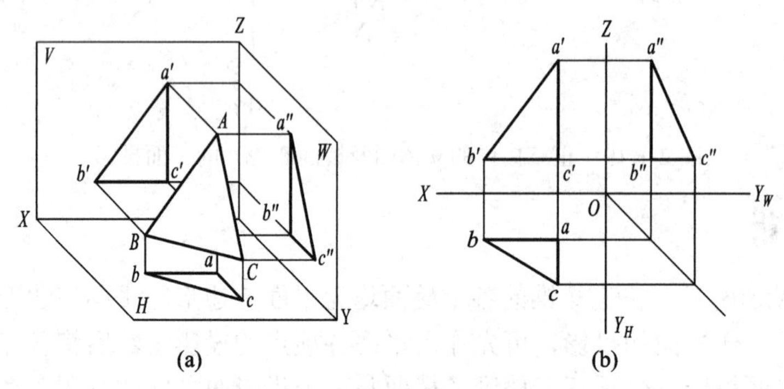

图 2-1-21 一般位置平面的投影特性

2. 投影面平行面

平行于一个投影面，垂直于另外两个投影面的平面称为投影面平行面。投影面平行面又可分为以下三种，如表 2-1-7 所示。

(1) 正平面：平行于正立投影面，同时垂直于水平投影面和侧立投影面。

(2) 水平面：平行于水平投影面，同时垂直于正立投影面和侧立投影面。

(3) 侧平面：平行于侧立投影面，同时垂直于正立投影面和水平投影面。

3. 投影面垂直面

垂直于一个投影面，倾斜于另外两个投影面的平面称为投影面垂直面。投影面垂直面又可分为以下三种，如表 2-1-8 所示。

(1) 正垂面：垂直于正立投影面，同时倾斜于水平投影面和侧立投影面。

(2) 铅垂面：垂直于水平投影面，同时倾斜于正立投影面和侧立投影面。

(3) 侧垂面：垂直于侧立投影面，同时倾斜于正立投影面和水平投影面。

表 2-1-7 投影面平行面的投影特性

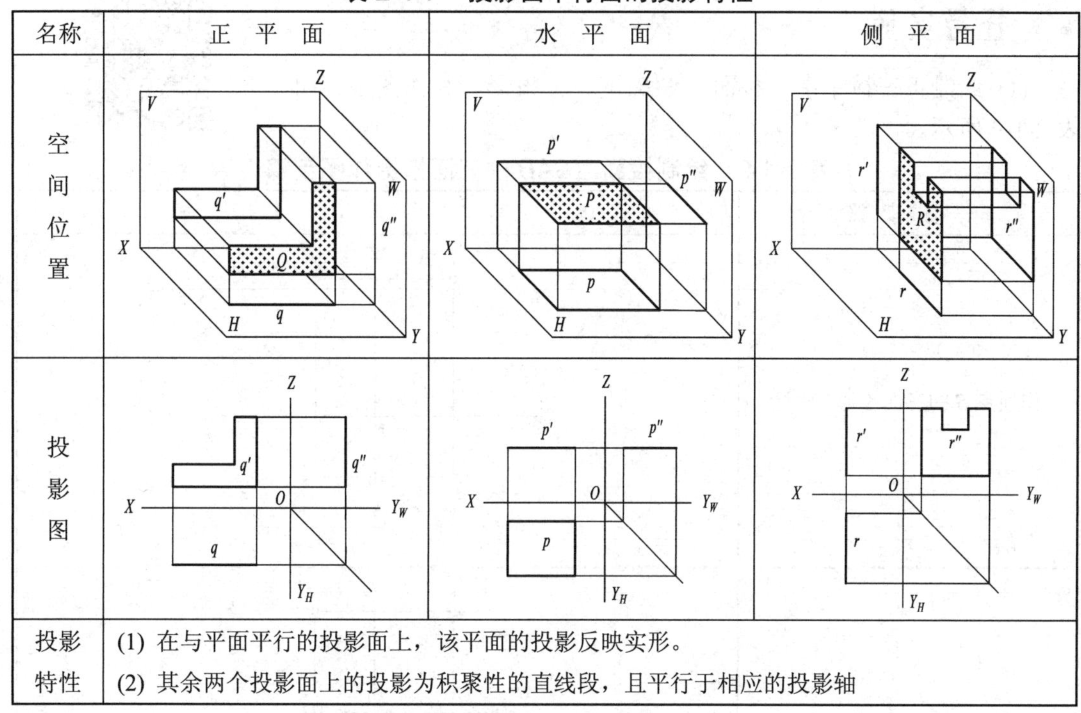

名称	正平面	水平面	侧平面
空间位置			
投影图			
投影特性	(1) 在与平面平行的投影面上，该平面的投影反映实形。 (2) 其余两个投影面上的投影为积聚性的直线段，且平行于相应的投影轴		

表 2-1-8 投影面垂直面的投影特性

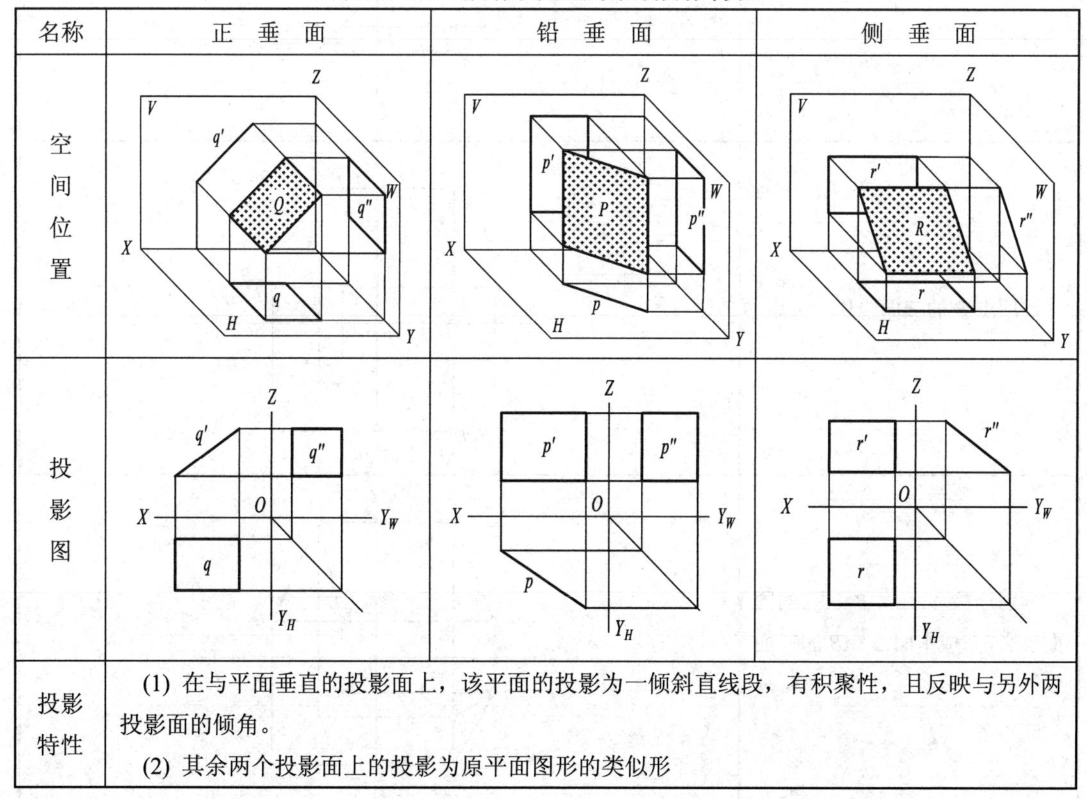

名称	正垂面	铅垂面	侧垂面
空间位置			
投影图			
投影特性	(1) 在与平面垂直的投影面上，该平面的投影为一倾斜直线段，有积聚性，且反映与另外两投影面的倾角。 (2) 其余两个投影面上的投影为原平面图形的类似形		

任务实施

(1) 绘制正三棱锥中一棱面△*SAB* 的三面投影，其作图步骤如表 2-1-9 所示。

表 2-1-9　绘制棱面△*SAB* 的三面投影作图步骤

作 图 步 骤	图　示
作顶点 *S* 的三面投影	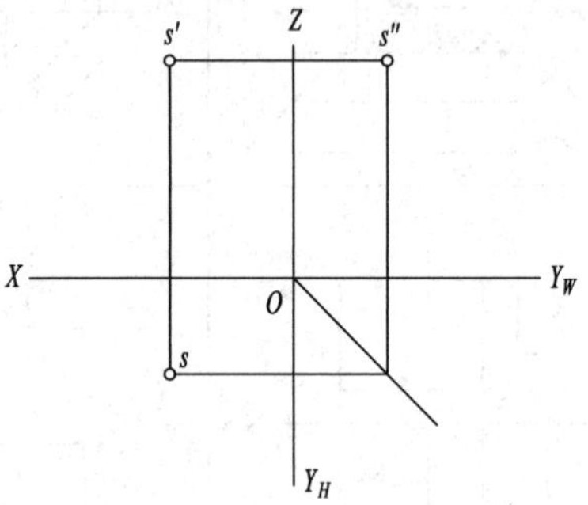
作顶点 *A* 的三面投影	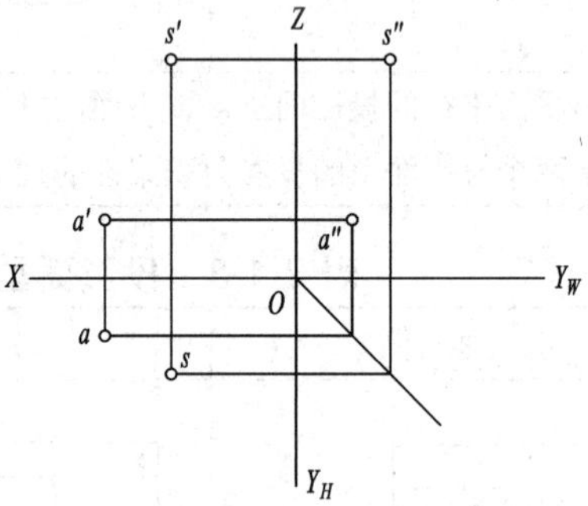
作顶点 *B* 的三面投影	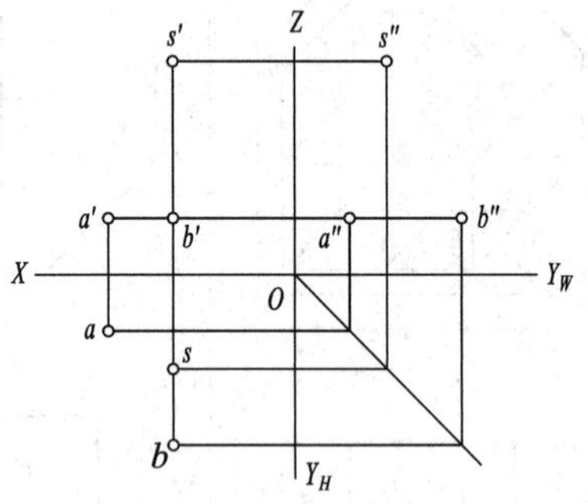
分别连接 *S*、*A*、*B* 三点的同面投影，完成平面△*SAB* 的三面投影	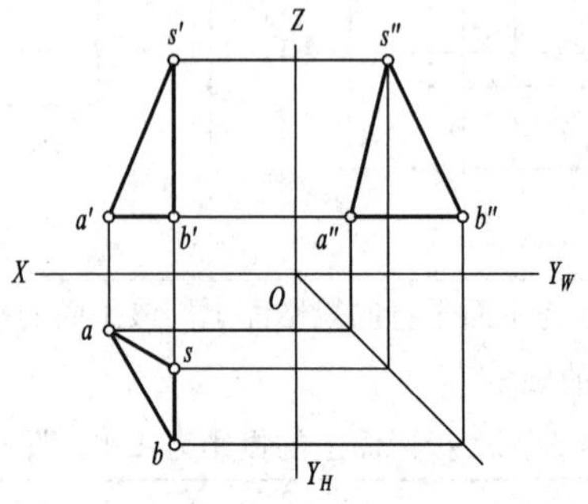

(2) 分析如图 2-1-22 所示的正三棱锥各棱面△*SAB*、△*SAC*、△*ABC* 的空间位置。

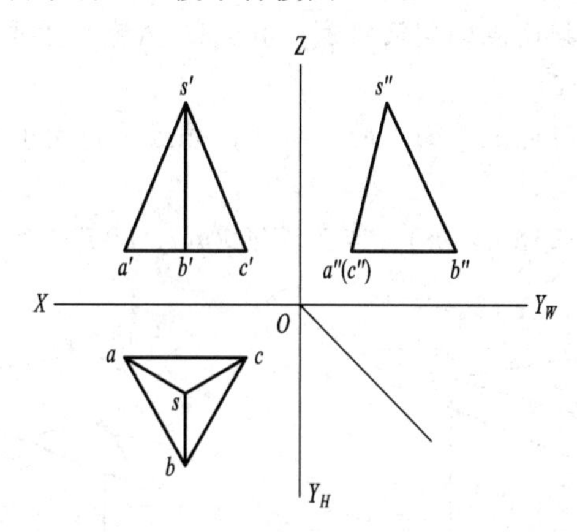

图 2-1-22　分析各棱线与投影面的相对位置

① 棱面△*SAB*：三个投影△*sab*、△*s'a'b'*、△*s''a''b''*都是类似的三角形，均为棱面△*SAB* 的类似形，可确定棱面△*SAB* 是一般位置平面。

② 棱面△*SAC*：水平面投影△*sac* 和正面投影△*s'a'c'*为类似三角形，侧面投影△*s''a''c''* 积聚为一直线，可确定棱面△*SAC* 是侧垂面。

③ 棱面△*ABC*：正面投影和侧面投影积聚为一直线，分别平行于 *OX* 轴和 OY_W 轴，水平面投影△*abc* 为三角形，可确定棱面△*ABC* 是水平面，水平面投影反映实形。

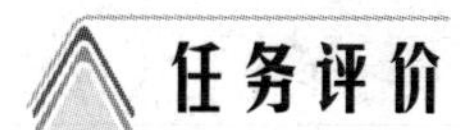

任务评价

根据本任务学习目标，结合课堂学习情况，按照表 2-1-10 中的相应项目进行评价。

表 2-1-10　绘制与分析平面三面投影图任务评价表

序号	评价项目	自评			师评		
		A	B	C	A	B	C
1	能否正确建立坐标系						
2	能否按照点的投影规律正确绘制平面的投影						
3	能否对平面各顶点的投影进行正确标注						
4	能否正确判断正三棱锥各棱面的空间位置						

【知识拓展】

平面上的直线和点

一、平面上的直线

直线在平面上的几何条件是：

(1) 直线通过平面上任意两点。

(2) 直线通过平面上的一点，且平行于平面上的任一直线。

如图2-1-23所示，已知平面△*ABC*的两面投影，试作出属于该平面的任一直线。

做法一：根据“一直线通过平面上任意两点”的条件作图，如图2-1-23(a)所示。

取属于直线BC的任一点M，它的投影分别为m和m'；再取属于直线AC的另一任意点N，它的投影分别为n和n'；连接两点的同面投影。由于M、N皆属于平面，所以mn和$m'n'$所表示的直线MN必属于△ABC平面。

做法二：根据“一直线通过平面上的一个点，并且平行于平面上的另一直线”的条件作图，如图2-1-23(b)所示。

经过属于平面的任一点$M(m, m')$，作直线$MD(md, m'd')$平行于已知直线$AC(ac, a'c')$，则直线MD必属于△ABC。

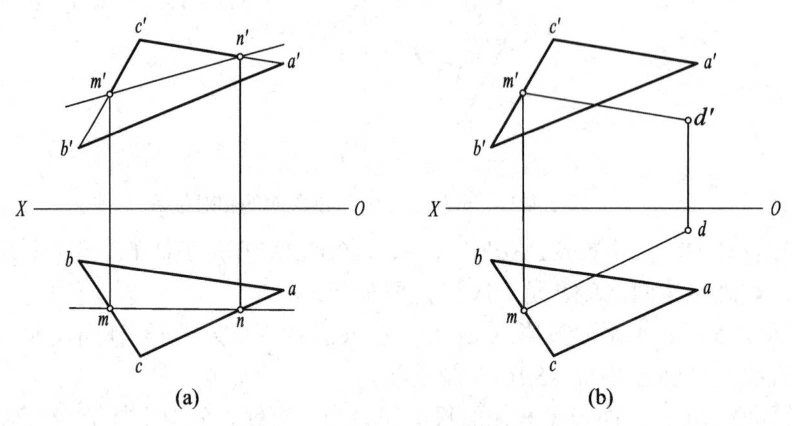

图 2-1-23　作属于平面上的直线

二、平面上的点

如果点在平面内的任一直线上，则该点必在该平面上。由此可知：位于平面上点的各面投影，必在该平面上通过该点的直线的同面投影上。

因此，要在平面上取点，必须先在平面上作一辅助线，然后在辅助线的投影上取得点的投影，这种作图方法叫作辅助线法。

(1) 如图2-1-24(a)所示，已知△ABC上一点K的正面投影k'，求作它的水平面投影k。

做法一：如图2-1-24(b)所示，过点k'在△ABC上作辅助线，与$a'b'$、$a'c'$交于m'、n'两点，再由m'、n'按点的投影规律在ab、ac上求得m、n两点并且连线，最后根据点的投影规律由k'在m、n上求得点k。

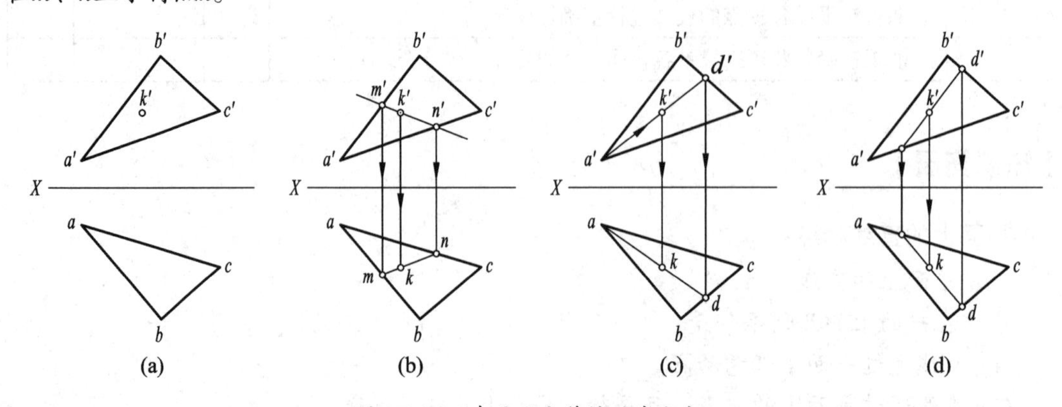

图 2-1-24　在平面上作辅助线取点

做法二：如图 2-1-24(c)所示，连接点 a'、k'与 $b'c'$交于点 d'，再由点 d'按点的投影规律

在 bc 上求得点 d，连接 ad，最后根据点的投影规律由点 k'在 ad 上求得点 k。若过点 k'作 $a'b'$ 的平行线为辅助线，如图 2-1-24(d)所示，所得结果是一样的。

(2) 如图 2-1-25(a)所示，已知任意五边形 $ABCDE$ 的一个投影和其中 AB、CD 两边的水平面投影，且 $AB /\!/ CD$，完成该五边形的水平面投影。

分析：此五边形中两条边 AB 和 BC 的两面投影都已给出，实际上该平面已由相交两直线 AB 和 BC 所决定。只要根据在平面上的直线和点的投影性质，即可由已知投影补出其他投影。

做法：如图 2-1-25(b)中箭头所示，作 $cd /\!/ ab$，由点 d'得点 d；再过点 e'作辅助线 AF(af、$a'f'$)，即可由点 e'得点 e，连接起来就可完成该五边形的水平面投影。

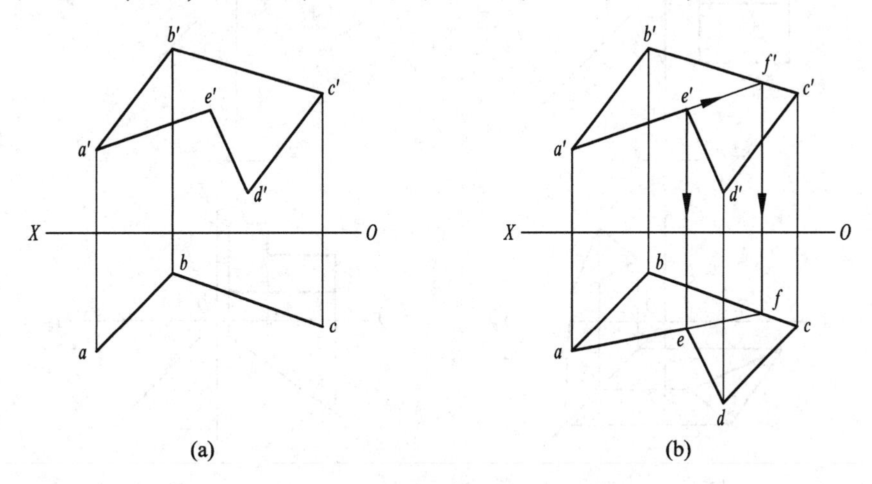

图 2-1-25　补全任意五边形的投影

拓展练习

(1) 已知平面的两面投影，求作第三面投影，并判断该平面属于什么位置平面。

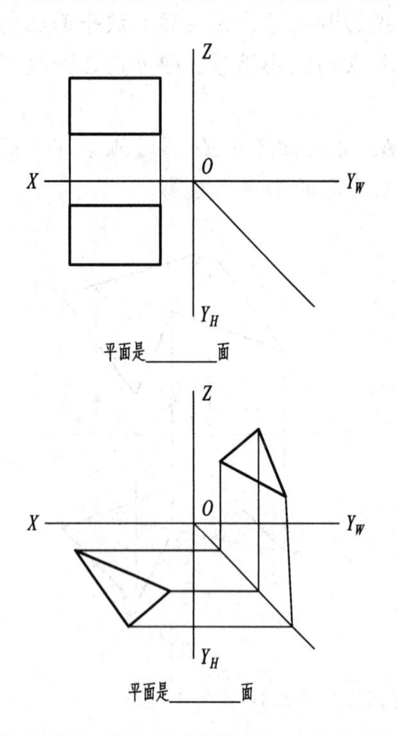

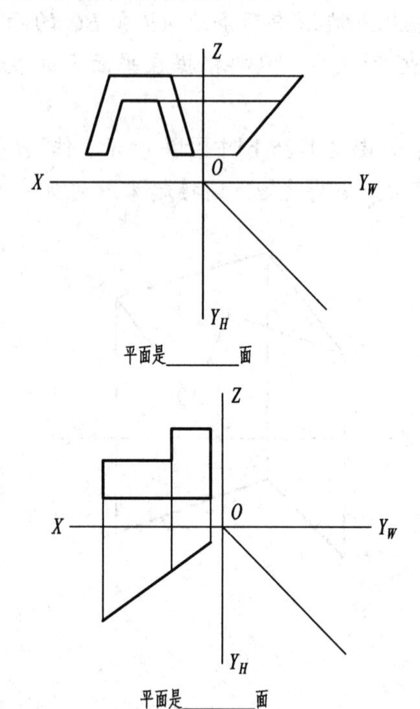

(2) 已知点 K 在 ΔABC 平面上，完成 ΔABC 的正面投影。

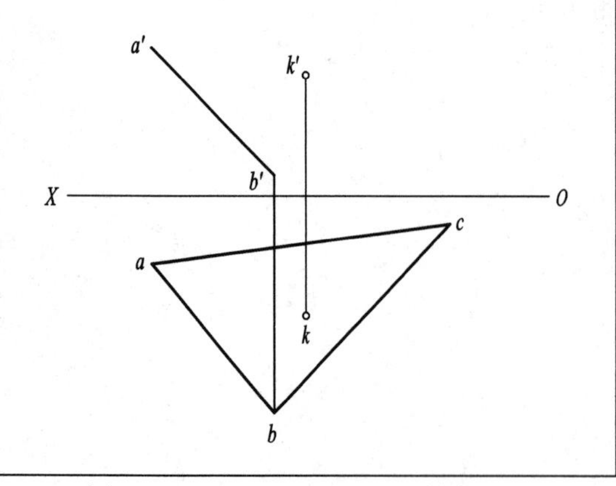

(3) 完成平面 $ABCDEF$ 的水平面投影(各对边互相平行)。

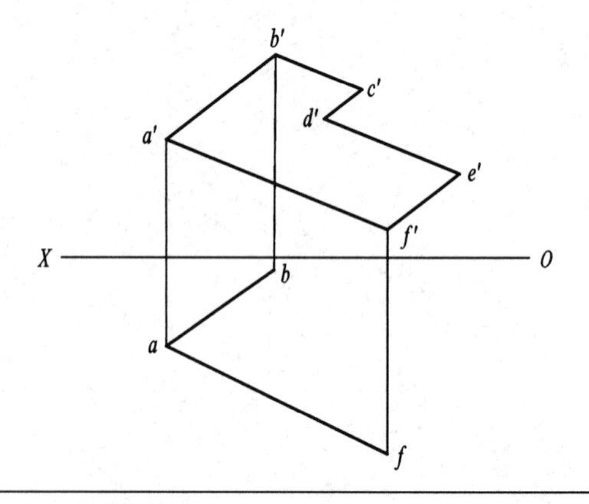

班级： 姓名： 学号：

任务二　绘制锥头三视图

任务导入

试绘制如图 2-2-1 所示的锥头三视图。

图 2-2-1　锥头

任务分析

图 2-2-1 所示的锥头由正六棱柱和正六棱锥组成，棱柱和棱锥属于平面立体。表面由平面围成的立体称为平面立体，最常见的平面立体有棱柱和棱锥。正六棱柱是一个前后、左右对称的平面立体，顶面和底面为正六边形，六个侧棱面为相等的矩形，六条侧棱线相互平行且与顶面、底面垂直。正六棱锥的底面为正六边形，六个侧棱面为等腰三角形，六条侧棱线相交于锥顶。要正确绘制锥头的三视图，需要掌握三视图的投影规律，棱柱、棱锥的投影特性等相关知识。

相关知识

一、视图的概念

国家标准规定，用正投影法所绘制出形体的图形称为视图。

用正投影法绘制形体视图时，是将形体置于观察者与投影面之间，始终保持人→形体→投影面的相对位置关系，以观察者的视线作投射线，将观察到的形状绘制在投影面上。如图 2-2-2 所示，形状不同的四个形体在同一投影面上却得到了相同的视图。因此，一个视图一般不能确定形体空间的结构形状。在机械图样中采用多面正投影的方法，绘制几个不同方向的投影来表示一个形体的空间形状，通常采用三面视图。

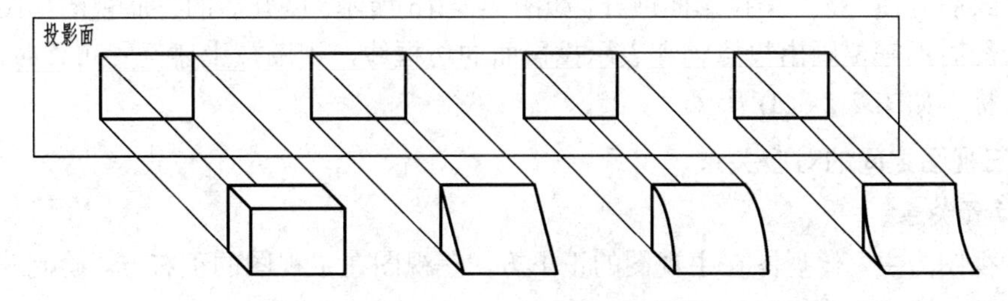

图 2-2-2　不同形体在同一个投影面上得到相同的视图

1．三视图的形成和名称

如图 2-2-3(a)所示，将形体置于三投影面体系中，按正投影法分别向 *V* 面、*H* 面、*W* 面进行投影，即可得到形体的三面视图，分别称为：

(1) 主视图：由前向后投射，在 *V* 面上得到的视图。

(2) 俯视图：由上向下投射，在 *H* 面上得到的视图。

(3) 左视图：由左向右投射，在 *W* 面上得到的视图。

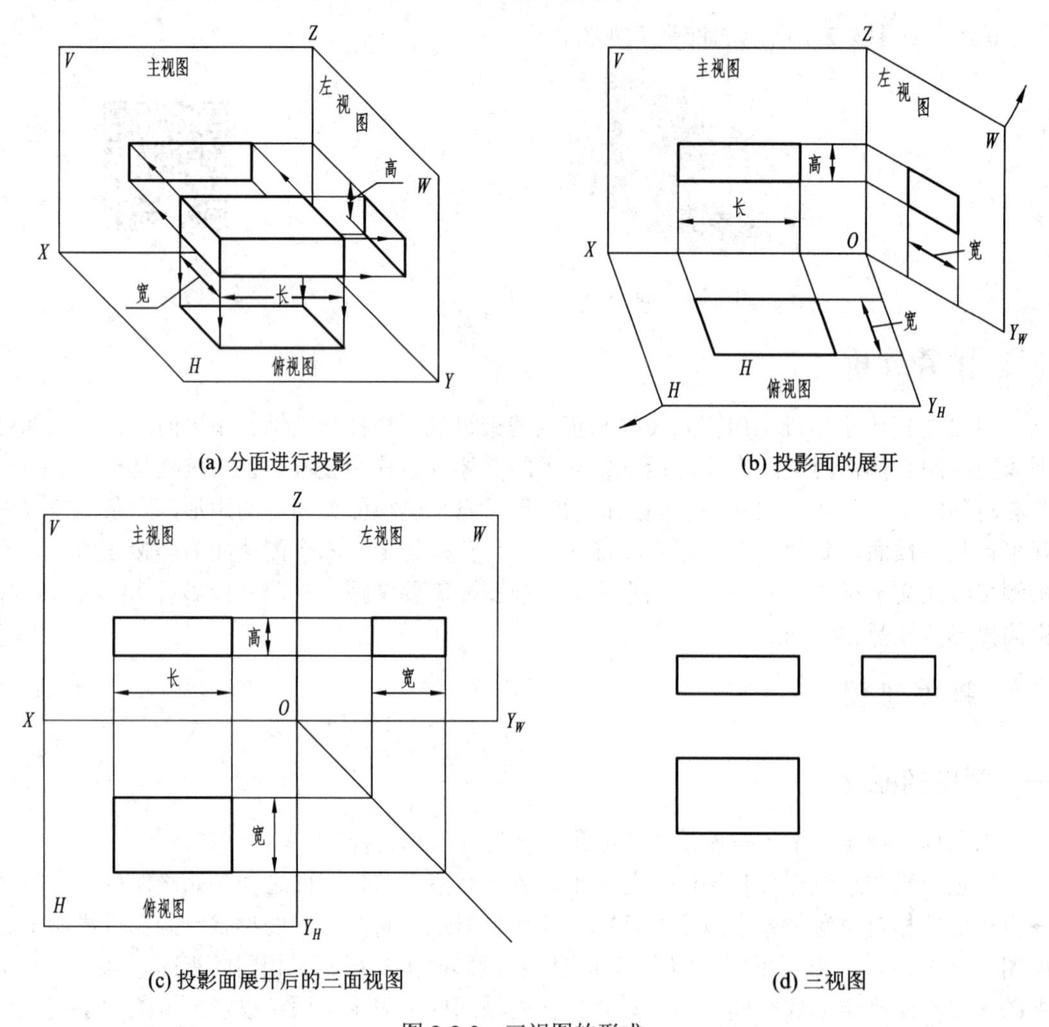

图 2-2-3　三视图的形成

为了绘图方便，将三个投影面展开，如图 2-2-3(b)所示。展开后的三面视图如图 2-2-3(c)所示。绘图时不需要画出投影轴和表示投影面的边框线，视图按上述位置布置时，不需注出视图名称，如图 2-2-3(d)所示。

2．三视图之间的对应关系

1) 位置关系

以主视图为主，俯视图在主视图的正下方，左视图在主视图的正右方。绘制三视图时，其位置应按上述规定配置，如图 2-2-4 所示。

2) 方位关系

所谓方位关系，指的是以绘图(或看图)者面对形体正面(主视图的投影方向)观察形体为准，看形体的上、下、左、右、前、后六个方位在三视图中的对应关系，如图 2-2-4(a)所示。

主视图反映了形体的上、下和左、右投影。

俯视图反映了形体的前、后和左、右投影。

左视图反映了形体的前、后和上、下投影。

由图 2-2-4(a)、(b)所示可知，俯、左视图靠近主视图的一面叫里边，均表示形体的后面，远离主视图的一面叫外边，均表示形体的前面。

3) 三等关系

形体都有长、宽、高三个尺度，若将形体左右方向(X方向)的尺度称为长，上下方向(Z方向)尺度称为高，前后方向(Y 方向)尺度称为宽，则在三视图上主、俯视图反映了形体的长度，主、左视图反映了形体的高度，俯、左视图反映了形体的宽度，如图 2-2-4(c)所示。

由此归纳得出三视图的关系：

主、俯视图长对正(等长)。

主、左视图高平齐(等高)。

俯、左视图宽相等(等宽)。

以上关系简称为三视图的三等关系，即“长对正，高平齐，宽相等”。

注意：不仅形体整体的三视图符合三等关系，形体上的每一部分都应符合三等关系。

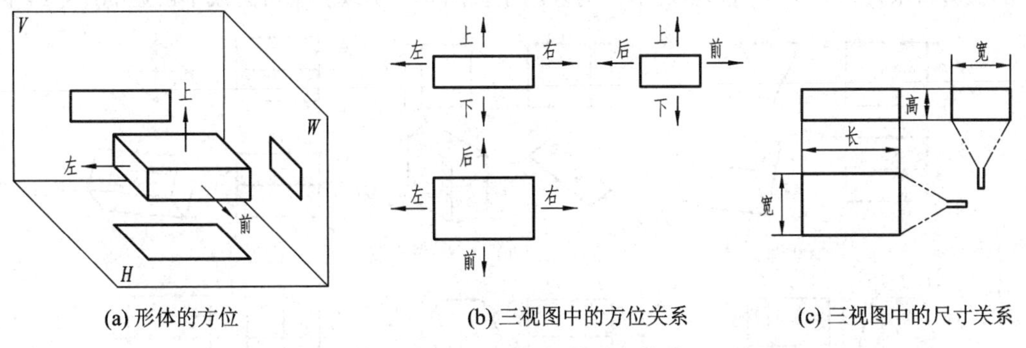

(a) 形体的方位　　(b) 三视图中的方位关系　　(c) 三视图中的尺寸关系

图 2-2-4　三视图之间的对应关系

二、棱柱

1．正六棱柱的视图分析

将正六棱柱置于如图 2-2-5(a)所示的位置，顶面、底面与 H 面平行，前、后两侧棱面与 V 面平行。这时左、右四个侧棱面与 H 面垂直，六条棱线相互平行且垂直于 H 面。图 2-2-5(b)所示为正六棱柱的三视图。

(1) 俯视图为正六边形，是顶面和底面的重合投影，反映实形；六条边是六个侧棱面的积聚投影。

(2) 主视图是三个矩形线框，中间矩形是前、后侧棱面的重合投影，反映实形；左、右两个矩形是其余四个侧棱面的重合投影，为缩小的类似形。由于顶面和底面为水平面，所以其正面投影积聚成为上、下两条水平线。

(3) 左视图是两个大小相等的矩形线框，是左、右四个侧棱面的重合投影，均为缩小的类似形；顶面和底面仍为两条水平线。

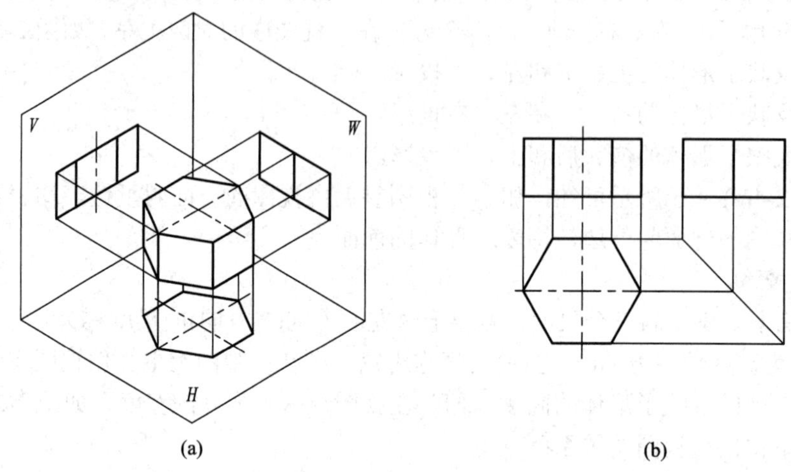

图 2-2-5　正六棱柱的投影

2．常见棱柱体三视图投影特征

图 2-2-6 所示为不同摆放位置的棱柱体及其三视图，观察形体可总结出它们的形体特征：棱柱体都是由两个平行且相等的多边形底面和若干个与其相垂直的矩形侧棱面所组成。其三视图的投影特征是：一个视图为多边形，另外两个视图为一个或多个可见或不可见的矩形线框。

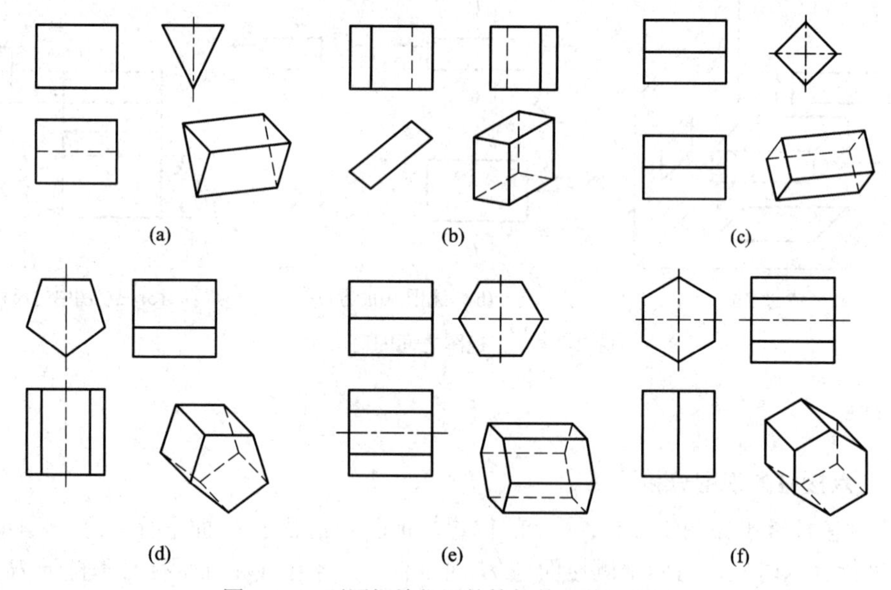

图 2-2-6　不同摆放位置的棱柱体及其三视图

三、棱锥

1．正三棱锥的视图分析

将正三棱锥置于如图 2-2-7(a)所示的位置，底面与 H 面平行，侧棱面△SAC 与 W 面垂直，其余两个侧棱面△SAB、△SBC 均与三个投影面倾斜。图 2-2-7(b)所示为正三棱锥的三视图。

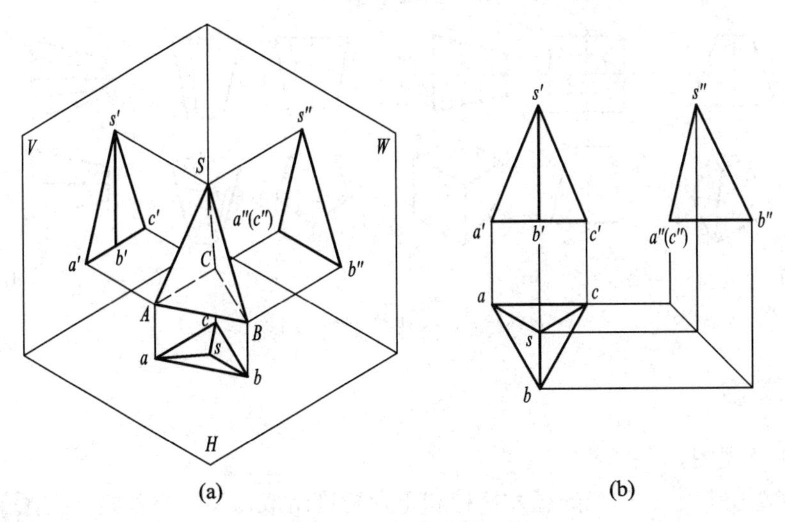

图 2-2-7　正三棱锥的投影

(1) 在俯视图中，△*abc* 为棱锥底面△*ABC* 的投影，反映实形；由于是正三棱锥，所以锥顶 *S* 的水平投影 *s* 位于底面三角形的中心上。三条侧棱线的水平投影 *sa*、*sb*、*sc* 把△*abc* 分成三个等腰三角形，是棱锥三个侧棱面的投影，都不反映实形。

(2) 在主视图中，棱锥底面的正面投影积聚成水平方向的直线 *a′b′c′*；由于棱锥的三个侧棱面都倾斜于 *V* 面，所以其正投影△*s′a′b′*、△*s′b′c′*、△*s′a′c′*都不反映实形。

(3) 在左视图中，棱锥底面的侧面投影仍积聚成水平方向的直线 *a″*(*c″*)*b″*。侧棱面△*SAC* 为侧垂面，其侧面投影积聚成直线 *s″a″*(*c″*)。左、右对称的两个侧面△*SAB* 和△*SBC* 倾斜于 *W* 面，其侧面投影重合且不反映实形。侧棱线 *SB* 为侧平线，其侧面投影 *s″b″*反映实长。注意正三棱锥的左视图不是一个等腰三角形。

2．常见棱锥体三视图投影特征

图 2-2-8 所示为不同摆放位置的正棱锥体及其三视图，观察形体可总结出它们的形体特征：棱锥体是由一个正多边形底面和若干个具有公共顶点的等腰三角形侧棱面组成，且锥顶位于过底面中心的垂直线上。其三视图的投影特征：一个视图的外形轮廓为正多边形，另外两个视图为一个或多个可见或不可见的三角形线框。

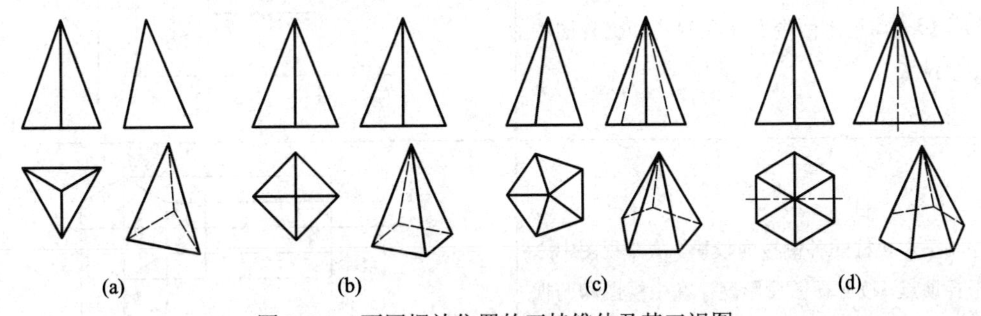

图 2-2-8　不同摆放位置的正棱锥体及其三视图

当棱锥体被平行于底面的平面截去上部，剩下的部分叫作棱锥台，简称棱台。棱台及其三视图如图 2-2-9 所示，三视图的投影特征是：一个视图的内、外轮廓为两个相似的正多边形，另外两个视图均为梯形线框。

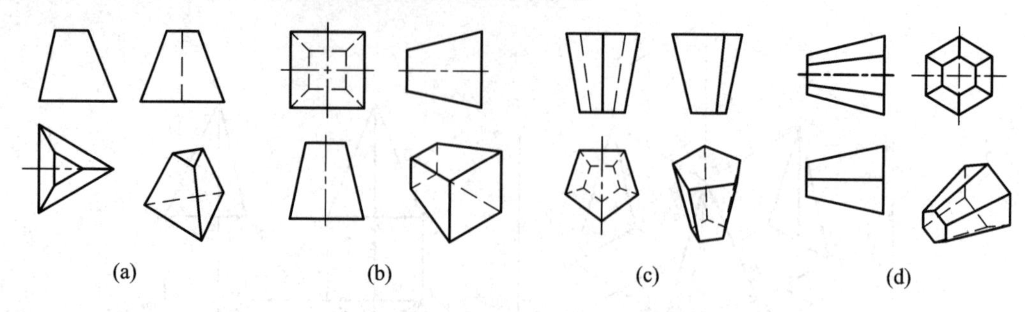

图 2-2-9 棱锥台及其三视图

 任务实施

绘制锥头三视图。

分析：锥头由共中心轴线的正六棱柱和正六棱锥组成，其中心轴线为水平方向。正六棱柱的三视图一个视图为正六边形、另两个视图为矩形线框，正六棱锥的三视图中的一个视图为正六边形、另两个视图为三角形线框。锥头在左视图中的投影反映实形为正六边形，在主视图和俯视图中的投影为矩形线框和三角形线框组成，其绘制方法与步骤如表 2-2-1 所示。

表 2-2-1 绘制锥头三视图的作图方法与步骤

作图步骤	图示
绘制三视图的对称中心线	
绘制正六棱柱两端面投影：先绘制在左视图中反映两端面实形的投影，再根据尺寸 L_1 按三视图的投影规律绘制两端面在主视图和俯视图中的积聚投影	L_1
绘制正六棱柱的各侧棱面投影，从左视图中六边形各顶点，按三视图投影规律在主视图和俯视图中画水平线	

续表

作图步骤	图示
绘制正六棱锥的投影：根据尺寸 L_2 确定正六棱锥锥点位置，再将锥点与棱柱左端面各顶点相连接，绘制出棱锥各可见棱线在三视图中的投影	
整理图形并加粗图线，完成锥头三视图的绘制	

任务评价

根据本任务的学习目标，结合课堂学习情况，按照表 2-2-2 中的相应项目进行评价。

表 2-2-2 绘制锥头三视图任务评价表

序号	评价项目	自评			师评		
		A	B	C	A	B	C
1	能否正确绘制三视图						
2	三视图是否遵循三等关系						
3	图线绘制是否符合规范						
4	视图布局是否合理						

【知识拓展】

平面立体表面上取点

一、正六棱柱表面上取点

在平面立体表面上取点，其原理和方法与在平面上取点相同。由于棱柱的各表面均处于特殊位置，因此可利用投影的积聚性来取点。棱柱表面上点的可见性可根据点所在平面的可见性来判别，若平面可见，则平面上点的同面投影为可见，反之为不可见。

如图 2-2-10(a)所示，已知正六棱柱表面点 M 的正面投影 m'，求水平面投影 m 和侧面投影 m''。

分析：因为 m' 为可见点的投影，所以 M 点必处在六棱柱的左前棱面上。

作图：根据投影积聚性，按箭头方向在俯视图中作出 m，再根据点的投影规律，如图 2-2-10(a)中箭头所示，作出 m''。如果 M 点在右前棱面上，则左视图中的 W 面投影 m'' 处于不可见表面上，这时应加括号，在图中应标注为(m'')。

如图 2-2-10(b)所示，已知正六棱柱顶面上点 N 的水平面投影 n，求作 n' 和 n''，由于顶面的正面投影积聚成水平线，所以可由 n 直接作出 n'，再由 n、n' 作出 n''。

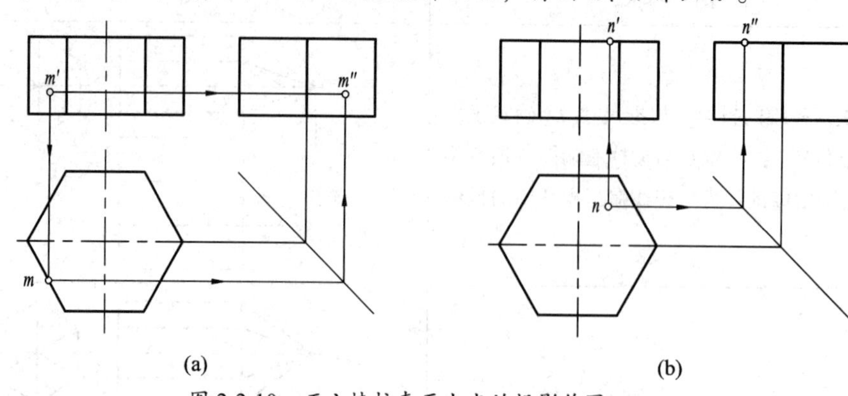

图 2-2-10 正六棱柱表面上点的投影作图

二、正三棱锥表面上取点

构成正三棱锥的表面有特殊位置平面和一般位置平面。如果点所在的表面为特殊位置平面，可根据投影的积聚性直接求得；如果点所在表面为一般位置平面，则可选取适当的辅助线作图，称为辅助线法。作图依据：平面上的点必定在平面上并通过该点的一直线上，则该点的投影也必定在这条直线的投影上。

如图 2-2-11 所示，已知正三棱锥表面点 M 的正面投影 m'，求水平面投影 m 和侧面投影 m''。

分析：因为投影 m' 为可见，所以 M 点处在左前的一般位置平面△SAB 上。

作图方法一：如图 2-2-11(a)所示，通过 m' 作一辅助线，连接 s' 和 m'，并延长至点 1′，即得辅助线 $S\,I$ 的正面投影 $s'1'$，按箭头所示求得 $S\,I$ 的水平投影 $s1$。根据点的投影规律，在 $s1$ 上求得 M 点的水平面投影 m；再按箭头所示，由 m' 和 m 求得侧面投影 m''。因为 M 点在△SAB 上，△$s''a''b''$ 可见，则 m'' 也可见。

作图方法二：如图 2-2-11(b)所示，过 m' 作 $2'3'$ 平行于 $a'b'$，作出其水平面投影 23(23 // ab)，则 m 必在 23 上，再由 m' 和 m 求得侧面投影 m''。

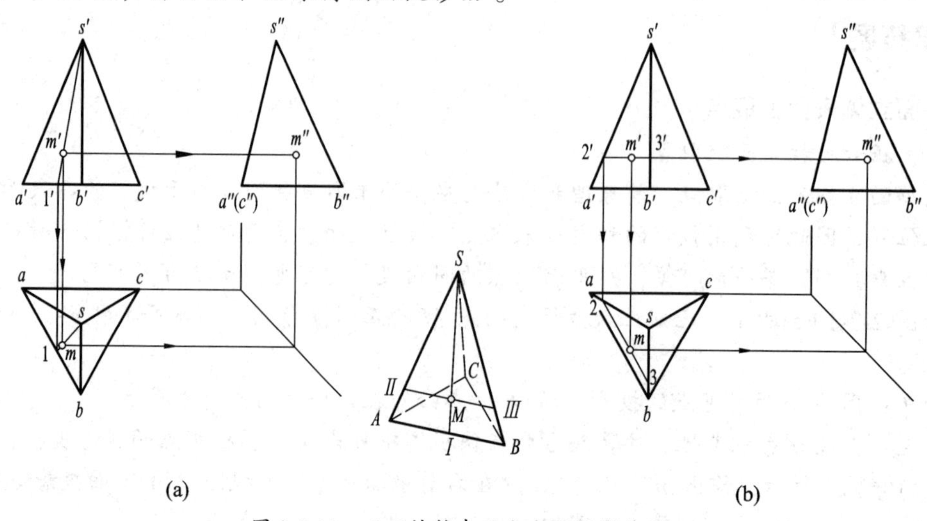

图 2-2-11 正三棱锥表面上点的投影作图

拓展练习

补画平面立体的第三面视图，并求作平面立体表面上点的投影。

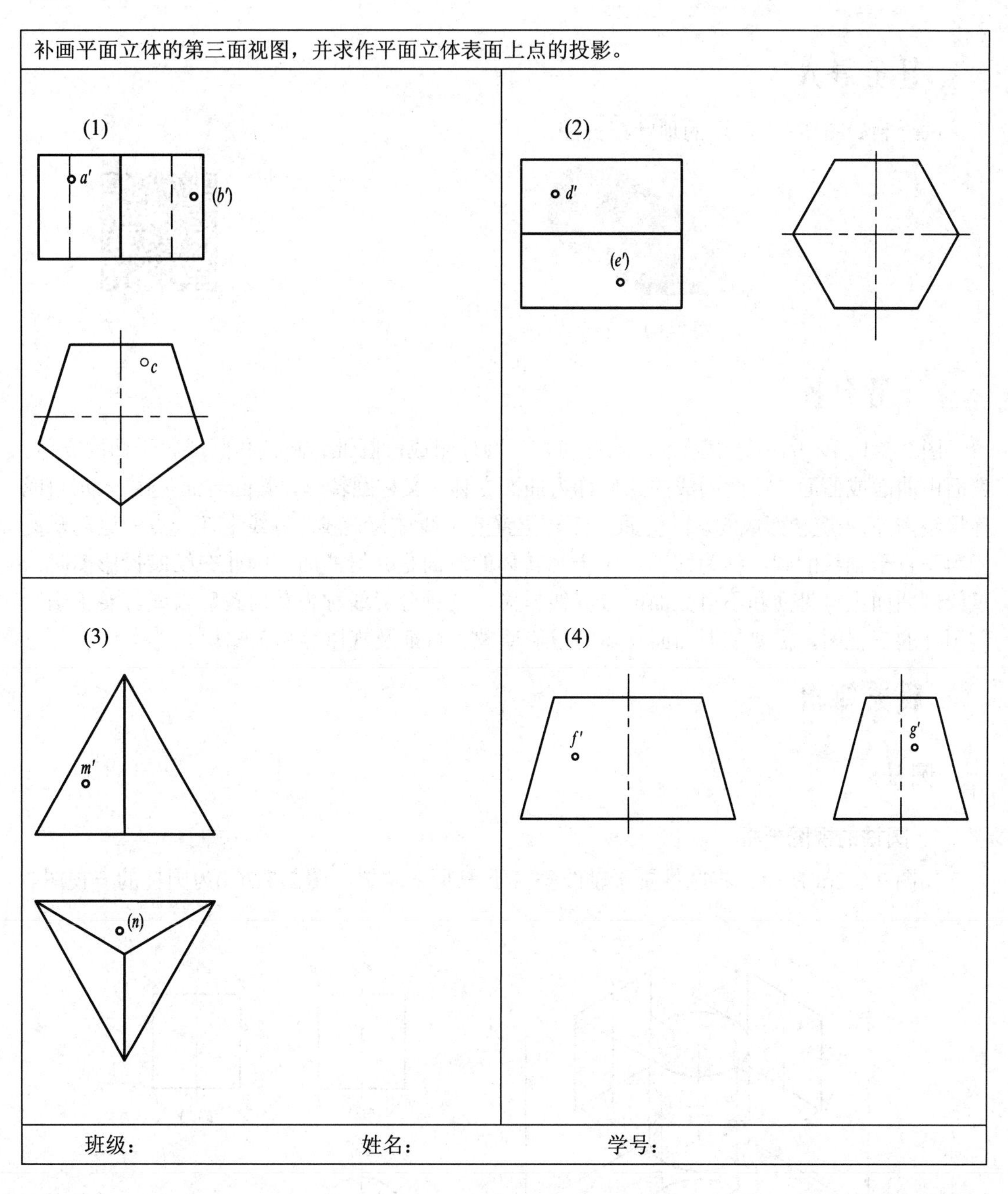

班级：　　　　　　　　　　姓名：　　　　　　　　　　学号：

任务三 绘制顶针三视图

任务导入

试绘制如图 2-3-1 所示的顶针三视图。

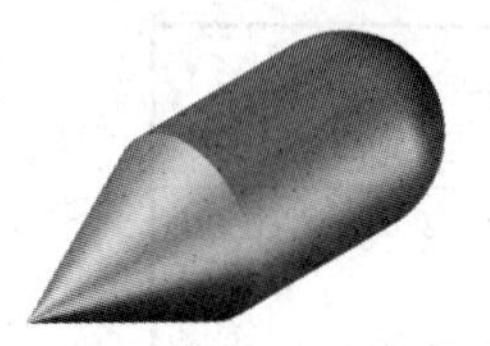

图 2-3-1 顶针

任务分析

图 2-3-1 所示的顶针由圆锥、圆柱和半个圆球组成，圆锥、圆柱和圆球属于曲面立体。表面由曲面或曲面与平面围成的立体称为曲面立体，又称回转体，其回转面是由一动线(或称母线)绕轴线旋转而成的。回转面上任一位置的母线称为素线。母线上任一点的运动轨迹皆为垂直于轴线的圆，称为纬圆。由于回转体的侧面是光滑曲面，因此在绘制投影图时，仅绘制曲面上可见面和不可见面的分界线投影，这种分界线称为转向轮廓素线。要正确绘制顶针的三视图，需要掌握曲面立体的投影原理、特征及规律等相关知识。

相关知识

一、圆柱

1. 圆柱的视图分析

如图 2-3-2(a)所示，将圆柱置于轴线垂直于 H 面的位置，图 2-3-2(b)为圆柱的三视图。

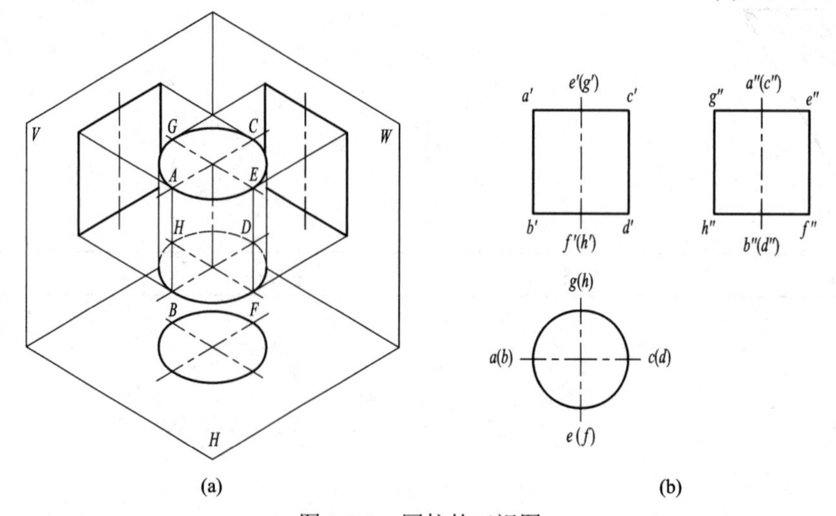

图 2-3-2 圆柱的三视图

(1) 俯视图是一个圆，反映了上、下底面的实形。该圆的圆周为圆柱面的积聚投影，圆柱面上任何点、线的投影都积聚在该圆周上。用垂直相交的细点画线(称为中心线)表示圆心位置。

(2) 主视图是一个矩形线框，是圆柱面的投影。其上、下两边是圆柱上顶面和下底面的积聚性投影；左、右两边 $a'b'$和 $c'd'$为圆柱面上最左、最右的轮廓素线的投影，也是圆柱面前、后分界的转向轮廓素线。用细点画线表示圆柱轴线的投影。

(3) 左视图也是矩形线框。其上、下两边仍是圆柱上顶面和下底面的积聚性投影；其余两边 $e''f''$和 $g''h''$为圆柱面上最前、最后的轮廓素线投影，也是圆柱面左、右分界的转向轮廓素线。圆柱的轴线仍用细点画线表示。

2. 圆柱三视图的投影特征

圆柱三视图的投影特征是：当圆柱轴线垂直于某一投影面时，在该投影面上的视图为一个圆，另外两个视图均为矩形线框。

二、圆锥

1. 圆锥的视图分析

如图 2-3-3(a)所示，将圆锥置于轴线垂直于 H 面的位置，图 2-3-3(b)为圆锥的三视图。

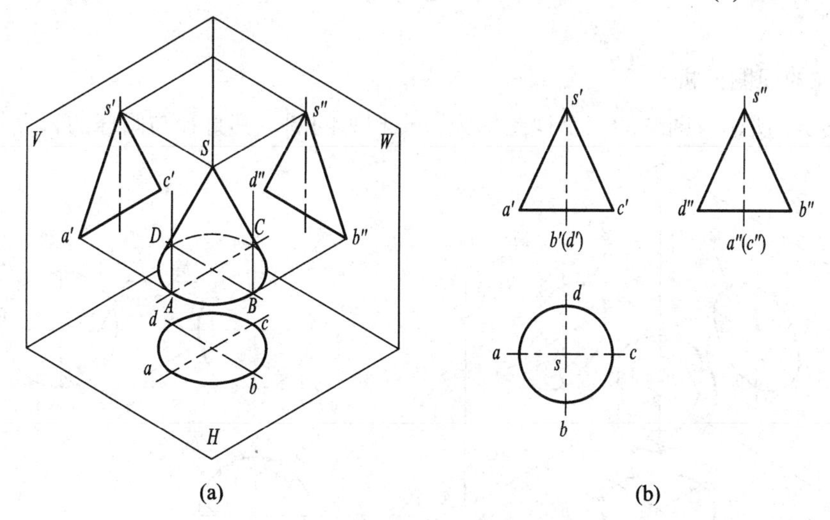

图 2-3-3　圆锥的三视图

(1) 俯视图是一个圆，反映底面的实形。该圆也是圆锥面的水平投影，其中锥顶 S 的水平投影位于圆心上。整个圆锥面的水平投影可见，底面被圆锥面挡住，水平面投影不可见。用垂直相交的细点画线(称为中心线)表示圆心位置。

(2) 主视图是一个等腰三角形。底边为圆锥底面的积聚性投影；两腰为圆锥面上最左、最右轮廓素线 SA 和 SC 的投影，也是圆锥面前、后分界的转向轮廓素线。SA 和 SC 的水平面投影不需画出，其投影位置与圆的中心线重合；SA 和 SC 的侧面投影也不需画出，其投影位置与圆锥轴线重合。

(3) 左视图也是等腰三角形。底边仍为圆锥底面的积聚性投影，两腰为圆锥面上最前、最后轮廓素线 SB 和 SD 的投影，也是圆锥面左、右分界的转向轮廓素线。SB 和 SD 的水平面投影和正面投影不需画出。

2. 圆锥三视图的投影特征

圆锥三视图的投影特征是：当圆锥轴线垂直于某一投影面时，在该投影面上的视图为一个圆，另外两个视图均为等腰三角形线框。

圆锥体被平行于底面的平面截去上部，剩下的部分叫作圆锥台，简称圆台。圆台及其三视图如图 2-3-4 所示，其三视图的投影特征是：一个视图为两个同心圆，另外两个视图均为相等的等腰梯形线框。

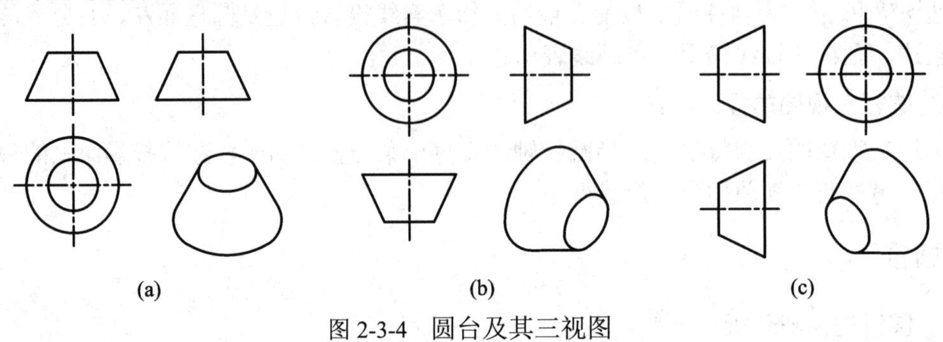

图 2-3-4 圆台及其三视图

三、圆球

1. 圆球的视图分析

如图 2-3-5 所示，圆球的三个视图均为大小相等的圆，其直径与圆球的直径相等。

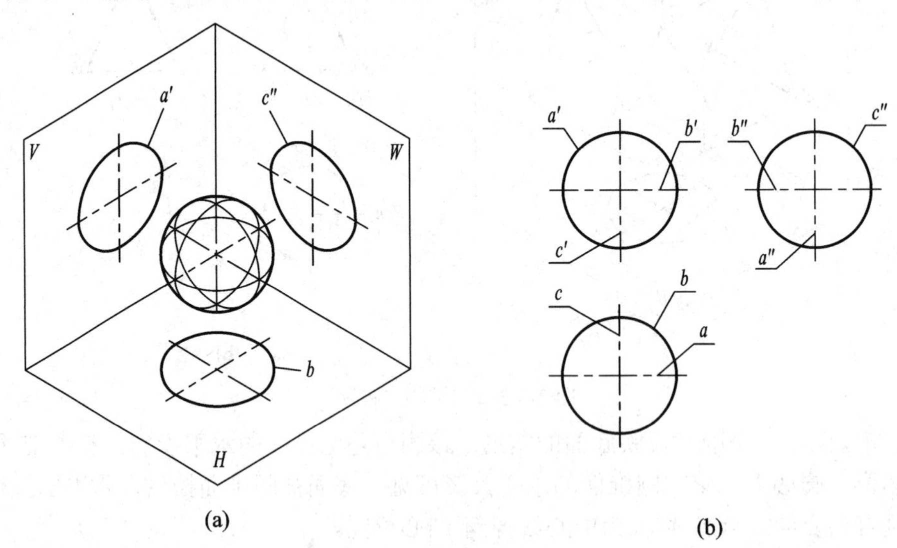

图 2-3-5 圆球的三视图

(1) 主视图中的圆 a'是球面上平行于 V 面的最大轮廓素线圆 A，圆 A 将圆球分成前、后两个半球，前半球可见，后半球不可见；其水平面投影和侧面投影与相应的中心线重合，不必画出。

(2) 俯视图中的圆 b 是球面上平行于 H 面的最大轮廓素线圆 B，圆 B 将圆球分成上、下两个半球，上半球可见，下半球不可见；其正面投影和侧面投影与相应的中心线重合，不必画出。

(3) 左视图中的圆 c''是球面上平行于 W 面的最大轮廓素线圆 C，圆 C 将圆球分成左、右两个半球，左半球可见，右半球不可见；其正面投影和水平面投影与相应的中心线重合，不必画出。

2. 圆球三视图的投影特征

圆球三视图的投影特征是：三个视图均为大小相等的圆，但应注意各圆的意义不同。

在机械零件中，经常会见到一些不完整的回转体，如图 2-3-6 所示。它们的表面性质与完整回转体相同。多看、多画一些形体不完整、方位多变的回转体及其三视图，熟悉它们的形状，对提高看图能力非常有益。

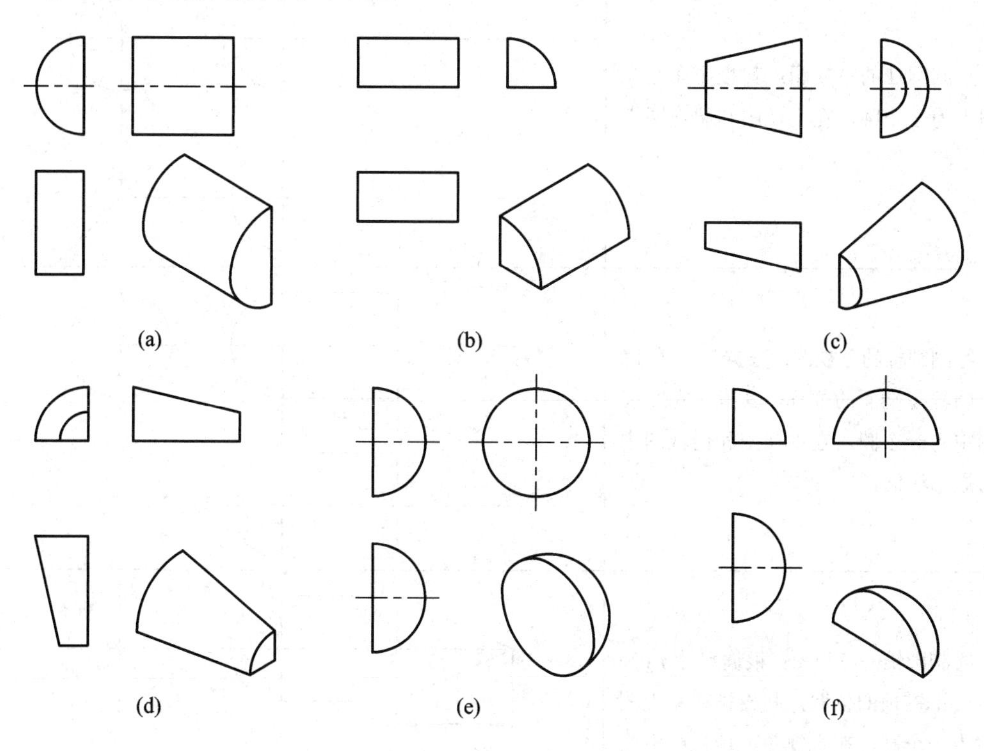

图 2-3-6 部分不完整回转体及其三视图

任务实施

绘制顶针的三视图。

分析：顶针由共轴线的圆柱、圆锥和半个圆球组成，其轴线为水平方向。圆柱的三视图为一个圆、两矩形线框，圆锥的三视图为一个圆、两个三角形线框，半个圆球的三视图为一个圆、两个半圆。顶针在左视图的投影为圆，其余两个视图为三角形线框、矩形线框和半圆组成，其绘制方法与步骤见表 2-3-1。

表 2-3-1 绘制顶针三视图的作图方法与步骤

作图步骤	图示
绘制三个视图中的中心线	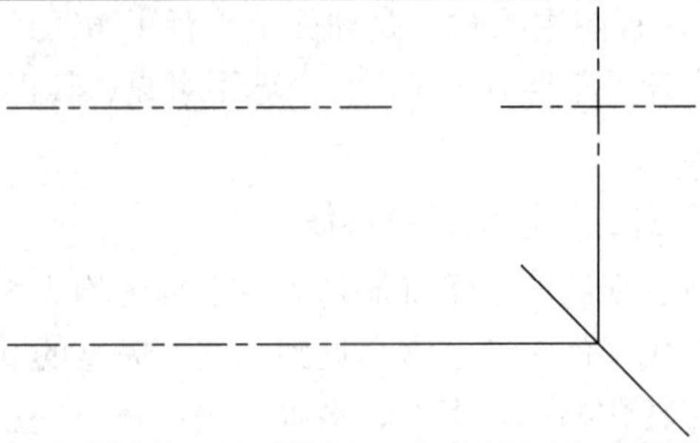
绘制圆球的三视图：其投影在左视图中为一个圆，在主视图和俯视图中为半圆	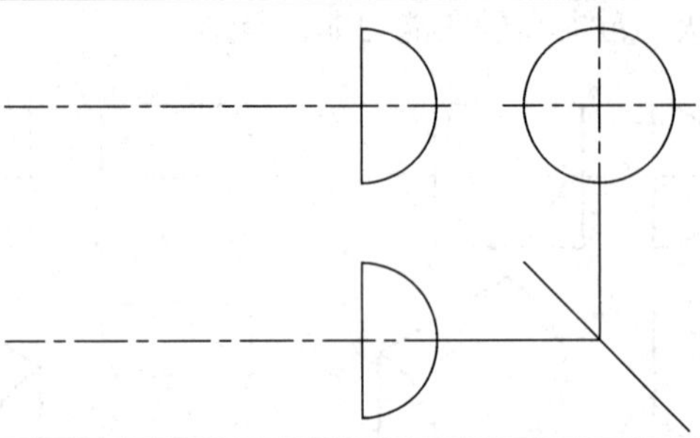
绘制圆柱的三视图：根据尺寸 L_1 确定圆柱左端面的位置，其投影在左视图中为一个圆，在主视图和俯视图中为矩形线框。	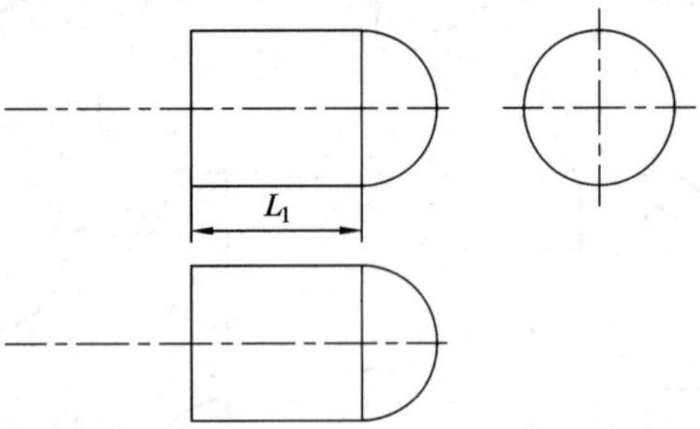 L_1
绘制圆锥的三视图：根据尺寸 L_2 确定圆锥锥顶的位置，其投影在左视图中为一个圆，在主视图和俯视图中为三角形线框	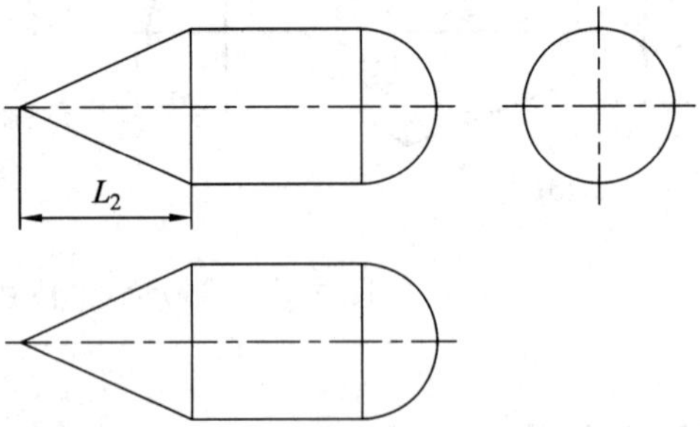 L_2
整理图形并加粗图线，完成顶针三视图的绘制	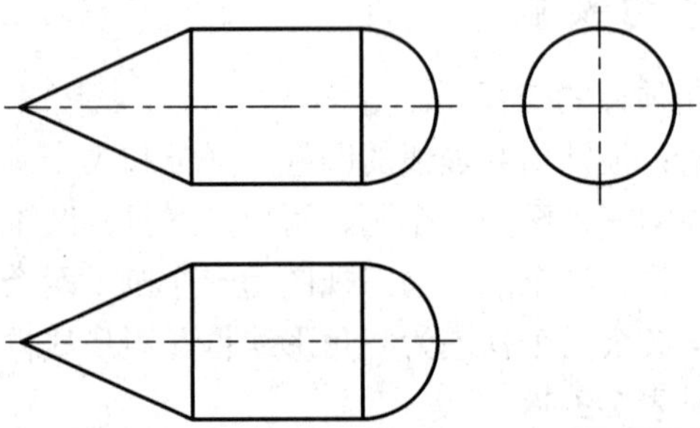

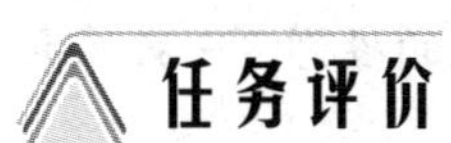

任务评价

根据本任务的学习目标，结合课堂学习情况，按照表 2-3-2 中的相应项目进行评价。

表 2-3-2　绘制顶针三视图任务评价表

序号	评价项目	自评			师评		
		A	B	C	A	B	C
1	能否正确绘制三视图						
2	三视图是否遵循三等关系						
3	图线绘制是否符合规范						
4	视图布局是否合理						

【知识拓展】

在曲面立体表面上取点

一、在圆柱表面上取点

对轴线处于特殊位置的圆柱，可利用投影的积聚性来取点；对位于转向轮廓素线上的点，则可利用投影关系直接求出。

如图 2-3-7 所示，点 M 为圆柱表面上的点，已知点 M 的正面投影 m'，求水平面投影 m 和侧面投影 m''。

分析：m'是位于主视图左方的一个可见点的投影，则 M 点必然在前半个圆柱面的左半部上。

作图：根据投影的积聚性，如箭头所示，直接求得水平面投影 m。再根据点的投影规律，如箭头所示，由 m'和 m 求得 m''。因 M 点在圆柱面的左半部，则点 m''可见。N 点的投影可自行分析。

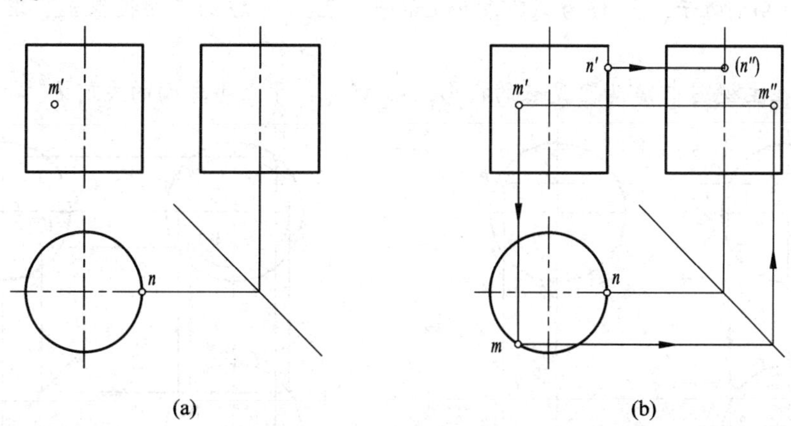

图 2-3-7　在圆柱表面取点

二、在圆锥表面上取点

如图 2-3-8 所示，点 M 为圆锥表面上的点，已知点 M 的正面投影 m'，求其余两面投影 m 和 m''。

分析：主视图中 m'为可见点的投影，且在中心线的左边，则 M 点处于左边前半个圆锥面上。因圆锥面的三个投影都没有积聚性，所以不能直接求得表面上点的投影，一般采用辅助素线法或辅助平面法作图。这里介绍常用的辅助平面法。

作图：过点 M 作一个垂直于轴线的平面(作为辅助平面)，该平面与圆锥表面的交线是一个圆。

如图 2-3-8(a)所示，圆锥轴线为铅垂线，辅助平面为水平面，交线为一水平面圆。在图 2-3-8(b)所示主视图中过 m'作一与轴线垂直的直线，它与圆锥正面投影的交点 1′和 2′之间的距离即为交线水平面圆的直径。在俯视图中，以 1′2′为直径作圆，该圆为交线的水平投影，在此圆上求出 m，再根据点的投影规律由 m'和 m 求出 m''。作图过程如图 2-3-8(b)中箭头所示。

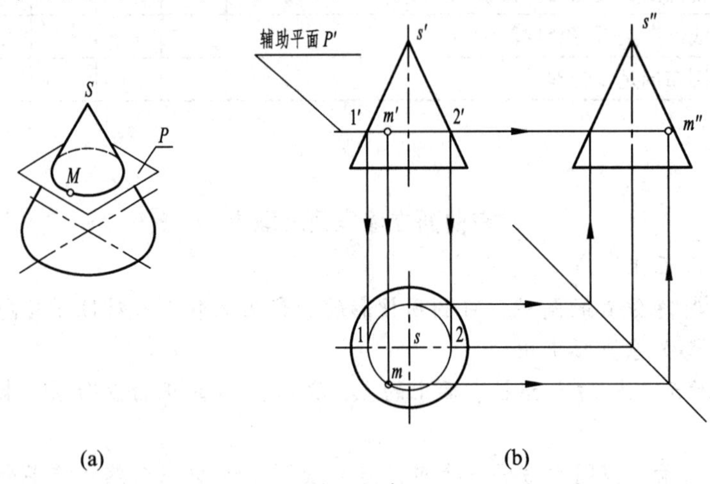

图 2-3-8　在圆锥表面上取点

三、在圆球表面上取点

由于球面的三个投影均无积聚性，因此除位于转向轮廓素线上的点能直接求出外，其余都需用纬圆法来求解。

如图 2-3-9(a)所示，点 M 为圆球表面上的点，已知点 M 的正面投影 m'，求其余两面投影 m 和 m''。

分析：在主视图中 m'为可见点的投影，则 M 点位于上半球面的左前方。

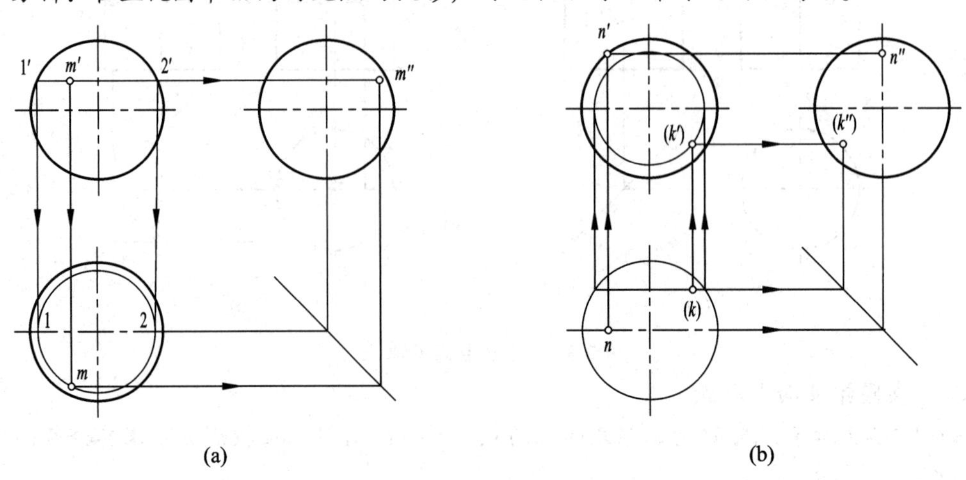

图 2-3-9　在圆球表面上取点

作图：过 M 点作平行于水平面的辅助平面(也可以作平行于正面或侧面的辅助平面)，该辅助平面与球面的交线为水平面圆，水平面投影反映该圆的实形，正面投影积聚为一条直线。在主视图中，过 m' 点作平行于 X 轴的水平线，交圆的轮廓线于 1′、2′两点，以线段 1′ 2′的长度为直径在俯视图中作圆，并在该圆上求得 m，由 m 和 m' 求得 m''，作图过程如图中箭头所示。M 点在前半球，m' 可见；M 点也在左半球，m'' 也可见。图 2-3-9(b)中 N 点、K 点的投影可自行分析。

拓展练习

补画曲面立体的第三面视图，并求作曲面立体表面上点的投影，说明它们的位置。

(1)

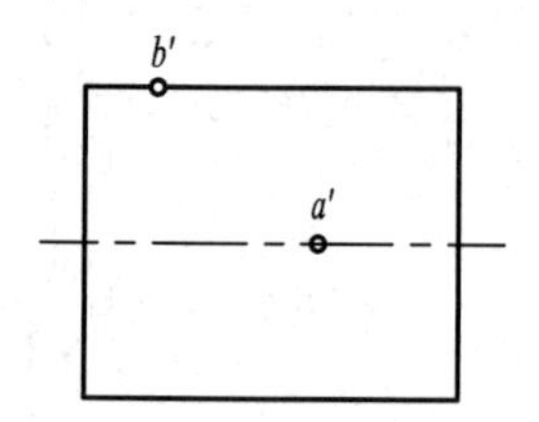

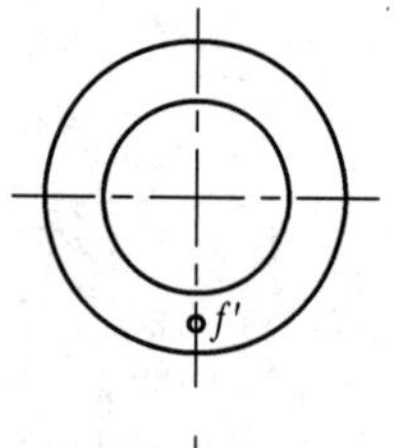

点 A 在________素线上。

点 B 在________素线上。

点 C 在________素线上。

(2)

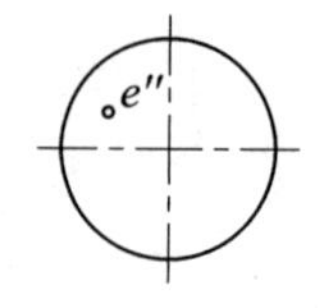

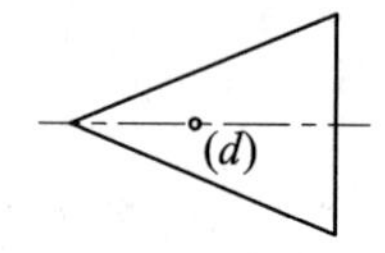

点 D 在________素线上。

点 E 在________素线上。

(3)

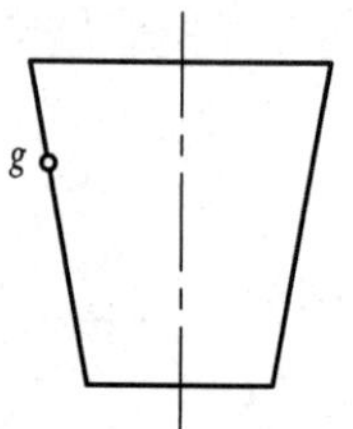

点 F 在________素线上。

点 G 在________素线上。

(4)

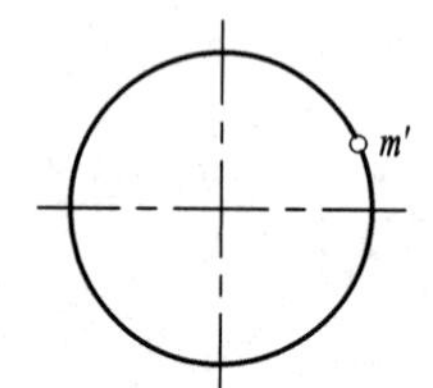

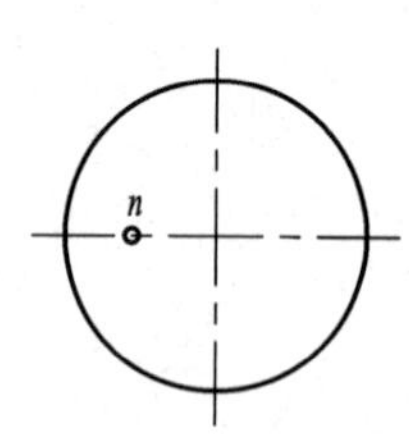

点 M 在________素线圆上。

点 N 在________素线圆上。

班级： 姓名： 学号：

任务四　绘制螺栓毛坯轴测图

任务导入

根据图 2-4-1(a)所示螺栓毛坯的两面视图，试绘制螺栓毛坯的正等轴测图，如图 2-4-1(b)所示。

任务分析

如图 2-4-1 所示，螺栓毛坯由正六棱柱和圆柱组成。正六棱柱属于平面立体，圆柱属于曲面立体(回转体)。其三视图能准确、完整地表达螺栓毛坯的结构形状和大小，且度量性好、画图方便，但立体感不强，对读图能力较弱的人来说，不容易想象出形体的空间形状。而轴测图是在单一投影面上同时反映形体长、宽、高三个方向的形状，立体感强，容易看懂，如图 2-4-1(b)所示。所以常把轴测图作为辅助图样，也是工程技术人员必须掌握的知识技能。要正确绘制螺栓毛坯的轴测图，需要掌握轴测投影的基本知识及轴测图画法的相关知识。

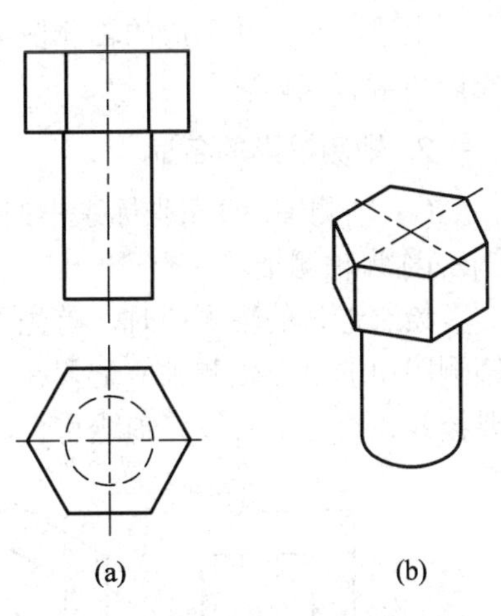

图 2-4-1　螺栓毛坯视图与轴测图

相关知识

一、轴测投影的概念

1. 轴测投影的形成

将形体连同其直角坐标体系，沿不平行于任一坐标平面的方向，用平行投影法将其投射在单一投影面上所得到的图形称为轴测投影(简称轴测图)，如图 2-4-2 所示。

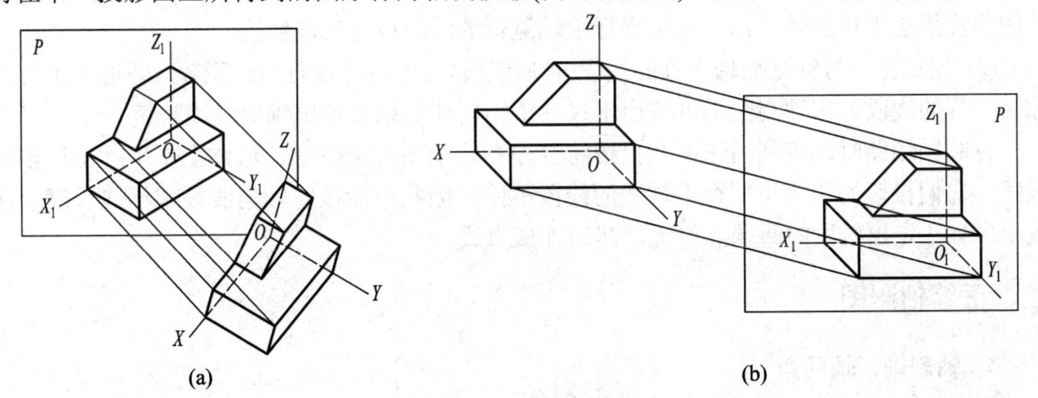

图 2-4-2　轴测投影

轴测投影可以分为正轴测投影和斜轴测投影两类。

(1) 正轴测投影。设投影面 P 与形体上三根坐标轴 OX、OY、OZ 都倾斜，然后用正投影法(即投射方向与投影面 P 垂直)，将形体投射到 P 面上，所得的图形称为正轴测投影(简称正轴测图)，如图 2-4-2(a)所示。

(2) 斜轴测投影。设投影面 P 与形体上的 XOZ 坐标面平行，然后用斜投影法(即投射方向与投影面倾斜)，将形体投射到 P 面上，所得的图形称为斜轴测投影(简称斜轴测图)，如图 2-4-2(b)所示。

上述两种方法形成的轴测图都是用一面投影同时反映了形体长、宽、高三个方向形状，投影图富有立体感。

2. 轴测投影的名词

(1) 轴测轴：直角坐标系中的坐标轴(OX、OY、OZ)在轴测投影面上的投影(O_1X_1、O_1Y_1、O_1Z_1)称为轴测轴。

绘制形体的轴测图时，首先要确定轴测轴，然后再将轴测轴作为基准来绘制轴测图。轴测图中的三根轴测轴应配置在便于作图的特殊位置上。轴测轴一般设置在形体上，与主要棱线、对称中心线或轴线重合，如图 2-4-3 所示。

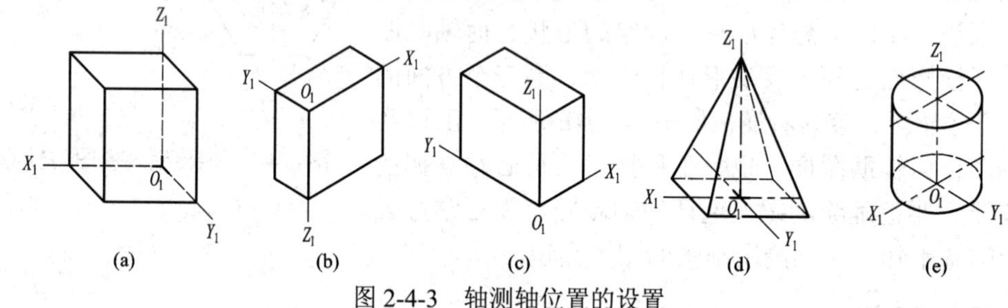

图 2-4-3 轴测轴位置的设置

(2) 轴间角：轴测投影图中两根轴测轴之间的夹角，称为轴间角。

(3) 轴向伸缩系数：轴测轴上的单位长度与相应投影轴上的单位长度的比值称为轴向伸缩系数。O_1X_1、O_1Y_1、O_1Z_1 轴上的伸缩系数分别用 p_1、q_1、r_1 表示。

3. 轴测投影的特性

由于轴测图是根据平行投影法绘制出来的，因而它具有平行投影的基本性质。

(1) 平行性。形体上相互平行的线段，其轴测投影也相互平行，与轴测轴平行的线段，其轴测投影必平行于轴测轴。凡是平行于轴测轴的线段称为轴向线段。

(2) 定比性。与轴测轴相平行的线段(轴向线段)有相同的轴向伸缩系数，即形体上与坐标轴平行的线段，在轴测图上可按原来尺寸乘轴向伸缩系数得出轴向线段长度。

绘制轴测图时，应利用这两个投影特性作图。绘图时应注意，形体上不平行坐标轴的线段，它们投影的变化与平行于轴线的线段不同，因此不能按照轴向线段那样取长度，而应用坐标法定出线段的两端点位置，然后连成直线。

二、正等轴测图

1. 轴测轴、轴间角

正等轴测图的轴间角均为 120°。一般将 O_1Z_1 轴画成垂直位置，使 O_1X_1 和 O_1Y_1 轴画成与水平线成 30° 夹角，如图 2-4-4(a)所示。

2. 轴向伸缩系数

由于三个坐标轴与轴测投影面倾角相等。三个轴测轴的轴向伸缩系数相等，即 $p_1=q_1=r_1\approx0.82$。为了作图方便，绘制正等轴测图时，常取轴向伸缩系数为 1，称为简化系数($p=q=r=1$)。即凡与轴测轴平行的线段均按实长量取。这样图形被放大了 1.22 倍(1∶0.82≈1.22)，如图 2-4-4(b)(c)所示，不影响立体感，而且作图简便。

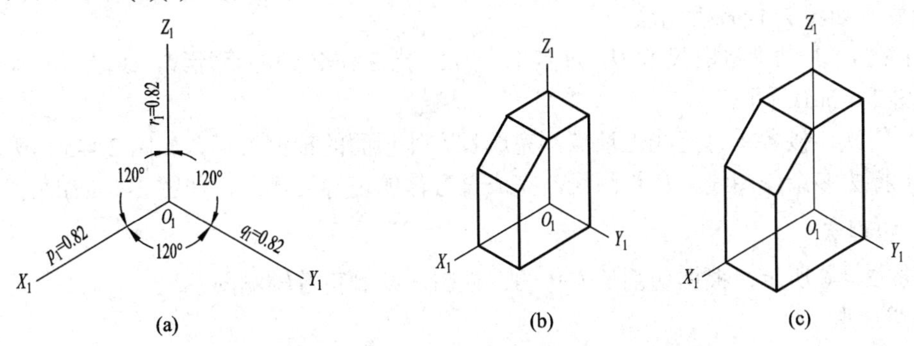

图 2-4-4　正等轴测图的轴测轴、轴间角、轴向伸缩系数

三、平面立体的正等轴测图绘制

绘制平面立体轴测图的基本方法是坐标法和切割法。坐标法是沿坐标轴测量画出平面立体各顶点的轴测投影，并依次连接各点完成平面立体的轴测图。对于不完整平面立体，可先按照完整平面立体进行绘制，然后用切割的方法绘制出其不完整部分。

1. 坐标法

如图 2-4-5 所示，根据长方体的三视图，绘制正等轴测图。

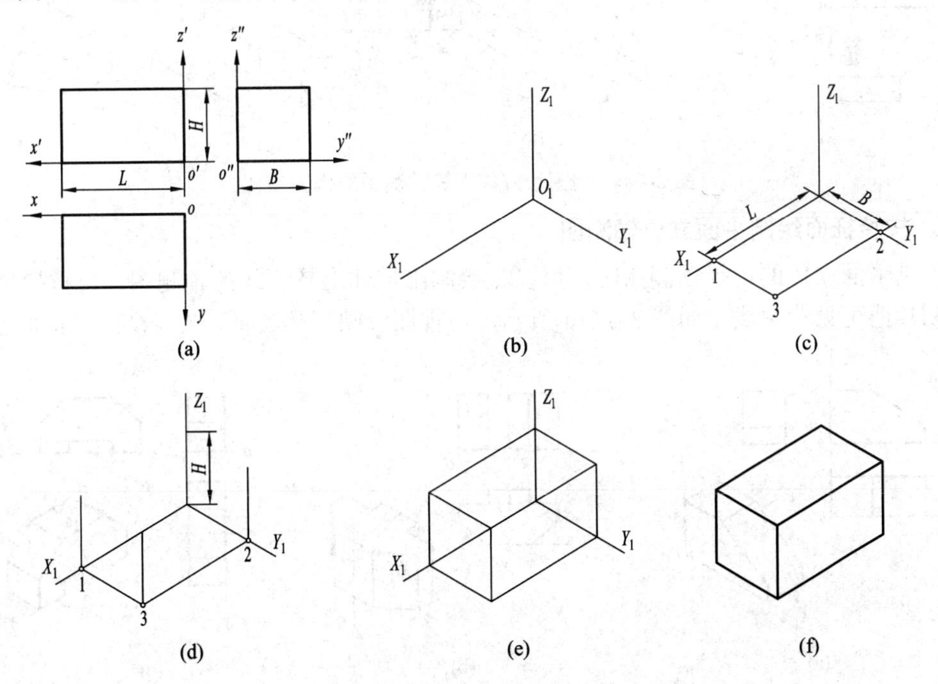

图 2-4-5　长方体正等轴测图的作图步骤

作图步骤：

(1) 在长方体三视图中定出坐标原点和坐标轴，如图 2-4-5(a)所示。

(2) 按照正等轴测图的轴间角绘制轴测轴 O_1X_1、O_1Y_1、O_1Z_1，如图 2-4-5(b)所示。

(3) 按三视图中给定的尺寸，在 O_1X_1 轴上量取尺寸 L 定出点 1，在 O_1Y_1 轴上量取尺寸 B 定出点 2，过点 1、点 2 分别作 Y 轴、X 轴的平行线，并交于点 3，绘制出长方体底面的轴测投影，如图 2-4-5(c)所示。

(4) 在 O_1Z_1 轴上量取尺寸 H，过点 1、点 2、点 3 作 Z 轴的平行线，线段高度等于尺寸 H，如图 2-4-5(d)所示。

(5) 依次连接各垂直直线上顶点，完成长方体顶面的轴测投影，如图 2-4-5(e)所示。

(6) 擦去多余作图线，加粗图线，完成长方体的正等轴测图，如图 2-4-5(f)所示。

2. 切割法

如图 2-4-6 所示，根据切割长方体的三视图，绘制正等轴测图。

作图步骤：

(1) 确定坐标原点和坐标轴，如图 2-4-6(a)所示。

(2) 按给定的尺寸 L、B、H 作出长方体的轴测图，如图 2-4-6(b)所示。

(3) 按给定的尺寸 L_1、B_1 定出斜面上线段端点的位置，并连成平行四边形，如图 2-4-6(c)所示。

(4) 擦去多余作图线，加粗图线，完成切割长方体的正等轴测图，如图 2-4-6(d)所示。

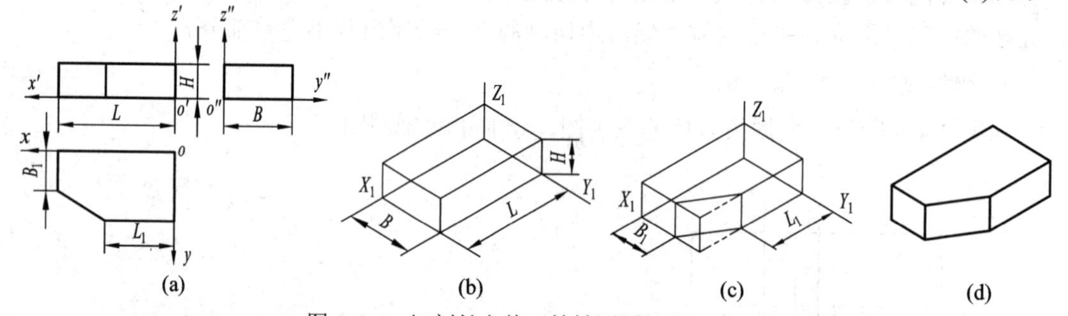

图 2-4-6　切割长方体正等轴测图的作图步骤

3. 按特征面绘制平面立体轴测图

绘制平面立体的正等轴测图时，可以先绘制出形体上特征面的轴测图，再按厚度或高度绘制其他可见轮廓线。如图 2-4-7(a)所示，主视图反映形体特征，在 XOZ 坐标面上作出

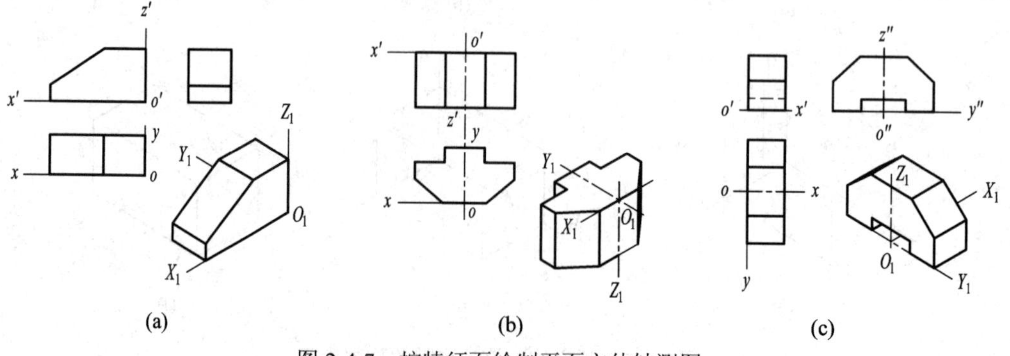

图 2-4-7　按特征面绘制平面立体轴测图

特征面的轴测图，再沿 Y 轴量取厚度，作出后端面的可见轮廓线；如图 2-4-7(b)中，俯视图反映形体特征，在 XOY 坐标面上作出特征面的轴测图，再沿 Z 轴量取厚度，作出下端面的可见轮廓线；如图 2-4-7(c)所示，左视图反映形体特征，在 YOZ 坐标面上作出特征面的轴测图，再沿 X 轴量取厚度，作出右端面的可见轮廓线。

四、曲面立体的正等轴测图绘制

绘制曲面立体的正等轴测图，关键是绘制曲面立体上圆的正等轴测图。当圆平行于坐标平面时，其正等轴测图为椭圆。如图 2-4-8 所示，立方体三个侧面内的椭圆长短轴方向不同，椭圆的长轴垂直于与圆平面相垂直的轴测轴，短轴与该轴测轴平行。作圆的正等轴测图时，必须弄清椭圆的长短轴方向。

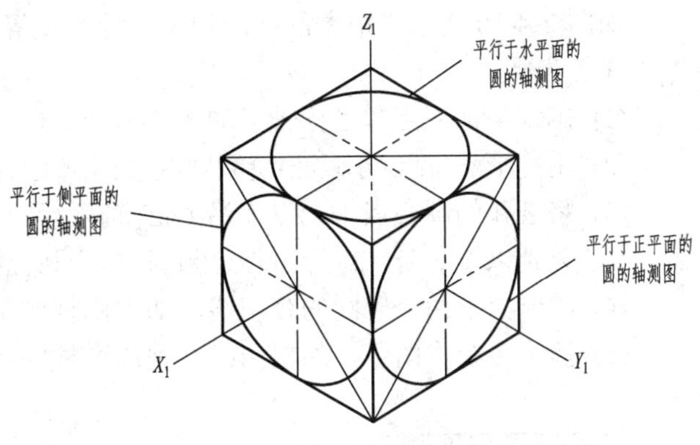

图 2-4-8　不同坐标面上圆的正等轴测投影

1. 绘制圆的正等轴测图

为了简化作图，椭圆通常采用菱形法(四心近似法)来绘制，三个不同坐标面圆的轴测图画法一样，以水平面圆的轴测图为例，介绍菱形法(四心近似法)绘制椭圆的具体步骤。

(1) 在投影图上确定坐标轴，作圆的外切正方形得切点 a、b、c、d 四点，如图 2-4-9(a)所示。

(2) 作轴测轴，在 O_1X_1、O_1Y_1 沿轴量取圆的半径，得 a、b、c、d 点，分别过这 4 点作对应坐标轴的平行线，所绘制的菱形即为外切正方形的轴测投影，如图 2-4-9(b)所示。

(3) 将菱形顶点 I、II 与其两对边中点连线，分别交于 III、IV 两点，I、II、III、IV 四点即为所绘制近似椭圆上四段圆弧的圆心，如图 2-4-9(c)所示。

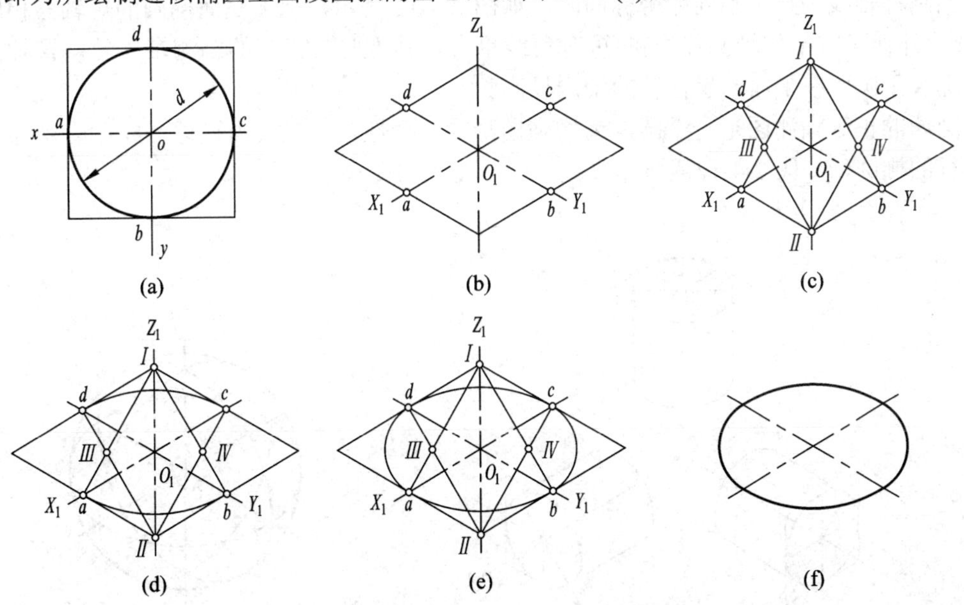

图 2-4-9　菱形法(四心近似法)绘制椭圆

(4) 分别以点 Ⅰ、Ⅱ 为圆心，Ⅰa 长为半径绘制上、下大圆弧，如图 2-4-9(d)所示。

(5) 分别以点Ⅲ、Ⅳ为圆心，Ⅲa 长为半径绘制左、右小圆弧，如图 2-4-9(e)所示。

(6) 擦去多余作图线，加粗图线，完成圆的正等轴测图，如图 2-4-9(f)所示。

2. 绘制圆柱的正等轴测图

如图 2-4-10 所示，根据圆柱的视图，绘制正等轴测图。

作图步骤：

(1) 确定坐标原点和坐标轴，如图 2-4-10(a)所示。

(2) 用菱形法(四心近似法)绘制圆柱顶面圆的轴测投影，如图 2-4-10(b)所示。

(3) 将圆弧的圆心点 1、2、3 沿 O_1Z_1 轴平行的方向向下移动圆柱高度 h 的距离到 1_1、2_1、3_1，分别以 1_1、2_1、3_1 为圆心绘制圆柱底面圆的可见圆弧，如图 2-4-10(c)所示。

(4) 绘制上下两个椭圆的公切线，即得圆柱的正等轴测图，如图 2-4-10(d)所示。

(5) 擦去多余作图线，加粗图线，完成圆柱的正等轴测图，如图 2-4-10(e)所示。

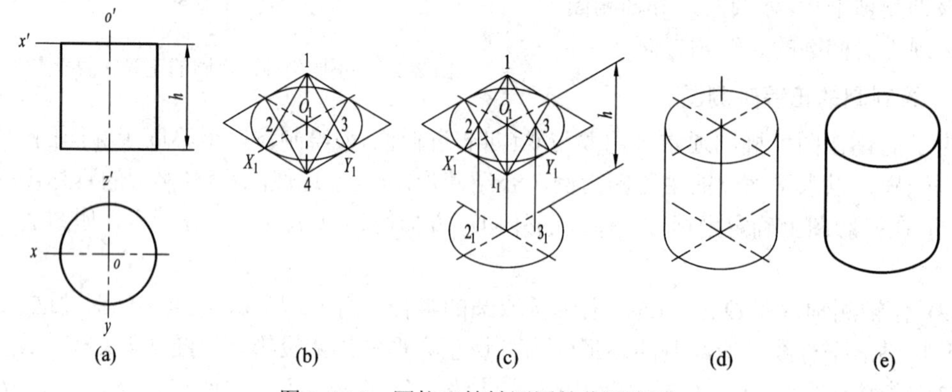

图 2-4-10 圆柱正等轴测图的作图步骤

当圆柱轴线垂直于不同的坐标面时，如图 2-4-11 所示，上下底面椭圆的短轴与相应菱形(圆的外切正方形的轴测投影)的短对角线重合，其方向与相应的轴测轴一致，该轴测轴就是垂直于圆所在平面的坐标轴的轴测投影。

圆球的正等轴测图是一个圆，为增强图形的直观性，可在圆内过球心绘制三个与坐标面平行的椭圆，如图 2-4-12 所示。

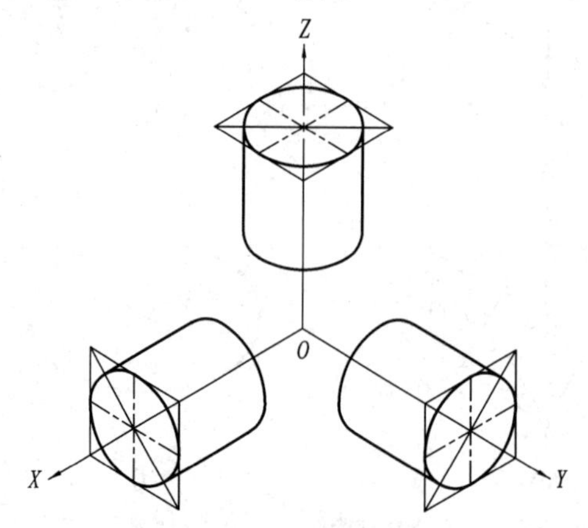

图 2-4-11 不同方向的圆柱正等轴测图

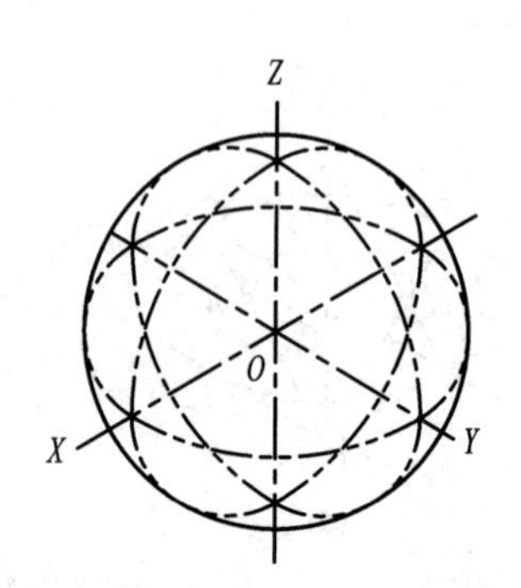

图 2-4-12 球的正等轴测图

五、圆角的正等轴测图绘制

圆角其实就是四分之一的圆柱面，在轴测图上恰好是近似椭圆四段圆弧中的一段。

如图 2-4-13(a)所示为倒圆角的长方体，其正等轴测图的作图步骤如下：

(1) 在视图中定出长方体上圆角四个切点 1、2、3、4 的位置，如图 2-4-13(a)所示。

(2) 绘制长方体的正等轴测图，根据已知圆角半径 R，在长方体顶面轴测图中找出切点 1_1、2_1、3_1、4_1，如图 2-4-13(b)所示。

(3) 分别过切点 1_1、2_1、3_1、4_1 作圆角所在边的垂线，两垂线相交于点 O_1、O_2，即为圆心，如图 2-4-13(c)所示。

(4) 以点 O_1、O_2 为圆心，到切点的距离为半径绘制圆弧，即得长方体顶面圆角的轴测投影，如图 2-4-13(d)所示。

(5) 将圆心点 O_1、O_2 垂直向下平移长方体的高度 h，得底面圆弧圆心点 O_3、O_4，分别绘制出长方体底面上的两段圆弧，如图 2-4-13(e)所示。

(6) 绘制右端上下两圆弧的公切线，擦去多余作图线，加粗图线，完成正等轴测图的绘制，如图 2-4-13(f)所示。

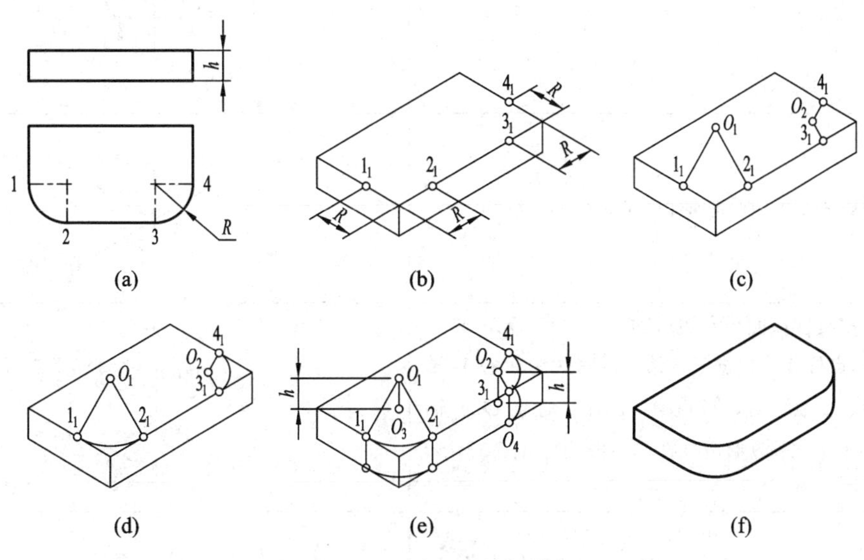

图 2-4-13　圆角的正等轴测图绘制

任务实施

绘制螺栓毛坯的正等轴测图。

分析：螺栓毛坯由正六棱柱和圆柱组成。正六棱柱前后、左右对称，可将坐标原点定在顶面六边形的中心。由于正六棱柱的顶面和底面均为平行于水平面的正六边形，在轴测图中，顶面轮廓可见，底面部分轮廓不可见。圆柱顶面轮廓不可见，底面轮廓部分可见。为了作图方便，减少不必要的作图线，选择从顶面开始由上往下作图。其绘制方法与步骤如表 2-4-1 所示。

表 2-4-1　绘制螺栓毛坯正等轴测图的作图方法与步骤

作 图 步 骤	图　示
在螺栓毛坯视图上，选顶面中心为坐标原点，定出坐标轴	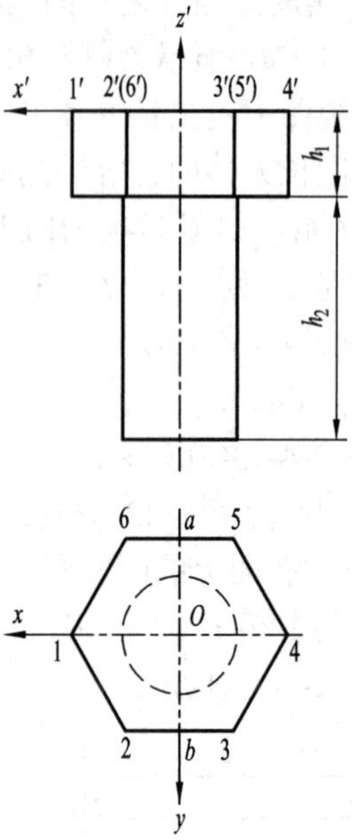 z′ x′ 1′ 2′(6′) 3′(5′) 4′ h_1 h_2 6 a 5 x O 1 4 2 b 3 y
设置原点 O_1，绘制轴测轴 O_1X_1、O_1Y_1、O_1Z_1	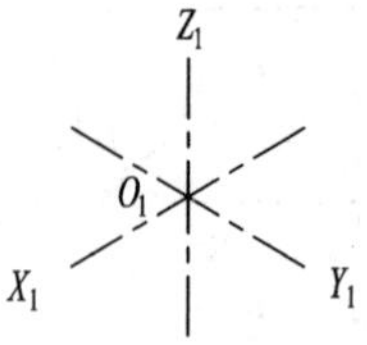 Z_1 O_1 X_1 Y_1
根据正六棱柱顶面正六边形的对角距在 O_1X_1 轴上确定 1、4 点位置，根据正六边形的对边距在 O_1Y_1 轴上确定 A、B 点位置，过点 A、B 作平行于 O_1X_1 轴的直线，根据正六边形边长在两直线上定出 2、3、5、6 点	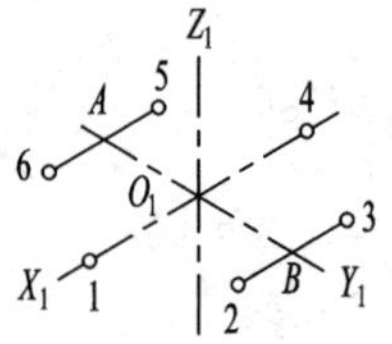 Z_1 A 5 4 6 O_1 3 X_1 1 2 B Y_1
连接点 1、2、3、4、5、6，绘制正六边形的六条边，再从点 6、1、2、3 向下作 O_1Z_1 轴的平行线，截取线段长度等于正六棱柱的高度 h_1，绘制正六棱柱的可见棱线。在轴测图中，通常只绘制形体上的可见轮廓线	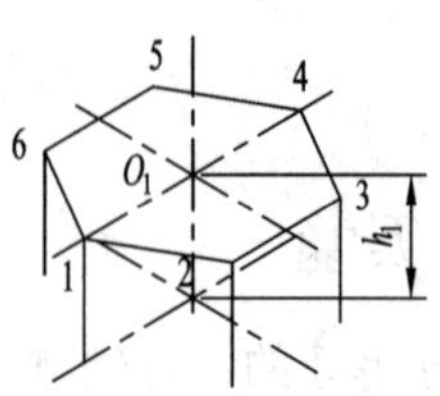 5 4 6 O_1 3 h_1 1 2
连接可见棱线下端点，即得正六棱柱底面可见棱边的投影	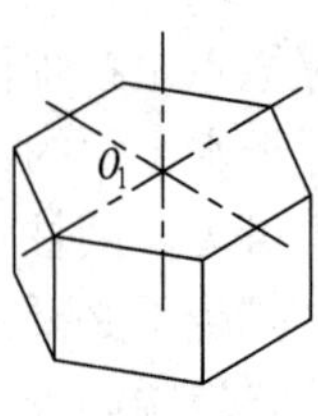 O_1

续表

作图步骤	图　示
从正六棱柱底面中心沿 Z_1 轴向下量取高度尺寸 h_2，确定圆柱底面圆的中心点 O_2。因圆柱顶面圆不可见，可以不用绘制	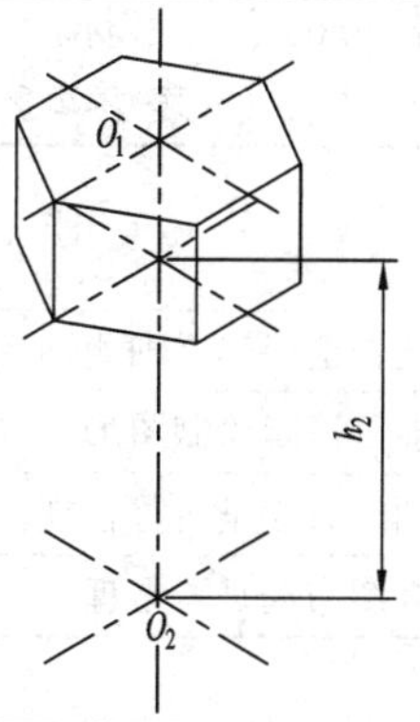 O_1　h_2　O_2
采用菱形法绘制圆柱底面圆的可见圆弧	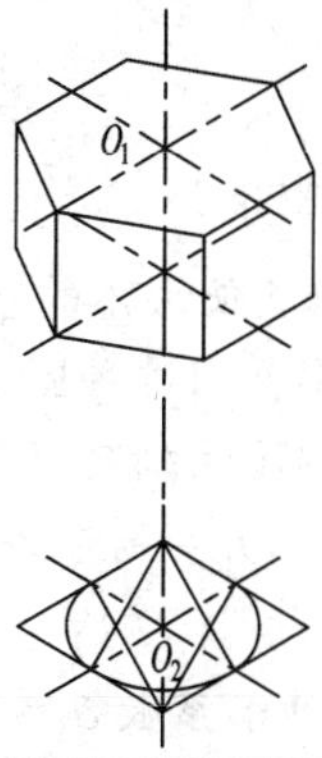 O_1　O_2
作 Z_1 轴的平行线绘制椭圆的切线，即得圆柱的正等轴测图	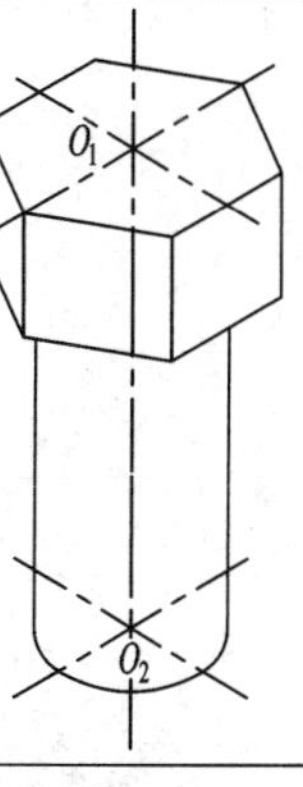 O_1　O_2
擦除多余作图线，整理图形并加粗图线，完成作图	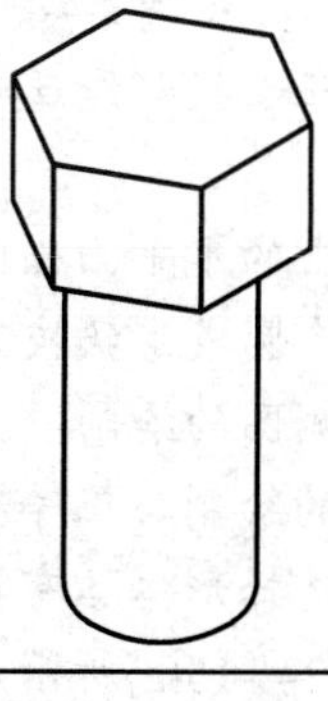

任务评价

根据本任务的学习目标，结合课堂学习情况，按照表 2-4-2 中的相应项目进行评价。

表 2-4-2　绘制螺栓毛坯正等轴测图任务评价表

序号	评价项目	自评			师评		
		A	*B*	*C*	*A*	*B*	*C*
1	能否正确建立轴测轴						
2	能否正确绘制图形						
3	图线绘制是否符合规范						
4	视图布局是否合理						

【知识拓展】

斜二等轴测图

将形体放正，使形体的一个坐标面(*XOZ*)平行于轴测投影面，然后用斜投影方法向轴测投影面进行投影，用这种图示方法绘制的轴测图称为斜轴测图，简称斜测图。

一、斜二测图的轴测轴、轴间角和轴向伸缩系数

斜二测图的 O_1X_1 轴水平，O_1Z_1 轴垂直，O_1Y_1 轴与水平线成 45°，即斜二测图的轴间角 $\angle X_1O_1Z_1=90°$，$\angle X_1O_1Y_1=\angle Y_1O_1Z_1=135°$。$O_1X_1$ 轴和 O_1Z_1 轴的轴向伸缩系数 $p_1=r_1=1$，O_1Y_1 轴的轴向伸缩系数 $q_1=0.5$，如图 2-4-14 所示。

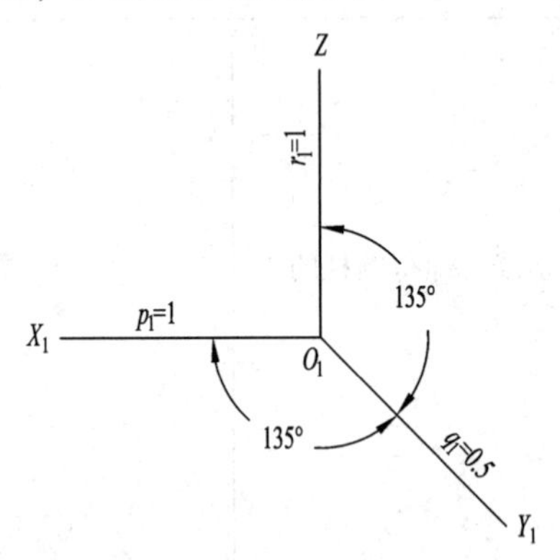

图 2-4-14　斜二测图的轴测轴、轴间角和轴向伸缩系数

斜二测图正面投影能反映形体正面的真实形状，当形体正面有圆和圆弧时，画图既简单又方便。

斜二测图上的水平面椭圆和侧面椭圆，画法比较烦琐。故斜二测图一般用于形体上只在一个方向上有圆或形状较复杂的场合。

二、斜二测图的绘制

斜二测图的绘制与正等测图绘制相似，仅是它们的轴间角和轴向伸缩系数不同。绘制斜二测图通常选择形体具有特征的平面平行于轴测投影面，使作图简化。

绘制如图 2-4-15(a)所示座体的斜二测图，其作图步骤如下：

(1) 在已知主、俯视图上设置坐标轴，如图 2-4-15(a)所示。

(2) 绘制轴测轴，画正面特征形状，沿 O_1Y_1 方向画轮廓线，如图 2-4-15 (b)所示。

(3) 圆心后移 0.5y，作后面圆弧及其他可见轮廓线，擦去多余的作图线，加粗图线，完成座体斜二测图的绘制，如图 2-4-15(c)所示。

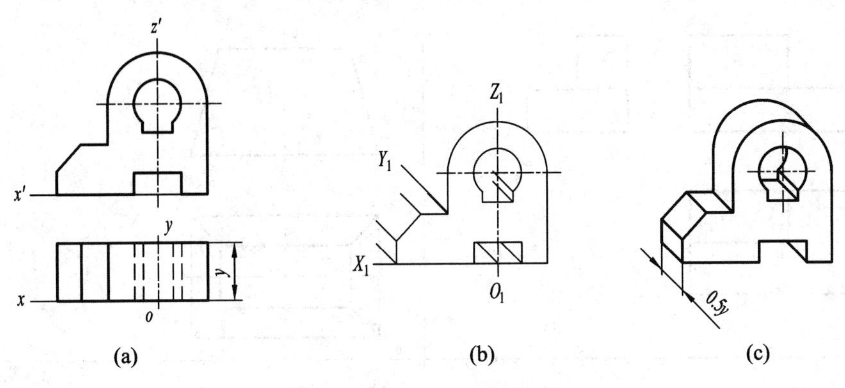

图 2-4-15　座体斜二测图的绘制

拓展练习

(1) 根据已知视图绘制正等轴测图。

①

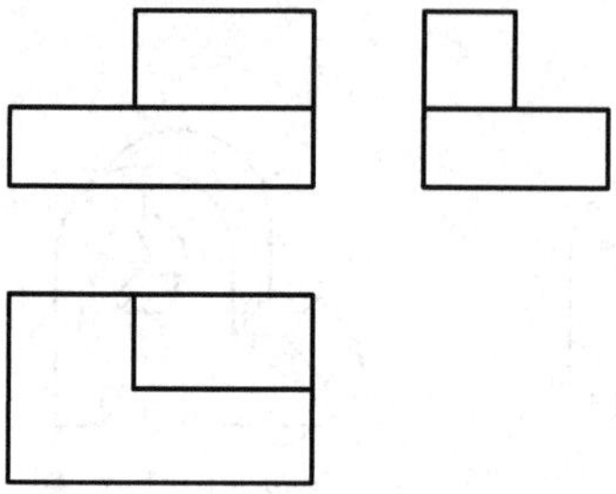

②

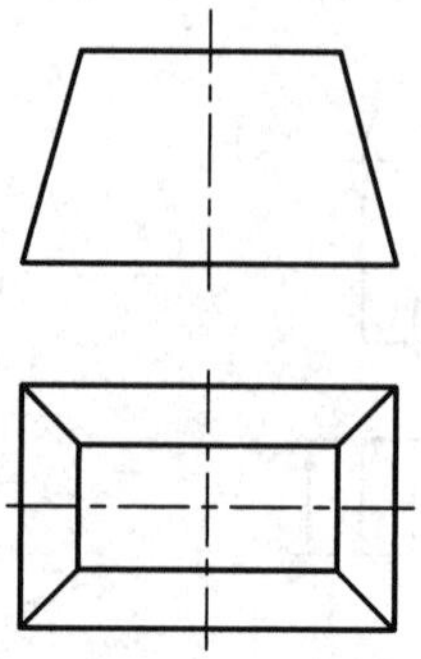

③

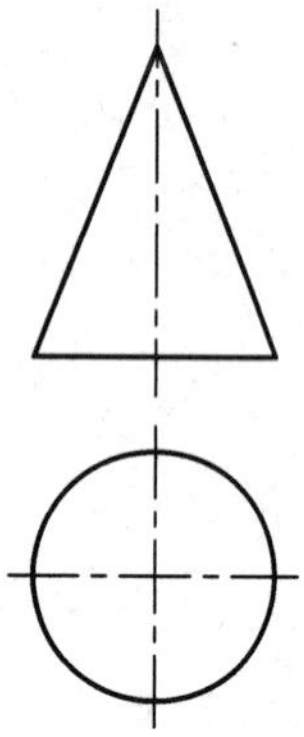

④

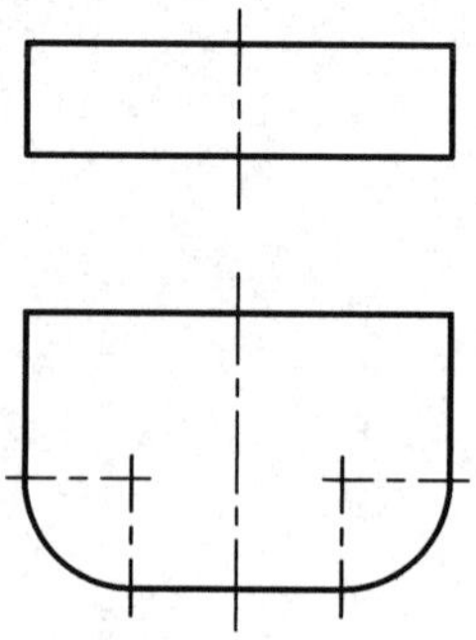

(2) 根据已知视图绘制斜二等轴测图。

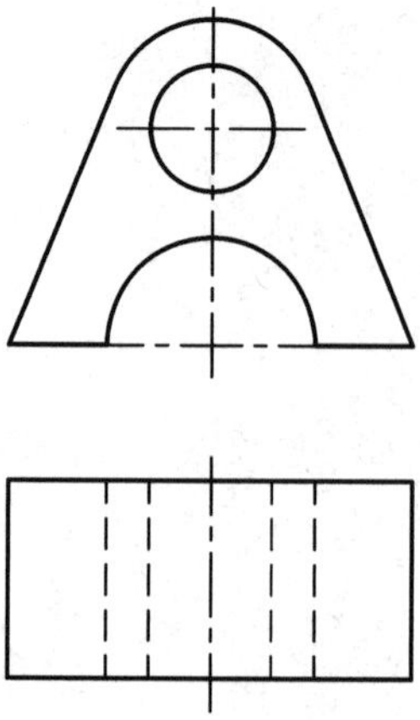

班级： 姓名： 学号：

项目三　复杂形体视图的绘制与识读

学习目标

(1) 熟悉截交线和相贯线的基本性质，能正确绘制切割体表面截交线的投影和相贯体表面相贯线的投影。

(2) 能对组合体进行形体分析，能正确绘制组合体三视图。

(3) 能正确、完整、清晰地标注组合体三视图的尺寸。

(4) 能识读组合体视图。

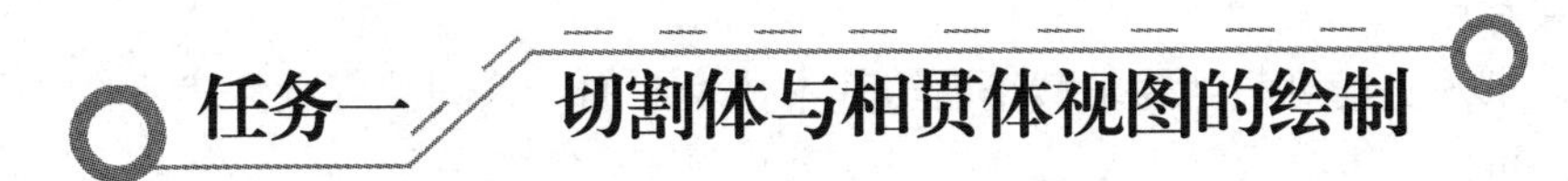

任务一　切割体与相贯体视图的绘制

子任务1　绘制楔形块三视图

任务导入

试绘制如图 3-1-1 所示的楔形块三视图。

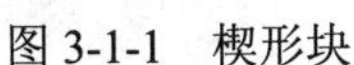

图 3-1-1　楔形块

任务分析

图 3-1-1 所示的楔形块是由一个四棱柱左上角被一个正垂面切去了一个三棱柱，左侧中间被两个正平面和一个侧平面切割出一个通槽而形成的。要正确绘制楔形块的三视图，需要掌握平面立体被平面切割后截交线的情况、投影规律及作图方法等相关知识。在作图时要充分利用特殊平面投影的积聚性，绘制切割体被平面截切后所形成的交线投影。

相关知识

一、截交线的性质

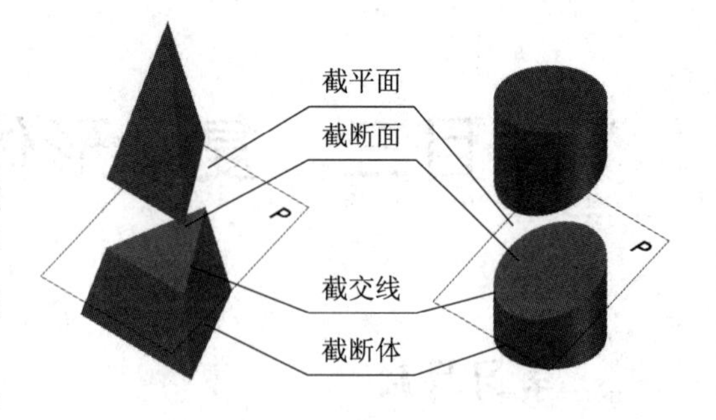

图 3-1-2 截交线与截断面

基本体被平面切割，被截切后的部分称为截切体，用来切割基本体的平面称为截平面，截平面与基本体表面的交线称为截交线，截交线围成的平面图形称为截断面，如图 3-1-2 所示。

截交线的形状由基本体表面的形状和截平面与基本体的相对位置决定。任何截交线都具有下列两个基本性质。

(1) 封闭性：由于基本体表面是封闭的，因此截交线必定是封闭的线条，截断面是封闭的平面图形。

(2) 共有性：截交线是截平面与基本体表面的共有线，截交线上的点是截平面与基本体表面的共有点。

因此，求截交线可归结为求截平面与基本体表面的一系列共有点，然后将它们按一定顺序连线即可。

二、平面立体的截交线

平面立体被平面切割，其截交线是平面多边形，多边形的各边是截平面与平面立体表面的交线，而多边形的顶点是截平面与平面立体各棱线的交点。因此，求平面立体的截交线，实质上就是求截平面与平面立体上各棱线的交点，然后依次连接即可。

如图 3-1-3(a)所示，正六棱锥被一正垂面切割，求作截交线在三个视图中的投影。

分析：正六棱锥被正垂面 P 切去锥顶，其截交线是由正垂面 P 与正六棱锥的六条棱线和六个棱面相交而形成的六边形。截交线在主视图中的投影积聚为斜线，在俯视图中的投影和在左视图中的投影为六边形的类似形。

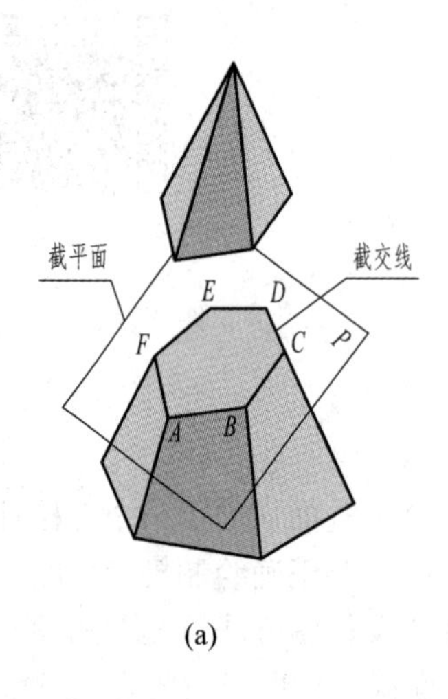

(a)

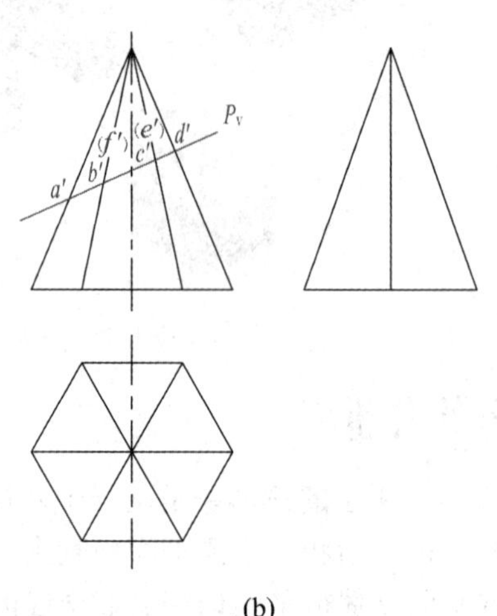

(b)

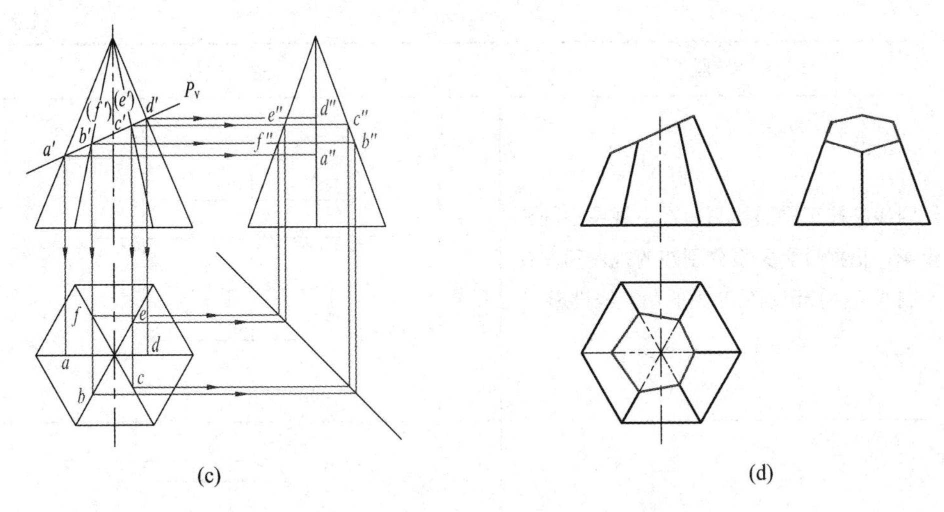

图 3-1-3　斜切正六棱锥的截交线作图

作图步骤：

(1) 绘制正六棱锥的三视图，在主视图中利用截平面的积聚性投影，找出截交线各顶点的正面投影 a'、b'、c'、d'、e'、f'，如图 3-1-3(b)所示。

(2) 根据直线上点的投影规律，求出各顶点在俯视图中的水平投影 a、b、c、d、e、f 及左视图中的侧面投影 a''、b''、c''、d''、e''、f''，如图 3-1-3(c)所示。

(3) 依次连接各点的同面投影，即得截交线在三个视图中的投影。

(4) 整理加粗轮廓线，判断可见性，如图 3-1-3(d)所示。

任务实施

绘制如图 3-1-1 所示的楔形块三视图。

分析：楔形块是四棱柱左上角被正垂面切割，切割后产生的截断面在主视图中的投影积聚成一条斜线，在俯视图和左视图中的投影为类似形，左侧中间被两个正平面和一个侧平面切割出一个通槽而形成的。槽的形状在俯视图中反映实形，在主视图中为不可见轮廓。楔形块三视图的作图步骤如表 3-1-1 所示。

表 3-1-1　楔形块三视图的作图步骤

作 图 步 骤	图　示
绘制四棱柱的完整三视图	

续表

作图步骤	图示
绘制四棱柱被正垂面切割后在主视图中的积聚性投影，根据投影关系分别在俯视图和左视图中绘制四棱柱被切割后产生的截交线投影	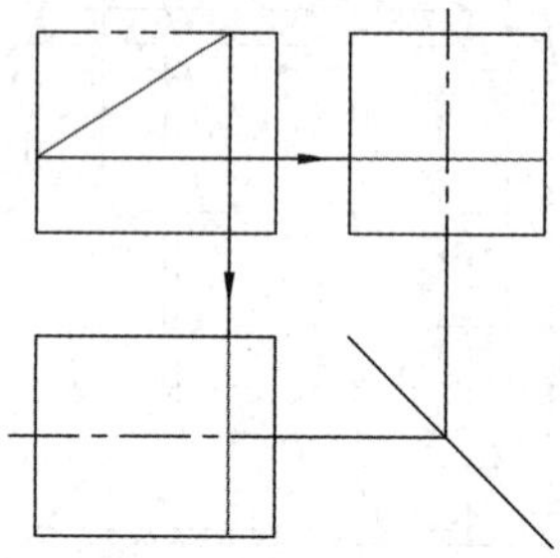
绘制俯视图中切槽的形状，根据投影关系分别在主视图和左视图中绘制切槽的投影。切槽在主视图中为不可见轮廓，用细虚线绘制	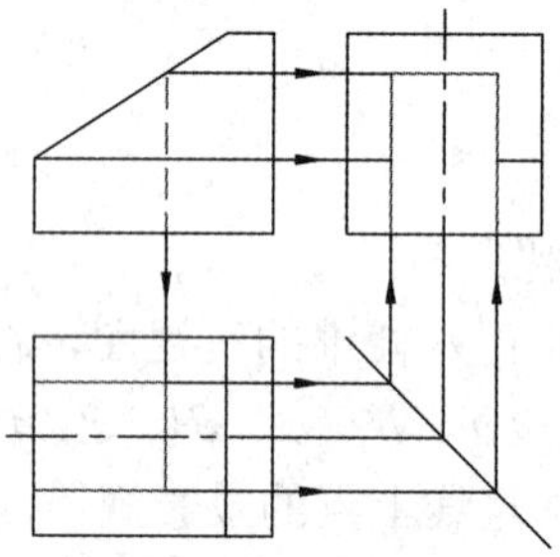
整理图形，擦去多余作图线，加粗图线，完成楔形块的三视图	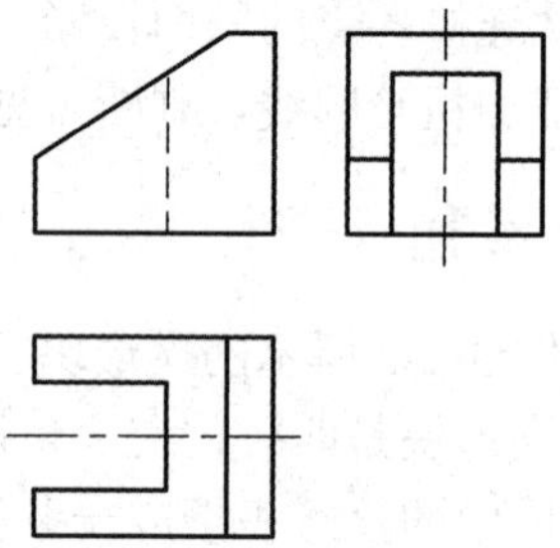

任务评价

根据本任务的学习目标，结合课堂学习情况，按照表 3-1-2 中的相应项目进行评价。

表 3-1-2　绘制楔形块三视图任务评价表

序号	评价项目	自评			师评		
		A	B	C	A	B	C
1	能否正确绘制三视图						
2	三视图是否遵循三等关系						
3	能否正确绘制截交线						
4	图线绘制是否符合规范，视图布局是否合理						

【知识拓展】

平面立体被多个平面切割后的切割体三视图

当用两个以上截平面切割平面立体时，在平面立体上将会出现切口、开槽或穿孔等情况，如图 3-1-4 所示。此时作图，不但要逐个绘制各个截平面与平面立体表面截交线的投影，而且要画出各截平面之间交线的投影，进而完成整个切割体的三视图绘制。

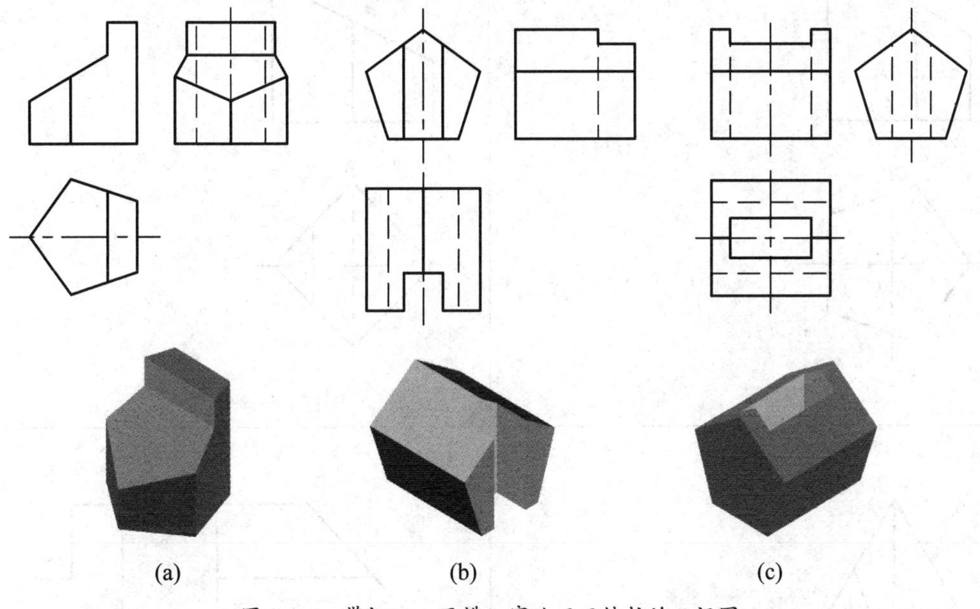

图 3-1-4　带切口、开槽、穿孔正五棱柱的三视图

拓展练习

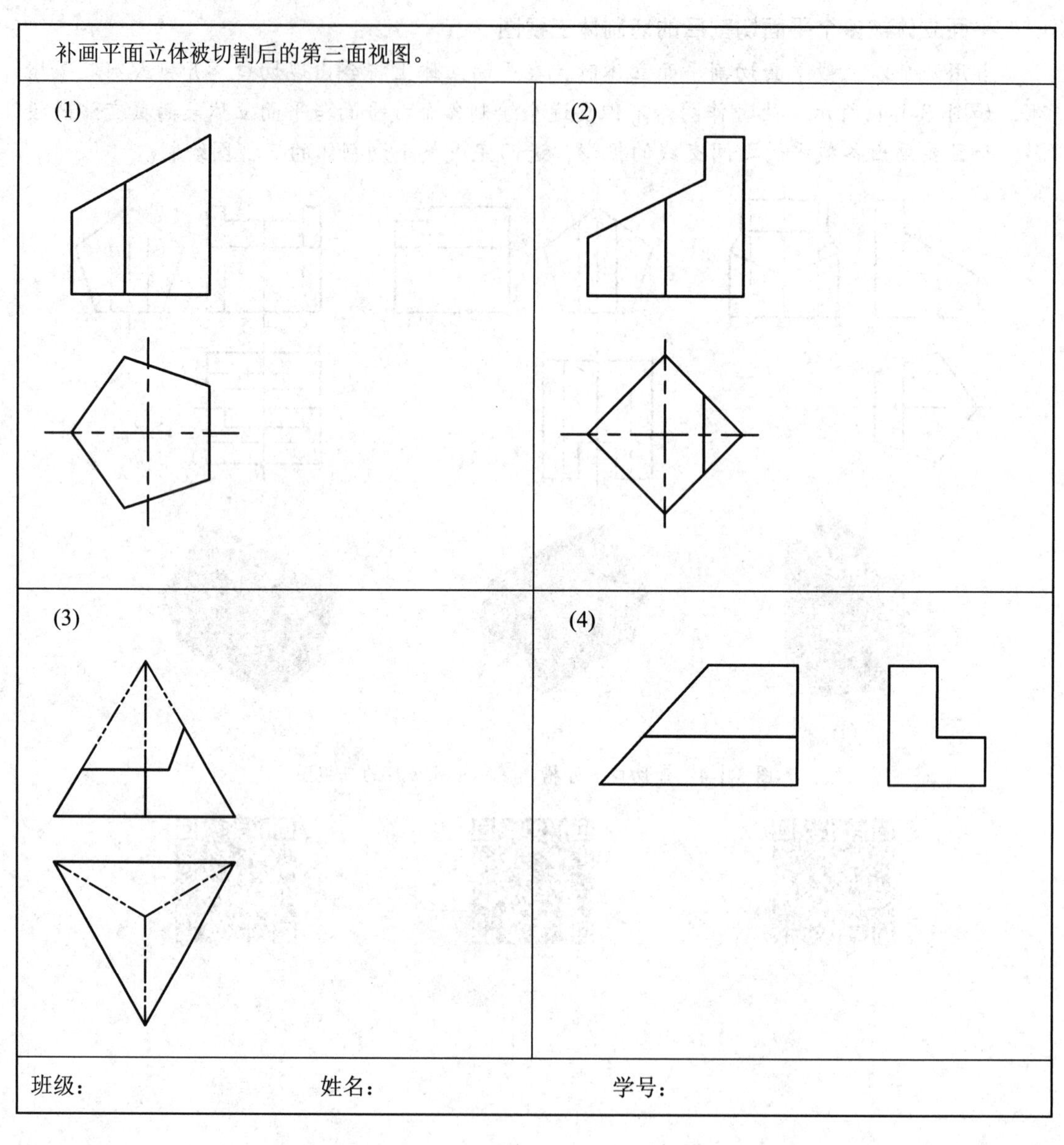

子任务 2　绘制连杆头三视图

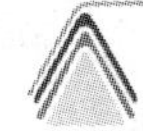

任务导入

试绘制如图 3-1-5 所示的连杆头的三视图。

图 3-1-5　连杆头

任务分析

图 3-1-5 所示的连杆头是由共轴的小圆柱、圆锥台、大圆柱及半球(大圆柱与半球相切)组成，其轴线垂直于侧平面，前、后被对称的两个正平面切割。要正确绘制连杆头零件的三视图，需要掌握曲面立体被平面切割所得截交线的情况、投影规律及作图方法等相关知识。

相关知识

曲面立体的表面是由曲面或曲面与平面组成的。当截平面与曲面立体相交时，截交线一般是封闭的平面曲线，特殊情况是直线。由于截交线是截平面与曲面立体表面的共有线，截交线上的任一点都是截平面与曲面立体表面的共有点，所以只要求出截交线上一系列点的投影，再依次连接，即得曲面立体截交线的投影。

一、圆柱的截交线

根据截平面与圆柱轴线的相对位置不同，其截交线有三种情况，如表 3-1-3 所示。

表 3-1-3　圆柱的截交线

截平面位置	平行于轴线	垂直于轴线	倾斜于轴线
截交线形状	直线	圆	椭圆
轴测图	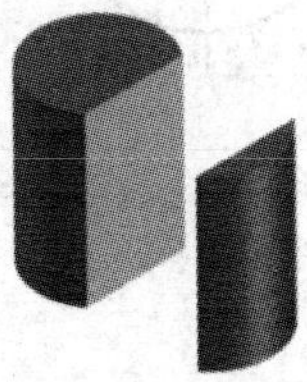	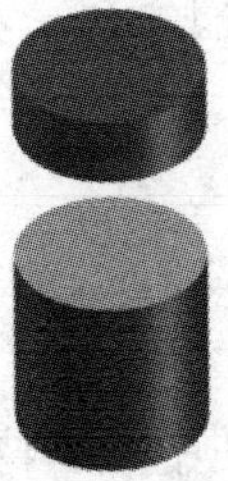	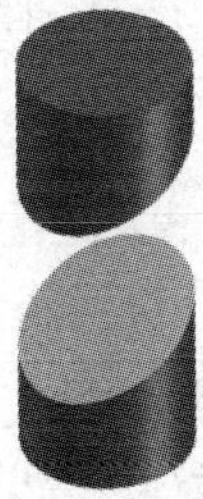
投影图	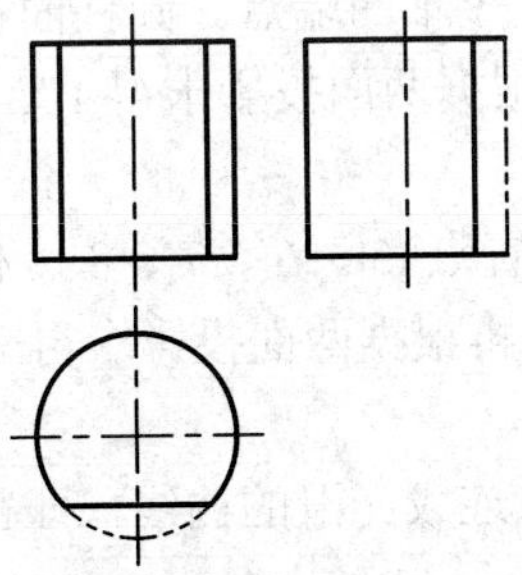	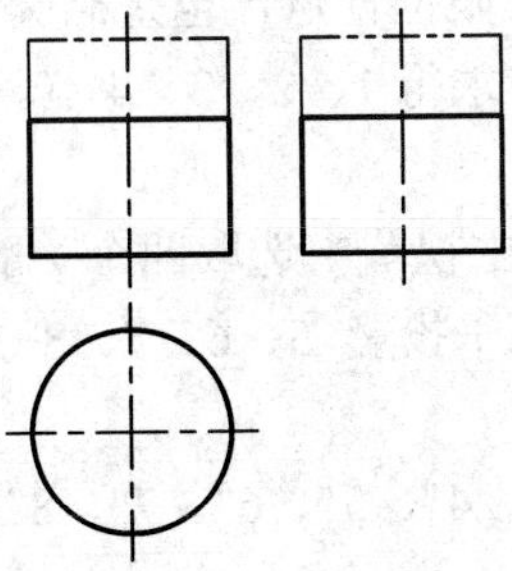	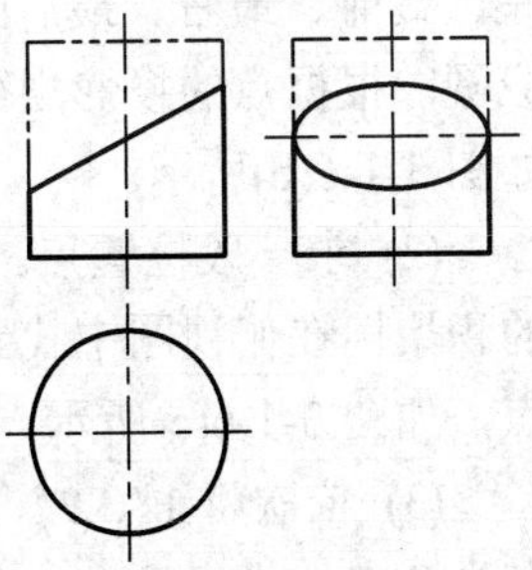

如图 3-1-6(a)所示，圆柱被一正垂面切割，求作截交线在左视图中的投影。

分析：由于截平面与圆柱轴线位置倾斜，因此截交线形状为椭圆。截交线在主视图中的正面投影积聚为直线，在俯视图中的投影在圆柱面积聚为圆的投影上，在左视图中的投影是椭圆，其投影可根据圆柱表面上取点的方法求出。

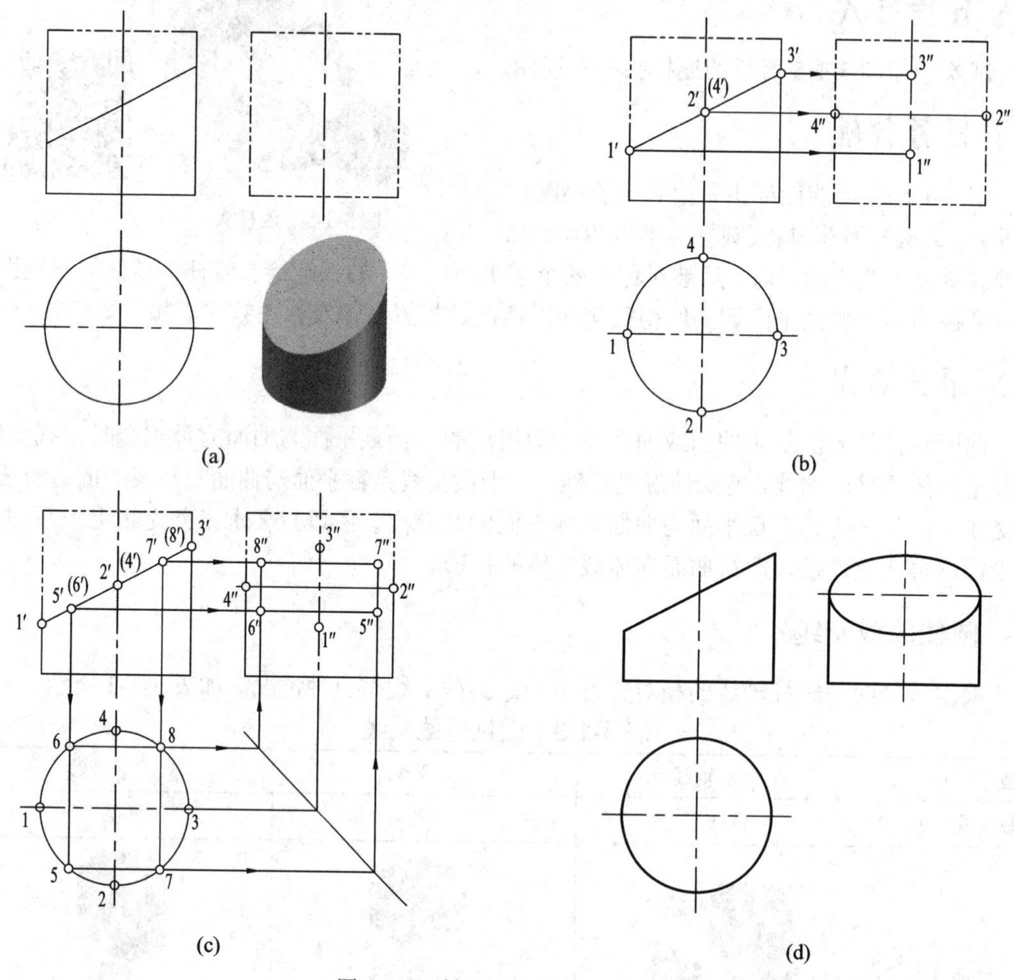

图 3-1-6　斜切圆柱的截交线作图

作图步骤：

(1) 求特殊位置点。在主视图中找出特殊位置点 1′、2′、3′、4′，这四点是截交线上最左、最前、最右、最后的极限位置点，也是椭圆长、短轴的端点。圆柱面在俯视图中积聚成圆，根据点的投影规律，求得 1、2、3、4 点。再根据两面投影求得 1″、2″、3″、4″点，如图 3-1-6(b)所示。

(2) 求一般位置点。在主视图中选取四个一般位置点 5′、6′、7′、8′，利用圆柱面投影的积聚性在俯视图中找到水平投影 5、6、7、8 点，再根据两面投影求得 5″、6″、7″、8″点，如图 3-1-6(c)所示。

(3) 依次将 1″、2″、3″、4″、5″、6″、7″、8″各点连成光滑的曲线，即得椭圆截交线在左视图中的投影。

(4) 整理加粗轮廓线，如图 3-1-6(d)所示。

二、圆锥的截交线

根据截平面与圆锥轴线相对位置不同，截交线的形状有五种情况，如表 3-1-4 所示。

求圆锥截交线的方法：当圆锥截交线为圆和直线时，其投影可直接求得。当截交线为椭圆、双曲线或抛物线时，先求出截交线上的特殊点，再求出若干一般位置点，然后用光滑曲线顺次连接各点即为所求截交线。

表 3-1-4　圆锥的截交线

截平面位置	垂直于轴线	过锥顶	倾斜于轴线	平行于轴线	平行于素线
截交线形状	圆	两相交直线	椭圆	双曲线	抛物线
轴测图	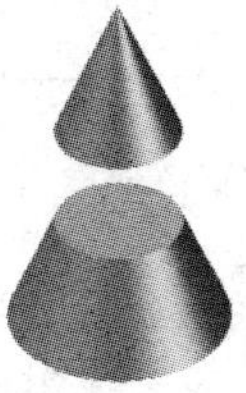	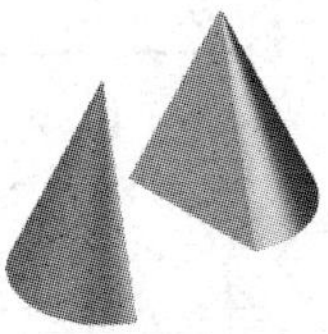	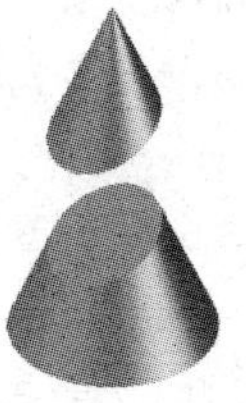	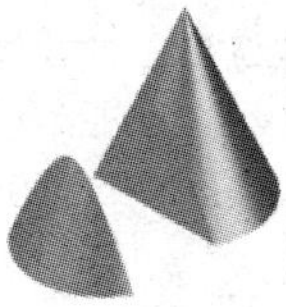	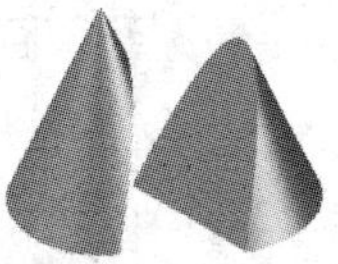
投影图	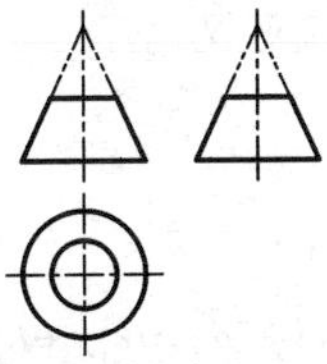	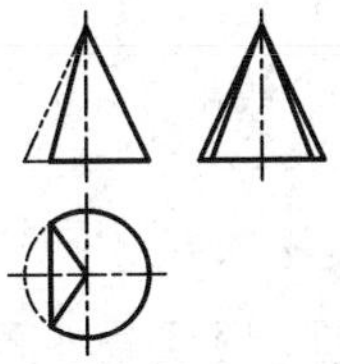	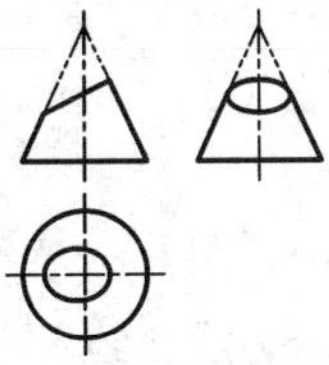	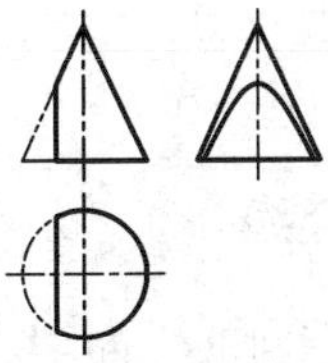	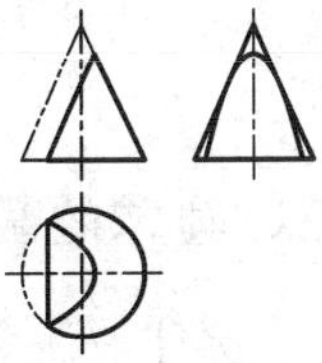

如图 3-1-7(a)所示，圆锥被一正平面切割，求作截交线在主视图中的投影。

分析：因为截平面为正平面，与圆锥轴线平行，所以截交线形状为双曲线。其在俯视图中的投影和左视图中的投影分别积聚为一条直线，在主视图中的投影为双曲线。

作图步骤：

(1) 求特殊位置点。在左视图中找出特殊位置点的投影 1″、2″、3″，其中点 1 是截交线上的最高点，在圆锥的最前轮廓素线上，点 2 和点 3 是截交线上的最低点，也是最左、最右点，在圆锥的底面圆周上。根据点的投影规律在俯视图中求得 1、2、3 点。再根据两面投影在主视图中求得 1′、2′、3′点，如图 3-1-7(b)所示。

(2) 求一般位置点。在左视图中的投影上选取两个一般位置点 4″、5″，利用辅助平面法(或用辅助素线法)作辅助圆的水平投影，在俯视图中得点 4、5，再根据两面投影在主视图中求得点 4′、5′点，如图 3-1-7(c)所示。

(3) 依次将 1′、2′、3′、4′、5′各点连成光滑的曲线，即为截交线在主视图中的投影。

(4) 整理加粗轮廓线，如图 3-1-7(d)所示。

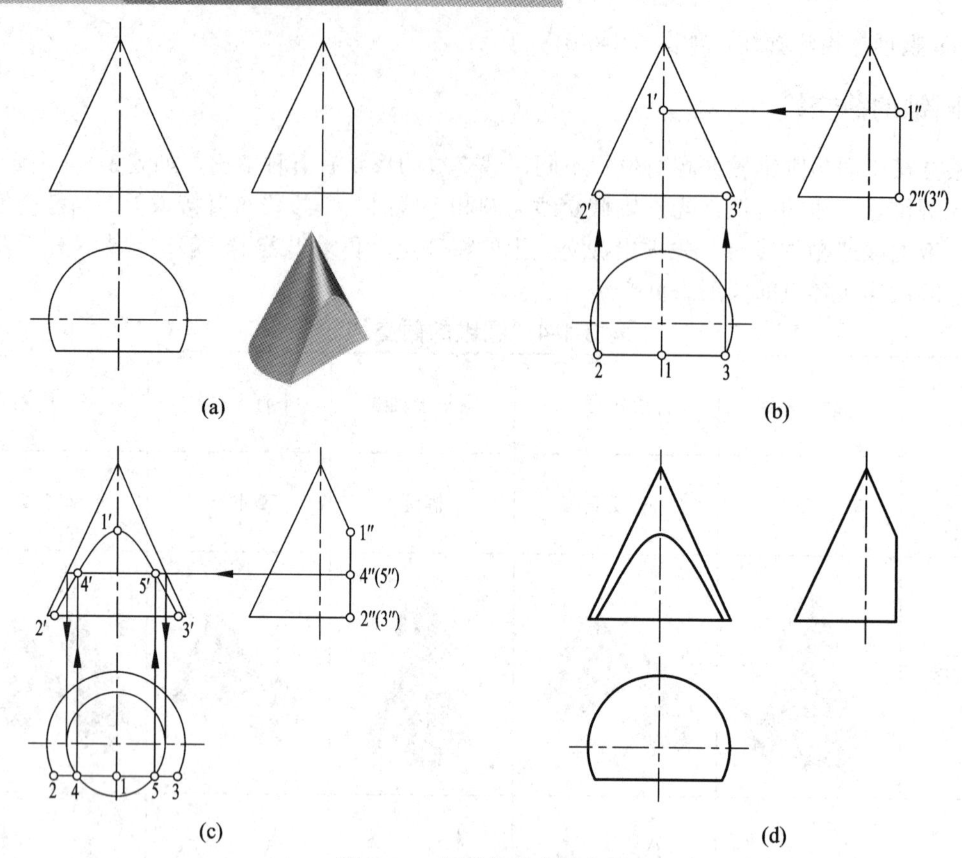

图 3-1-7　圆锥的截交线作图

三、圆球的截交线

圆球被任意方向的平面切割，其截交线都是圆。根据截平面与投影面的相对位置不同，所得截交线的投影可以是圆、直线或椭圆。

当截平面平行于投影面时，如图 3-1-8(a)所示，截交线在所平行的投影面上的投影为圆，其余两面投影积聚成直线。当截平面垂直于投影面时，如图 3-1-8(b)所示，正垂面与圆球的截交线为圆，圆的正面投影积聚成直线，其余两面投影为椭圆。

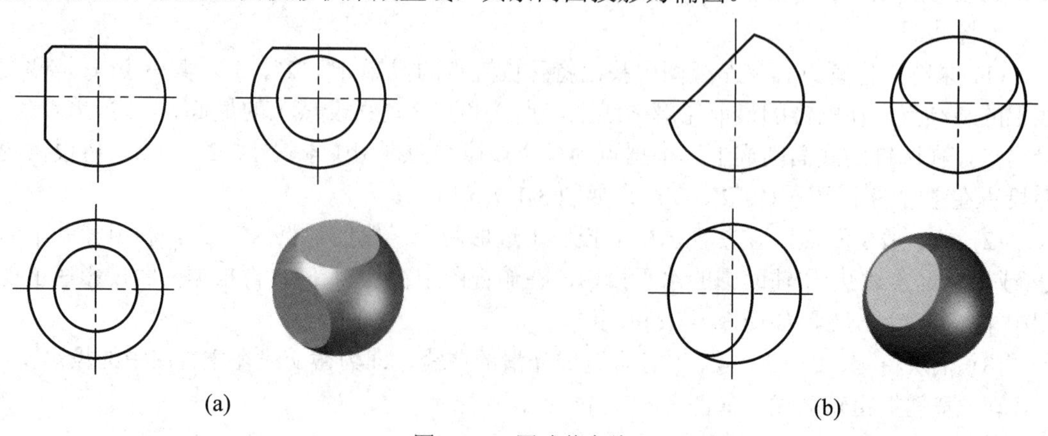

图 3-1-8　圆球截交线

如图 3-1-9(a)所示，补全半球被平面开槽后的俯视图，并画出左视图。

分析：半球开槽是由两个对称的侧平面和一个水平面切割而成的，所以两个侧平面与球面的截交线为一段平行于侧面的圆弧，而水平面与球面的截交线为两段水平的圆弧。

作图步骤：

(1) 在俯视图中以 1′、2′为直径绘制水平面切割半球所得截交线的投影，此截交线在左视图中的投影积聚为一条直线，如图 3-1-9(b)所示。

(2) 在左视图中以 3′、4′为半径绘制侧平面切割半球所得截交线的投影，此截交线在俯视图中的投影积聚为两条直线，如图 3-1-9(c)所示。

(3) 整理加粗轮廓线，判断可见性，在左视图中半球的开槽为不可见轮廓，应用细虚线绘制，如图 3-1-9(d)所示。

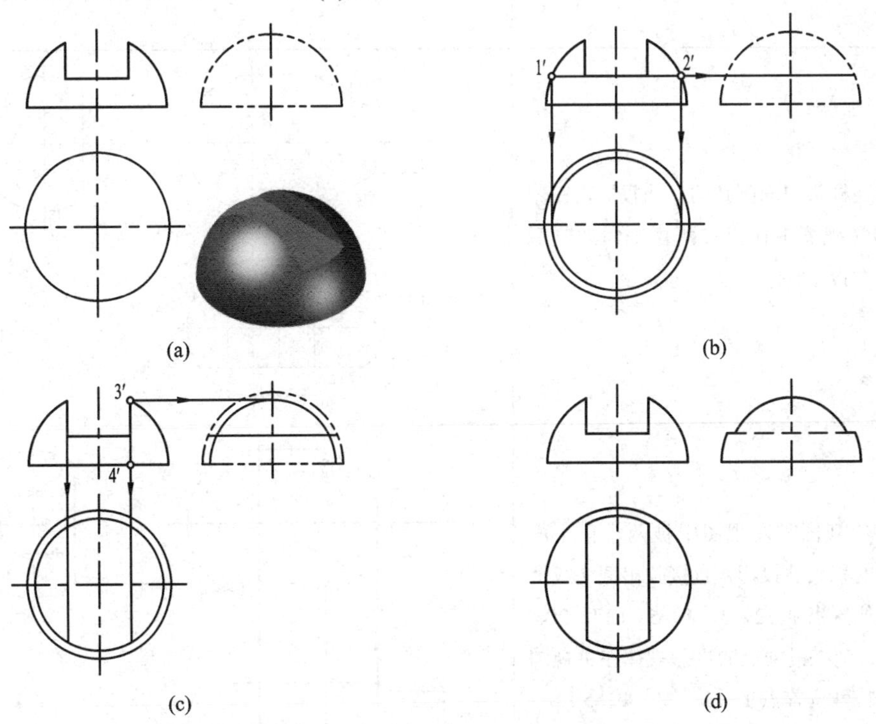

图 3-1-9　开槽半球的三视图作图

任务实施

绘制如图 3-1-5 所示的连杆头的三视图。

分析：连杆头由共轴的小圆柱、圆锥台、大圆柱及半球(大圆柱与半球相切)组成，前、后被对称的两个正平面切割。截平面与圆锥台的截交线为双曲线，截平面与大圆柱的截交线是两条直线，截平面与球的截交线为半圆，所得的三段截交线组成一个封闭的平面图形。由于连杆头零件的轴线为侧垂线，截平面是正平面，所以整个截交线在俯视图和左视图中的投影积聚成直线，在主视图中的投影反映实形，需在主视图中求出截交线的投影，其作图步骤如表 3-1-5 所示。

表 3-1-5 连杆头的三视图的作图步骤

作图步骤	图示
绘制连杆头没有被切割之前的完整三视图	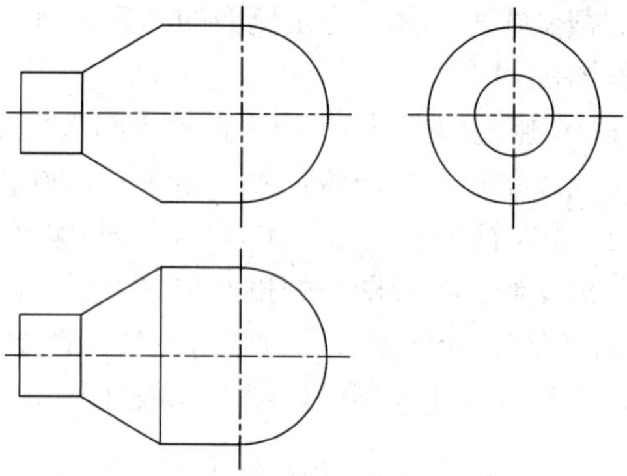
绘制连杆头中间圆孔的三面投影，在俯视图和左视图中作出被两正平面切割后的积聚性投影	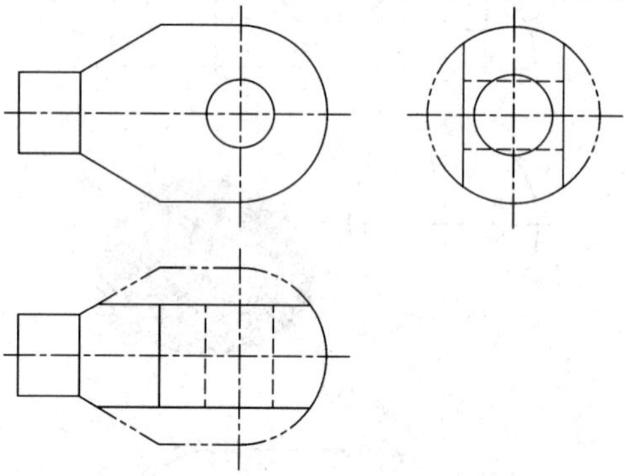
根据俯视图和左视图中被两个正平面截切后的积聚性投影，直接找出截交线上的特殊位置点 1、2、3、4、5 和 1″、2″、3″、4″、5″，根据点的投影规律在主视图中作出特殊位置点 1′、2′、3′、4′、5′	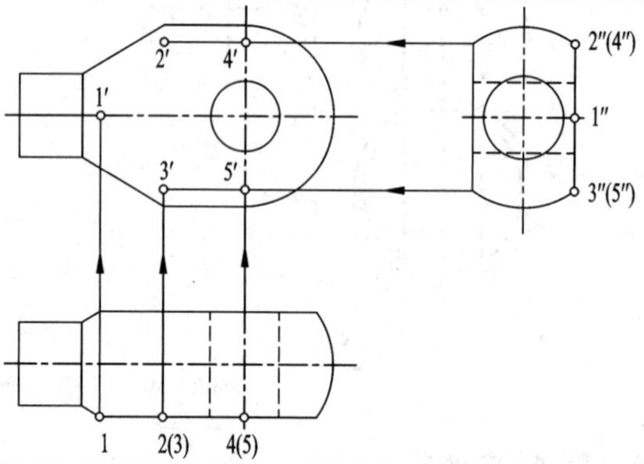 2′ 4′ 1′ 3′ 5′ 2″(4″) 1″ 3″(5″) 1 2(3) 4(5)
利用辅助圆法，先在俯视图和左视图中找出双曲线上的一般位置点 6、7 和 6″、7″，根据点的投影规律在主视图中作出一般位置点 6′、7′	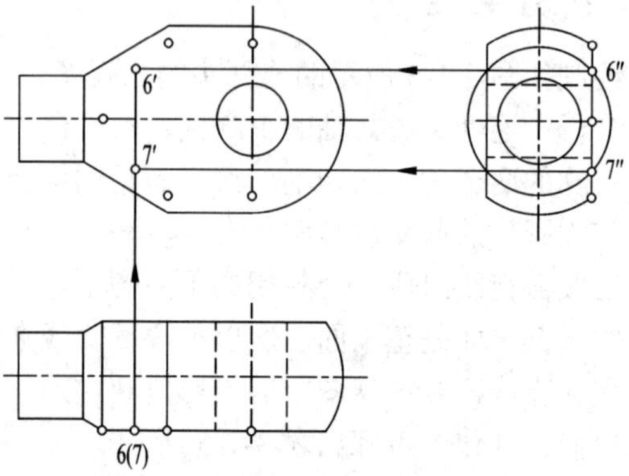 6′ 7′ 6″ 7″ 6(7)

续表

作图步骤	图　示
在主视图中将所求各点依次光滑地连接起来，整理图形，擦去多余作图线，加粗图线，完成连接杆的三视图	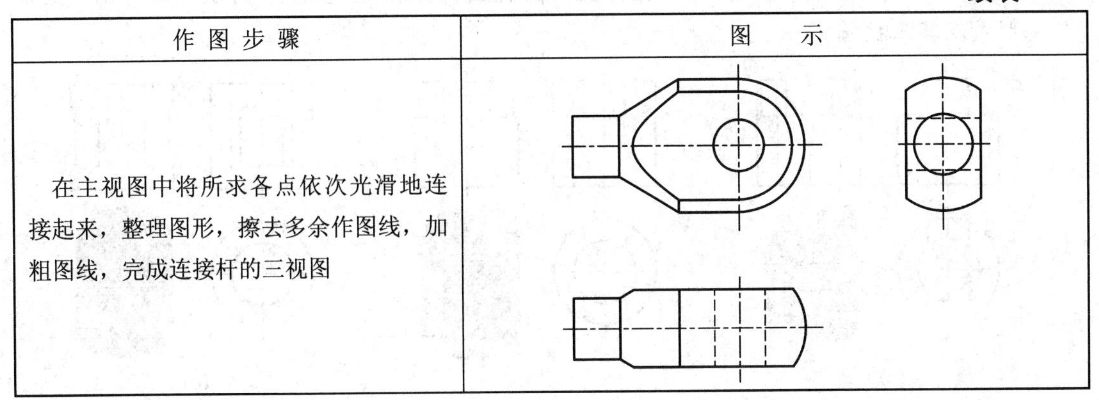

任务评价

根据本任务的学习目标，结合课堂学习情况，按照表 3-1-6 中的相应项目进行评价。

表 3-1-6　绘制连杆头的三视图的任务评价表

序号	评价项目	自评			师评		
		A	B	C	A	B	C
1	能否正确绘制三视图						
2	三视图是否遵循三等关系						
3	能否正确绘制截交线						
4	图线绘制是否符合规范，视图布局是否合理						

【知识拓展】

圆柱被多个平面切割后的切割体的三视图

当用两个以上截平面切割圆柱时，在圆柱上也会出现切口、开槽或穿孔等情况，如图 3-1-10 所示。切口、开槽与穿孔的表面形状由圆柱截交线(圆和直线)的一部分组成。

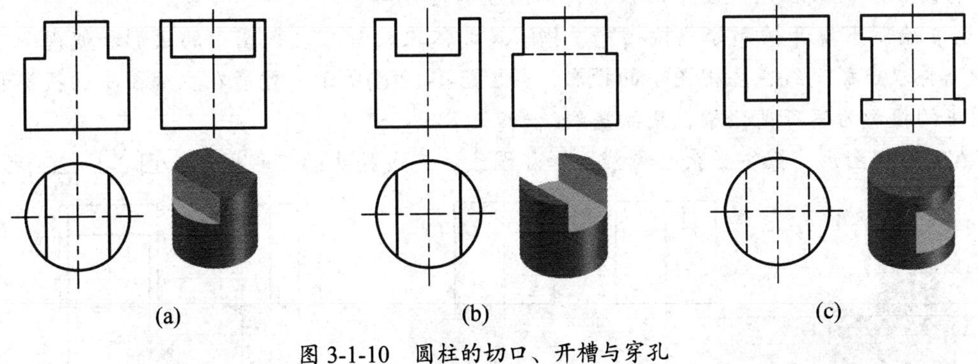

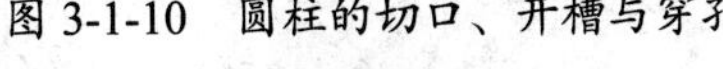

图 3-1-10　圆柱的切口、开槽与穿孔

对圆筒进行切割时，在内、外圆柱面上都产生截交线。图 3-1-11 所示为圆筒切割后的几种形式及其三视图。

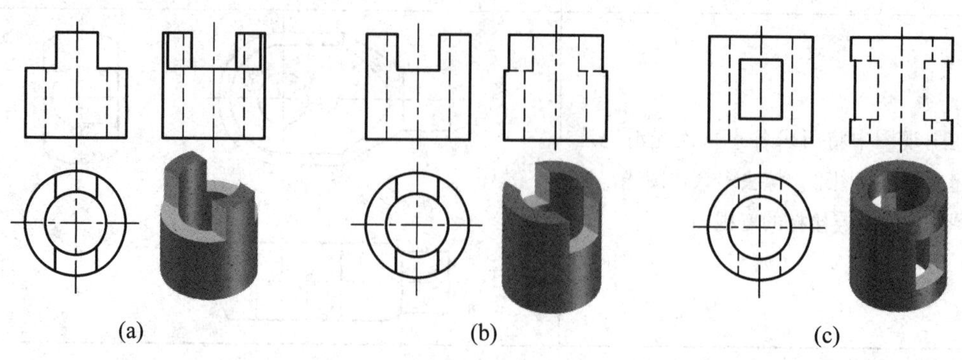

图 3-1-11 圆筒的切口、开槽与穿孔

试绘制如图 3-1-12(a)所示的接头三视图。

分析：该接头的上端切口用左、右两个平行于圆柱轴线的对称侧平面及两个垂直于圆柱轴线的水平面切割而成，其下端开槽用两个平行于圆柱轴线的对称正平面及一个垂直于圆柱轴线的水平面切割而成。侧平面、正平面与圆柱表面的截交线都是直线，水平面与圆柱表面的截交线都为圆弧。因此，圆柱上、下被切割部分的截交线均可用投影的积聚性求得。

作图时应注意：因圆柱最左、右轮廓素线在切口、开槽部分均被切去一段，故主视图的外形轮廓线在切口、开槽部位应向内“收缩”，其收缩位置与切口、开槽宽度有关。

作图步骤：

(1) 绘制完整的圆柱三视图，如图 3-1-12(b)所示。

(2) 绘制上端切口部分，按切口部分尺寸依次绘制在主视图中的投影和俯视图中的投影，再绘制截交线在左视图中的投影，如图 3-1-12(c)所示。

(3) 绘制下端开槽部分，按槽宽、槽深尺寸依次绘制在左视图中的投影和俯视图中的投影，再求出截交线在主视图中的投影，如图 3-1-12(d)所示。槽底在主视图中的投影和俯视图中的投影为不可见轮廓，用细虚线绘制。

(4) 整理图形，擦去多余作图线，加粗图线，完成接头的三视图，如图 3-1-12(e)所示。

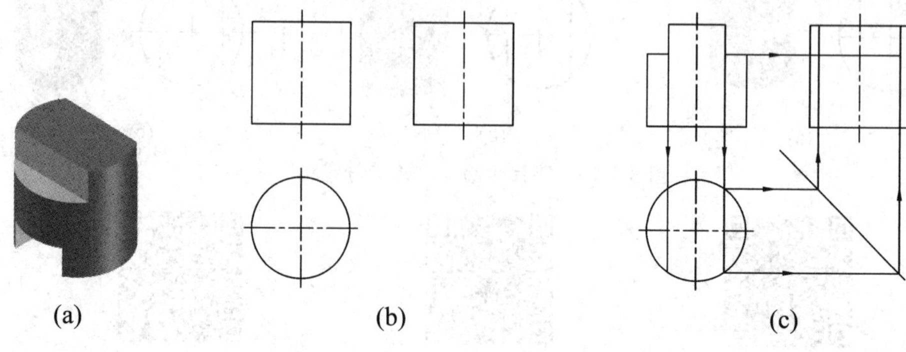

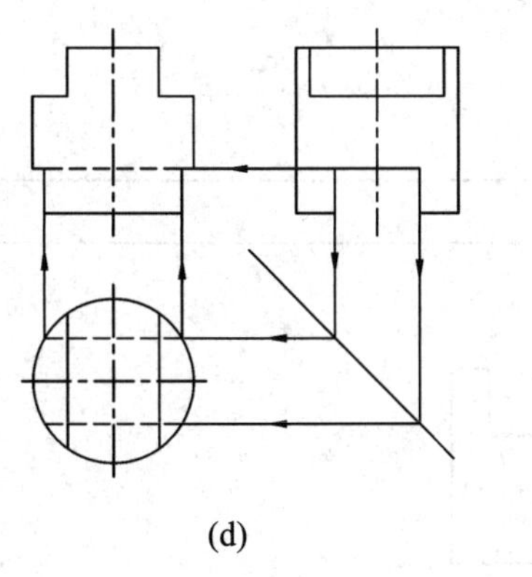

(d)

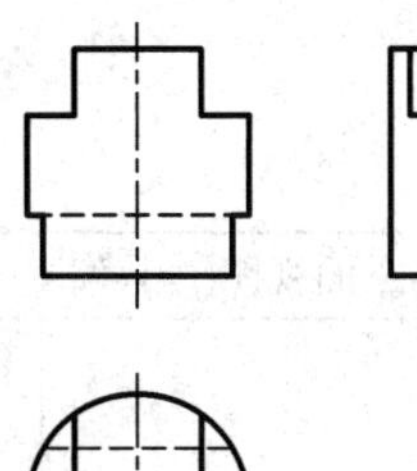

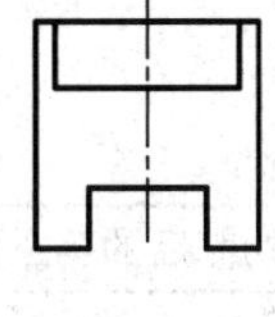

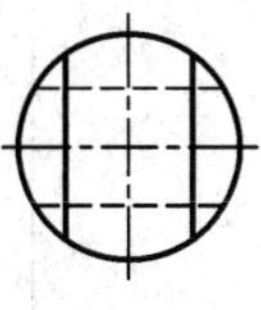

(e)

图 3-1-12　接头三视图

拓展练习

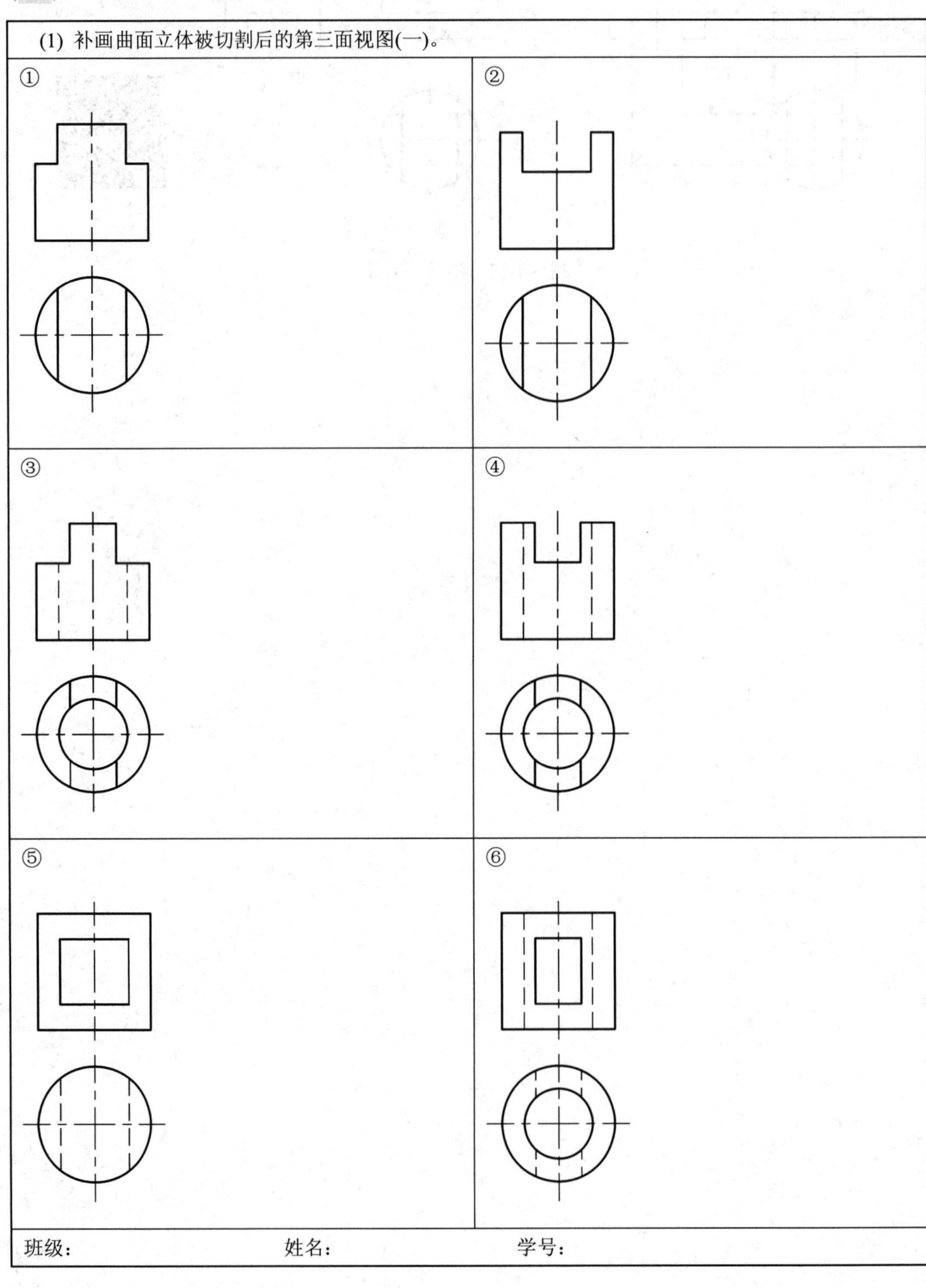

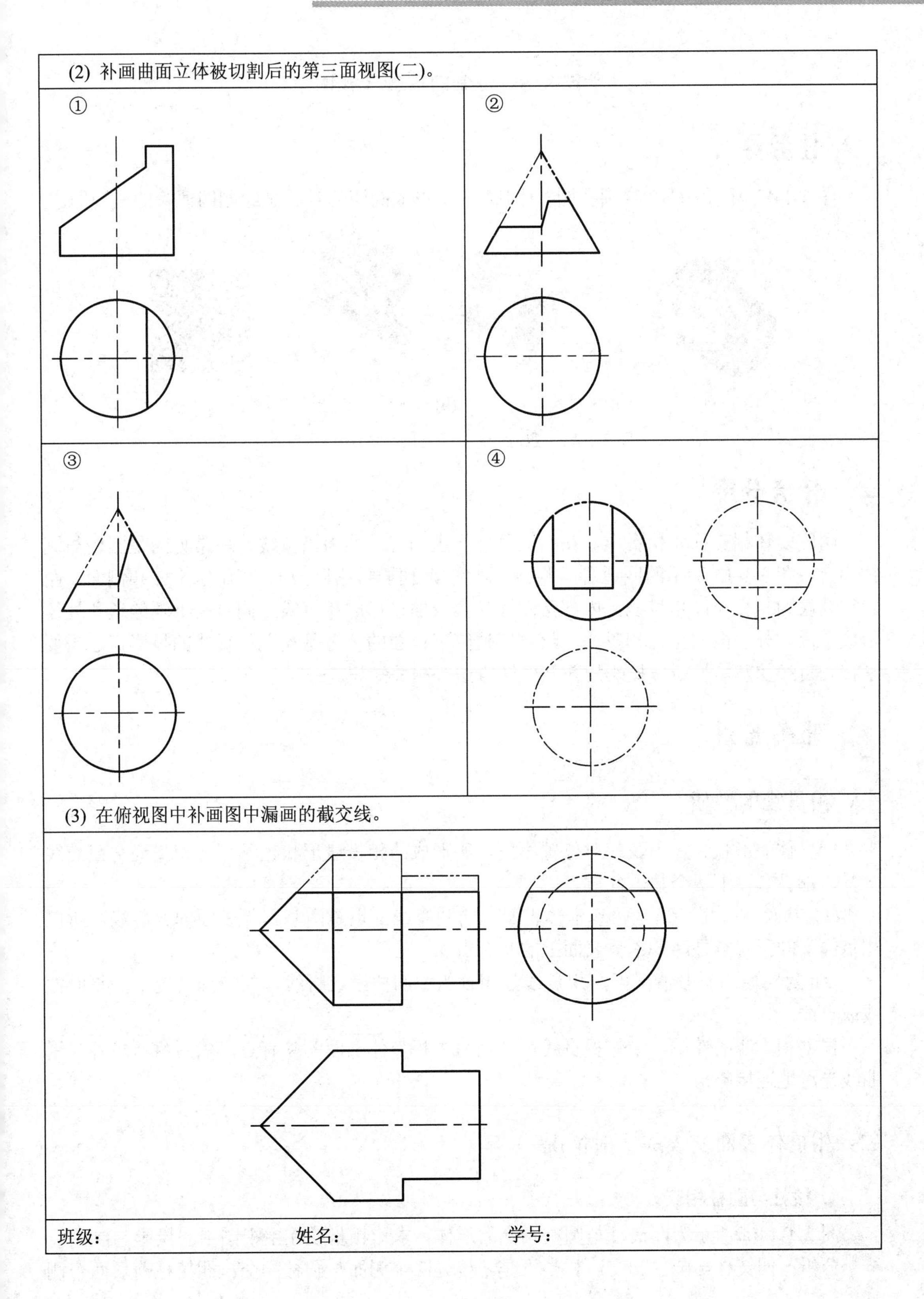

(2) 补画曲面立体被切割后的第三面视图(二)。

①

②

③

④

(3) 在俯视图中补画图中漏画的截交线。

班级：　　　　　　　　　　姓名：　　　　　　　　　　学号：

子任务3　绘制四通管三视图

任务导入

图 3-1-13 所示为两个穿圆孔圆柱(圆筒)相交形成的四通管，试绘制四通管的三视图。

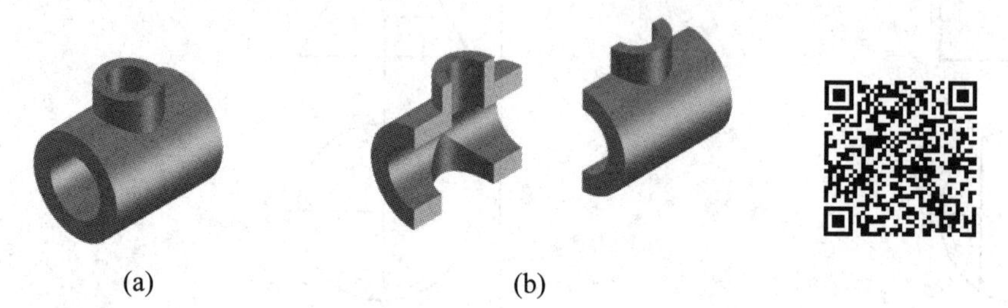

(a)　　(b)

图 3-1-13　四通管

任务分析

两回转体相交称为相贯体，在其表面上产生的交线称为相贯线，最常见的是圆柱与圆柱相交。图 3-1-13 所示的四通管，两圆柱轴线相互垂直，并分别垂直于水平面和侧面。两圆柱外表面相交形成相贯线，内部穿圆孔在内表面也形成相贯线，同时在下端的通孔处还形成了内、外表面相交的相贯线。绘制四通管三视图的关键是绘制相贯线的投影，这需要掌握相贯线的基本性质、投影规律及作图方法等相关知识。

相关知识

一、相贯线的性质

相贯体的形状、大小及相对位置不同，所形成的相贯线形状也不同，相贯线与截交线一样，都具有以下两个基本性质。

(1) 共有性：相贯线是两基本体表面上的共有线，也是两基本体表面的分界线，所以相贯线上的所有点是两基本体表面上的共有点。

(2) 封闭性：一般情况下，相贯线是闭合的空间曲线或折线，在特殊情况下是平面曲线或直线。

根据相贯线的性质，求作相贯线可归结为求相贯体表面的共有点，然后将所求各点用曲线光滑地连接起来。

二、相贯体表面交线的一般情况

1. 棱柱与圆柱相交

图 3-1-14(a)所示为四棱柱与圆柱相交的形体，求作相贯线在主视图中的投影。

分析：四棱柱与圆柱相交，相当于是四棱柱四个侧面与圆柱相交。四棱柱前后两个侧面为正平面与圆柱轴线平行，所得截交线为两条直线，左右两个侧面为侧平面与圆柱轴线垂直，所得截交线为圆弧。所以四棱柱与圆柱相交所得相贯线由两段圆弧和两条直线组成。相贯线在俯视图中的投影积聚在四棱柱的矩形投影上，在左视图中的投影积聚在圆柱面的一段圆弧投影上，如图 3-1-14(b)所示。在主视图中的投影是一条直线，利用表面上求点的方法，根据投影关系便可求出相贯线在主视图中的投影。由于相贯线是前后对称的，所以主视图中的投影只需作出前面一半的投影即可。

作图步骤：

(1) 求特殊位置点。在俯视图中相贯线的水平投影上找出最左、最右、最前、最后点 1、2、3、4 的投影，根据点的投影规律在左视图中相贯线的侧面投影上找出 1″、2″、3″、4″点，再根据投影关系在主视图中求得 1′、2′、3′、4′点，如图 3-1-14(c)所示。

(2) 在主视图中将四棱柱左右两轮廓线延长到 1′、2′点，再将 1′、2′点连接，3′、4′点连线与 1′、2′点连线重合，即得相贯线在主视图中的正面投影。整理加粗轮廓线，如图 3-1-14(d)所示。

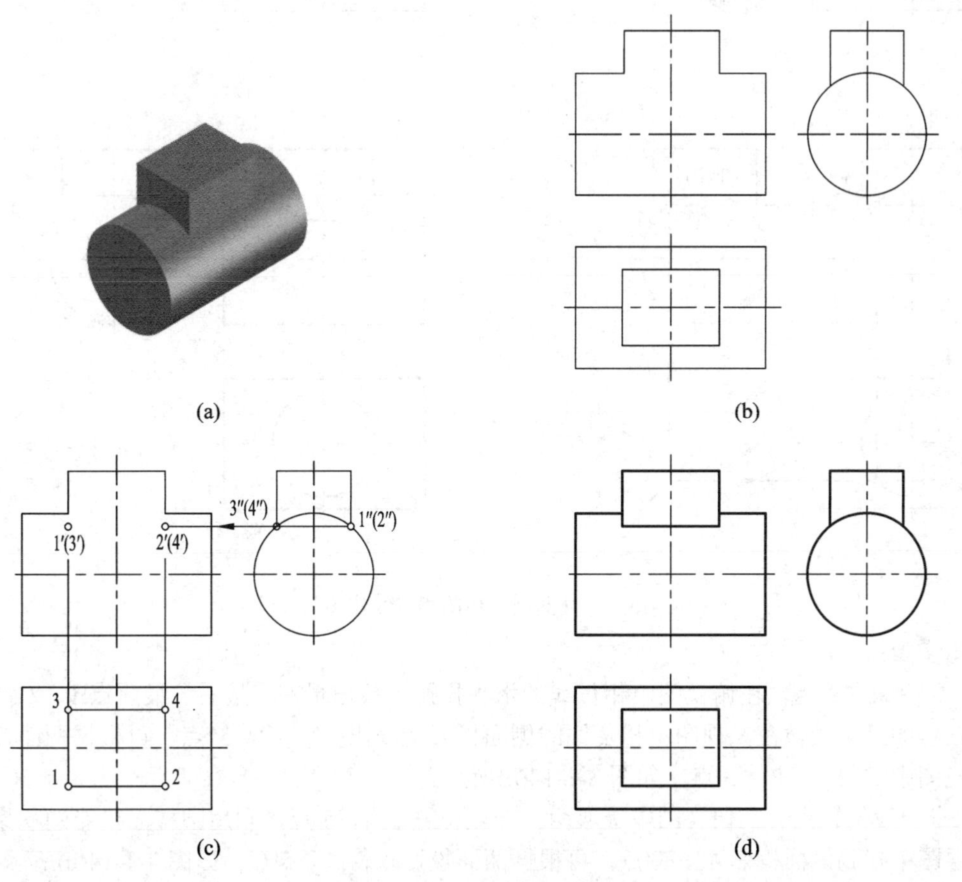

图 3-1-14　四棱柱与圆柱相交的相贯线作图

2. 圆柱与圆柱相交

图 3-1-15(a)所示为两个直径不等的圆柱相交的形体，求作相贯线在主视图中的投影。

分析：两圆柱轴线分别垂直于投影面，相贯线为前、后和左、右对称的空间曲线。相贯线在俯视图中的投影在圆柱面的积聚投影上，在左视图中的投影在圆柱面的一段圆弧投影上，在主视图中的投影是一条非圆曲线。利用表面上求点的方法，根据投影关系便可求出相贯线在主视图中的投影。由于相贯线是前后对称的，所以主视图中的投影只需作出前面一半的投影即可。

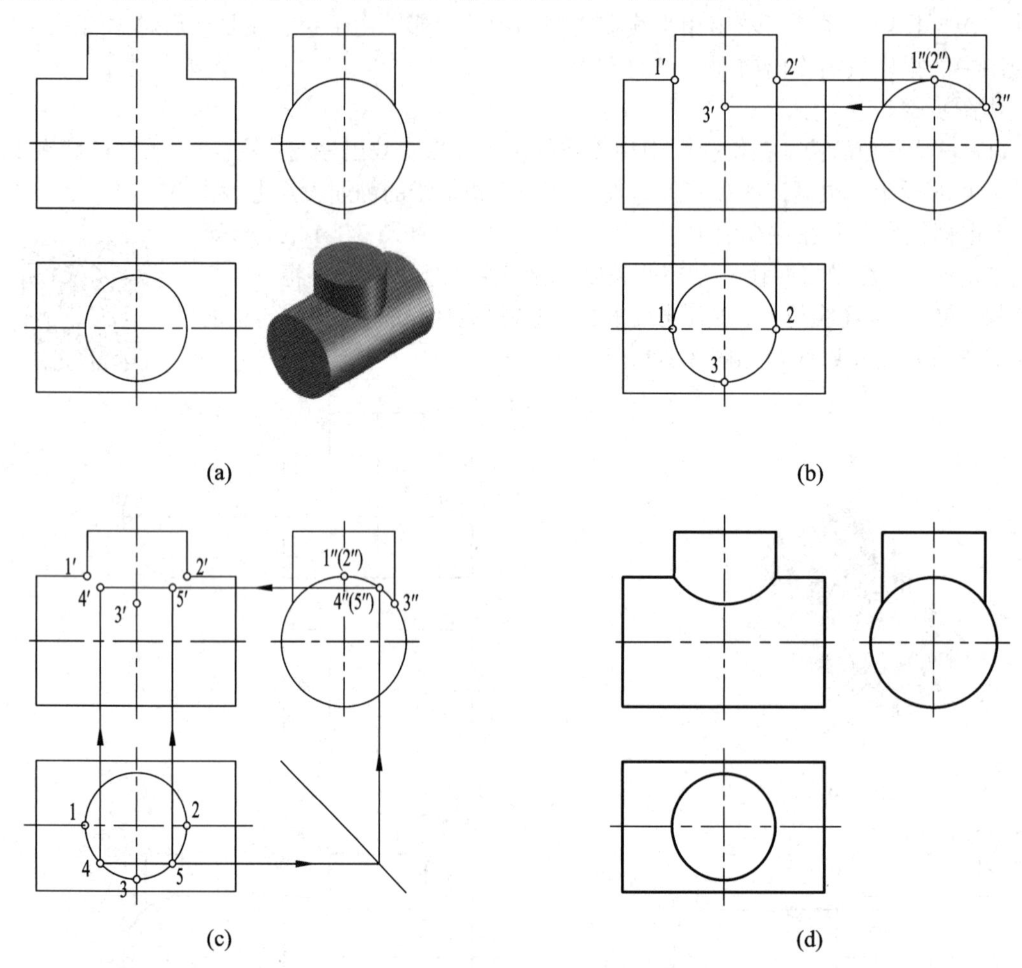

图 3-1-15 正交两圆柱体的相贯线作图

作图步骤：

(1) 求特殊位置点。在俯视图中相贯线的水平投影上找出最左、最右、最前点 1、2、3 点，根据点的投影规律在左视图中相贯线的侧面投影上找出 1″、2″、3″点，再根据两面投影在主视图中求得 1′、2′、3′点，如图 3-1-14(b)所示。

(2) 求一般位置点。在俯视图中选取两个一般位置点 4、5 点，利用圆柱面投影的积聚性在左视图中找到侧面投影 4″、5″点，再根据两面投影求得 4′、5′点，如图 3-1-14(c)所示。

(3) 将 1′、2′、3′、4′、5′点连成光滑的曲线，即得相贯线的正面投影。

(4) 整理加粗轮廓线，如图 3-1-14(d)所示。

在不引起误解的情况下，两圆柱正交的相贯线常采用圆弧替代相贯线的近似画法。其作图方法如图 3-1-16 所示，以大圆柱的半径(D/2)为半径画圆弧替代相贯线。

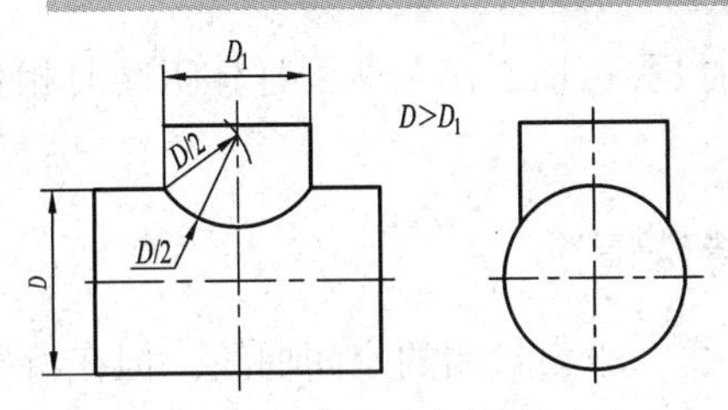

图 3-1-16　相贯线的简化画法

3. 两圆柱相交的三种形式

如图 3-1-17 所示，两圆柱轴线垂直相交可分为外表面与外表面相交、外表面与内表面相交和内表面与内表面相交。三种相交形式的相贯线形状与作图方法是相同的。

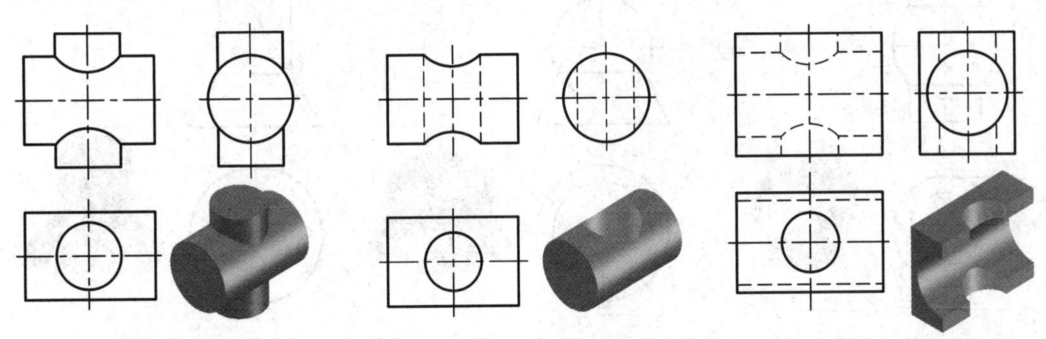

(a) 外表面与外表面相交　(b) 外表面与内表面相交　(c) 内表面与内表面相交

图 3-1-17　两圆柱相交的三种形式

4. 两圆柱相交相贯线的变化趋势

当两圆柱的相对位置不变，而两圆柱的直径发生变化时，相贯线的形状和位置也将随之变化。

(1) 当 $D_1 < D_2$ 时，相贯线为空间曲线，在主视图中的投影为上、下对称的两条曲线，如图 3-1-18(a)所示。

(2) 当 $D_1 = D_2$ 时，相贯线为两个相交的椭圆，在主视图中的投影为正交两直线，如图 3-1-18(b)所示。

(3) 当 $D_1 > D_2$ 时，相贯线为空间曲线，在主视图中的投影为左、右对称的两条曲线，如图 3-1-18(c)所示。

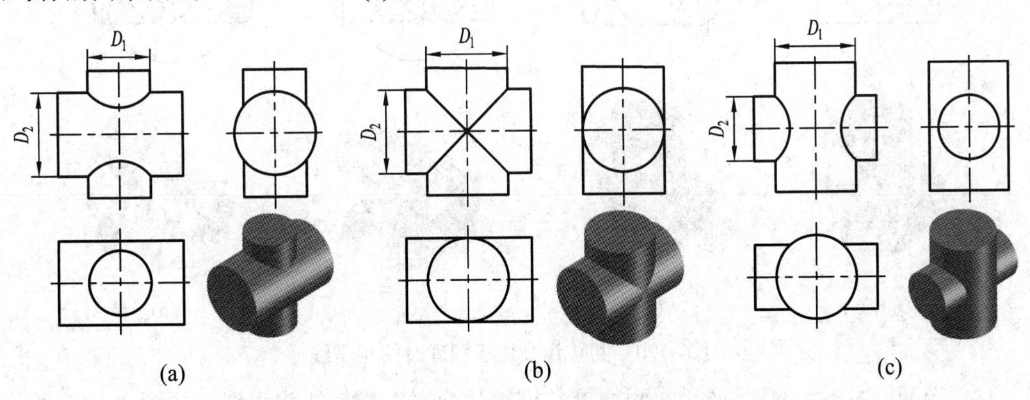

(a)　(b)　(c)

图 3-1-18　圆柱直径变化时相贯线的变化趋势

从图 3-1-18 中各主视图投影可以看出，两圆柱体正交时相贯线的弯曲方向总是朝着直径较大的圆柱轴线弯曲。

三、相贯体表面交线的特殊情况

两回转体相交时的相贯线一般为封闭的空间曲线。但在特殊情况下，也可能是封闭的平面曲线或是直线。

(1) 当两回转体具有公共轴线时，相贯线是垂直于轴线的圆，当轴线平行于某一投影面时，相贯线在该投影面上的投影积聚成一直线，如图 3-1-19 所示。

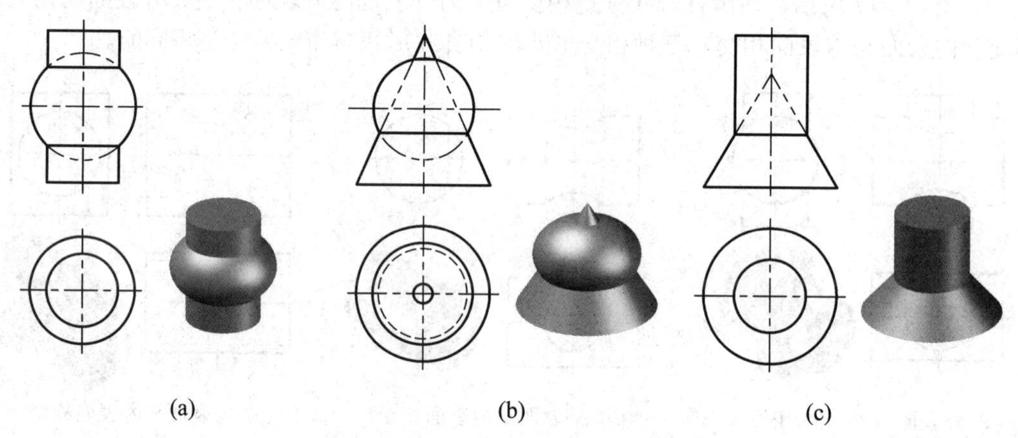

(a) (b) (c)

图 3-1-19　同轴回转体的相贯线

(2) 当圆柱与圆柱、圆柱与圆锥轴线相交并公切于一球面时，相贯线为椭圆。如图 3-1-20 所示，椭圆在主视图中的投影为一直线段，俯视图中的投影为类似形(圆或椭圆)。

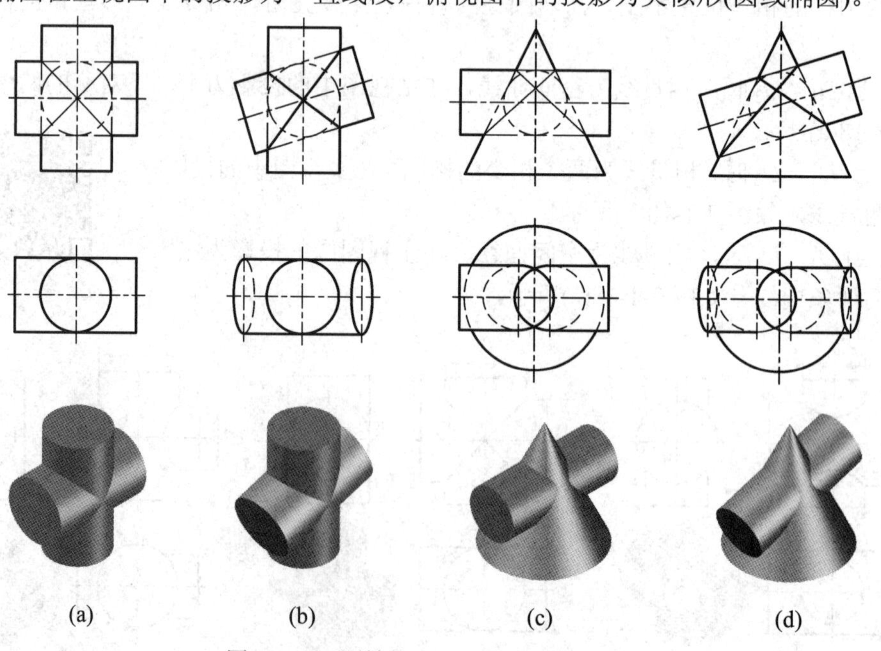

(a) (b) (c) (d)

图 3-1-20　回转体公切于圆球时的相贯线

(3) 当两圆柱轴线相互平行或两圆锥共锥顶相交时，相贯线为直线，如图 3-1-21 所示。

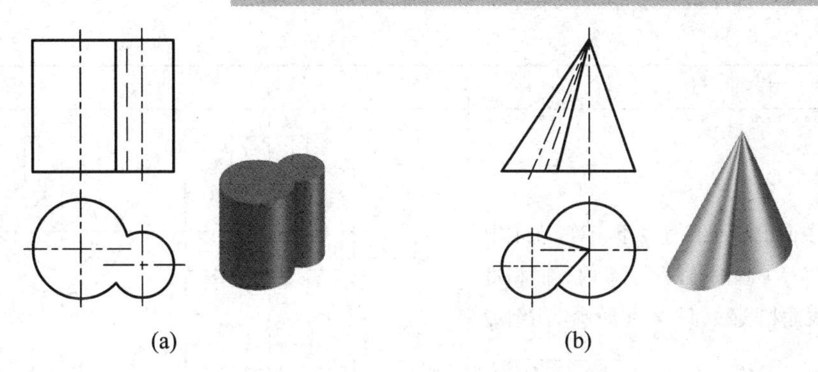

图 3-1-21　相贯线为直线

 任务实施

绘制图 3-1-13 所示四通管的三视图。

分析：绘制四通管三视图的关键在于各处相贯线的正确绘制。四通管由两圆柱垂直相交，两圆柱外圆直径不相等，在圆柱外表面形成的相贯线可以用圆弧替代。在四通管内部穿通孔，上端通孔直径不相等，在圆柱内表面形成的相贯线也可以用圆弧替代。下端通孔直径相等，在圆柱内表面形成的相贯线可以直接绘制直线。四通管下端的通孔还形成了圆柱外表面与内表面相交的相贯线，此处圆柱外圆直径大于内孔直径，相贯线也用圆弧替代。四通管各处相贯线在俯视图和左视图中的投影在圆柱面的积聚投影上，只需在主视图中作出相贯线的投影即可，作图步骤如表 3-1-7 所示。

表 3-1-7　绘制四通管三视图作图步骤

作 图 步 骤	图　　示
绘制四通管两圆柱相交的不完整三视图	
四通管外表面两圆柱外圆直径不相等，在主视图中以大圆柱半径 R 画圆弧，得两圆柱外表面相贯线投影	R　R

续表

作图步骤	图示
四通管内表面上端通孔直径不相等，在主视图中以大孔半径 r 画圆弧，得上端内表面相贯线投影。内表面相贯线为不可见轮廓，用细虚线绘制圆弧	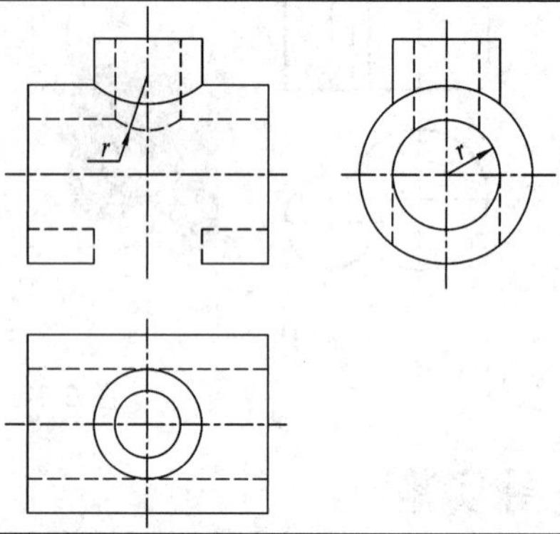 r r
四通管下端内表面通孔直径相等，用直线连接，内表面相贯线为不可见轮廓，用细虚线绘制直线	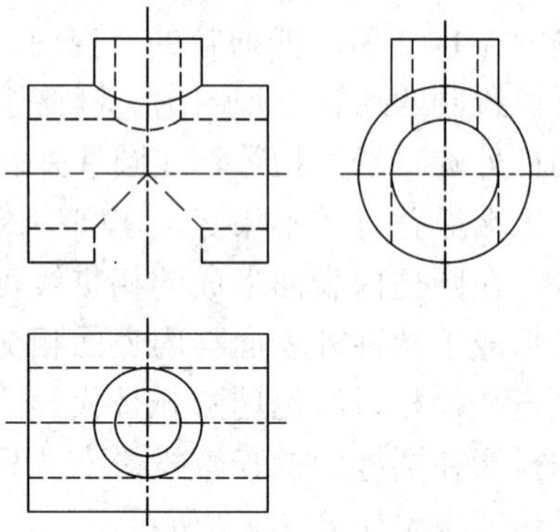
四通管下端通孔直径与圆柱外圆直径不等，以大圆柱半径 R 画圆弧，得下端相贯线投影	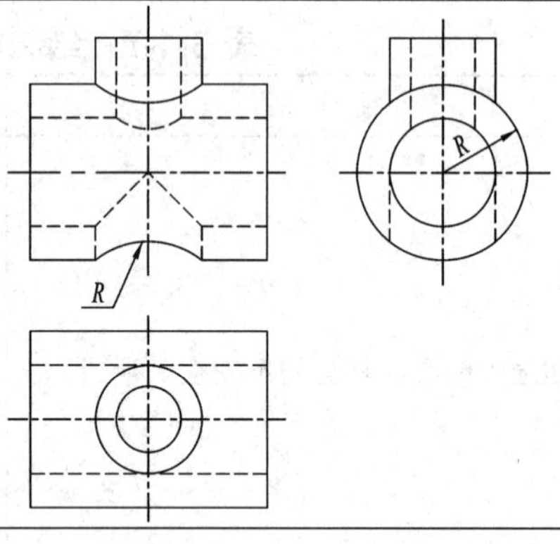 R R
整理图形，加粗图线，完成四通管的三视图	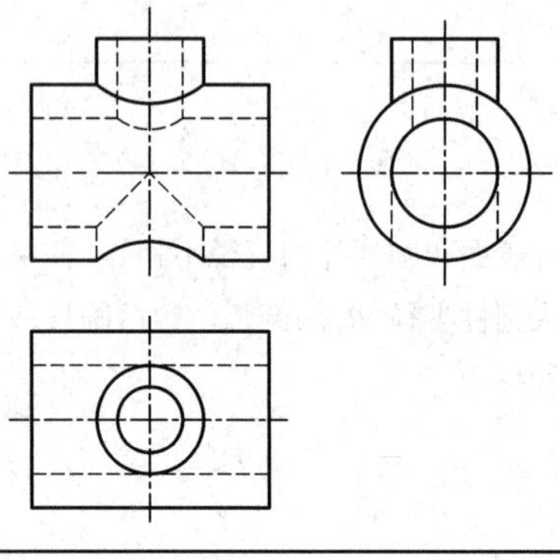

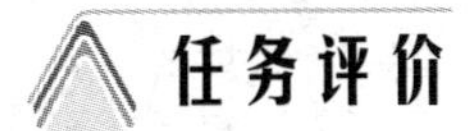

任务评价

根据本任务的学习目标，结合课堂学习情况，按照表3-1-8中的相应项目进行评价。

表3-1-8 绘制四通管三视图任务评价表

序号	评价项目	自评			师评		
		A	B	C	A	B	C
1	能否正确绘制三视图						
2	三视图是否遵循三等关系						
3	能否正确绘制相贯线						
4	图线绘制是否符合规范，视图布局是否合理						

【知识拓展】

利用辅助平面法求相贯线

求两回转体相贯线还可用辅助平面法，辅助平面法是用辅助平面同时切割相贯的两回转体，分别作出辅助平面与两回转体的截交线，再找出两截交线的交点，即相贯线上的点，如图3-1-22(a)所示。这些点既在两回转体表面上，又在辅助平面内。因此，辅助平面法就是根据三面共点的原理，利用辅助平面求出两回转体表面上的若干共有点，从而求出相贯线的投影方法。

辅助平面选择的原则：应使辅助平面与两回转体截交线的投影为直线或圆。通常选用与投影面平行的平面(投影面平行面)作为辅助平面。

如图3-2-22(a)所示，圆柱与圆锥相贯，求其相贯线在主视图和俯视图中的投影。

分析：圆柱与圆锥台轴线垂直相交，相贯线是一条前后、左右对称的封闭空间曲线。相贯线在左视图中的投影积聚在圆柱面的一段圆弧投影上，求相贯线在主视图中的正面投影和俯视图中的水平投影。

作图步骤：

(1) 求特殊位置点。圆柱最高轮廓素线与圆锥台最左、最右轮廓素线相交，交点*I*、*II*为相贯线上的最高点(也是最左、最右点)，可直接求出1、2、1′、2′、1″、2″点；圆锥台最前、最后轮廓素线与圆柱面的交点*III*、*IV*是相贯线上的最前、最后点(也是最低点)，由3″、4″点分别求出3、4、3′、4′点，如图3-1-22(b)所示。

(2) 求一般位置点。在最高点和最低点之间作水平面*P*为辅助平面，所作辅助平面*P*与圆柱面的交线为两条平行直线，与圆锥面的交线为圆，两条截交线的交点*V*、*VI*、*VII*、*VIII*即为相贯线上的点，如图3-1-22(c)所示。

(3) 在主视图中依次光滑连接1′、5′(7′)、3′(4′)、6′(8′)、2′各点即得相贯线的正面投影。在俯视图中依次光滑连接1、5、3、6、2、8、4、7、1各点即得相贯线的水平投影。

(4) 整理加粗轮廓线，判断可见性，如图 3-1-22(d)所示。

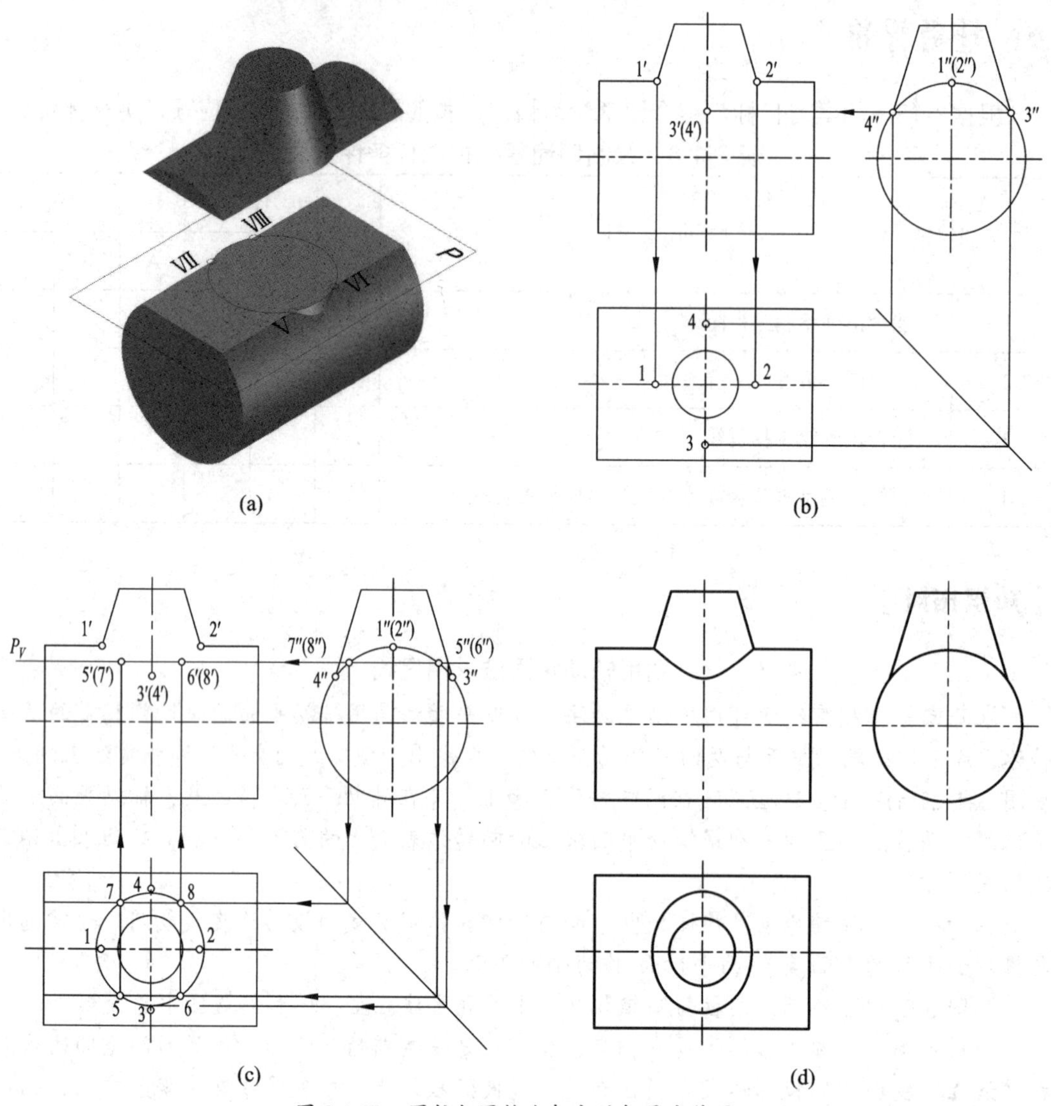

图 3-1-22　圆柱与圆锥台相交的相贯线作图

拓展练习

补全相贯线的投影。

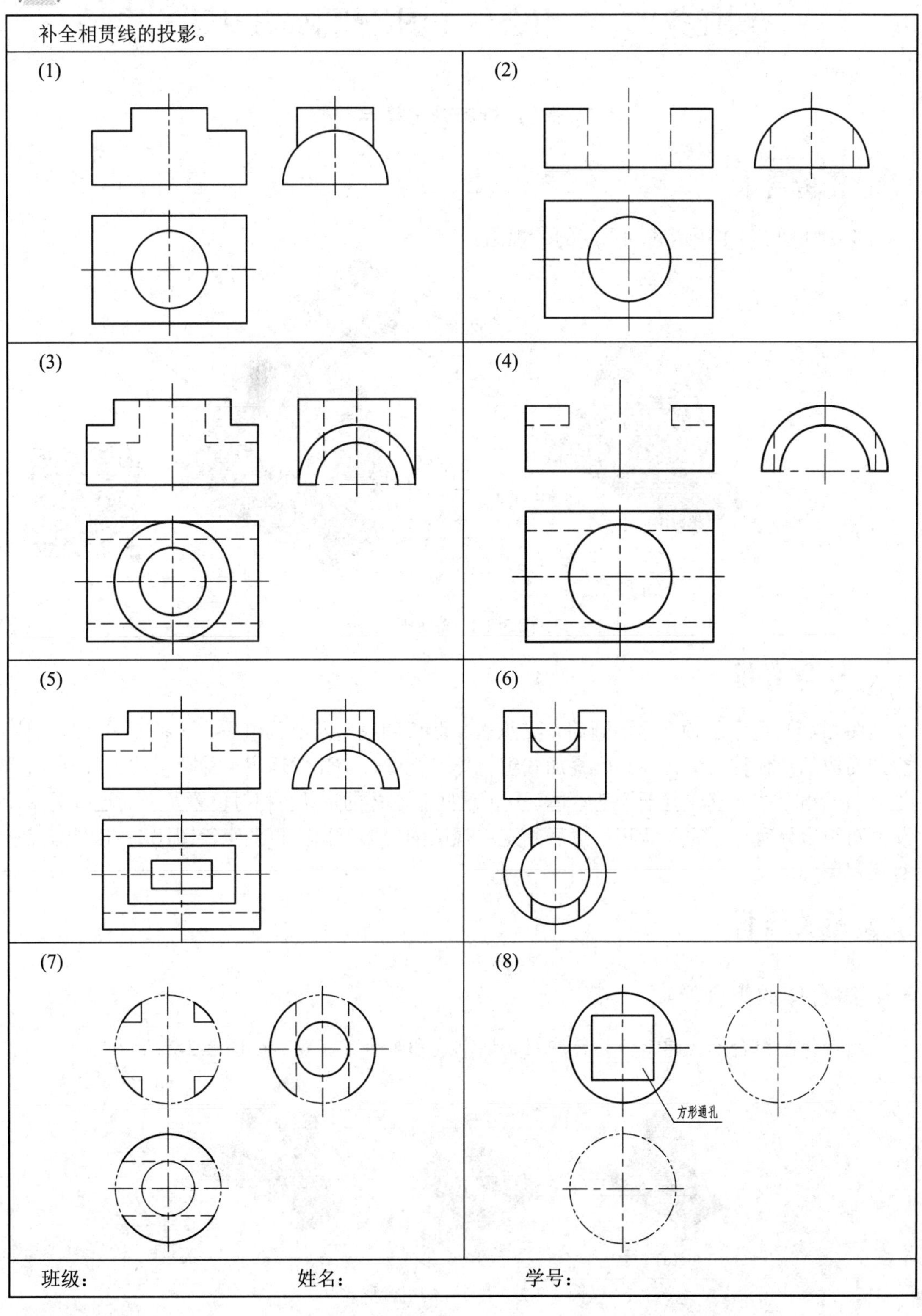

班级：　　　　姓名：　　　　学号：

任务二 组合体视图的绘制与识读

子任务 1 绘制轴承座三视图

任务导入

绘制如图 3-2-1 所示的轴承座的三视图。

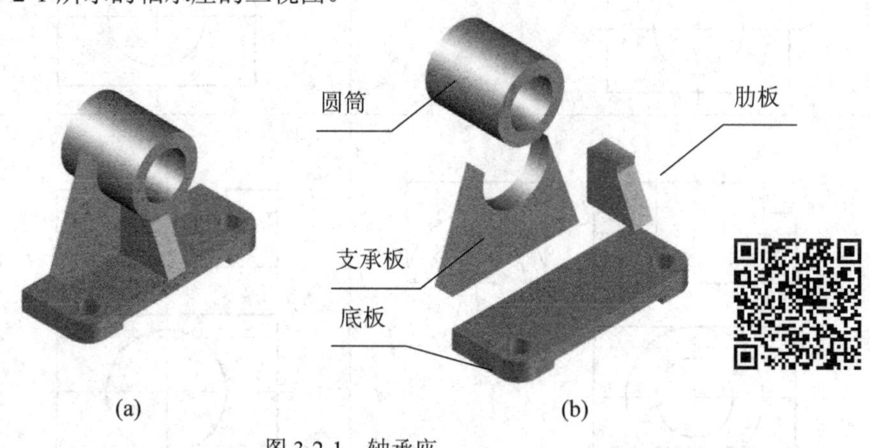

图 3-2-1 轴承座

任务分析

图 3-2-1 所示的轴承座由圆筒、支承板、肋板和底座四部分组成，这种由多个基本体叠加而成的形体称为组合体。画叠加式组合体三视图，首先要运用形体分析法进行分析，把复杂的组合体分解成若干个基本体，分析这些基本体的形状、相对位置及表面连接关系，从而对组合体有一个完整认识；然后确定主视图的投影方向；再选定绘图比例与图幅，进行三视图的绘制。

相关知识

一、组合体的组合形式

组合体的组合形式通常分为叠加式、切割式和综合式三种，如图 3-2-2 所示。

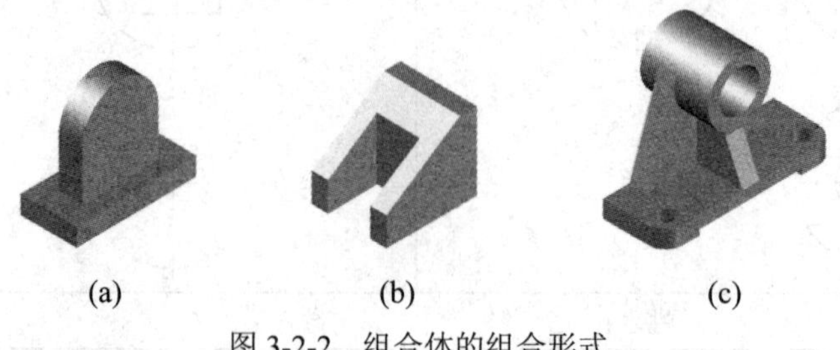

图 3-2-2 组合体的组合形式

1．叠加式

叠加式组合体可视为由若干个简单基本体叠加而成，如图 3-2-2(a)所示的组合体是由两个长方体和一个半圆柱叠加而成。

2．切割式

切割式组合体可视为由一个基本体被切去某些部分而形成，如图 3-2-2(b)所示的楔形块是由四棱柱体经过若干次切割形成。

3．综合式

对于形状复杂一些的组合体，其组合形式往往是既有叠加又有切割的综合方式，如图 3-2-2(c)所示的轴承座。

二、组合体的表面连接方式

在分析组合体时，各形体相邻表面之间按其表面形状和相对位置不同，连接关系可分为表面平齐、表面不平齐、表面相切和相交四种情况。连接关系不同，连接处投影的画法也不同。

1．表面平齐

当两基本体的表面平齐(即共面)时，中间不应画分界线，图 3-2-3(b)所示为正确画法，图 3-2-3(c)所示是多画分界线的错误画法。

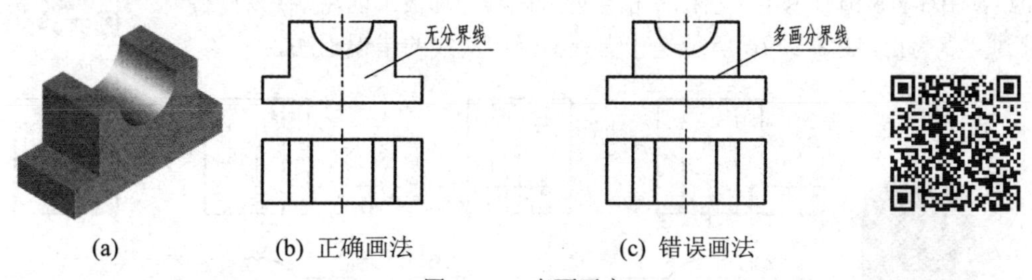

(a)　(b) 正确画法　(c) 错误画法

图 3-2-3　表面平齐

2．表面不平齐

当两基本体的表面不平齐(即不共面)时，中间应画分界线，图 3-2-4(b)所示为正确画法，图 3-2-4(c)所示是漏画分界线的错误画法。

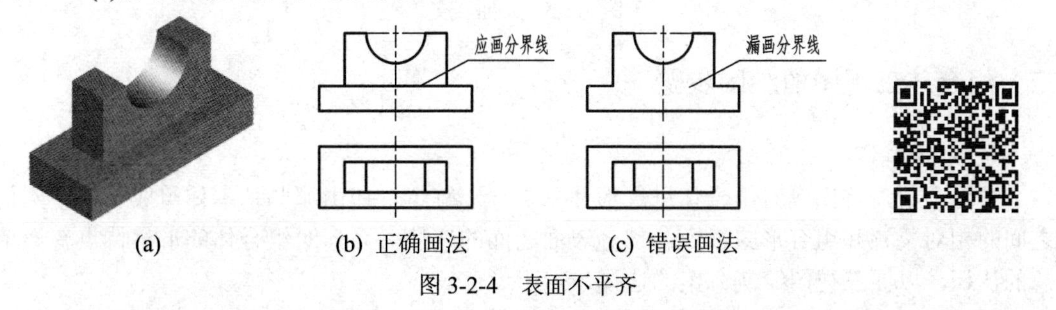

(a)　(b) 正确画法　(c) 错误画法

图 3-2-4　表面不平齐

3．表面相切

当两基本体表面相切时，相切处为光滑过渡、无分界线。画图时，相切处不应画线。图 3-2-5(a)所示的组合体是由耳板和圆筒相切组合而成。耳板前后侧平面与圆筒表面相切，在相切处光滑过渡，其相切处不存在分界线。图 3-2-5(b)所示主视图、左视图相切处不应画线，耳板顶面右端点的投影应画到切点为止。图 3-2-5(c)所示是相切处多画分界线的错误画法。

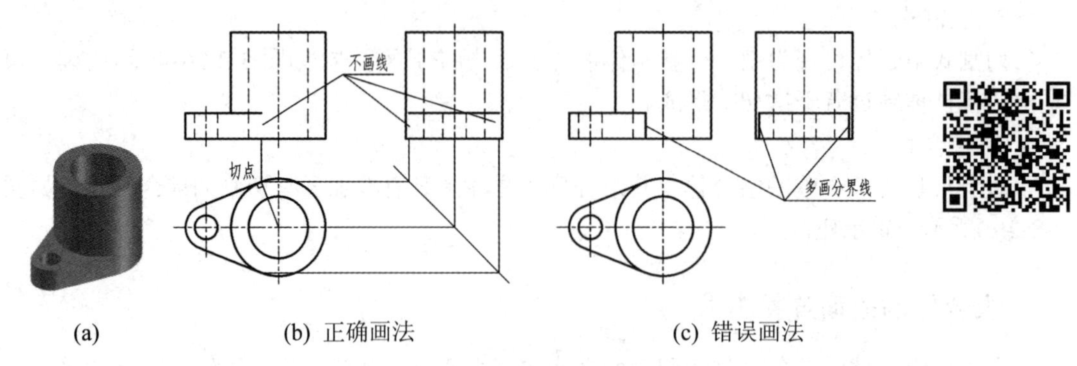

图 3-2-5　表面相切

4. 表面相交

当两基本体的表面相交时，在相交处会产生交线，这个交线就是前面所学的截交线或相贯线。画图时，相交处应画出交线。

图 3-2-6(a)所示组合体耳板前后侧平面与圆筒表面相交，相交处存在相交线。图 3-2-6(b)所示主、左视图相交处应画线，耳板顶面右端点的投影应画到交点为止。图 3-2-6(c)所示是相交处漏画相交线的错误画法。

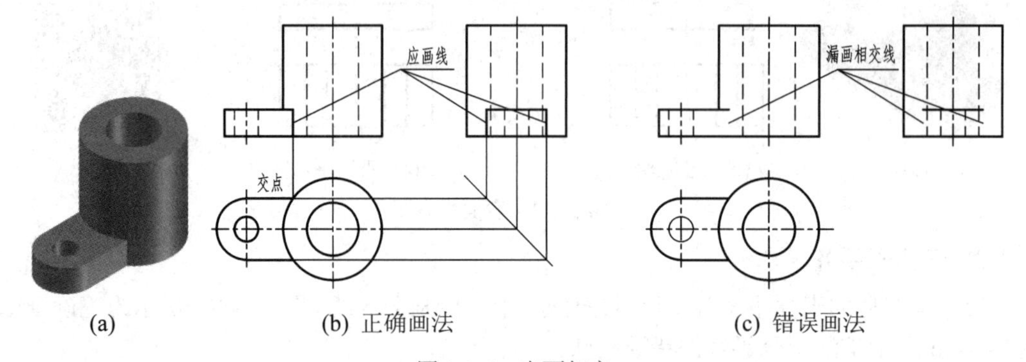

图 3-2-6　表面相交

三、组合体三视图的绘图步骤

1. 形体分析

绘图之前，首先应对组合体进行形体分析。了解组合体由哪些基本体组成、各基本体之间的相对位置和组合形式以及各部分表面之间的连接关系，对组合体的形体特点有一个总的认识，以便三视图绘制方案的选择。

图 3-2-7 所示轴承座可分解为底板、支承板、肋板和圆筒四个部分。其中底板与支承板、肋板是以叠加形式组合的。底板与支承板后端面平齐，支承板左右两侧面与圆筒外表面相切，肋板侧面与圆筒相交，其相交线为直线和圆弧。

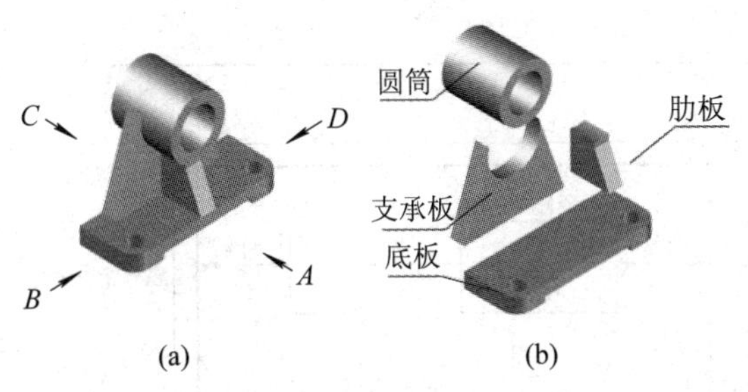

图 3-2-7　轴承座的形体分析

2. 选择主视图

主视图是三视图中最主要的视图，一般将组合体的主要表面或主要轴线放置在与投影面平行或垂直的位置，选择反映组合体形状和位置关系较明显的方向作为主视图的投影方向，同时还要考虑其他两视图上的虚线应尽量少些。

以图 3-2-7(a)所示 *A*、*B*、*C*、*D* 四个投影方向画图，得到如图 3-2-8 所示的四个方向视图，四个投影方向相比较，选择 *A* 向作为主视图的投影方向为最佳。

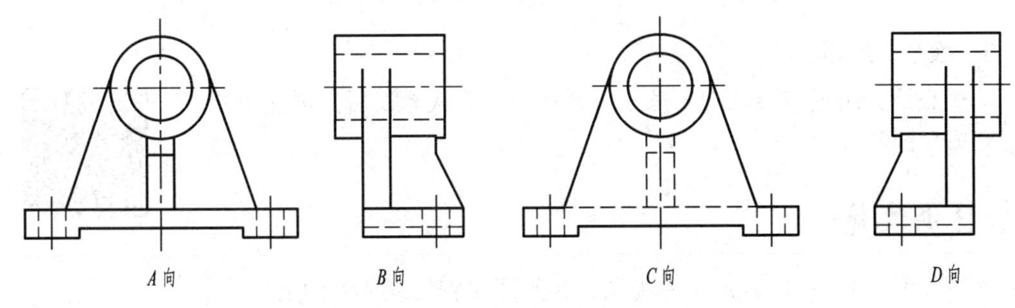

图 3-2-8　主视图投影方向的选择

3. 选择图纸幅面和比例

视图方案确定后，根据组合体的复杂程度和尺寸大小，选择符合国家标准规定的图幅和比例。在一般情况下，尽可能选用 1∶1 的比例。图幅大小的选择要根据所绘制视图的总体尺寸和预留标注尺寸的位置来确定。

4. 布置视图

布置视图时，应根据组合体的总体尺寸及视图之间预留标注尺寸的位置，将各视图均匀、合理地布置在图框中，如图 3-2-9 所示。各视图位置确定后，用细点画线或细实线绘制作图基准线，作图基准线一般选用组合体的底面、对称面、重要端面以及重要轴线等。

5. 绘制底稿

为了迅速正确地绘制组合体的三视图，绘制底稿时，应注意以下几点：

(1) 绘图时一般先从形状特征明显的视图入手。先绘制主要部分，后绘制次要部分；先绘制可见部分，后绘制不可见部分；先绘制圆或圆弧，后绘制直线。

(2) 绘图时，组合体的各组成部分，最好是三个视图配合起来绘制，注意表面连接关系和衔接处的图线变化。不要逐个视图绘制。三个视图配合起来绘制，不但可以提高绘图速度，还能避免漏线、多线等现象。

(3) 各形体之间的相对位置，要正确反映在各个视图中。

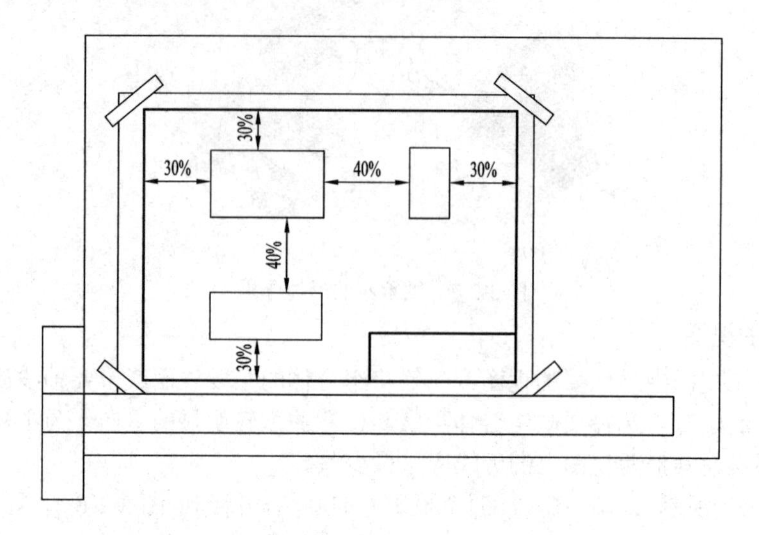

图 3-2-9　各视图的位置布局

6．检查、加粗图线

检查底稿、纠正错误画法、擦去多余图线，确认无误后，再加粗图线，完成全图。

任务实施

绘制如图 3-2-1 所示轴承座三视图，其绘图步骤如表 3-2-1 所示。

表 3-2-1　绘制轴承座三视图作图步骤

作 图 步 骤	图　示
布置视图，绘制各视图作图基准线：对称中心线、大圆孔的轴线，底面和背面的位置线	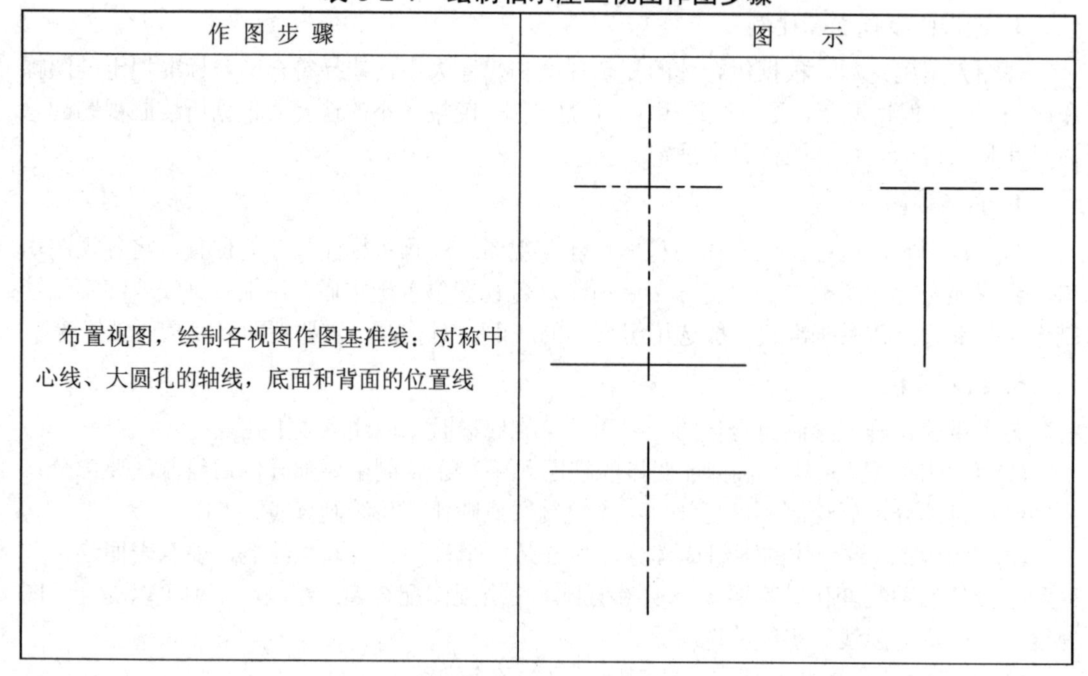

续表一

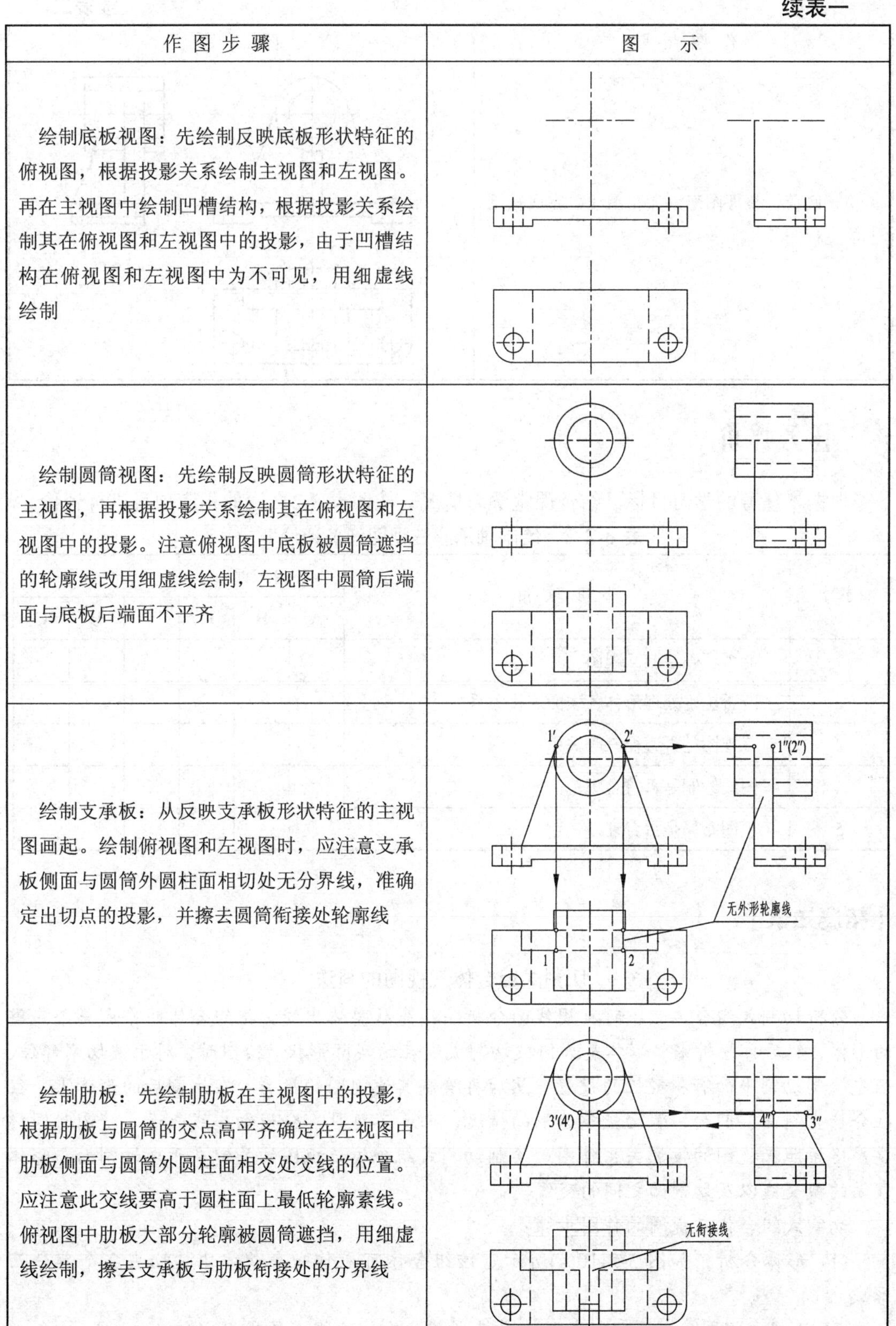

作图步骤	图　示
绘制底板视图：先绘制反映底板形状特征的俯视图，根据投影关系绘制主视图和左视图。再在主视图中绘制凹槽结构，根据投影关系绘制其在俯视图和左视图中的投影，由于凹槽结构在俯视图和左视图中为不可见，用细虚线绘制	
绘制圆筒视图：先绘制反映圆筒形状特征的主视图，再根据投影关系绘制其在俯视图和左视图中的投影。注意俯视图中底板被圆筒遮挡的轮廓线改用细虚线绘制，左视图中圆筒后端面与底板后端面不平齐	
绘制支承板：从反映支承板形状特征的主视图画起。绘制俯视图和左视图时，应注意支承板侧面与圆筒外圆柱面相切处无分界线，准确定出切点的投影，并擦去圆筒衔接处轮廓线	
绘制肋板：先绘制肋板在主视图中的投影，根据肋板与圆筒的交点高平齐确定在左视图中肋板侧面与圆筒外圆柱面相交处交线的位置。应注意此交线要高于圆柱面上最低轮廓素线。俯视图中肋板大部分轮廓被圆筒遮挡，用细虚线绘制，擦去支承板与肋板衔接处的分界线	

续表二

作图步骤	图　示
检查底稿，整理图形，加粗图线，完成轴承座的三视图	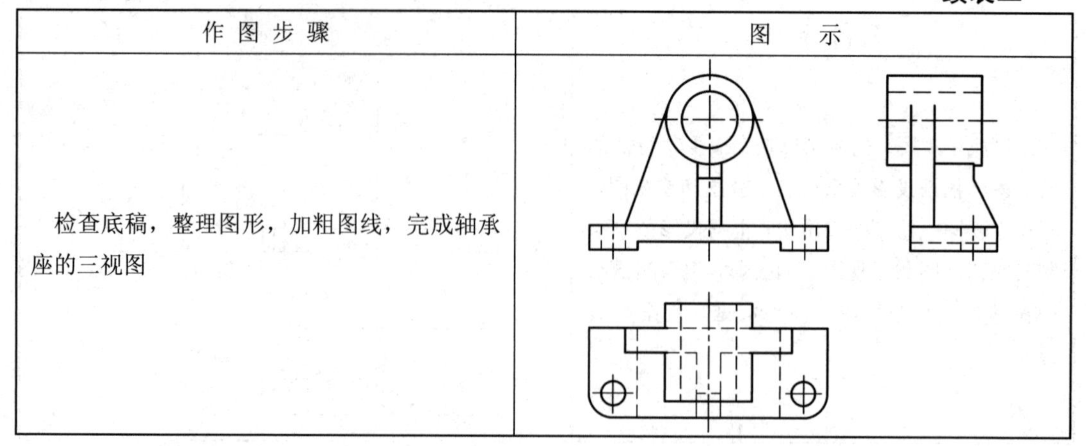

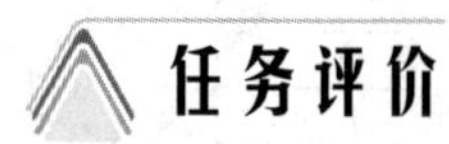

任务评价

根据本任务的学习目标，结合课堂学习情况，按照表 3-2-2 中的相应项目进行评价。

表 3-2-2　绘制轴承座三视图任务评价表

序号	评价项目	自评			师评		
		A	B	C	A	B	C
1	能否正确绘制三视图						
2	能否正确处理形体各表面连接关系						
3	三视图是否遵循三等关系						
4	图线绘制是否符合规范						
5	视图布局是否合理						

【拓展知识】

切割式组合体三视图的画法

分析切割式组合体时，可利用线面分析法，先从整体出发，把组合体想象成一个完整的形体，然后再分析完整形体是如何被切割成现在的实际形状。绘图时，对于被切割部位，应先绘制切割平面有积聚性的投影，然后再绘制其他视图的投影。在切割后的形体上，往往会产生斜面、凹面，斜面呈多边形的情况，凹面不可见部分用细虚线表示。绘图时同样要严格按照三视图的投影关系作图。绘制切割式组合体三视图的关键在于求切割面与形体表面的截交线以及切割面之间的交线。

切割式组合体三视图的作图步骤：

(1) 形体分析，如图 3-2-10(a)所示。该组合体可看作一个长方体被切去 3 个部分而形成。

(2) 选择主视图，以图 3-2-10(b)中箭头所指方向为主视图的投影方向。

(3) 布置视图，绘制基准线，并绘制出完整长方体的三视图，如图 3-2-10(c)所示。

(4) 在俯视图中绘制长方体左前角切去形体 *I* 的投影，根据投影关系完成其在主视图和左视图中的投影，如图 3-2-10(d)所示。

(5) 在主视图中绘制长方体下方开槽切去形体 *II* 的投影，根据投影关系完成其在俯视图和左视图中的投影，如图 3-2-10(e)所示。

(6) 在左视图中绘制长方体右前方切去形体 *III* 的投影，根据投影关系完成其在主视图和俯视图中的投影，如图 3-2-10(f)所示。

(7) 检查、整理图形，加粗图线，完成三视图的绘制，如图 3-2-10(g)所示。

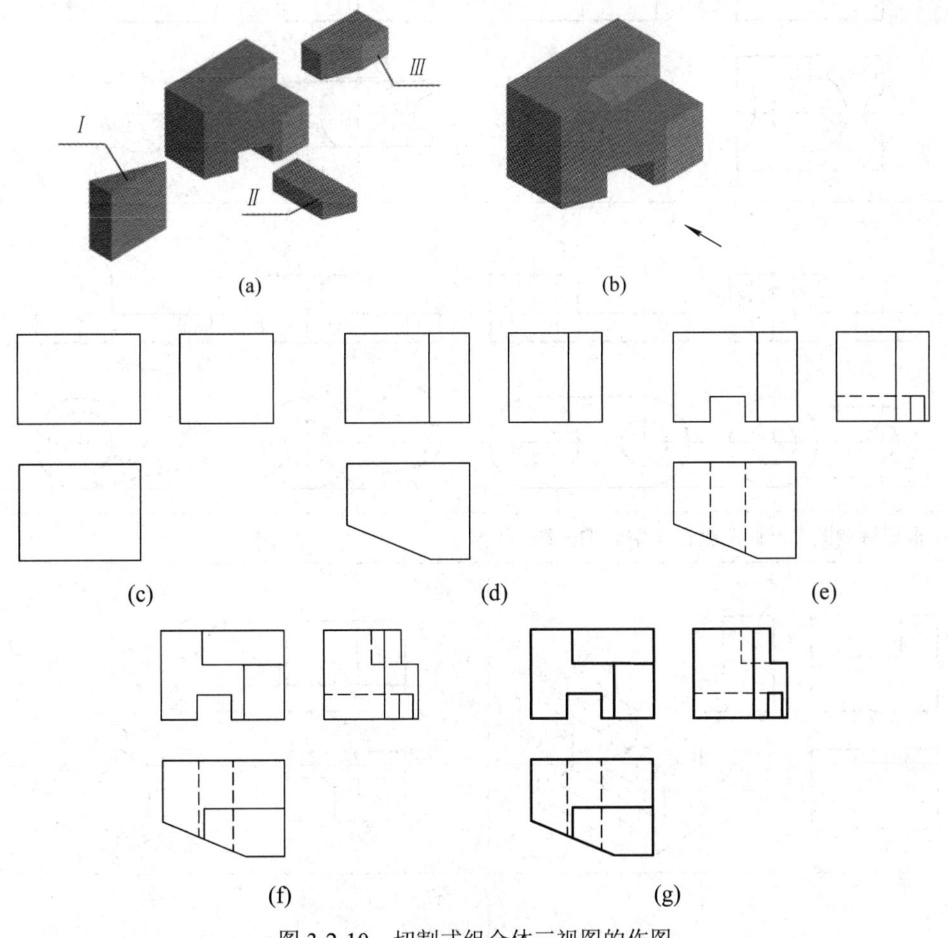

图 3-2-10　切割式组合体三视图的作图

拓展练习

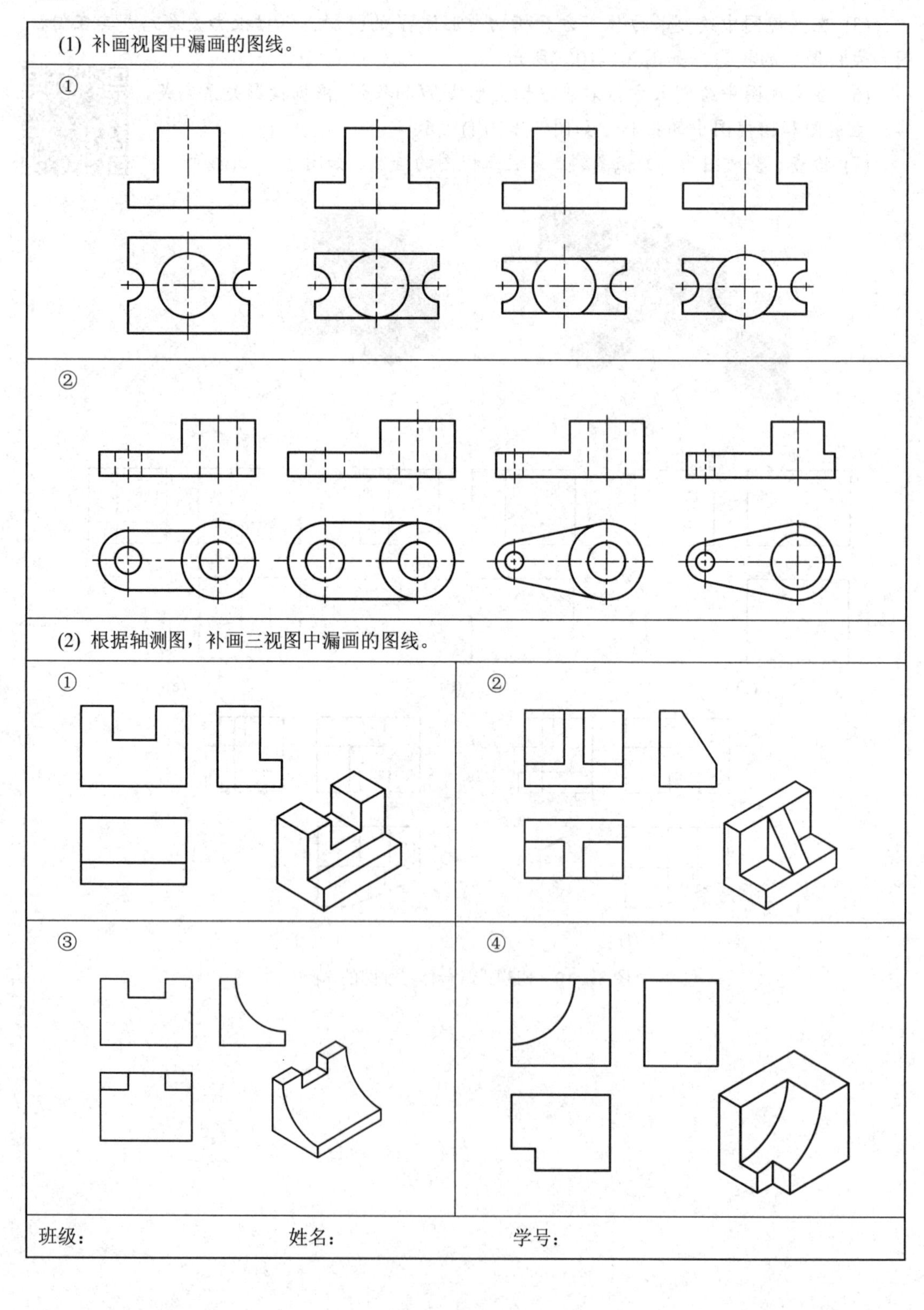

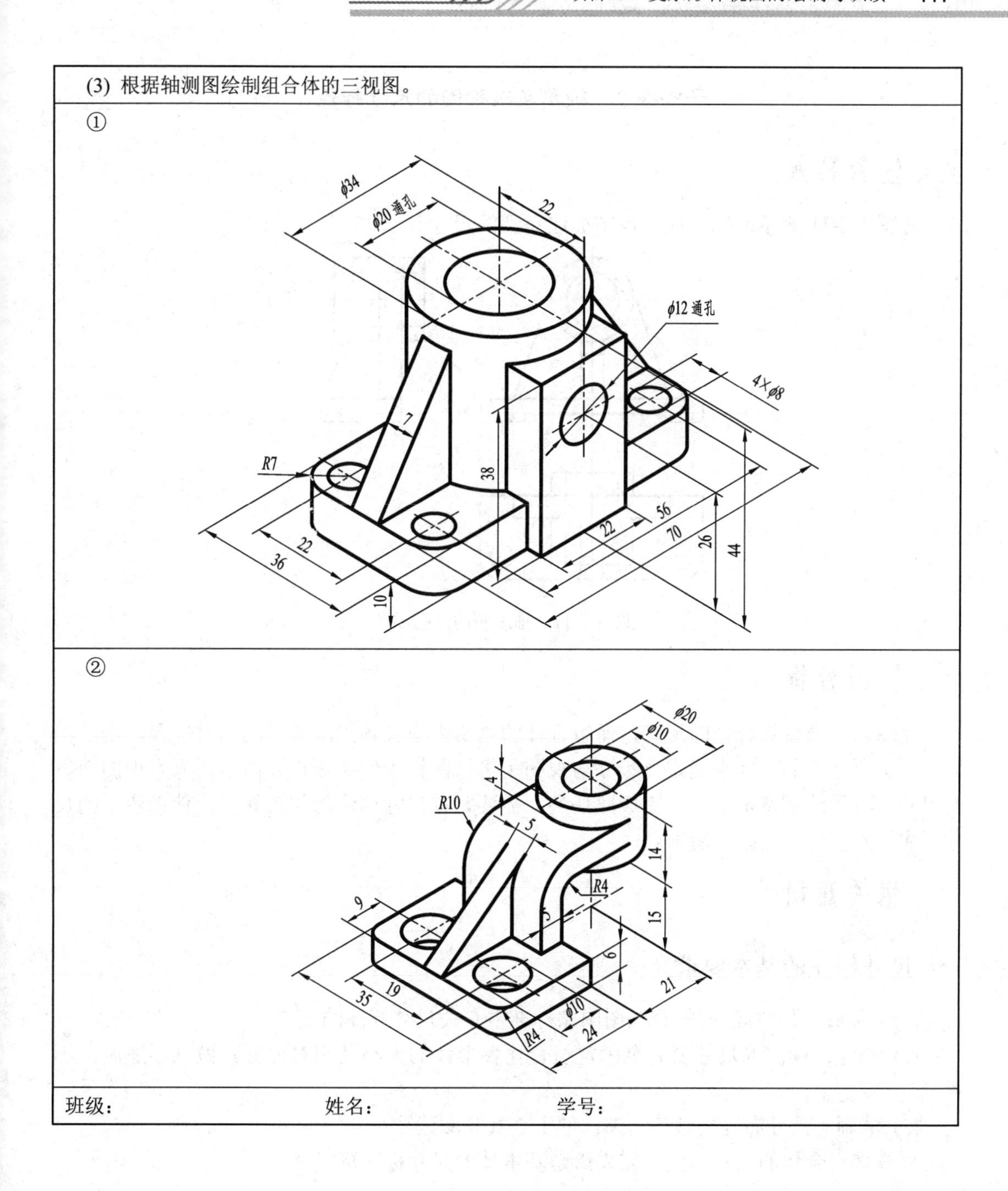
(3) 根据轴测图绘制组合体的三视图。
①
ϕ34
ϕ20 通孔
22
ϕ12 通孔
4×ϕ8
7
R7
38
56
22
70
26
44
22
36
10
②
ϕ20
ϕ10
4
R10
5
14
R4
15
9
6
21
19
35
ϕ10
R4
24

班级：　　　　　姓名：　　　　　学号：

子任务2 轴承座三视图的尺寸标注

任务导入

对图 3-2-11 所示的轴承座三视图标注完整的尺寸。

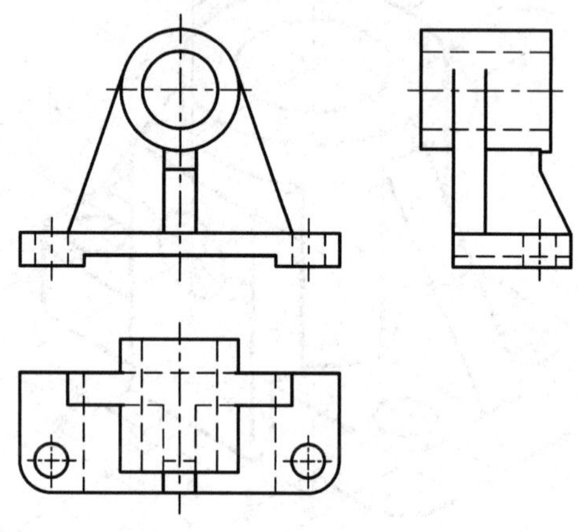

图 3-2-11 轴承座的三视图

任务分析

视图只能表达组合体的形状，而组合体的真实大小及各组成部分的相对位置，则要根据视图上所标注的尺寸来确定。尺寸与视图是机械图样中的两项重要内容，只有视图而没有尺寸，将无法制造加工。要完成此任务，需要掌握尺寸标注的相关知识。使视图中的尺寸标注做到正确、完整、清晰。

相关知识

一、尺寸标注的基本要求

(1) 正确：尺寸标注应符合制图国家标准中有关尺寸标注的规定。

(2) 完整：标注的尺寸要完全确定组合体各形体的大小及相对位置，做到不遗漏，不重复。

(3) 清晰：尺寸布置要整齐清晰，便于查找和阅读。

要掌握组合体的尺寸标注，需先清楚基本体的尺寸标注形式。

二、基本体的尺寸注法

1. 平面立体的尺寸标注

平面立体的大小都是由长、宽、高的尺寸来确定的，一般应标注出这三个方向的尺寸。

(1) 棱柱、棱台的尺寸标注，如图 3-2-12 所示。正方形的尺寸可采用简化注法，在尺寸数字前加注符号“□”。

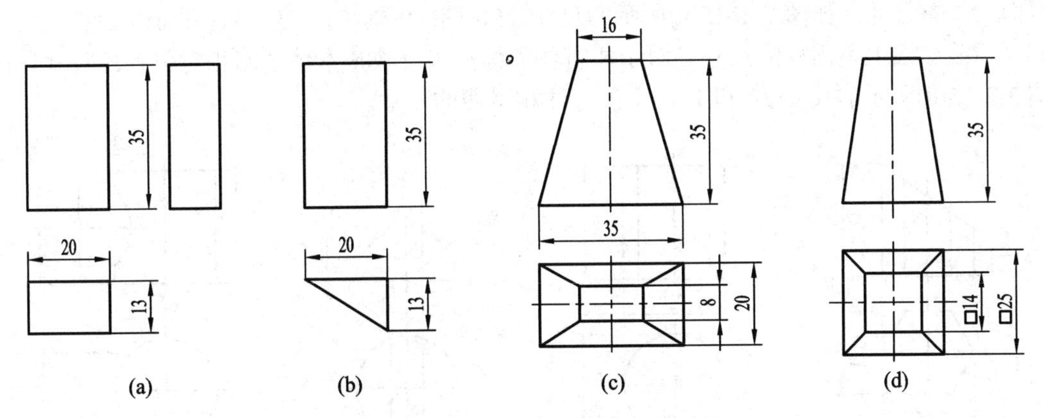

图 3-2-12　棱柱、棱台的尺寸注法

(2) 正棱柱和正棱锥，除标注高度尺寸外，一般应标注出其底面的外接圆直径，如图 3-2-13(a)、(b)所示。但也可根据需要标注成其他形式，如图 3-2-13(c)、(d)所示。

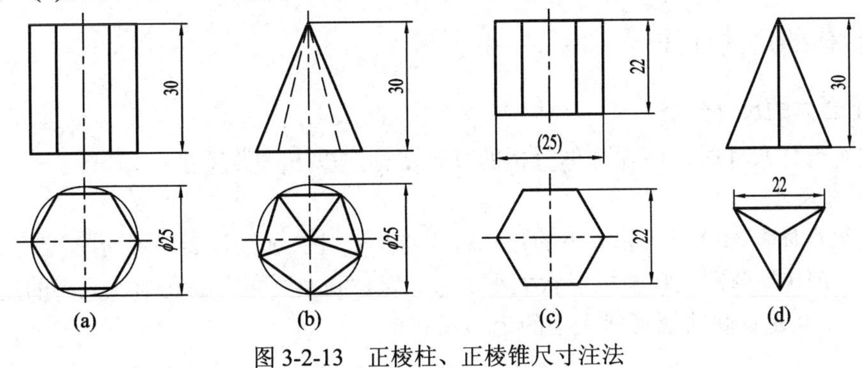

图 3-2-13　正棱柱、正棱锥尺寸注法

2. 曲面立体的尺寸标注

对于曲面立体，一般只需在非圆视图上标注其高度尺寸和底面圆的直径尺寸，就能确定其形状大小，其他视图不需标注尺寸。圆柱、圆锥、圆台在直径尺寸数字前加注“ ϕ”，圆球在直径尺寸数字前加注“$S\phi$”，如图 3-2-14 所示。

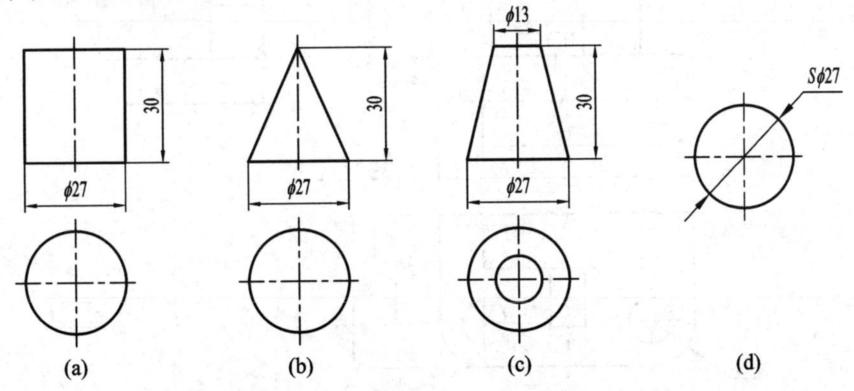

图 3-2-14　圆柱、圆锥、圆台、圆球的尺寸注法

3. 切割体和相贯体的尺寸标注

在标注切割体和相贯体的尺寸时，除标注基本体的尺寸外，对于切割体还需标注出截

平面的位置尺寸，如图 3-2-15(a)所示的尺寸 13、图(b)所示的尺寸 23、图(c)所示的尺寸 9 和 6，截交线上不需标注尺寸。对于相贯体需标注出反映基本体之间相对位置的尺寸，如图 3-2-15(d)所示的尺寸 23 和 15，不能标注相贯线的尺寸。

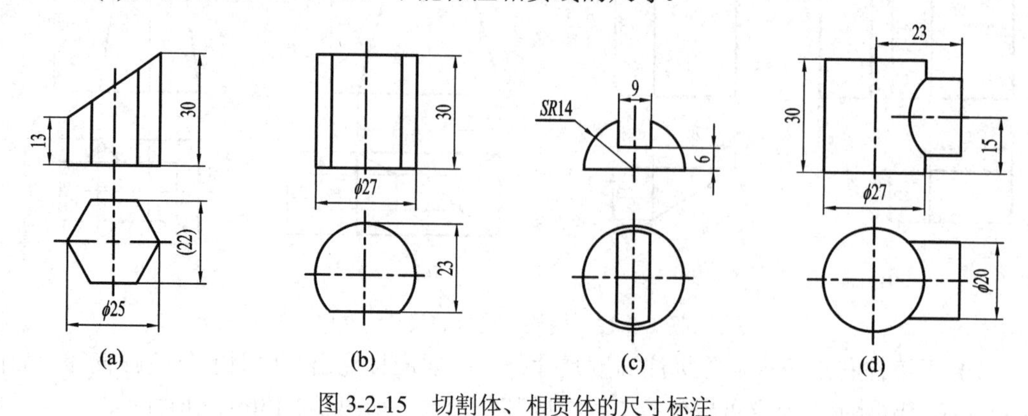

图 3-2-15 切割体、相贯体的尺寸标注

三、组合体的尺寸标注

1. 组合体的尺寸分类

标注组合体尺寸时，应在形体分析的基础上标注以下三类尺寸。

1) 定形尺寸

确定组合体各部分形状和大小的尺寸称为定形尺寸。如图 3-2-16 所示，尺寸 58、34、10、*R*10、 ϕ10 是分别反映底板形状大小的长、宽、高及圆角、圆孔形状大小的定形尺寸；尺寸 8、13、9 是反映肋板形状大小的定形尺寸。

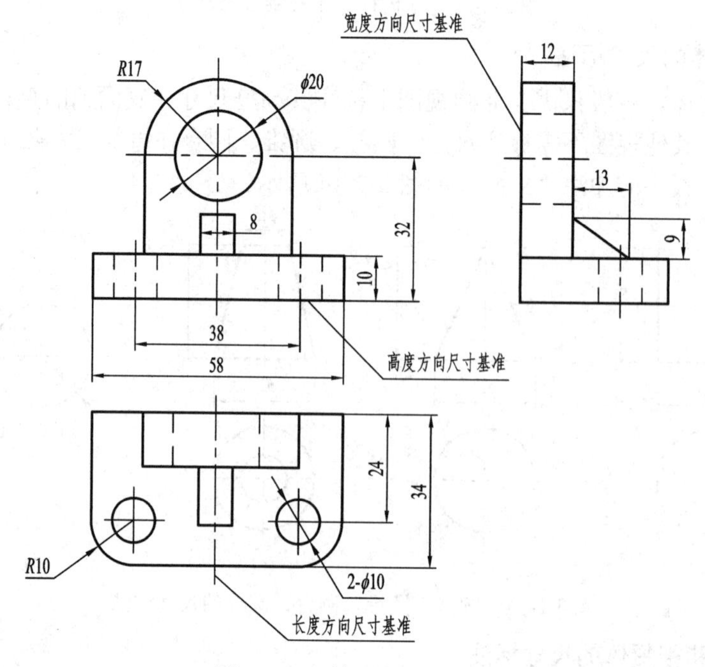

图 3-2-16 轴承座尺寸分析

2) 定位尺寸

确定组合体各部分之间相对位置的尺寸称为定位尺寸。如图 3-2-16 所示，尺寸 32 是确定支承板上 $\phi20$ 圆孔中心到底板底面距离的定位尺寸；尺寸 38、24 是确定底板上两个直径为 $\phi10$ 的小圆孔中心之间及与底板后端面距离的定位尺寸。

3) 总体尺寸

确定组合体外形的总长、总宽、总高的尺寸称为总体尺寸。当总体尺寸与已标注的定形尺寸一致时，就不需另行标注。图 3-2-16 所示的总长和总宽尺寸就与底板的长 58 和宽 34 一致。

当组合体的一端为回转体时，为考虑制作方便，不需直接标注出总体尺寸。一般都是由回转体中心的定位尺寸和回转体的半径来反映某一方向的总体尺寸，如图 3-2-17 所示。

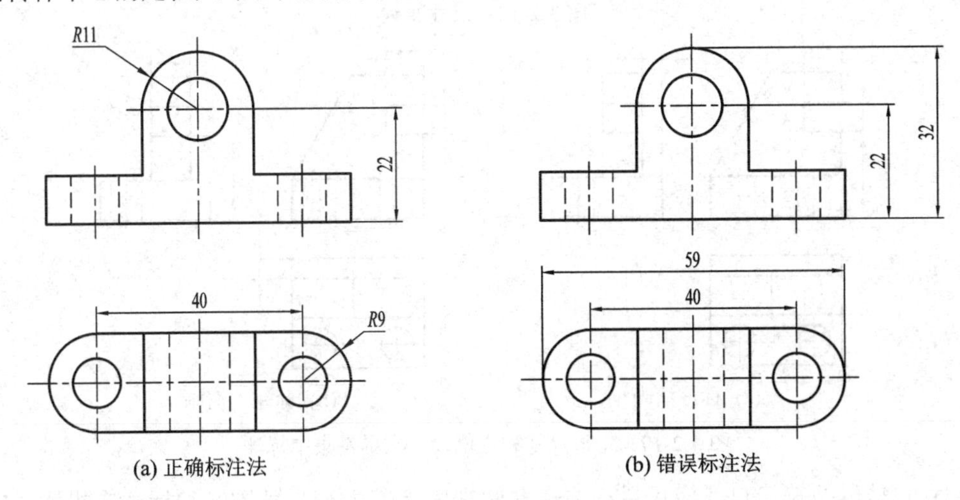

图 3-2-17　总体尺寸的标注

2. 尺寸基准

标注组合体的尺寸时，应先选择尺寸基准。所谓尺寸基准，就是标注尺寸的起点。由于组合体是一个具有长、宽、高三个方向尺寸的形体，因此，在每个方向都应有尺寸基准。尺寸基准的选择必须体现组合体的结构特点，使尺寸标注方便。一般选择组合体的对称面、底面、重要端面或轴线等作为尺寸基准。如图 3-2-16 所示，选择轴承座的对称面为长度方向的尺寸基准；底板的底面为高度方向的尺寸基准；底板和支承板的后端面为宽度方向的尺寸基准。

3. 尺寸标注的注意事项

(1) 为使图形清晰，尺寸尽量标注在视图外侧，相邻视图的相关尺寸最好标注在两视图之间，如图 3-2-18(a)所示。

(2) 尺寸应尽量标注在表示形体特征最明显的视图上。图 3-2-16 所示的高度尺寸 32，标注在主视图上比标注在左视图上要好；肋板的高度尺寸 9，标注在左视图上比标注在主视图上要好。

(3) 同一基本形体的定形尺寸以及相关联的定位尺寸应尽量集中标注在反映形状特征和位置之间较为明显的视图上，如图 3-2-19(a)所示。

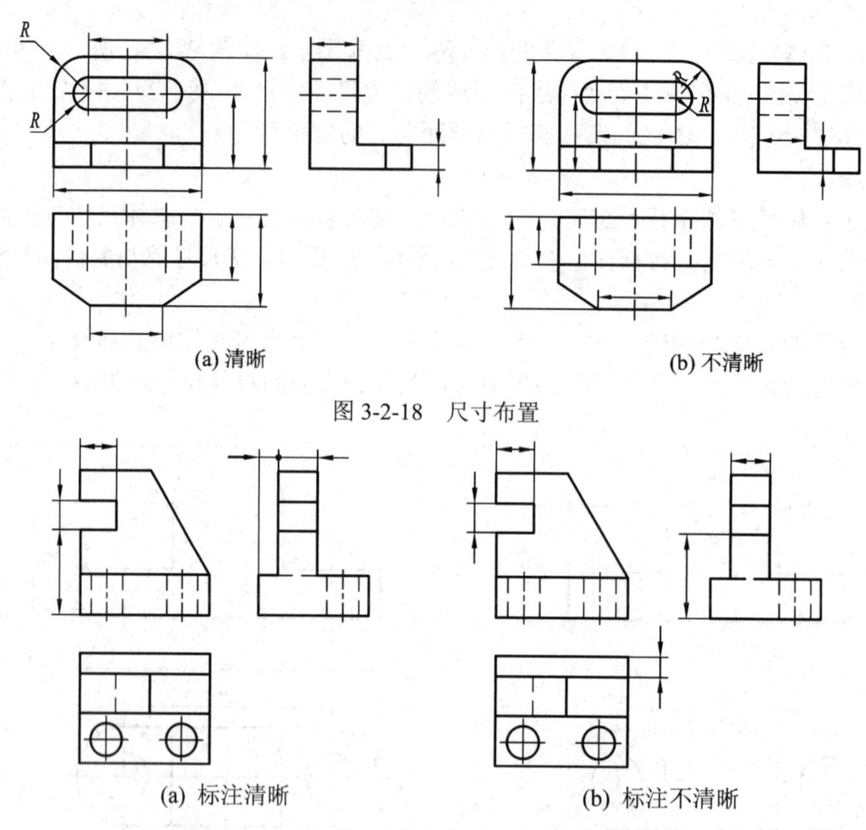

(a) 清晰　　(b) 不清晰

图 3-2-18　尺寸布置

(a) 标注清晰　　(b) 标注不清晰

图 3-2-19　定形尺寸和定位尺寸应尽量集中标注

(4) 回转体的直径尺寸应尽量标注在非圆视图上，半径尺寸则必须标注在投影为圆弧的视图上，如图 3-2-20 所示。

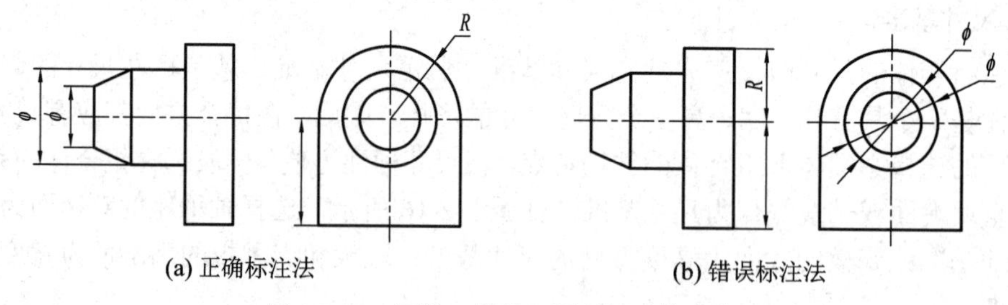

(a) 正确标注法　　(b) 错误标注法

图 3-2-20　圆柱、圆锥、圆弧尺寸的注法

(5) 尽量避免在虚线上标注尺寸。图 3-2-16 所示的主视图中圆孔直径 ϕ20，若注在俯视图和左视图中，将会从虚线引出，应尽量避免。

(6) 标注同一方向的尺寸时，应按“小尺寸在内，大尺寸在外”的原则排列，尽量避免尺寸线与尺寸界线相交。

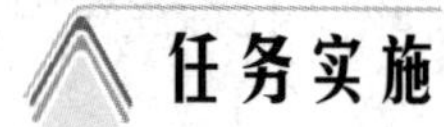

任务实施

对图 3-2-11 所示的轴承座三视图标注完整的尺寸，其标注方法与步骤如表 3-2-3 所示。

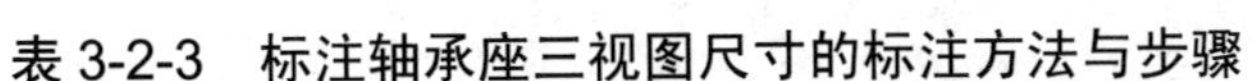

表 3-2-3　标注轴承座三视图尺寸的标注方法与步骤

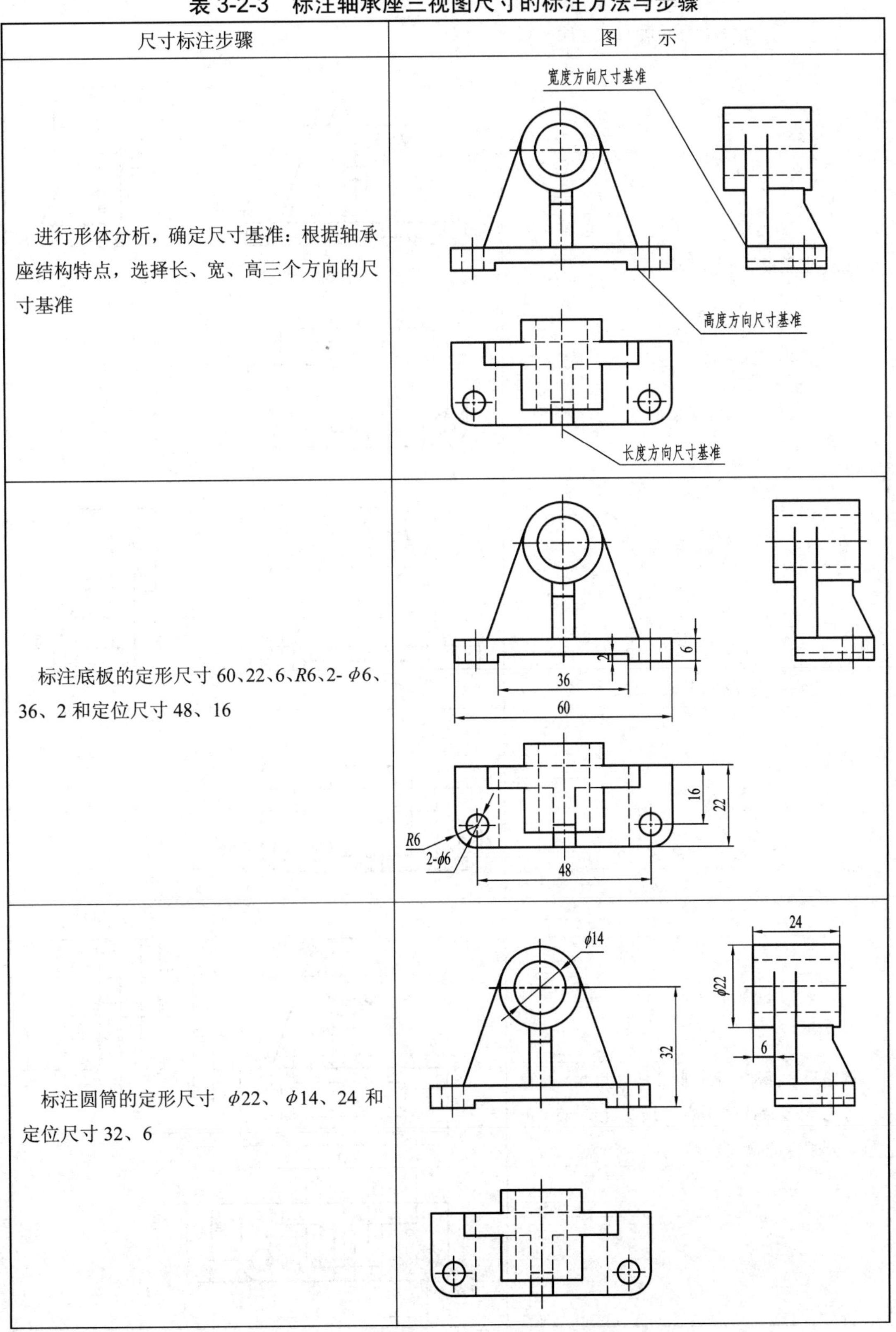

尺寸标注步骤	图　示
进行形体分析，确定尺寸基准：根据轴承座结构特点，选择长、宽、高三个方向的尺寸基准	
标注底板的定形尺寸 60、22、6、*R*6、2- ϕ6、36、2 和定位尺寸 48、16	
标注圆筒的定形尺寸 ϕ22、ϕ14、24 和定位尺寸 32、6	

续表

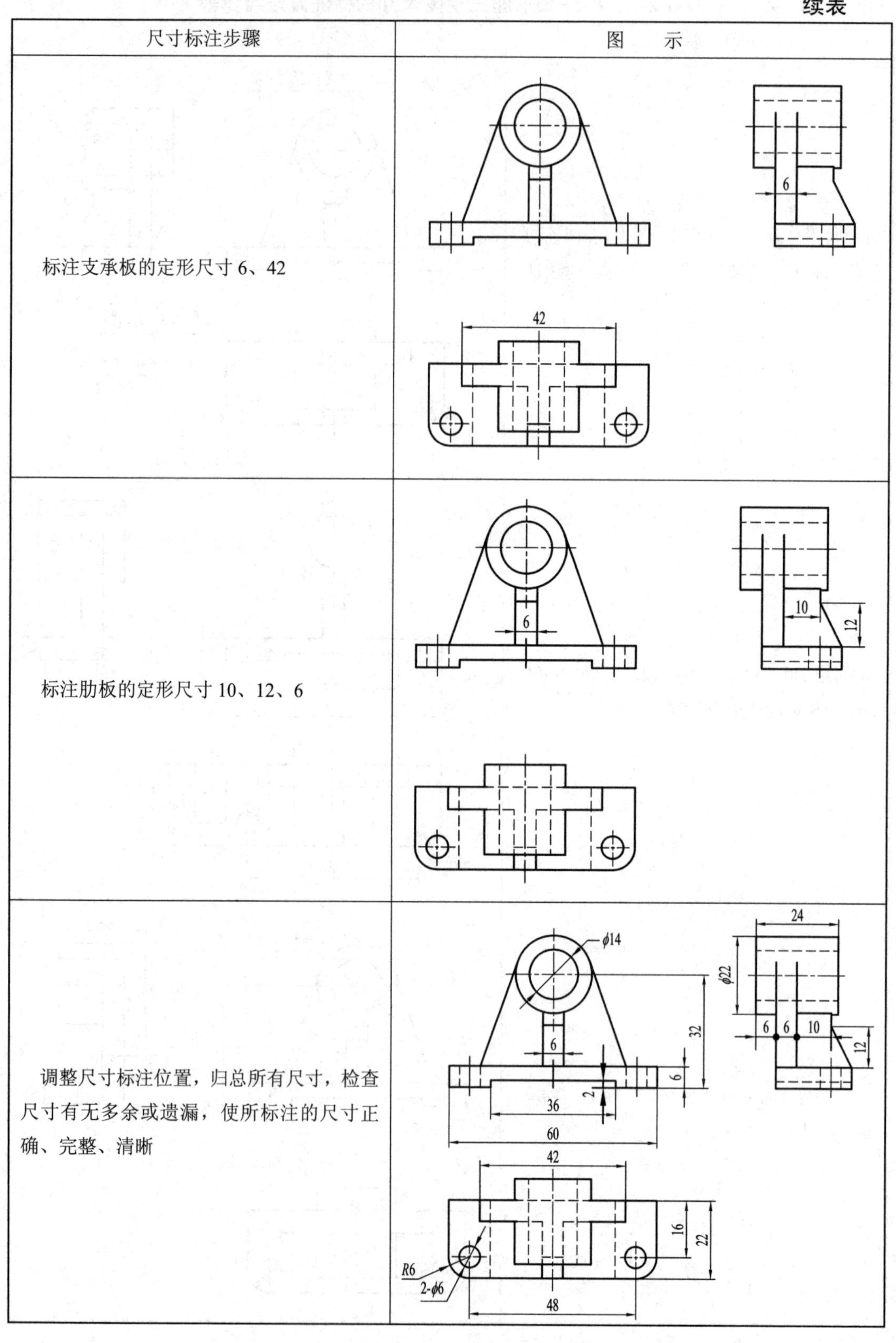

尺寸标注步骤	图　　示
标注支承板的定形尺寸 6、42	
标注肋板的定形尺寸 10、12、6	
调整尺寸标注位置，归总所有尺寸，检查尺寸有无多余或遗漏，使所标注的尺寸正确、完整、清晰	

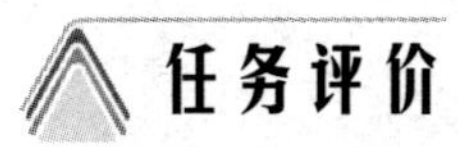

任务评价

根据本任务的学习目标，结合课堂学习情况，按照表 3-2-4 中的相应项目进行评价。

表 3-2-4　标注轴承座三视图尺寸的标注任务评价表

序号	评 价 项 目	自 评			师 评		
		A	B	C	A	B	C
1	能否正确选择尺寸基准						
2	尺寸标注是否正确						
3	尺寸标注是否完整						
4	尺寸标注是否清晰						

拓展练习

(1) 在视图中重复或多余的尺寸上打“×”，并标注遗漏的尺寸(不注尺寸数字)。

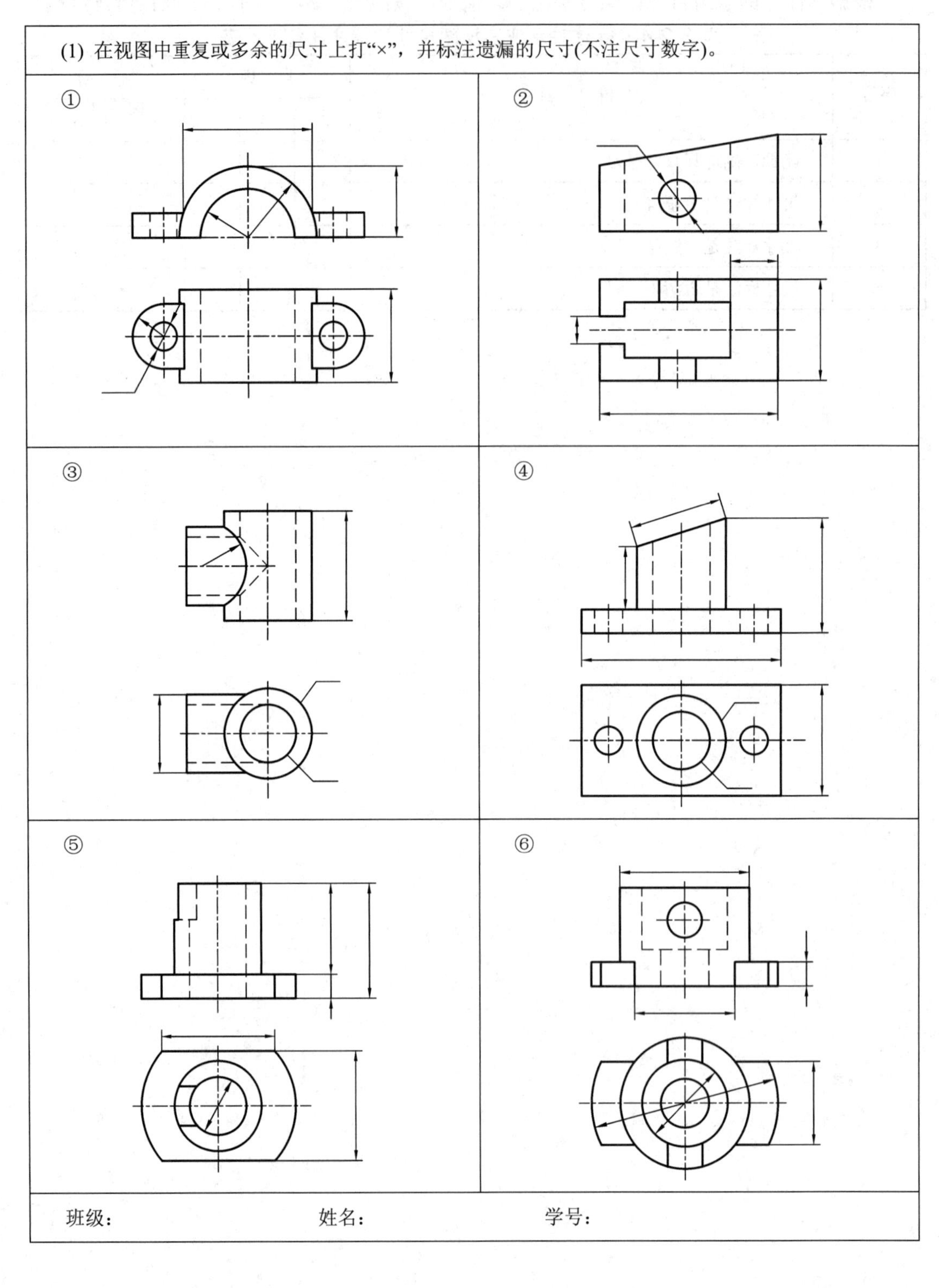

班级：　　　　　　　　姓名：　　　　　　　　学号：

(2) 对下列图形进行尺寸标注，数值直接从图中量取(取整数)。

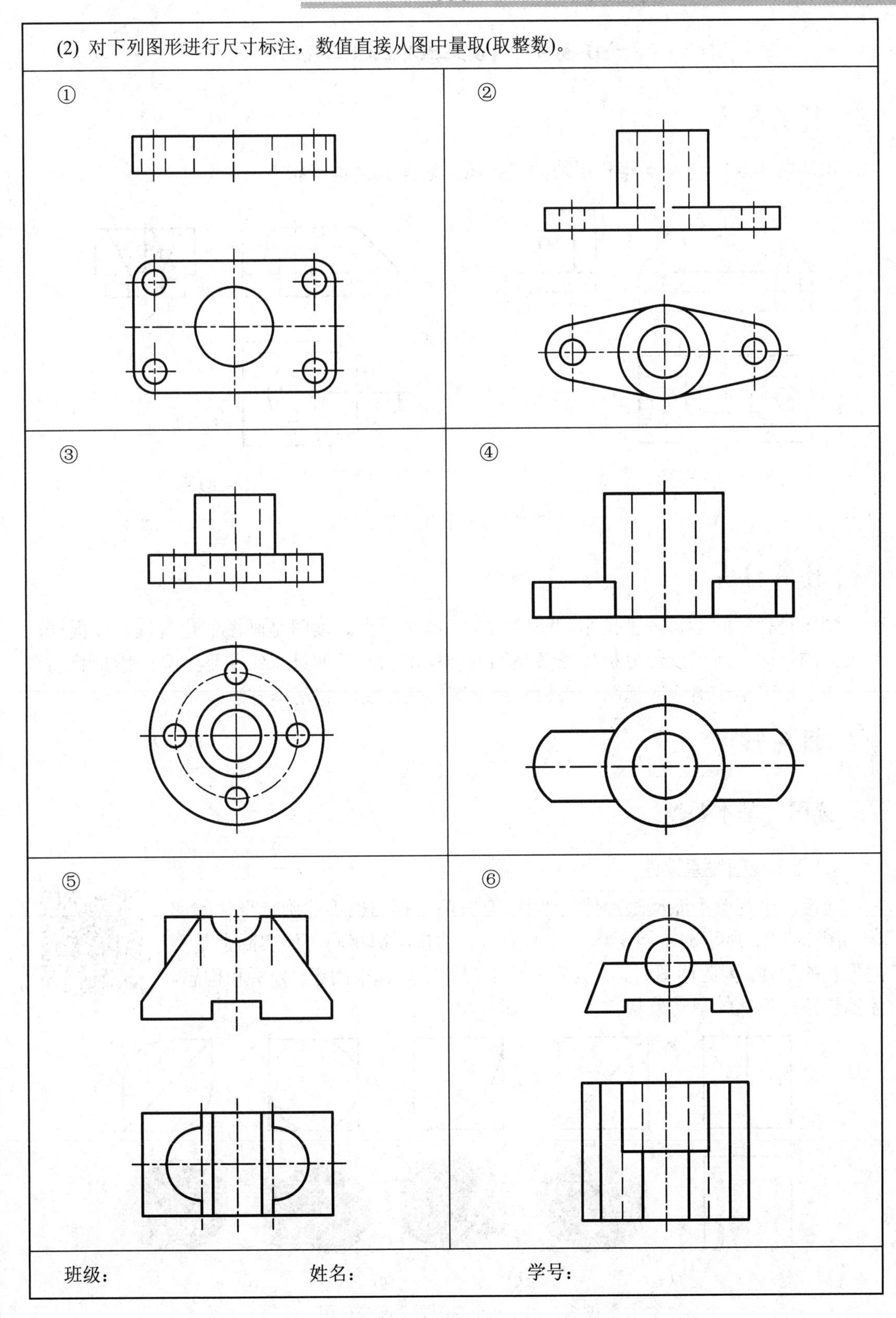

班级：　　　　　　　　　　姓名：　　　　　　　　　　学号：

子任务 3　识读支座和压块三视图

任务导入

识读图 3-2-21 所示支座和压块的三视图，想象其结构形状。

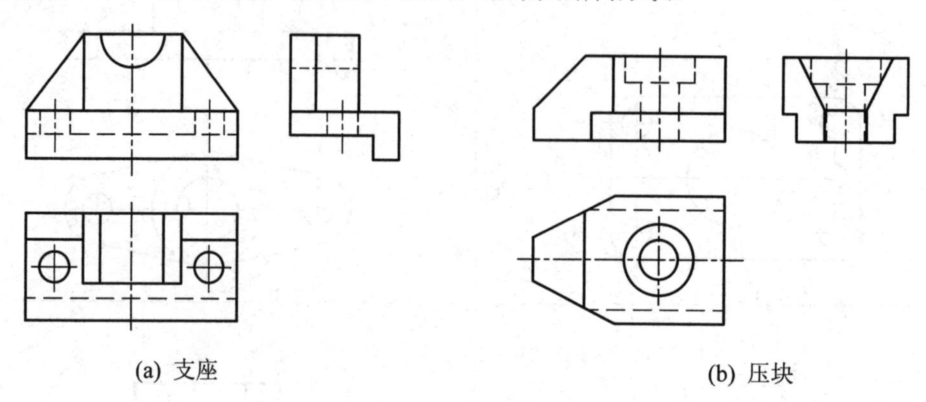

(a) 支座　　(b) 压块

图 3-2-21　支座和压块的三视图

任务分析

画图是把空间形状按正投影方法绘制在二维平面上。读图是画图的逆过程，即根据已经画出的视图，通过投影分析想象其空间的结构形状，是通过二维图形建立三维形状的过程。为了正确迅速地读懂视图，必须掌握读图的基本要领和基本方法。

相关知识

一、读图的基本要领

1. 几个视图联系读图

通常一个视图不能反映形体的形状，有时两个视图也不能确定形体的形状。图 3-2-22 所示的一组形体，它们的主、俯视图都相同，但实际上是不同形状的形体。因此读图时，一般要将几个视图联系起来阅读、分析和构思，才能想象出形体的空间形状。

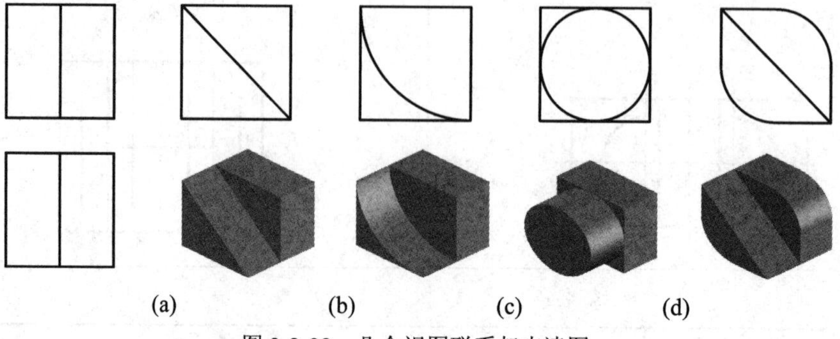

(a)　(b)　(c)　(d)

图 3-2-22　几个视图联系起来读图

2. 分析特征视图

所谓特征视图，是指形体的形状特征反映最为明显的形状特征视图和相对位置反映最为明显的位置特征视图。

图 3-2-23 中的主视图反映了形体的形状特征，左视图反映了形体上 *I*、*II* 部分位置特征。如果只看主、俯视图，无法确定 *I*、*II* 部分哪个凸出，哪个凹进，如图 3-2-23(b)所示。但如果将各视图配合起来分析，则不仅容易想清楚形状，也能确定 *I* 部分是凹进去、*II* 部分是凸出来的相对位置。

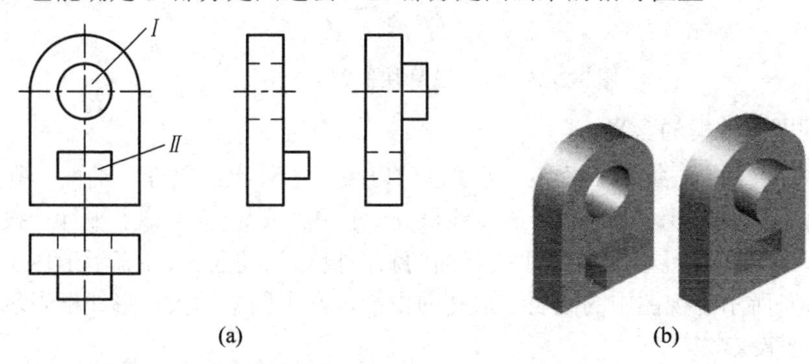

图 3-2-23　分析特征视图

3. 分析视图中线的含义

(1) 视图中的线可以表示形体上面与面相交的交线投影，也可以是回转体轮廓素线的投影或是形体上面的积聚投影。图 3-2-24(a)中线 1′表示四棱台侧面的积聚投影；图(b)中线 2′表示圆锥台最左轮廓素线的投影；图(c)中线 3′表示三棱台侧面相交棱线的投影，图(d)中线 4′表示棱台侧面的积聚投影。

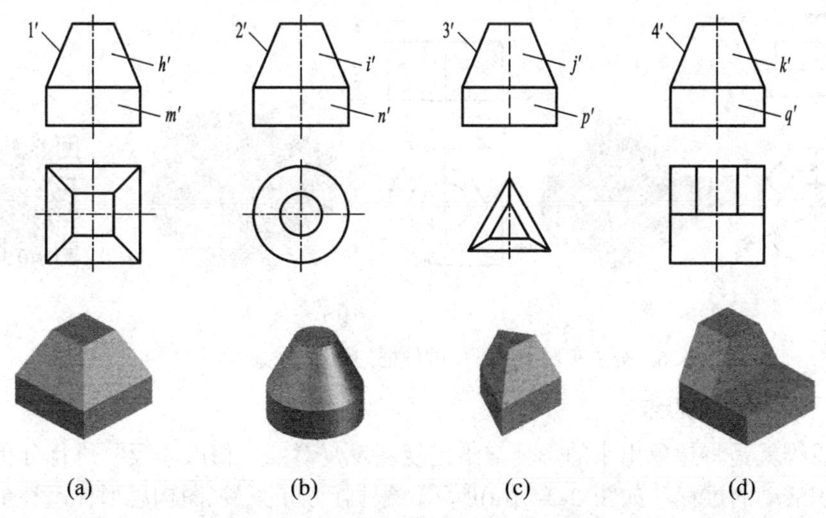

图 3-2-24　分析视图中线、线框的含义

(2) 视图中的细虚线出现在不同的视图中，代表了形体组成部分的不同位置。图 3-2-25 所示的主视图中细虚线圆，表示形体后方的圆柱投影；主视图和俯视图中两平行细虚线，则表示在前方的四棱柱中部开了一个长方形通孔。

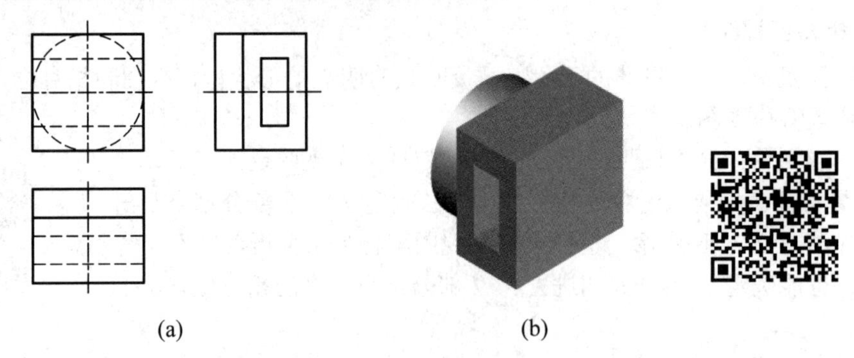

图 3-2-25　分析视图中细虚线的含义

4. 分析视图中线框的含义

(1) 视图中的线框。视图中每个封闭线框可以表示形体上的平面、曲面、孔槽或平面与曲面相切的组合面投影。图 3-2-24 所示线框 *m*′、*p*′、*k*′、*q*′表示形体上平行于投影面的平面投影，线框 *h*′、*j*′表示形体上倾斜于投影面的斜面投影，线框 *n*′、*i*′表示形体上的曲面投影。图 3-2-23(a)所示主视图中的圆表示通孔的投影，左视图中的大矩形线框表示平面与曲面相切的组合面投影。

(2) 视图中的相邻线框。视图中相邻的两个封闭线框表示位置不平齐的两个面。图 3-2-24(a)所示的相邻线框 *h*′、*m*′表示形体上两个相交平面；图 3-2-24(d)所示的相邻线框 *k*′、*q*′表示形体上平行但不平齐的两个平面。

(3) 视图中线框中的线框一般表示形体的凹凸关系或通孔。图 3-2-26(a)所示的线框 1、2 表示在形体上凸起的六棱柱和圆柱；图(b)所示的线框 3 表示在形体中凹进去的六棱柱槽，线框 4 表示在形体中的圆柱通孔。

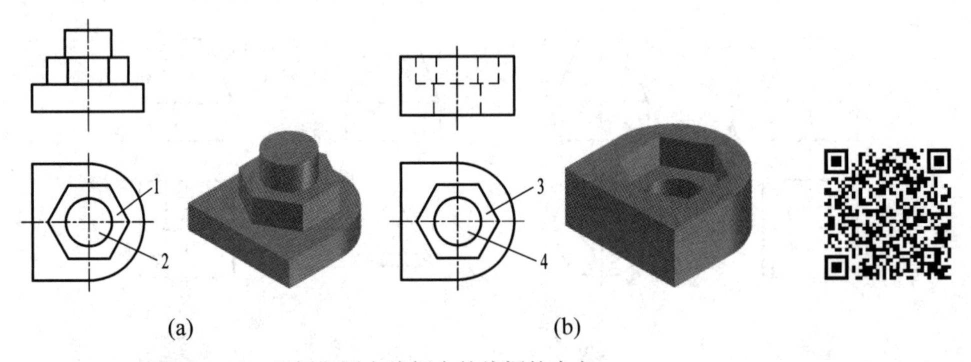

图 3-2-26　分析视图上线框中的线框的含义

5. 善于运用构形思维

构形思维就是将想象出来的形体与给定视图反复对照、修改，反复进行分析、综合、判断等认识活动的过程。如图 3-2-27(a)所示，根据已知的三视图构思形体，补全视图中所缺图线。从基本体三视图的投影特征可知，圆柱的三视图为两个矩形和一个圆，圆锥的三视图为两个三角形和一个圆。很显然已知视图不符合基本体三视图的投影特征。通过构思，如图 3-2-27(b)所示，可先假设基本体为圆柱，然后沿圆柱顶圆的垂直中心线，用两个侧垂面对称切割至圆柱最前、最后轮廓素线与其底圆的交点处，所得截交线的侧面投影积聚成两条斜线，这正是左视图中三角形的两条侧边；两侧垂面切割圆柱，圆柱表面形成截交线为一段椭圆弧；两侧垂面相交形成交线在俯视图中的投影为一条水平线，在主视图中补画一段椭圆弧，在俯视图中补画一条水平线，如图 3-2-27(c)所示，即得形体的完整三视图。

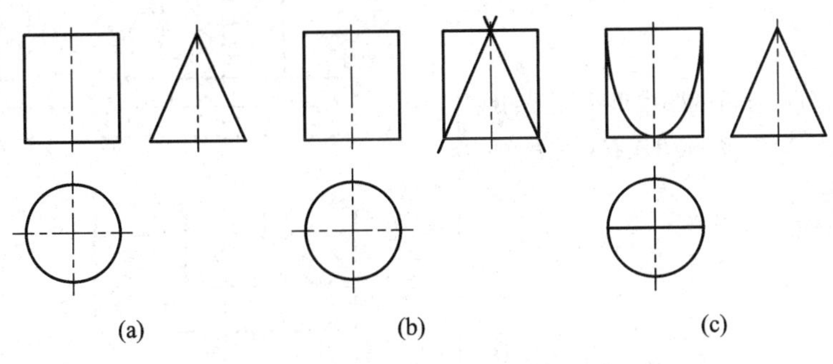

图 3-2-27　构形思维的方法与思路

二、读图的基本方法

1. 形体分析法

形体分析法是读图的基本方法。其着眼点是体，核心是分部分，分部分应从视图中反映形体形状特征最明显的线框入手，对照其他视图，逐个分析视图中线框与线框投影的对应关系，想象其形状，并确定其相对位置、组合形式和表面连接关系，最后综合想象出整体结构形状。

读图步骤可概括如下：

(1) 抓住特征分部分。

(2) 对准投影想形状。

(3) 综合起来想整体。

2. 线面分析法

当形体被多个平面切割，形体的形状在某个视图中与形体结构的投影重叠时，则需要运用线、面投影理论来分析形体的表面形状、线与线、面与面的相对位置，根据基本体三视图的投影特征，想象其形状，这种方法称为线面分析法。线面分析法的着眼点是面，其实质是以线框分析为基础，通过分析面的形状和位置来想象形体的结构形状。

读图步骤可概括如下：

(1) 抓住特征想外形。

(2) 分析线面定位置。

(3) 综合起来想整体。

任务实施 1

根据图 3-2-21(a)所示的支座三视图，想象其结构形状。其读图方法与步骤如表 3-2-5 所示。

表 3-2-5 识读支座三视图的读图方法与步骤

读 图 步 骤	图 示
抓住特征分部分：分析视图中形状特征的线框，将支座分为形体 *I*、形体 *II*(左右对称两个)、形体 *III* 三个部分	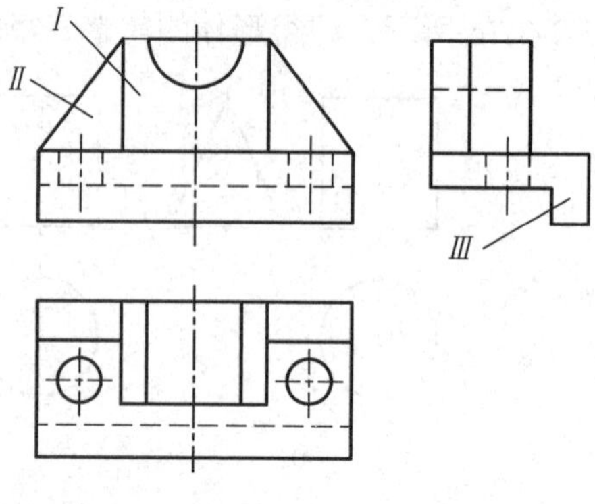
对准投影想形状：形体 *I* 的形状特征在主视图为一个切割了半圆的矩形，在俯、左两视图为矩形。根据视图的投影特征，可以想象出该形体是在一个四棱柱(长方体)的中间开了一个半圆槽	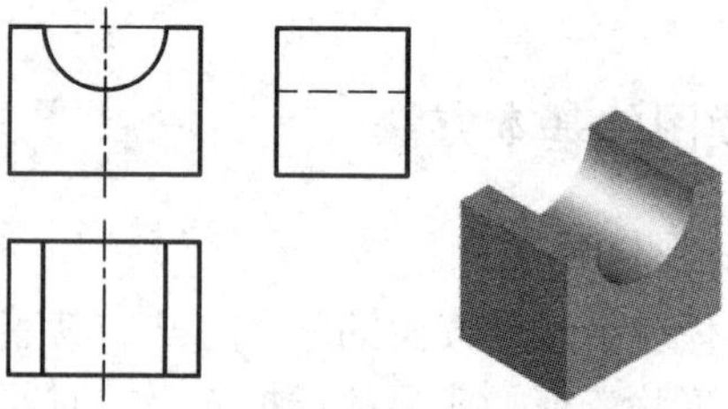
对准投影想形状：形体 *II* 的形状特征在主视图为一个三角形，俯、左两视图为矩形。根据视图的投影特征，可以想象出该形体是一个三棱柱，分为两块对称地分布在形体 *I* 的左右两侧	
对准投影想形状：形体 *III* 的形状特征在左视图是 L 形线框，主、俯两视图为矩形，并在形体 *III* 中开两个圆柱通孔。根据视图的投影特征，可以想象出该形体是由四棱柱(长方体)切割钻孔而成	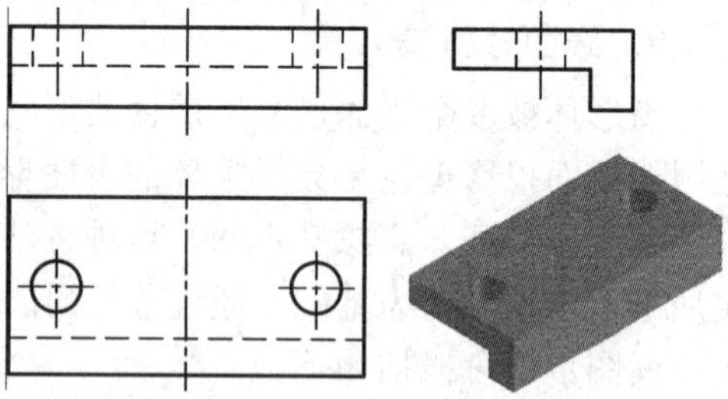
综合起来想整体：以形体 *III* 为底板，形体 *I* 放置在形体 *III* 上端面中间，后端面平齐，形体 *II* 对称放置在形体 *I* 的左、右两侧，后端面平齐，从而综合想象出支座的整体结构形状。	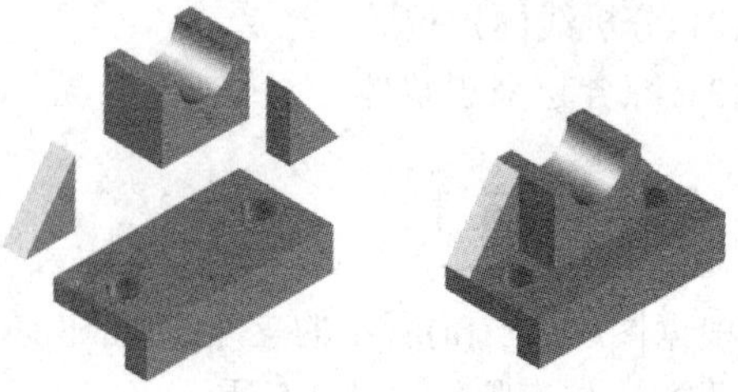

 任务评价 1

根据本任务的学习目标，结合课堂学习情况，按照表 3-2-6 中的相应项目进行评价。

表 3-2-6　识读支座三视图的读图任务评价表

序号	评价项目	自评			师评		
		A	B	C	A	B	C
1	能否抓住组合体的特征正确分解形体						
2	能否正确识读视图中每个图线、线框的含义						
3	能否对准投影正确想象每个组成部分及其形状						
4	能否正确想象组合体整体形状						

 任务实施 2

根据如图 3-2-21(b)所示的压块三视图，想象其结构形状。读图方法与步骤如表 3-2-7 所示。

表 3-2-7　识读压块三视图的读图方法与步骤

读图步骤	图示
抓住特征想外形：分析压块的三视图，其视图轮廓都是矩形被切去了几个角，由此可设定该压块的原形体是四棱柱(长方体)	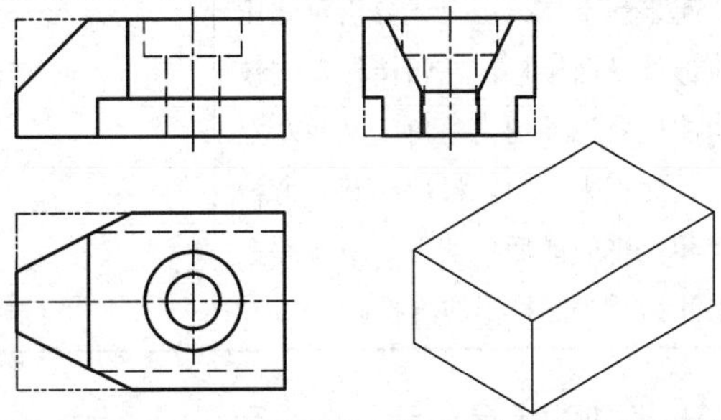
分析线面定位置：俯视图中左侧前后两个缺角是用铅垂面 P 切出来的，其在主视图的投影 p'和左视图中的投影 p''是两个类似的线框	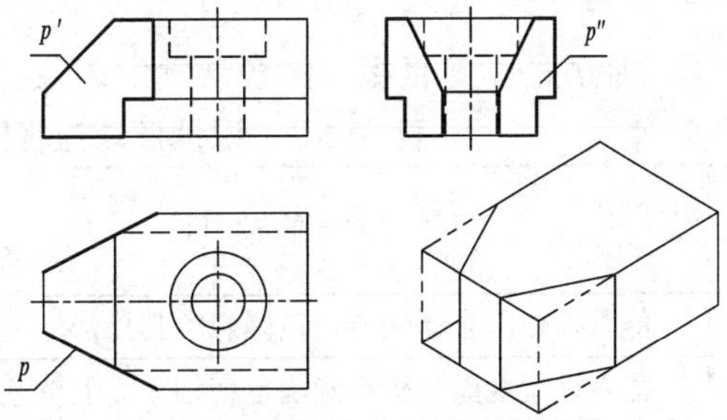
分析线面定位置：主视图中左上方的缺角是用正垂面 Q 切出来的，其在俯视图的投影 q 和左视图中的投影 q''是两个类似的线框	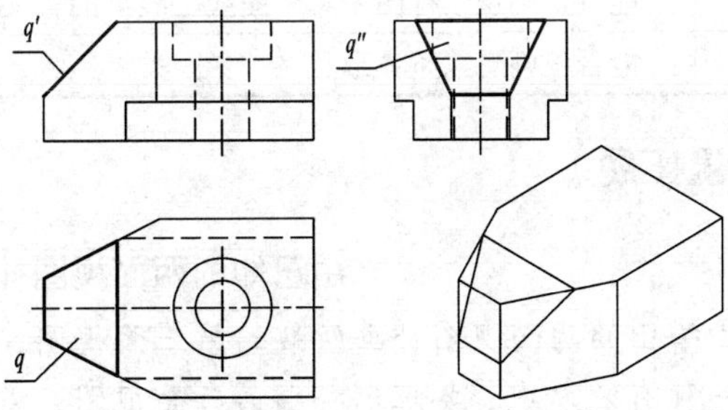

续表

读图步骤	图示
分析线面定位置：左视图中下方的前后缺角是用水平面 H 和正平面 R 切出来的	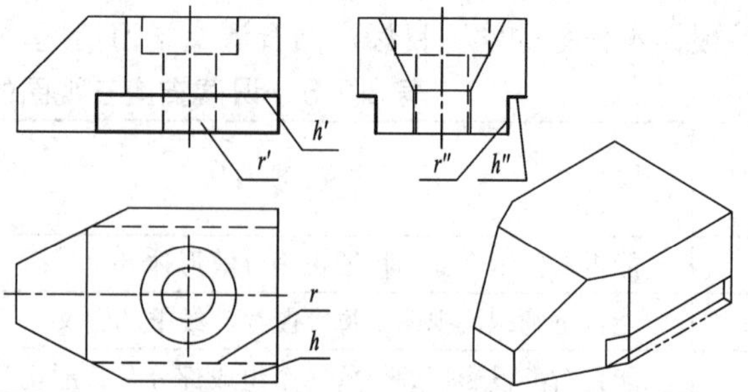
四棱柱经多次切割后，最后在中间钻一个圆柱形的阶梯通孔	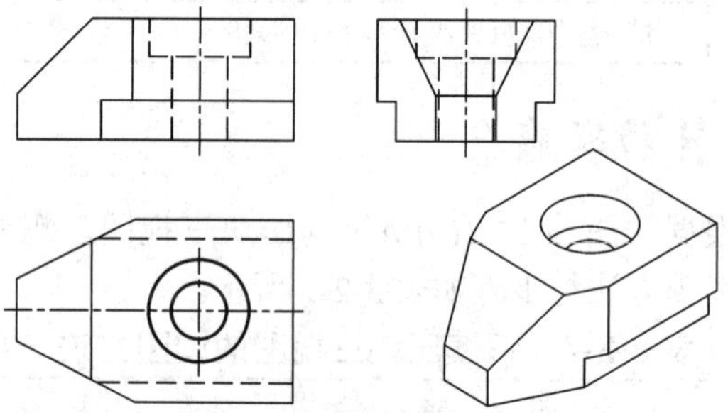
综合起来想整体：由上述分析可知压块的原形体是四棱柱，在四棱柱左侧被铅垂面前后对称地切去两角，又在左上方被正垂面切去一角，最后在其下方被正平面和水平面前后各切去一块，并在压块中间钻一个圆柱形的阶梯孔	

任务评价 2

根据本任务的学习目标，结合课堂学习情况，按照表 3-2-8 中的相应项目进行评价。

表 3-2-8　识读压块三视图的读图任务评价表

序号	评价项目	自评			师评		
		A	B	C	A	B	C
1	能否抓住组合体的特征正确想象其外形						
2	能否运用线面分析正确确定切割平面的位置						
3	能否正确识读视图中每个图线、线框的含义						
4	能否正确想象整体形状						

【知识拓展】

由已知的两面视图补画第三面视图

由给出的两面视图补画所缺的第三面视图，是读图和画图相结合，培养和提高读图能力的一种有效方法。要正确补画第三面视图，首先要根据已知的两面视图，用前述的读图方法分析并想象出形体的结构形状，然后按投影规律补画所缺的第三面视图。补画视图的一般顺序是先画外形，后画内形；先画大的部分，后画小的部分；先画叠加部分，后画切割部分；先补粗实线，后补细虚线。

(1) 根据图 3-2-28(a)所示的支座主视图和俯视图，补画出左视图。

分析：从已知的支座的两面视图，可以判定支座属于综合式的组合体，支座由底板(长方体)、前拱形板(由长方体和半个圆柱组成)和后立板(长方体)叠加而成，在支座后方中间从上而下开一通槽，从前往后钻了一通孔。

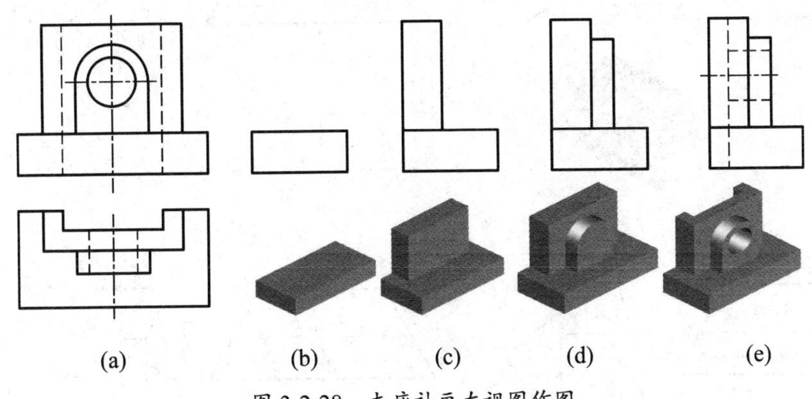

图 3-2-28　支座补画左视图作图

补画左视图作图步骤：

① 支座的底板为长方体，按投影关系绘制底板的左视图为矩形，如图 3-2-28(b)所示。

② 支座的后立板也为长方体，按投影关系绘制后方立板的左视图也为矩形，与底板后端面平齐，如图 3-2-28 (c)所示。

③ 支座前方的拱形板是由长方体和半个圆柱组成，按投影关系绘制拱形板的左视图为一个组合面的矩形，位于立板前方，如图 3-2-28 (d)所示。

④ 支座后方中间开通槽为不可见轮廓，按投影关系在左视图中绘制垂直方向虚线，从前往后钻通孔也为不可见轮廓，按投影关系在左视图中绘制水平方向虚线，并用细点画线绘制出孔的中心轴线，如图 3-2-28 (e)所示。

⑤ 整理图形，擦除多余图线，加粗图线，完成支座的左视图。

(2) 根据图 3-2-29(a)所示的导向块主视图和左视图，补画出俯视图。

分析：从已知导向块的两面视图可以判定导向块属于切割式的组合体，导向块外形为四棱台。四棱台的三视图为两个视图是梯形，一个视图为两个大小不等的矩形。四棱台左右两个侧面属于正垂面，在主视图中的投影积聚成梯形的两条斜边，在左视图和俯视图中的投影为类似形。四棱台下方从左向右开通槽，在主视图和俯视图中为不可见轮廓。

补画俯视图作图步骤：

① 绘制四棱台顶面和底面的投影，按投影关系在俯视图中绘制大小不等的两个矩形，并绘制出四条可见的棱线，如图 3-2-29(b)所示。

② 绘制四棱台左、右两侧面中通槽的类似形投影，在左视图中定出通槽各顶点 1″、2″、3″、4″、5″、6″、7″、8″的位置，根据点的投影规律，作出通槽各顶点在主视图中的正面投影 1′、2′、3′、4′、5′、6′、7′、8′点，位于梯形左、右两斜边上。再根据两面投影，作出通

槽各顶点在俯视图中的水平投影 1、2、3、4、5、6、7、8 点，如图 3-2-29(c)所示。

③ 在俯视图中依次连接各点，通槽在俯视图为不可见轮廓，在俯视图中绘制两条水平方向的细虚线，如图 3-2-29(d)所示。

④ 整理图形，擦除多余图线，加粗图线，完成导向块的俯视图。

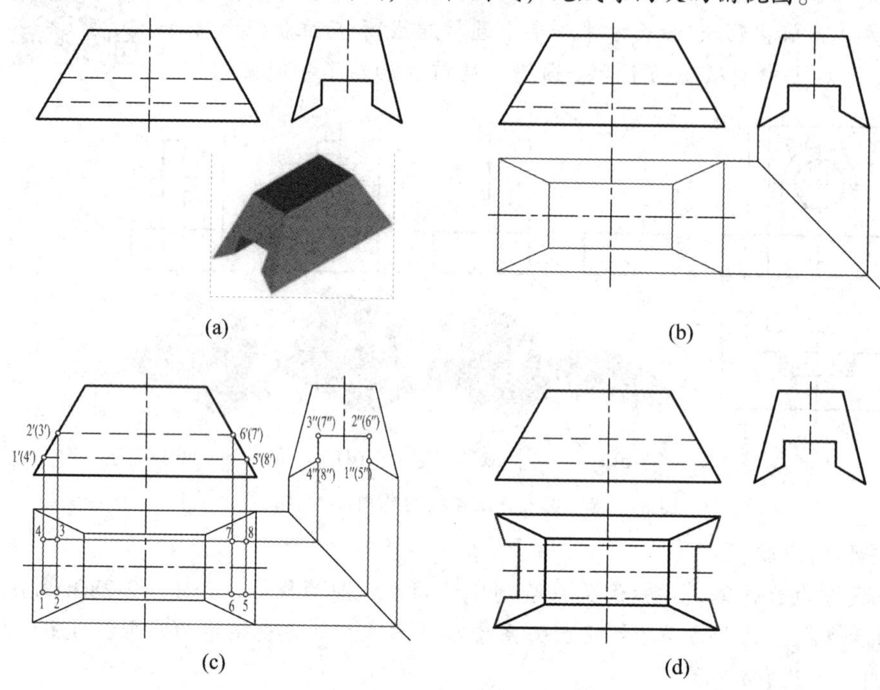

图 3-2-29　导向块补画俯视图作图

拓展练习

(1) 根据已知的主视图和俯视图，选择正确的左视图。

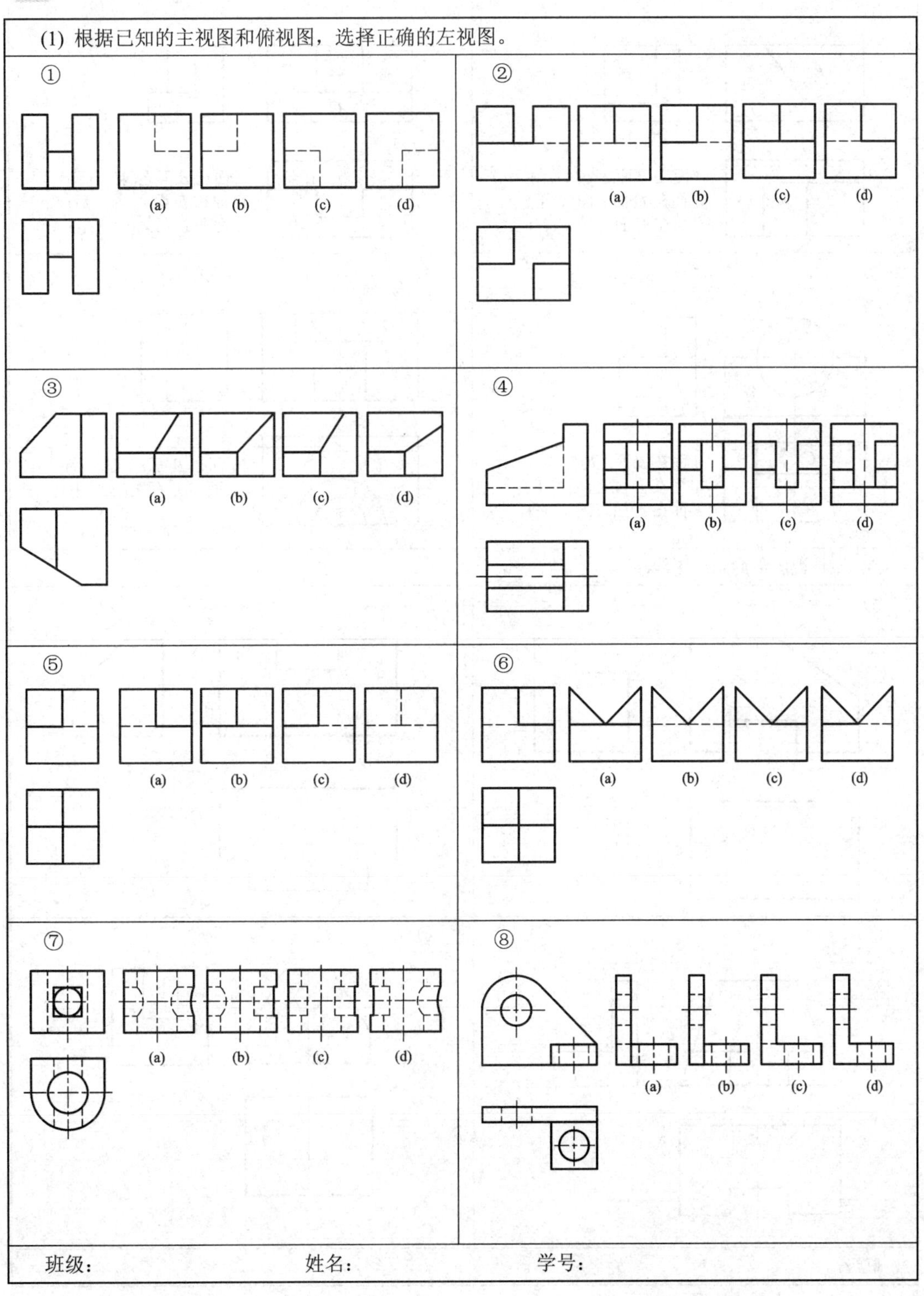

班级：　　　　　　　　　姓名：　　　　　　　　　学号：

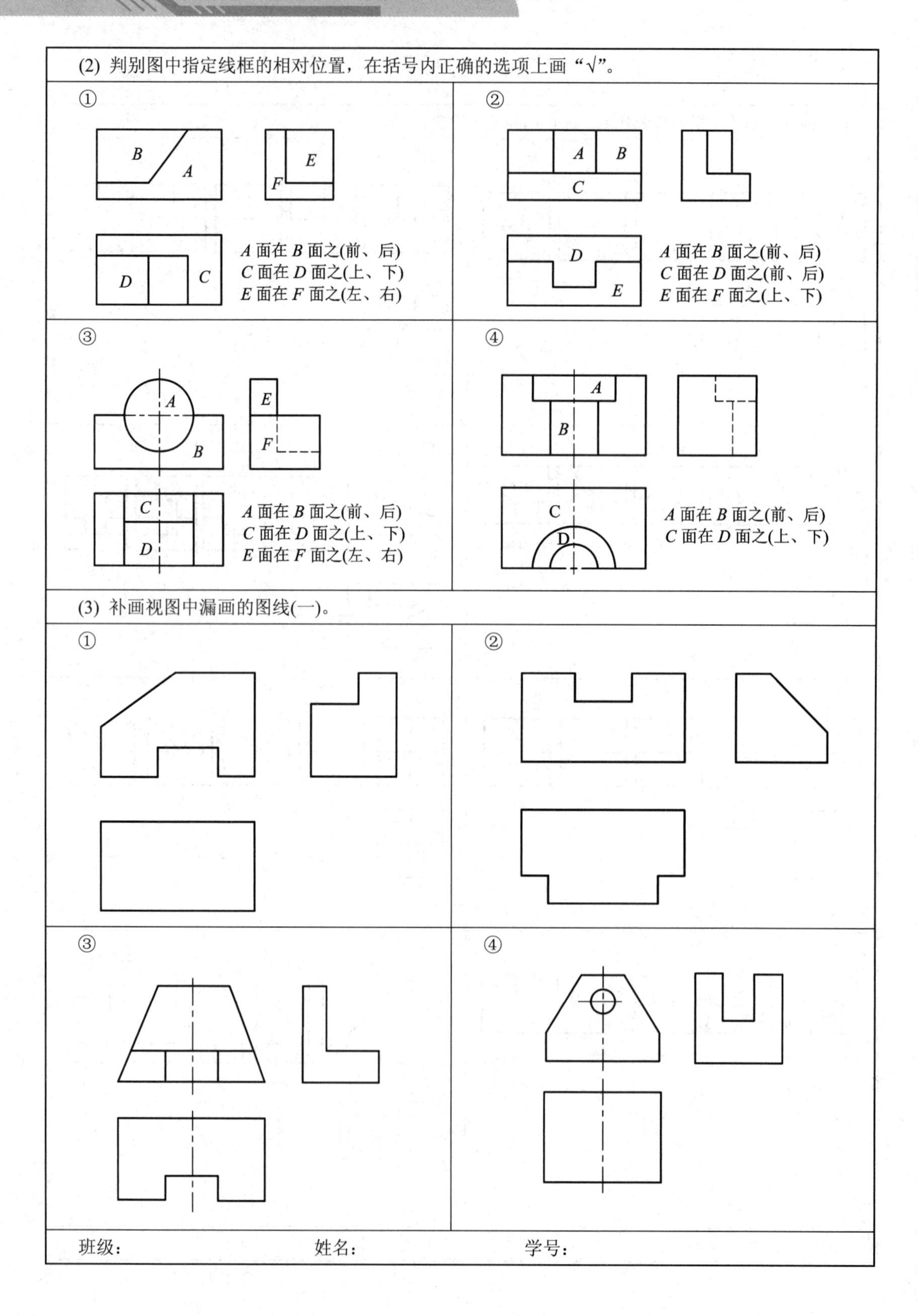
(2) 判别图中指定线框的相对位置，在括号内正确的选项上画“√”。
①
B
A
E
F
D
C
A 面在 B 面之(前、后)
C 面在 D 面之(上、下)
E 面在 F 面之(左、右)
②
A
B
C
D
E
A 面在 B 面之(前、后)
C 面在 D 面之(前、后)
E 面在 F 面之(上、下)
③
A
B
E
F
C
D
A 面在 B 面之(前、后)
C 面在 D 面之(上、下)
E 面在 F 面之(左、右)
④
A
B
C
D
A 面在 B 面之(前、后)
C 面在 D 面之(上、下)
(3) 补画视图中漏画的图线(一)。
①
②
③
④
班级：
姓名：
学号：

(4) 补画视图中漏画的图线(二)。

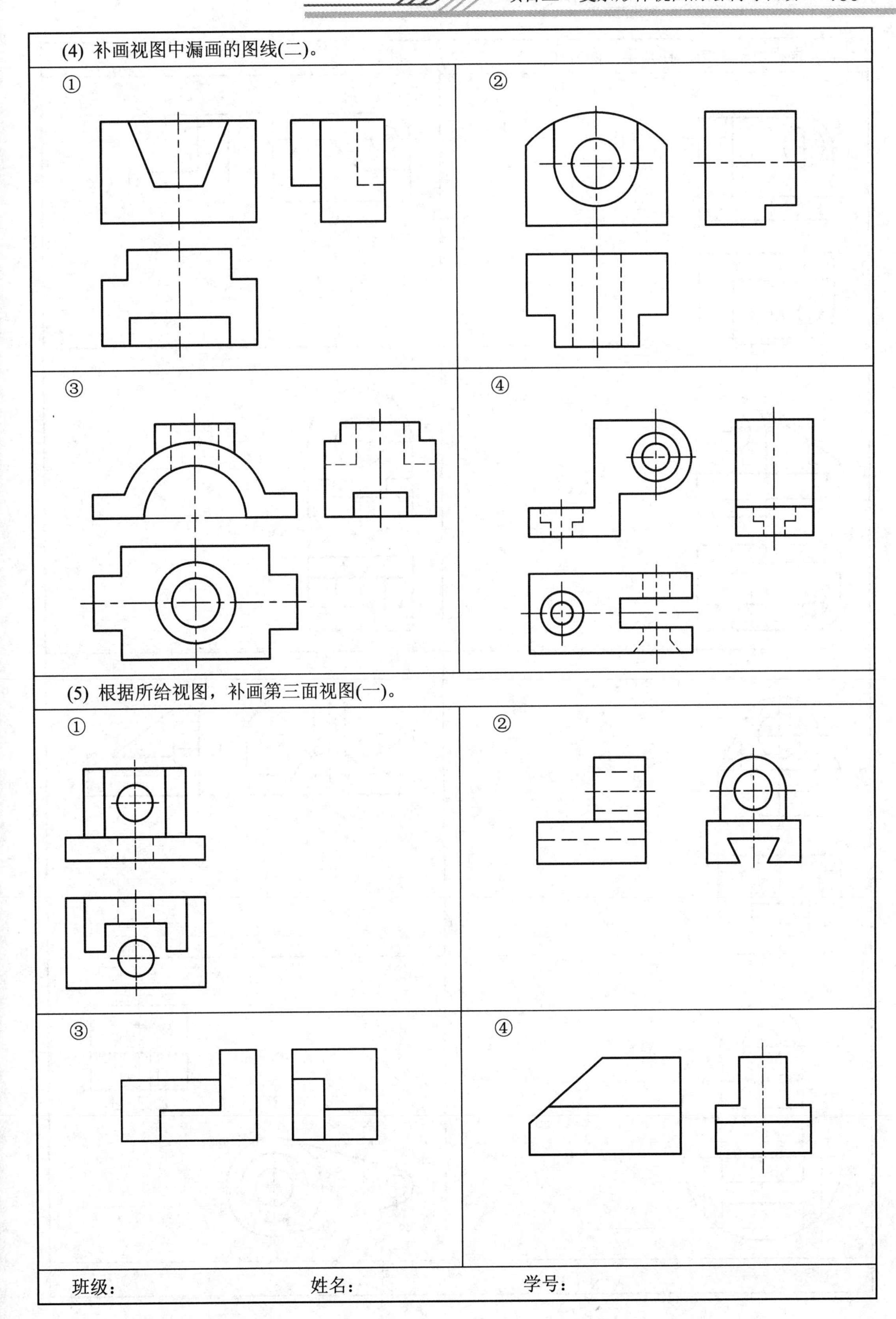

班级：　　　　　　　　姓名：　　　　　　　　学号：

(6) 根据所给视图，补画第三面视图(二)。

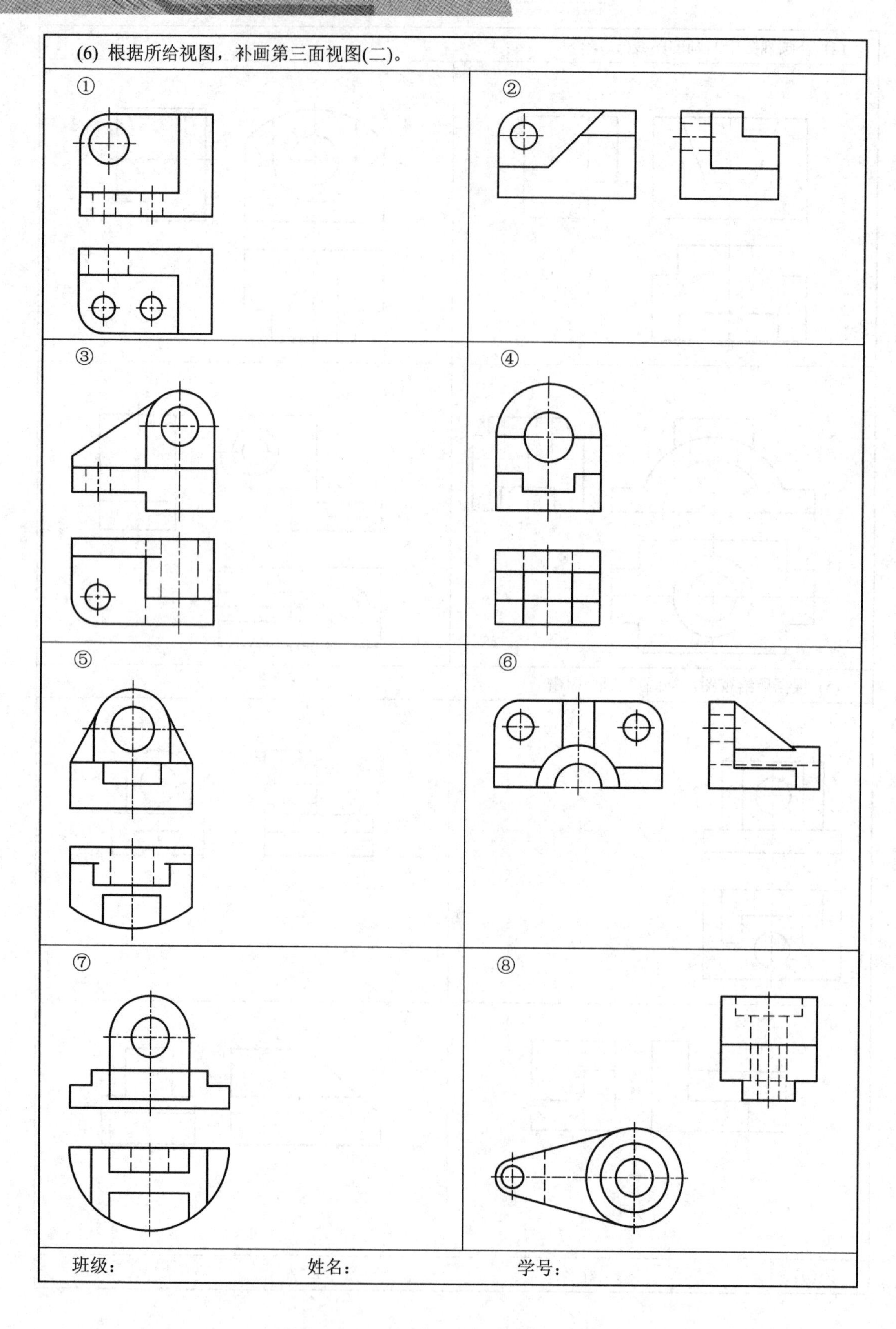

班级： 姓名： 学号：

项目四　机械零件结构的表达与识读

学习目标

(1) 掌握视图、剖视图、断面图的画法与应用。
(2) 熟悉其他表达方法，具有综合运用表达方法的能力。
(3) 掌握螺纹、螺纹紧固件的标记与画法。
(4) 掌握单个圆柱齿轮及两圆柱齿轮啮合的规定画法。
(5) 熟悉键、销连接的画法，了解轴承和弹簧的视图表达。

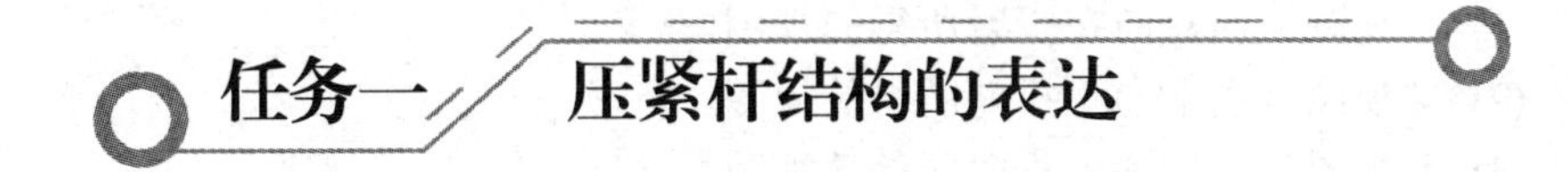

任务一　压紧杆结构的表达

任务导入

识读图 4-1-1 所示压紧杆的三视图，分析压紧杆的结构形状，指出采用三视图的表达方法的不足，重新选取适当的表达方法将压紧杆的结构形状表达清楚。

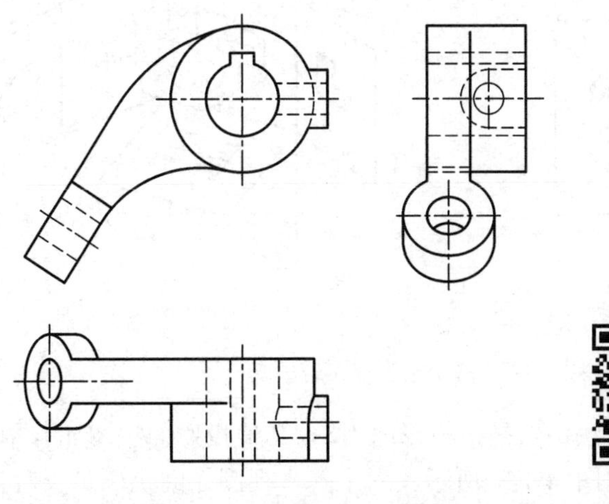

图 4-1-1　压紧杆的三视图

任务分析

分析如图 4-1-1 所示的压紧杆的三视图，可知压紧杆是由中间圆筒、左侧倾斜耳板和右侧凸台三部分组成的。中间圆筒与左侧耳板相切，与右侧凸台相交。由于左侧耳板结构倾斜，因此其在俯视图和左视图上的投影不能反映实形，形状表达不够清楚，画图比较困难，读图不方便，也不便在视图中标注尺寸。右侧凸台结构在左视图中属于不可见部分，用细虚线表示，形状表达不够清楚，也不便在视图中标注尺寸。要解决这些问题，需要掌握各类视图画法及应用的相关知识，重新选取压紧杆的表达方案。选择零件的表达方案时，首先应考虑读图方便，在正确、完整、清楚地表达零件各部分结构形状和相对位置的前提下，力求作图简便。

相关知识

一、基本视图

在原有三个基本投影面的基础上，再增加三个互相垂直的投影面(左侧面、顶面、前立面)，从而构成一个正六面体的六个侧面，如图 4-1-2(a)所示。国家标准规定这六个侧面为基本投影面。将零件放在正六面体内，分别向六个基本投影面投射所得的视图称为基本视图。六个基本视图除了前面学习的主视图、俯视图和左视图外，新增加的三个基本视图是：

(1) 右视图：由右向左投射所得的视图。

(2) 仰视图：由下向上投射所得的视图。

(3) 后视图：由后向前投射所得的视图。

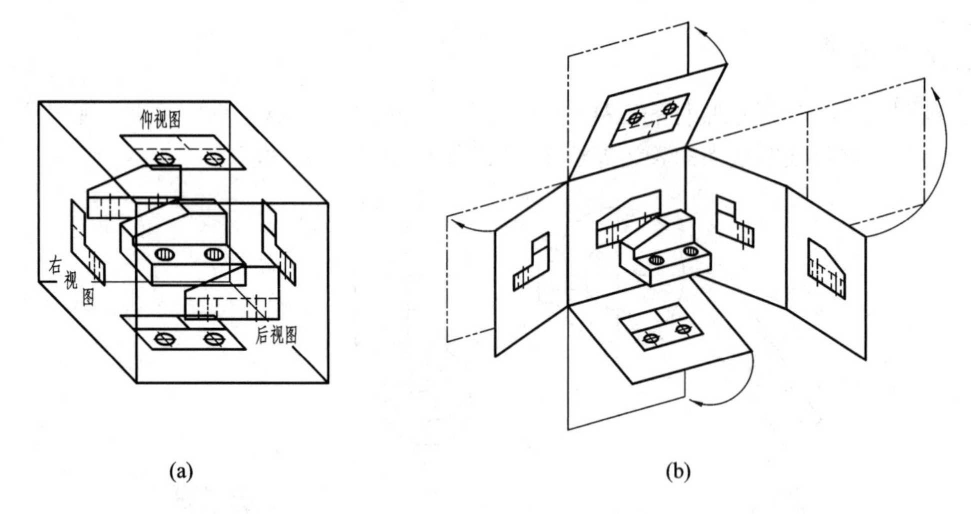

(a) (b)

图 4-1-2 六个基本视图的形成与展开

各基本投影面的展开方法仍然是正投影面不动，其他投影面按图 4-1-2(b)所示的方向展开。展开后各视图的配置如图 4-1-3 所示。六个基本视图之间仍满足长对正、高平齐、宽相等的投影规律，主视图和后视图同时反映形体的长和高，俯视图和仰视图同时反映形体的长和宽，左视图和右视图同时反映形体的宽和高。

在绘制机械图样时，一般不需要将零件的六个基本视图全部画出，而是根据零件的结构特点和复杂程度选择适当的基本视图。绘图时，优先采用主视图、俯视图和左视图。

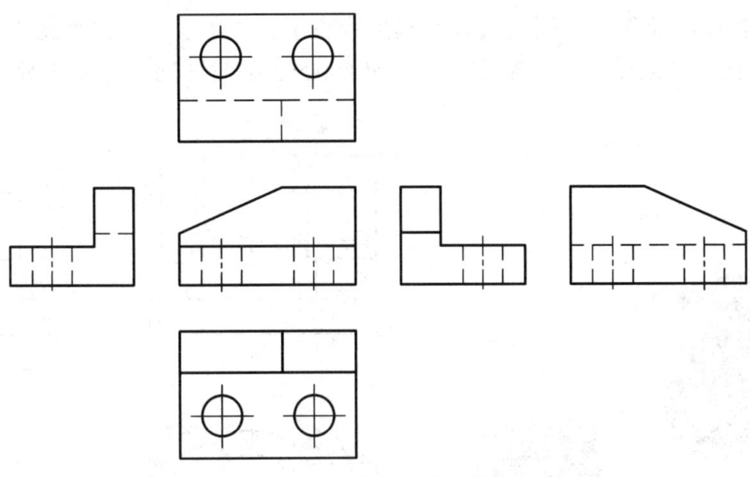

图 4-1-3　基本视图的配置

二、向视图

向视图是可以自由配置的基本视图。当某视图不能按投影关系配置时，可按向视图绘制，如图 4-1-4 所示。在绘制向视图时，应在向视图的上方用大写字母标出向视图的名称“×”(如“*A*”“*B*”等)，且在相应的视图附近用箭头指明投射方向，并注上同样的字母。

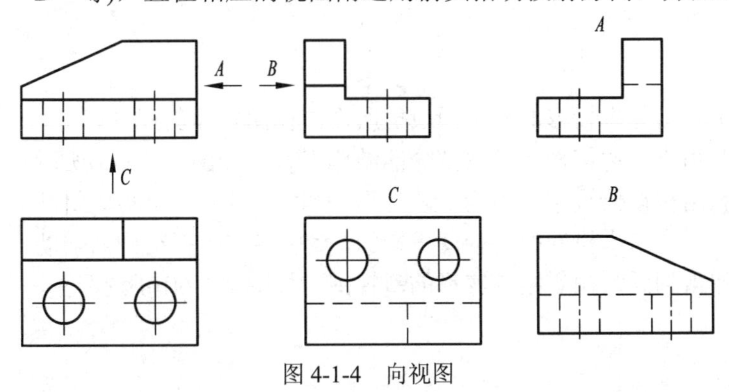

图 4-1-4　向视图

三、局部视图

将零件的某一部分向基本投影面投射所得的视图称为局部视图。

局部视图常用于表达零件上局部结构的外形。如图 4-1-5 所示，用主视图、俯视图两个基本视图已清楚表达了零件主体的形状，但为了表达左、右两个凸缘的结构形状，如果再增加左视图和右视图，就显得烦琐和重复。此时可采用两个局部视图来表达左、右凸缘的结构形状，这种表达方案既简练，又突出了重点，如图 4-1-5(b)所示。

画局部视图时应注意：

(1) 局部视图可按基本视图形式配置，中间若没有其他图形隔开，可省略标注，如图 4-1-5(b)中配置在左视图位置上的局部视图所示。

(2) 局部视图也可按向视图的配置形式配置在其他适当位置，如图 4-1-5(b)中所示的 *A* 向局部视图。

(3) 局部视图的断裂边界用波浪线或双折线表示。当所表示的局部结构完整且其投影的外轮廓线封闭时，波浪线可省略不画，如图 4-1-5(b)中的 *A* 向局部视图所示。

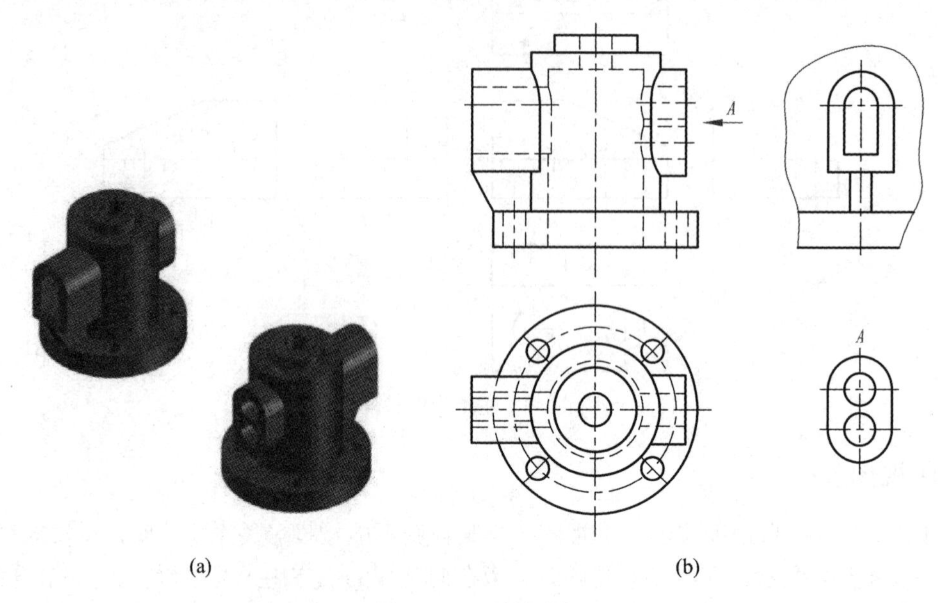

图 4-1-5　局部视图

四、斜视图

零件向不平行于基本投影面的平面投射所得的视图称为斜视图。

斜视图主要用于表达零件上倾斜部分的结构形状。如图 4-1-6(a)所示的零件右侧倾斜结构在俯视图中不能反映实形，此时可设置一个与倾斜结构平行且垂直于一个基本投影面的辅助投影面，然后将该倾斜结构向辅助投影面投射，即得到反映倾斜结构实形的斜视图，如图 4-1-6(b)所示。

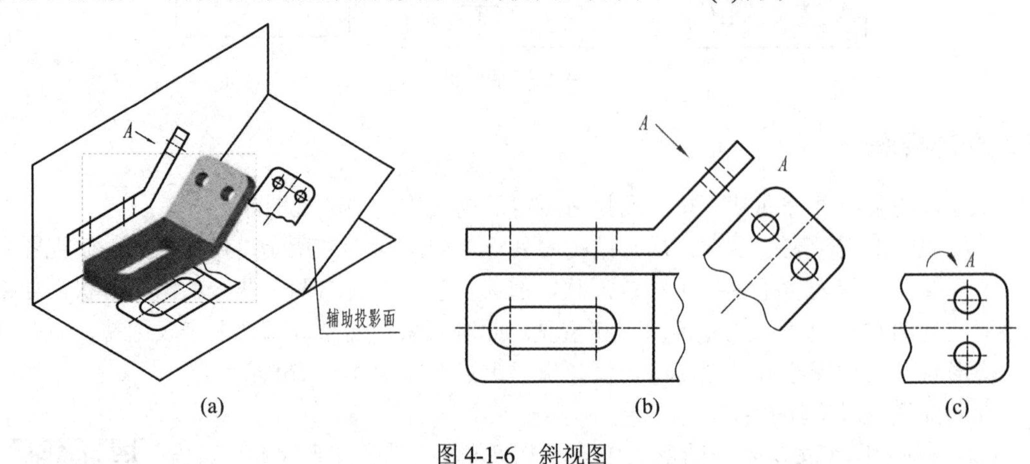

图 4-1-6　斜视图

画斜视图时应注意：

(1) 斜视图通常用于表达零件上倾斜部分的结构形状，其断裂边界用波浪线断开，如图 4-1-6(b)中的 *A* 向斜视图所示。零件上的其余结构可采用局部视图表示，如图 4-1-6(b)中在俯视图位置上的局部视图所示。

(2) 斜视图通常按向视图的配置形式配置并标注，如图 4-1-6(b)所示。必要时，允许将斜视图旋转配置到适当的位置。旋转后的斜视图上方应标注视图名称“×”及旋转符号，如图 4-1-6(c)所示，表示该视图名称的大写字母应靠近旋转符号的箭头端，也允许将旋转角度标注在字母之后。

任务实施

识读如图 4-1-1 所示的压紧杆的三视图，分析压紧杆的结构形状，重新选取适当的表达方法将压紧杆的结构形状表达清楚，其表达方案的选取如表 4-1-1 所示。

表 4-1-1　压紧杆表达方案的选取

表达方案选取	图　示
压紧杆结构形状分析：压紧杆是由圆筒、左侧倾斜的耳板、右侧钻有小通孔的凸台组成的。以箭头所示方向为主视图的投影方向。压紧杆左侧耳板处于倾斜位置，选择斜视图来表达。要表达圆筒的宽度尺寸及耳板与圆筒相切的位置，选择局部视图来表达。对于右侧的小凸台结构，选择局部视图表达	
方案一： 一个基本视图(主视图)。 一个 A 向斜视图：需要进行标注。 两个局部视图：B 向局部视图，中间有图形隔开，需要标注；配置在右视图位置上的局部视图，按投影关系配置，不需要标注	
方案二： 一个基本视图(主视图)。 一个 A 向斜视图：按旋转配置，需要进行标注，并标注旋转符号。 两个局部视图：配置在俯视图位置上的局部视图，按投影关系配置，中间没有图形隔开，不需要标注；B 向局部视图，没有按投影关系配置，需要标注	

任务评价

根据本任务的学习目标，结合课堂学习情况，按照表 4-1-2 中的相应项目进行评价。

表 4-1-2　压紧杆表达方案选取任务评价表

序号	评价项目	自评			师评		
		A	B	C	A	B	C
1	能否合理选择表达方法						
2	能否正确绘制视图						
3	能否按要求对视图进行正确标注						

【知识拓展】

第三角画法简介

国家标准《技术制图 投影法》GB/T 14692 规定：技术图样应采用正投影法绘制，并优先采用第一角画法。必要时(如按合同规定等)允许使用第三角画法。在国际技术交流中，常会遇到第三角画法的图纸，故应了解第三角画法。

如图 4-1-7(a)所示，三个相互垂直的投影面将空间划分为八个分角，依次为 *Ⅰ*、*Ⅱ*、*Ⅲ*、*Ⅳ*、*Ⅴ*、*Ⅵ*、*Ⅶ*、*Ⅷ* 分角。

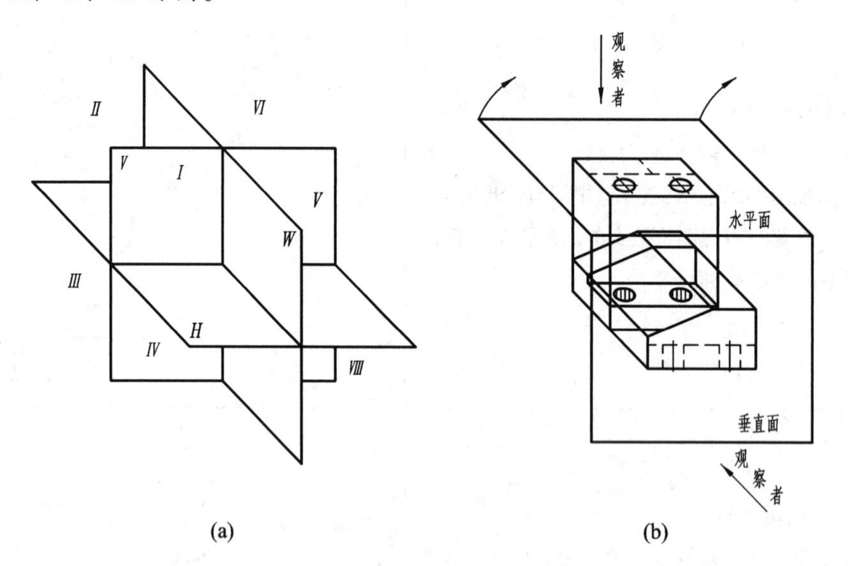

图 4-1-7　空间八个分角与第三角投影的形成

第一角画法是将零件置于第一分角内，使其处于观察者和投影面之间，即按观察者→零件→投影面的投影顺序得到多面正投影。第三角画法是将零件置于第三分角内，使投影面处于观察者和零件之间，即按观察者→投影面→零件的投影顺序得到多面正投影，如图 4-1-7(b)所示。

采用第三角画法与第一角画法时，基本视图的配置如图 4-1-8 所示。

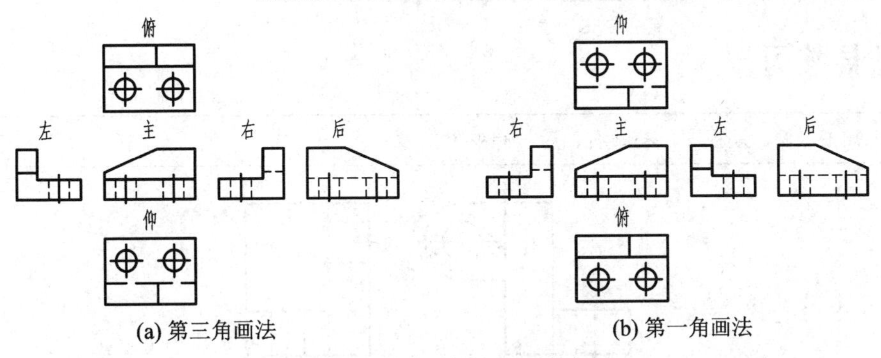

(a) 第三角画法　　(b) 第一角画法

图 4-1-8　两种画法六面视图对比

比较两种画法可以看出，采用第三角画法与第一角画法时，各相应视图的形状是相同的，只是各视图相对于主视图的位置不同。各视图以主视图为中心，俯视图与仰视图的位置上、下对调，左视图与右视图的位置左、右对调。

为了识别第三角画法与第一角画法，规定了相应的投影识别符号，如图 4-1-9 所示。采用第三角画法时，必须在图样中画出第三角投影的识别符号，如图 4-1-9(b)所示。投影识别符号一般标在标题栏中专设的格子内。采用第一角画法时，可以省略标注。

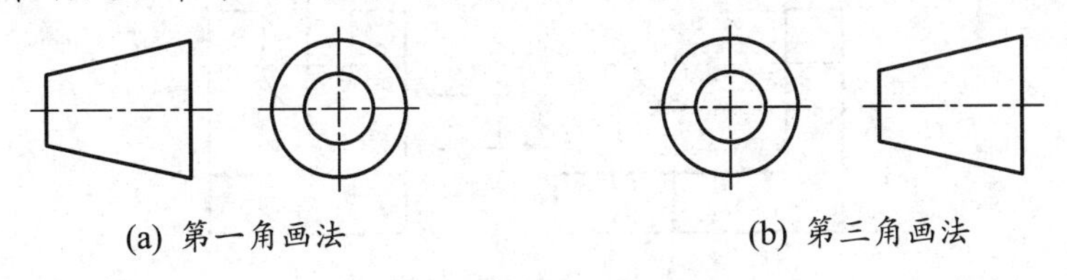

(a) 第一角画法　　(b) 第三角画法

图 4-1-9　两种画法的识别符号

第三角画法的特点如下：

(1) 近侧配置便于读图。如图 4-1-10 所示，将反映左端形状的左视图配置在主视图的左侧，将反映右端形状的右视图配置在主视图的右侧。与第一角画法相比，第三角画法的近侧配置便于画图和读图。

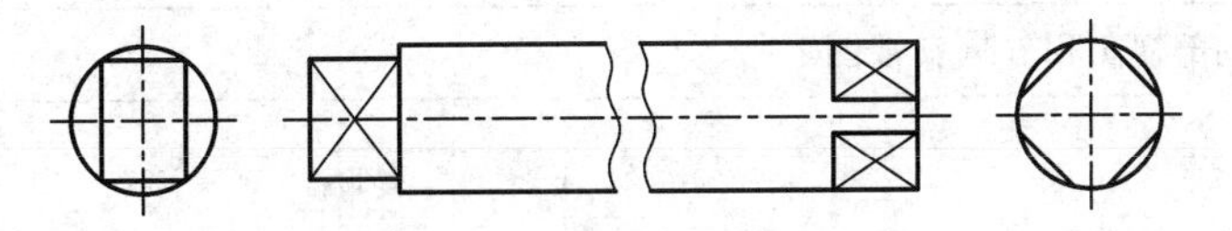

图 4-1-10　按第三角画法配置的视图

(2) 易于想象空间形状。在机械图样中，局部视图可按基本视图的形式配置，也可按向视图的形式配置，还可以按第三角画法配置在视图上所需表示零件局部结构的附近，并用细点画线将两者相连，如图 4-1-11 所示。

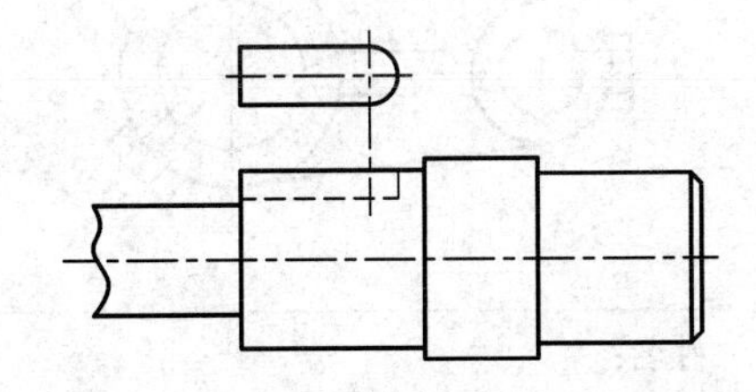

图 4-1-11　按第三角画法配置的局部视图

拓展练习

(1) 已知主、俯、左视图，补画右、后、仰视图。

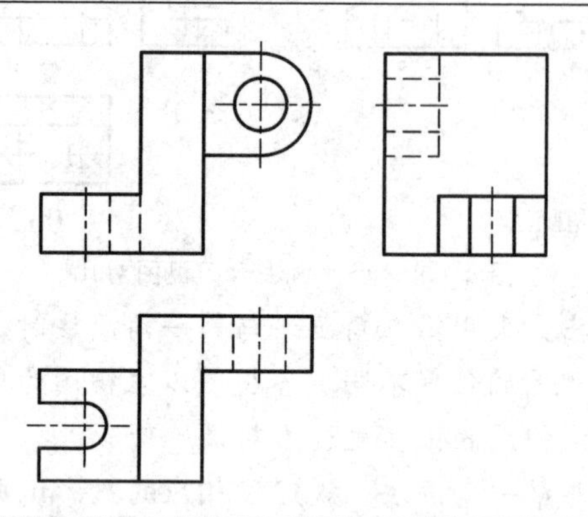

(2) 已知主、俯、左视图，画出 *A*、*B*、*C* 向视图。

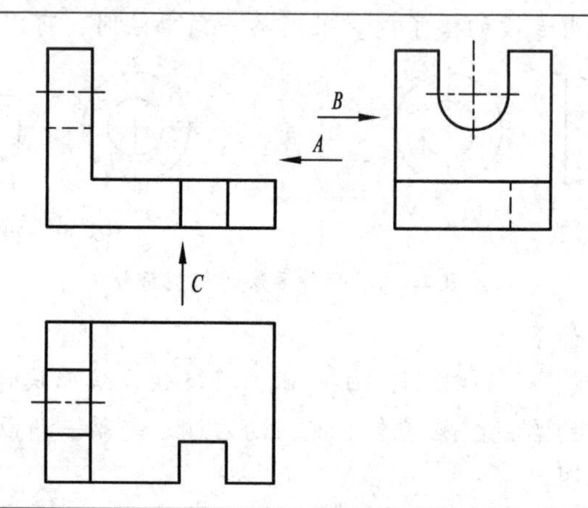

(3) 绘制 *A* 向局部视图和 *B* 向斜视图。

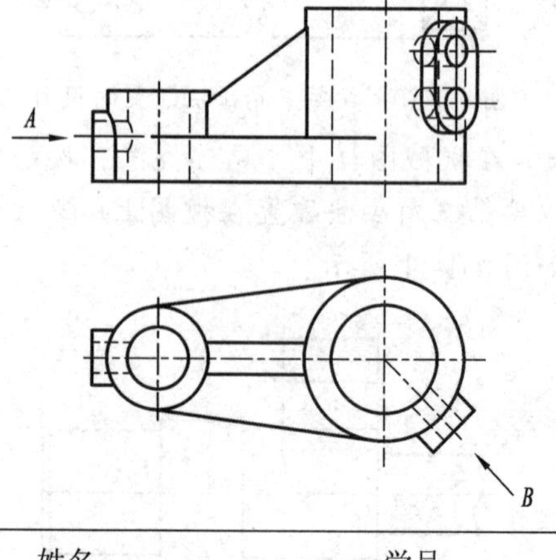

班级： 姓名： 学号：

任务二　泵盖结构的表达

任务导入

识读如图 4-2-1 所示的泵盖的三视图，分析泵盖的内、外结构形状，选择合适的表达方法将泵盖的内、外形状表达清楚。

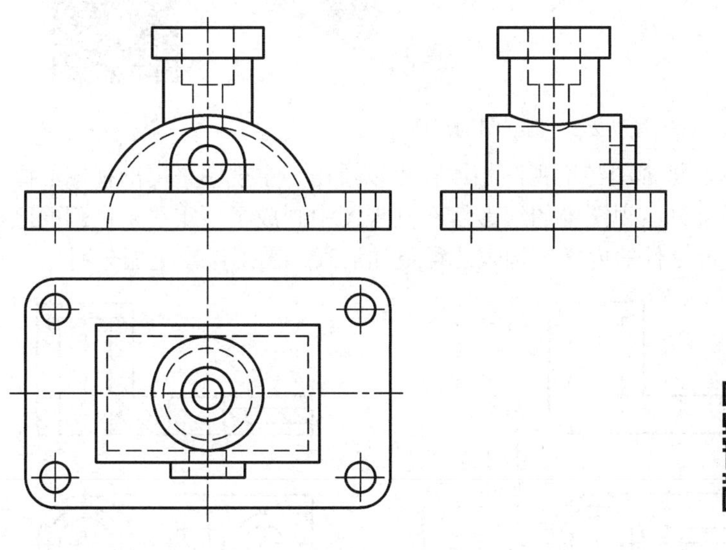

图 4-2-1　泵盖的三视图

任务分析

分析如图 4-2-1 所示的泵盖的三视图可知，泵盖是由长方形底板、水平轴线的半圆柱、垂直轴线的圆筒、上端圆台和前方拱形板五部分构成的。泵盖各部分以叠加式组合，左右形状对称，泵盖内部是空腔，并钻有多处通孔，其内部结构比较复杂。用三个基本视图来表达泵盖的结构形状时，视图中的虚线较多，既影响图形的清晰度，也不便于看图和标注尺寸。为了能清晰地表达泵盖的内部形状，通常可以采用剖视图的表达方法，这就需要掌握剖视图的画法及应用的相关知识，以便重新选取表达方案。

相关知识

一、剖视的概念

1. 剖视图的形成

假想用剖切面剖开零件，将处在观察者和剖切面之间的部分移去，将剩余部分向投影面投射所得的图形称为剖视图，简称剖视，如图 4-2-2 所示。

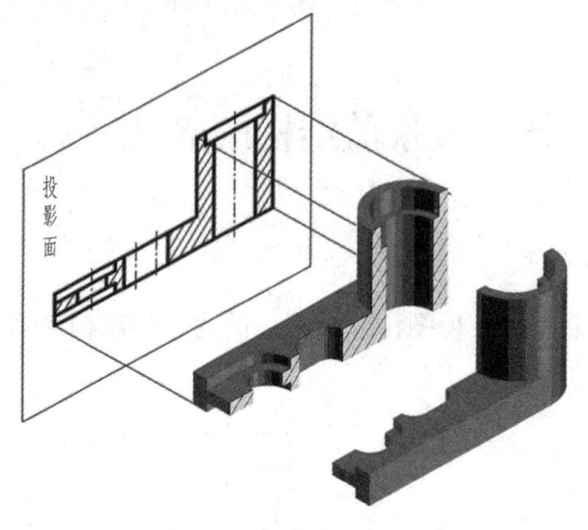

图 4-2-2 剖视图的形成

如图 4-2-3 所示，将视图与剖视图相比较可以看出，主视图采用剖视图的画法，原来不可见的孔结构成为可见，视图中的细虚线在剖视图中画成了粗实线，在剖面区域内画出规定的剖面符号，使得零件的内部结构表达得更加清晰，图形层次更加分明。

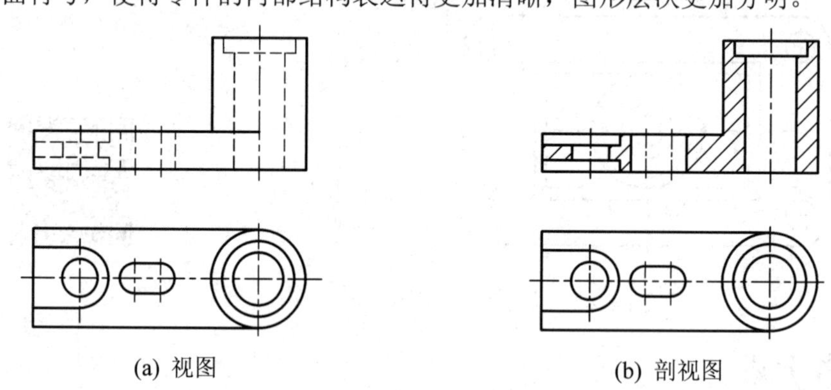

(a) 视图　　(b) 剖视图

图 4-2-3 视图与剖视图对比

2. 剖面符号的画法

剖切面与零件的接触部分称为剖面区域。为区分零件上被剖切到的实体部分和未剖切到的空心部分，国家标准规定在剖面区域上应画出剖面符号。零件材料不同，其剖面符号的画法也不同。当不需要在剖面区域表示材料的类别时，可采用通用剖面线表示。通用剖面线为间隔相等的平行细实线，绘制时最好与主要轮廓线或剖面区域的对称线成 45° 角。当剖面线与图形的主要轮廓线或剖面区域的对称线平行时，该图形的剖面线应画成 30° 或 60° ，如图 4-2-4 所示。

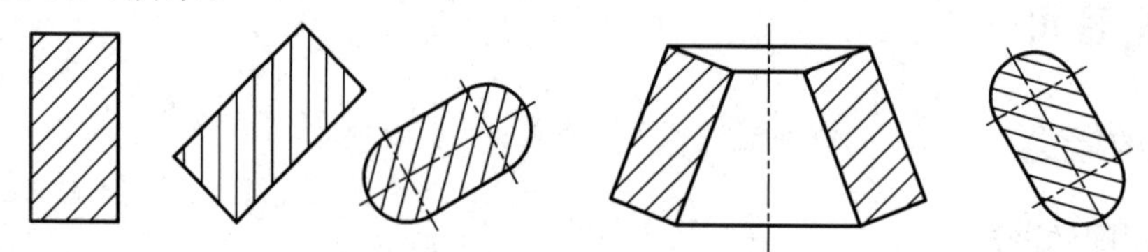

图 4-2-4 通用剖面线的画法

在同一张图样中，同一零件所有视图中的剖面线的倾斜方向与间隔必须相同，不同零件的剖面线的倾斜方向或间隔大小应不相同。

3. 剖视图的画法

(1) 确定剖切面的位置。剖切面通常选择平行于投影面且通过零件内部需要表达的孔或槽的对称平面或轴线。如图 4-2-2 所示，选择零件的前后对称平面作为剖切面的位置。

(2) 绘制剖视图，用粗实线绘制剖切面剖切后位于剖切面后面的所有外部可见轮廓线，如图 4-2-5(b)所示。

(3) 用粗实线绘制剖切面剖切后位于剖切面后面的所有内部可见轮廓线，如图 4-2-5(c)所示。

(4) 用细实线在剖面区域内绘制剖面线，如图 4-2-5(d)所示。

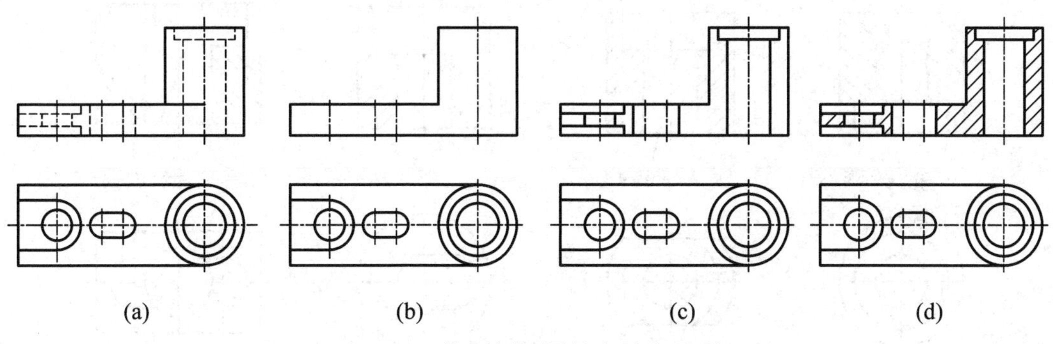

图 4-2-5　绘制剖视图的方法与步骤

4. 剖视图的配置与标注

剖视图一般按投影关系配置，如图 4-2-6 中的 *A—A* 剖视图；也可根据图面布局将剖视图配置在其他适当位置，如图 4-2-6 中的 *B—B* 剖视图。

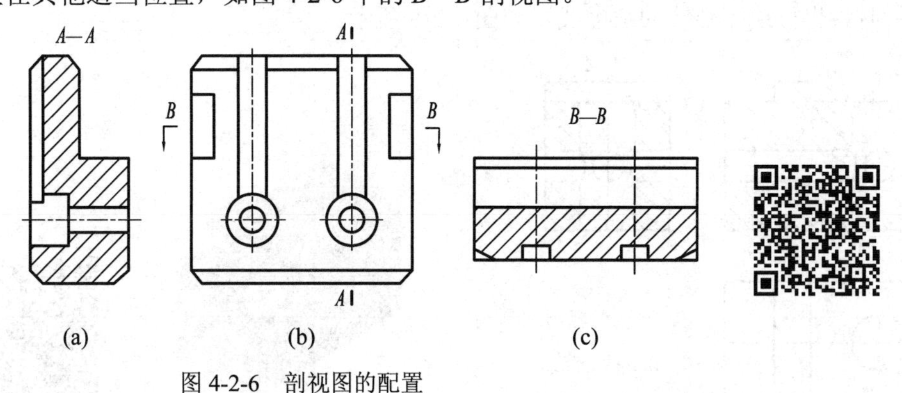

图 4-2-6　剖视图的配置

为了读图时便于找出投影关系，剖视图一般应进行标注。标注的内容有三项：

(1) 剖切符号：指示剖切面的起、讫和转折位置，通常用长约 5～10 mm 的粗实线表示，尽可能不与图形轮廓线相交。

(2) 投射方向：在剖切符号的两端外侧，用箭头指明剖切后的投射方向。

(3) 剖视图名称：在剖视图上方用大写字母标注剖视图名称“×—×”，并在剖切符号的一侧注上同样的字母，如图 4-2-6 中的 *A—A*、*B—B*。

在下列两种情况下可省略或部分省略标注：

(1) 当剖视图按投影关系配置，且中间又没有其他图形隔开时，由于投射方向明确，因此可省略箭头，如图 4-2-6 中的“*A*—*A*”剖视。

(2) 当单一剖切平面通过零件的对称面或基本对称面，同时又满足情况(1)的条件时，剖切位置、投射方向以及剖视图都非常明确，可省去全部标注，如图 4-2-5 所示的剖视图。

二、画剖视图时应注意的问题

(1) 剖切面后面的可见轮廓线应全部画出，不得遗漏。图 4-2-7 所示为绘制剖视图时容易漏画的图线，应特别注意。

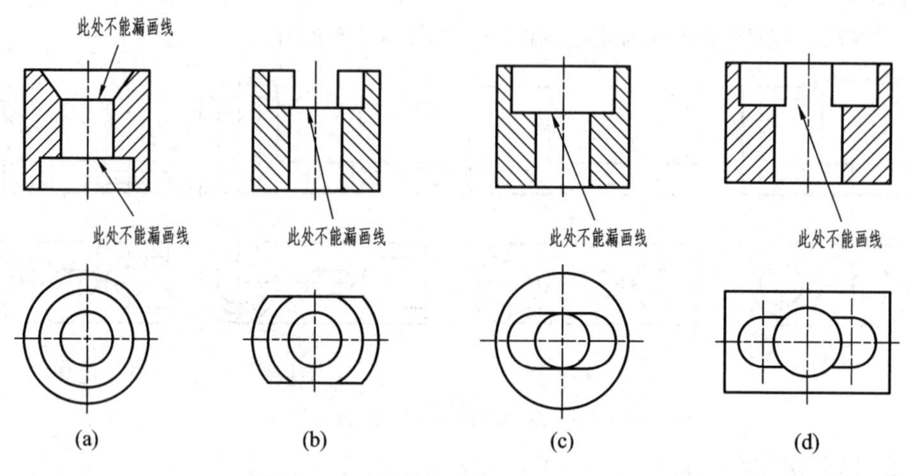

图 4-2-7　绘制剖视图时易漏画的图线

(2) 剖视图中一般不绘制细虚线以增加图形的清晰度，但当绘制少量细虚线可以减少视图数量时，也可绘制必要的细虚线，如图 4-2-8 所示。

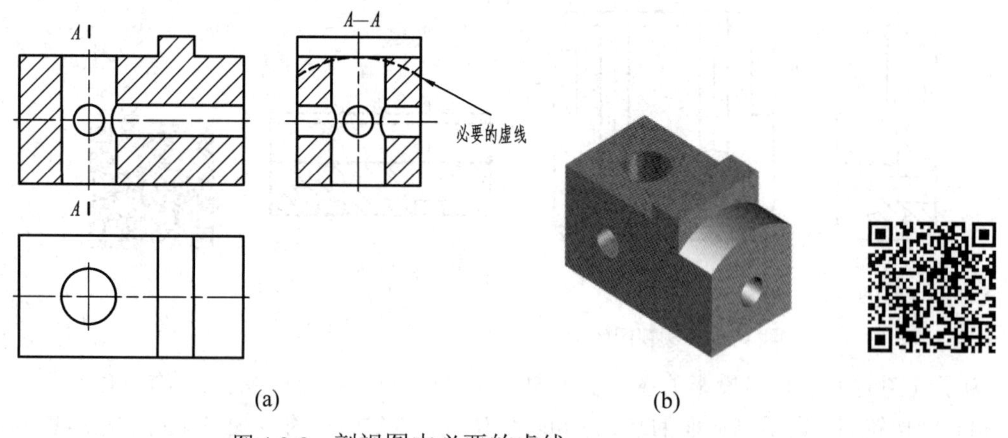

图 4-2-8　剖视图中必要的虚线

(3) 剖视是一个假想的作图过程，因此一个视图绘制成剖视图后，其余视图仍应按完整零件绘制，如图 4-2-9 所示。

(4) 对于零件上的肋板、轮辐及薄壁等，当按横向剖切肋板和轮辐时，这些结构应画上剖面符号，如图 4-2-10(a)中的俯视图所示；当按纵向剖切肋板和轮辐时，这些结构不画剖面符号，而用粗实线将这些结构与相邻部分隔开，如图 4-2-10(b)所示。图 4-2-10(c)属于纵向剖切的错误画法。

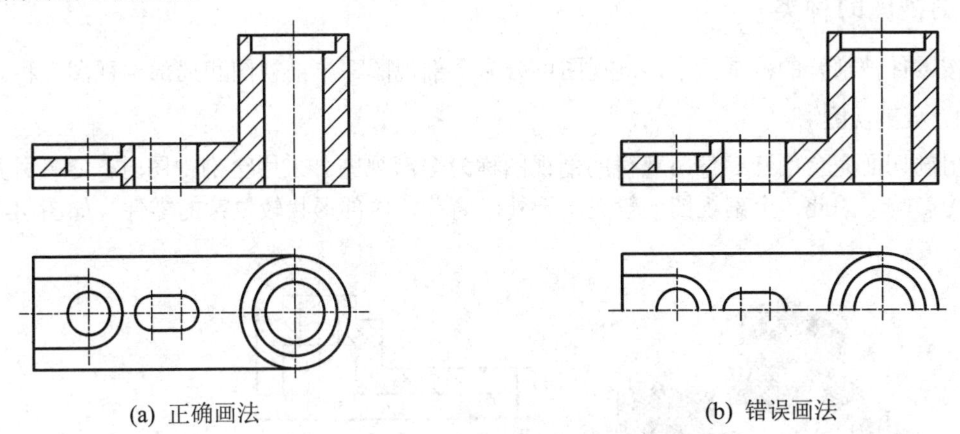

(a) 正确画法　　(b) 错误画法

图 4-2-9　其余视图应按完整零件绘制

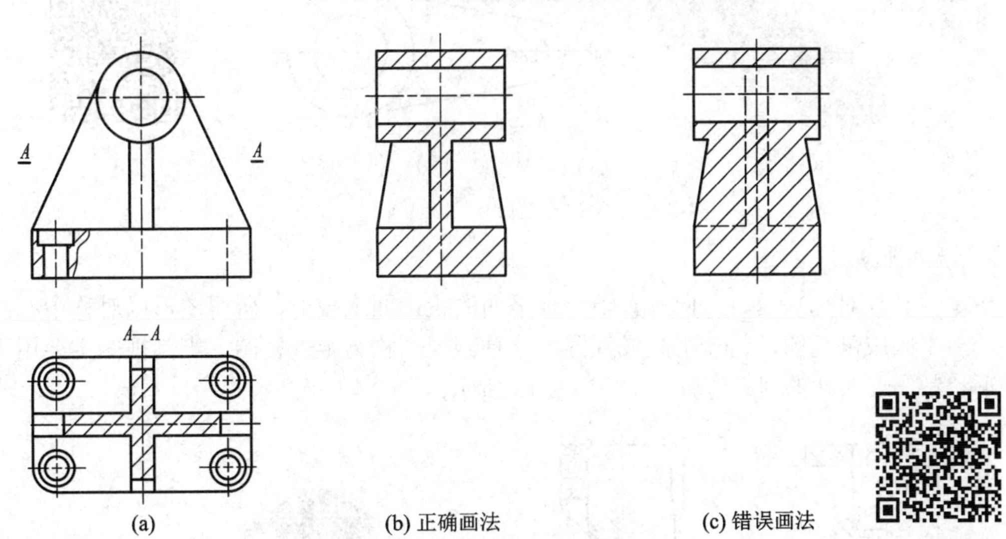

(a)　　(b) 正确画法　　(c) 错误画法

图 4-2-10　肋板横向剖切和纵向剖切的画法

(5) 当回转体上均匀分布的肋板、孔等结构不处于剖切面上时，可将这些结构旋转到剖切面上画出，不需加任何标注，如图 4-2-11 所示。

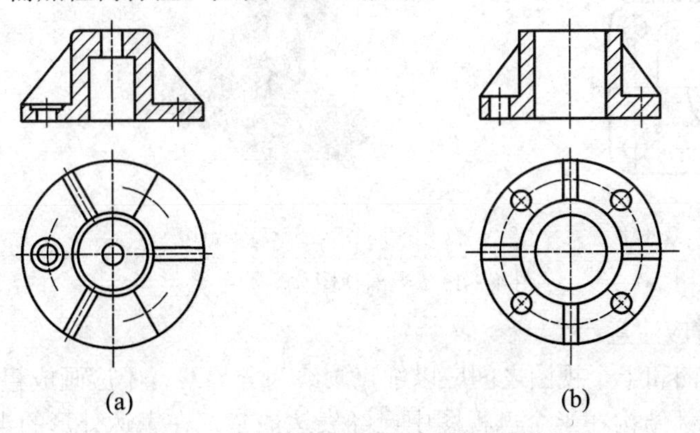

(a)　　(b)

图 4-2-11　回转体上均布结构的画法

三、剖视图的种类

按零件被剖开的范围大小，剖视图可分为全剖视图、半剖视图和局部剖视图三种。

1. 全剖视图

用剖切面完全剖开零件所获得的剖视图称为全剖视图。采用全剖视图时，零件外形的投影受影响，因此，全剖视图一般适用于外形简单、内部形状较复杂的零件，如图 4-2-12 所示。

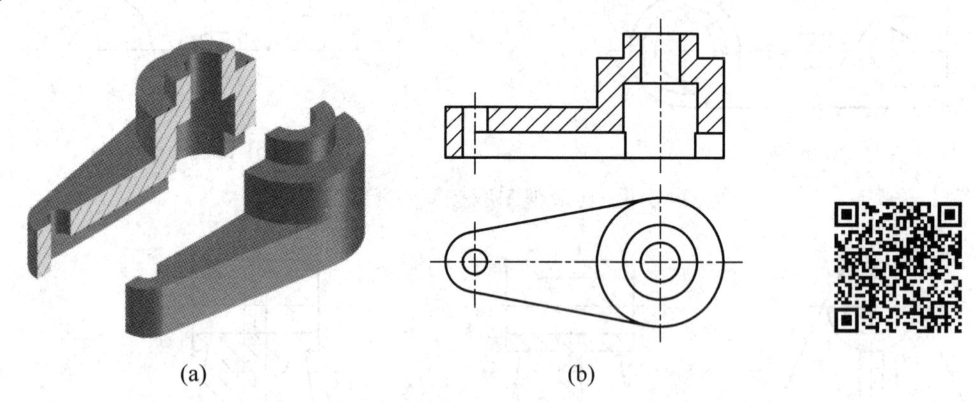

图 4-2-12　全剖视图

2. 半剖视图

当零件具有对称平面时，向垂直于对称平面的投影面上投射，所得图形以对称中心线为界，一半画成剖视图，另一半画成视图，这种剖视图称为半剖视图。半剖视图主要用于内外形状都需要表达的对称零件，如图 4-2-13 所示。

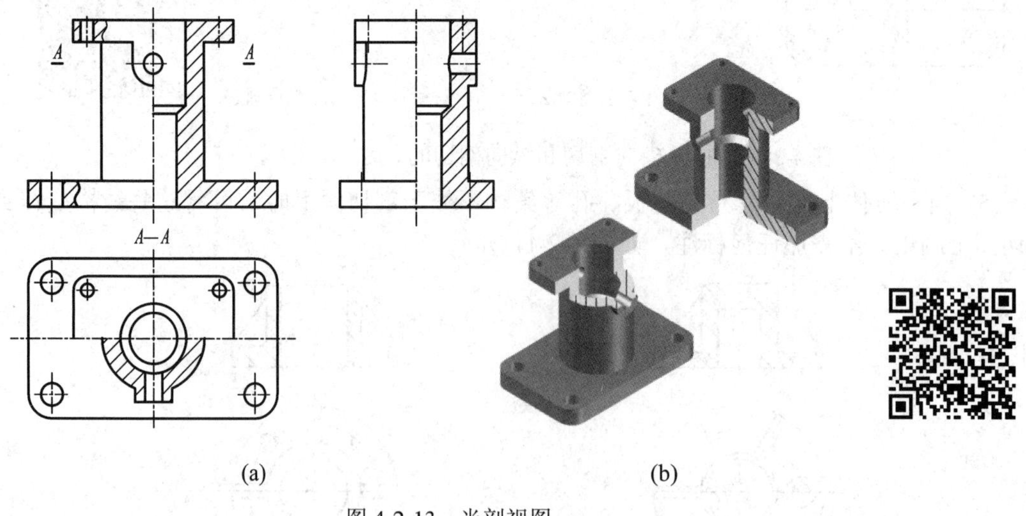

图 4-2-13　半剖视图

画半剖视图时应注意：

(1) 半个剖视图和半个视图之间应以细点画线为分界线，不应画成粗实线。

(2) 零件的内部结构在半个剖视图中已经表达清楚，在表达外形的半个视图中不必再画细虚线，仅需画出表示孔、槽等位置的中心线。

(3) 半个剖视图的位置配置原则：在主视图中位于对称线右侧；在俯视图中位于对称线下方；在左视图中位于对称线右侧，如图 4-2-13 所示。

(4) 半剖视图的标注方法与全剖视图的标注方法相同。

3. 局部剖视图

用剖切面局部剖开零件所获得的剖视图称为局部剖视图，如图 4-2-14 所示。

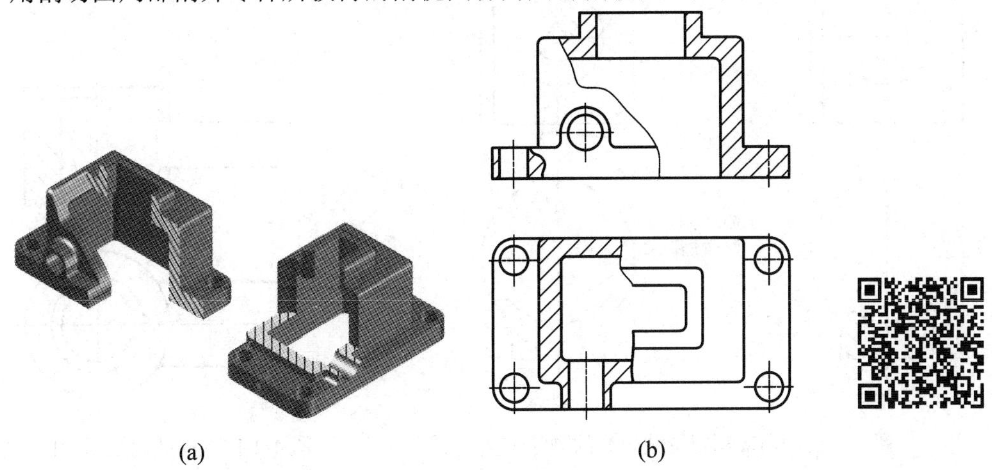

(a)　　(b)

图 4-2-14　局部剖视图示例一

局部剖视图主要用于内外形状都需要表达的不对称零件。当零件虽有对称面，但轮廓线与对称中心线重合，不宜采用半剖视图时，可采用局部剖视图，如图 4-2-15 所示。

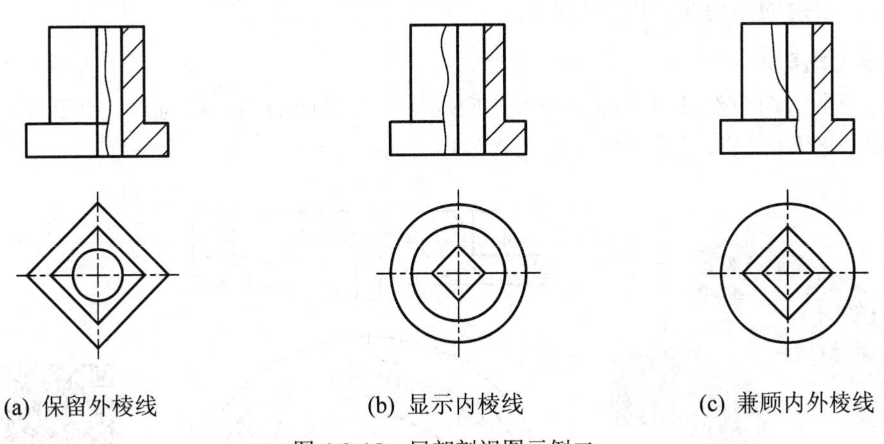

(a) 保留外棱线　　(b) 显示内棱线　　(c) 兼顾内外棱线

图 4-2-15　局部剖视图示例二

画局部剖视图时应注意：

(1) 局部剖视图中的视图与剖视图之间的分界线为波浪线，表示零件断裂边界的投影，应画在零件的实体部分，不应超出轮廓线，不应画在中空处，也不应和图样上的其他图线重合，如图 4-2-16 所示。

(2) 当被剖切结构为回转体时，允许将该结构的中心线作为局部剖视图与视图的分界线，如图 4-2-17 所示。

(3) 局部剖视图的剖切位置、剖切范围的大小主要取决于需要表达的内部形状，但在同一视图中不宜过多采用局部剖视图，否则会使图形过于零乱，影响视图的清晰度。

(4) 当剖切位置明显时，局部剖视图可省略标注。必要时，也可按全剖视图的标注方式标注。

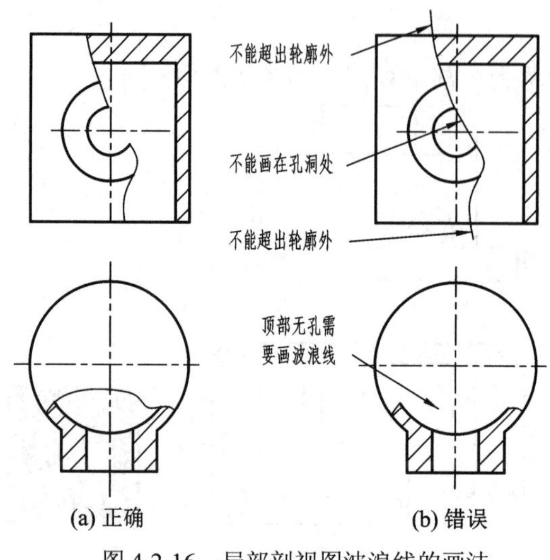

(a) 正确 (b) 错误

图 4-2-16 局部剖视图波浪线的画法

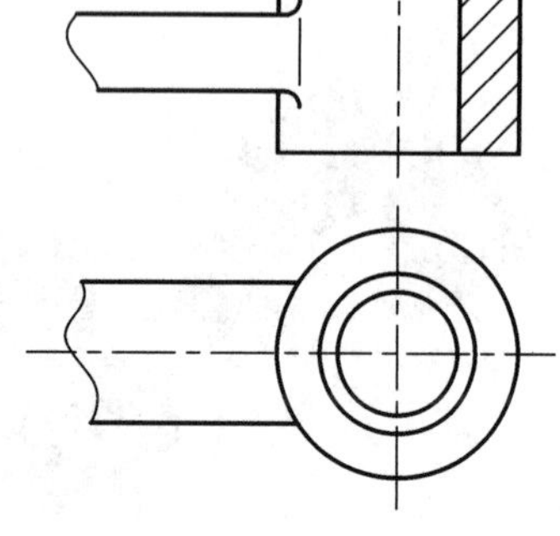

图 4-2-17 局部剖视图示例三

四、剖切面的种类

为了清晰表达零件的内部结构，可选用不同位置和数量的剖切面进行剖切。根据国家标准规定，常用的剖切面有以下几种：

1. 单一剖切面

仅用一个剖切面剖开零件的剖切方式应用较多。前面的图例均为单一剖切面。这个剖切面可以是平面，也可以是柱面，如图 4-2-18 所示。

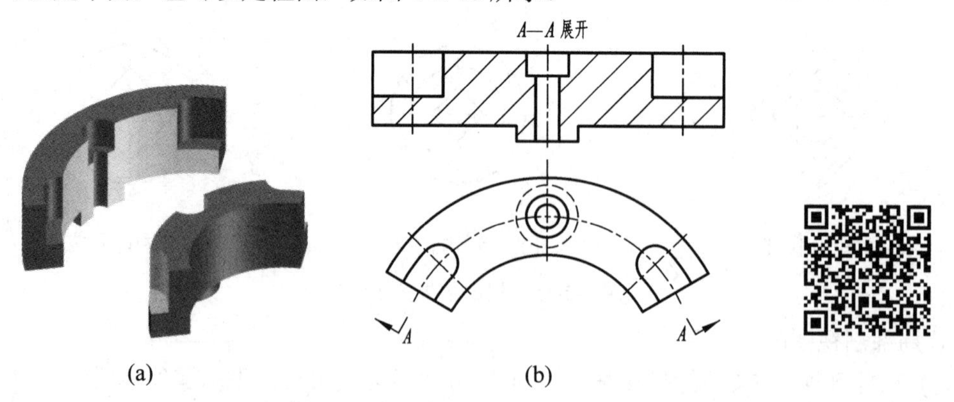

(a) (b)

图 4-2-18 单一剖切柱面剖切

当需要表达零件倾斜结构的内部形状时，可用一个与倾斜结构平行且垂直于某一基本投影面的单一斜剖切面剖开零件，以获得反映倾斜结构的剖视图，如图 4-2-19 所示。表达零件上倾斜结构的剖视图一般按投影关系配置，必要时允许将图形转正后配置到其他适当位置，旋转后应标注旋转符号。

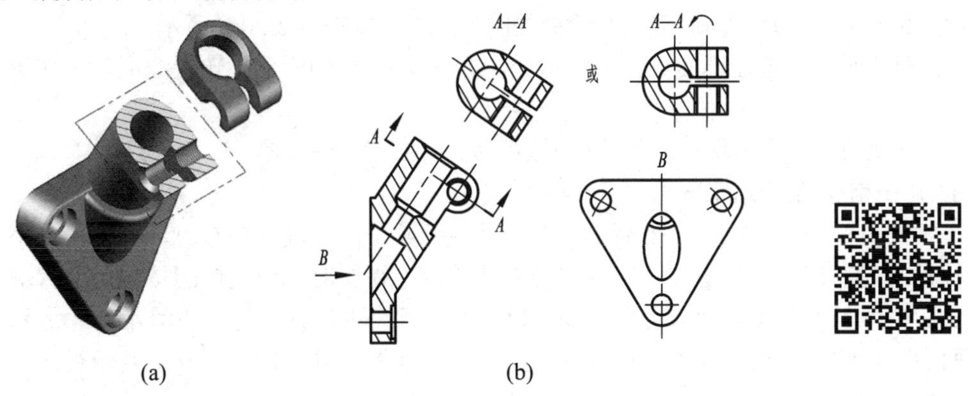

图 4-2-19　单一斜剖切面剖切

2. 几个平行的剖切平面

当零件内部结构位于几个平行的平面上时，可采用几个平行的剖切平面剖开零件，如图 4-2-20(a)所示。采用这种方法绘制剖视图时，必须对剖视图进行标注，如图 4-2-20(b)所示。

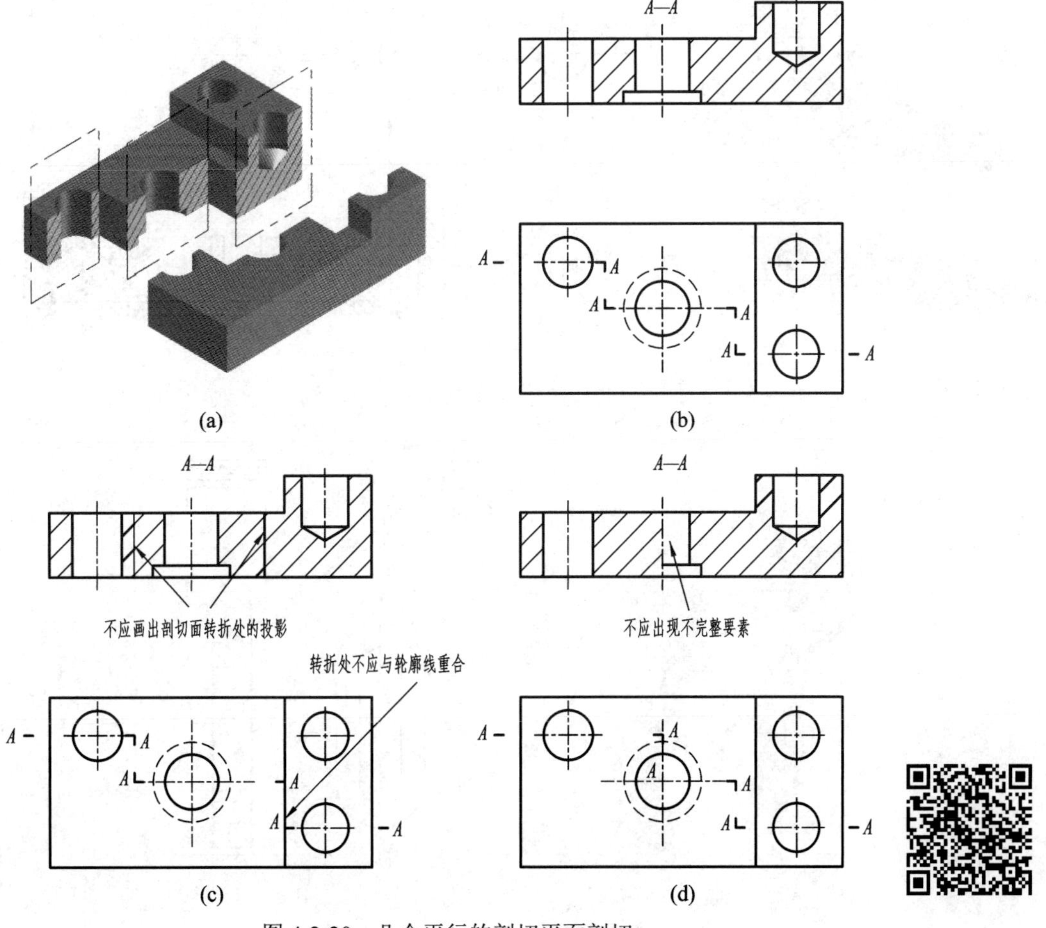

图 4-2-20　几个平行的剖切平面剖切

画这种剖视图时应注意：

(1) 剖视图上不允许画出剖切面转折处的分界线，如图 4-2-20(c)所示。

(2) 剖切面的转折处不应与轮廓线重合，如图 4-2-20(c)所示。转折线应与剖切位置成直角。

(3) 剖视图中不应出现不完整结构要素，如图 4-2-20(d)所示。

3. 几个相交的剖切面

当零件内部结构不在同一平面上，但沿零件的某一回转轴线分布时，可采用几个相交于回转轴线的剖切面剖开零件。采用这种方法绘制剖视图时，应先假想按剖切位置剖开零件，然后将倾斜部分旋转到与选定的基本投影面平行后再进行投射，如图 4-2-21 所示。在剖切面后面的结构仍按原来的位置投射，如图 4-2-21 中零件上的小圆孔，其俯视图应按原来位置投射画出。

采用相交的剖切面剖切所得的剖视图必须进行标注，如图 4-2-21 所示。当零件内部结构较为复杂且分布在不同位置上时，还可以用两个以上相交剖切面剖开零件，如图 4-2-22 所示。

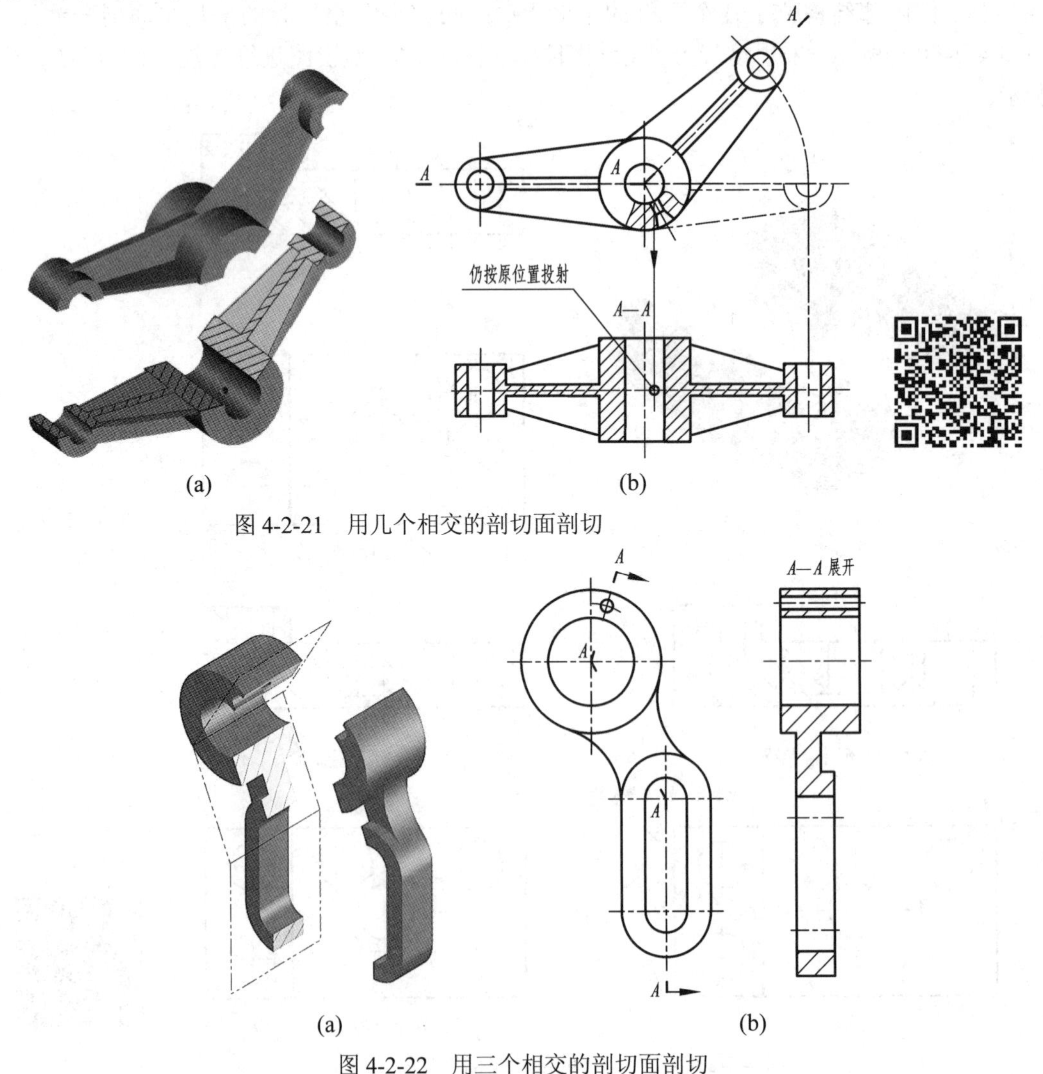

图 4-2-21 用几个相交的剖切面剖切

图 4-2-22 用三个相交的剖切面剖切

任务实施

根据如图 4-2-1 所示的泵盖的三视图，分析泵盖的内、外结构形状，选择合适的表达方法，将泵盖的内、外形状表达清楚，其表达方案的选取如表 4-2-1 所示。

表 4-2-1　泵盖表达方案的选取

表达方案选取	图　示
泵盖的结构形状分析：泵盖是由长方形底板、水平轴线的半圆柱、垂直轴线的圆筒、上端圆台和前方拱形板五个部分构成的。长方形底板上钻有四个通孔，半圆柱内部是空腔，垂直圆筒钻有一阶梯孔，与半圆柱内腔相通，前拱形板上钻有一通孔，也与半圆柱内腔相通	
确定主视图的画法：主视图采用半剖视图，用两个平行的剖切平面剖切，以对称中心线为界，左半部分画成视图，表达泵盖从前向后投影的外部形状，右半部分画成剖视图，表达垂直圆筒内的阶梯孔及与半圆柱内腔相通的情况	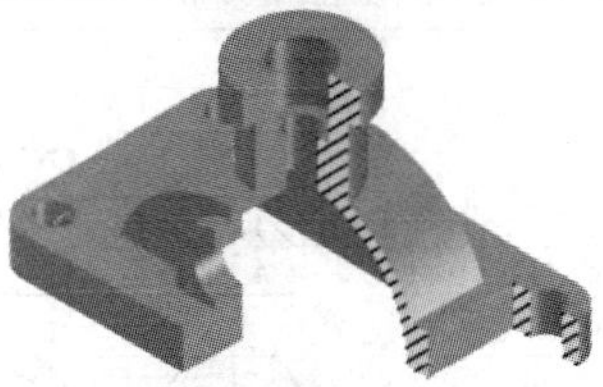
确定俯视图的画法：俯视图采用局部剖视图，以波浪线为分界，部分视图表达泵盖从上往下投影的外部形状，部分局部剖视图表达前拱形板上通孔与半圆柱内腔相通的情况	
确定左视图的画法：左视图采用全剖视图，将垂直圆筒内的阶梯孔、前拱形板上的通孔与半圆柱的内腔相通情况表达清楚	
绘制各剖视图时应注意：三个剖视图中的剖面线画法应一致，且应按规定对剖视图进行标注	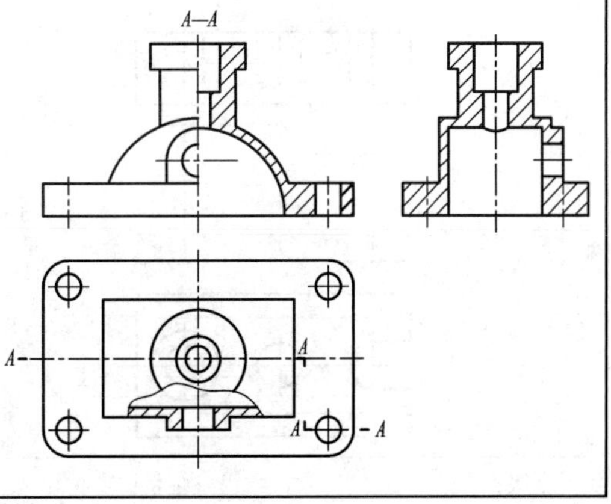

任务评价

根据本任务的学习目标，结合课堂学习情况，按照表 4-2-2 中的相应项目进行评价。

表 4-2-2 泵盖表达方法选取任务评价表

序号	评 价 项 目	自 评			师 评		
		A	B	C	A	B	C
1	能否合理选择表达方法						
2	能否正确绘制剖视图						
3	能否按要求对剖视图进行正确标注						

拓展练习

(1) 补画剖视图中漏画的图线。

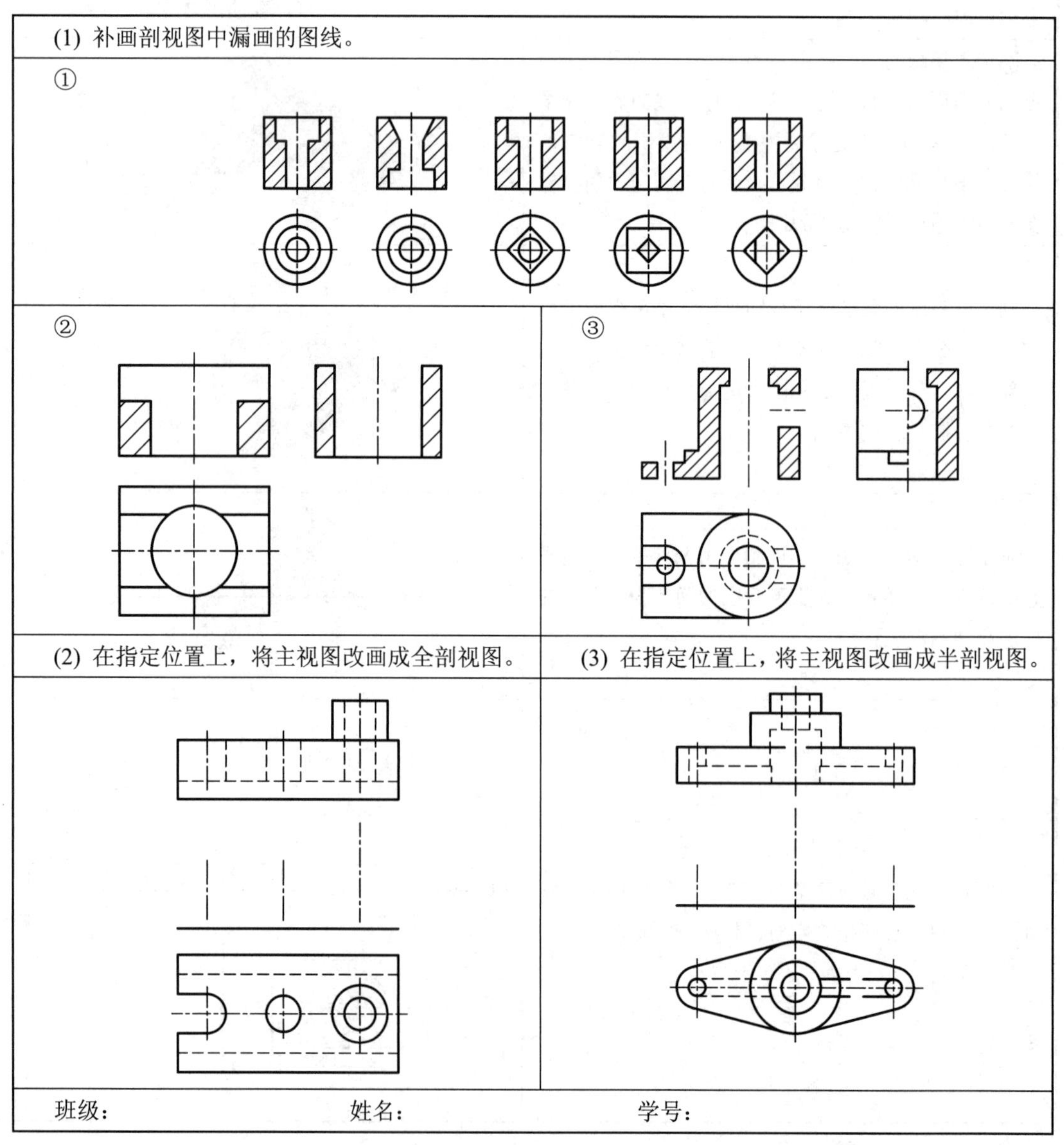

(4) 将主、俯视图改画成局部剖视图。

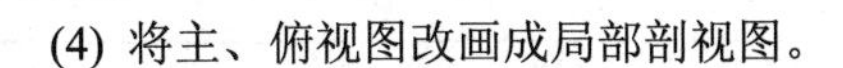

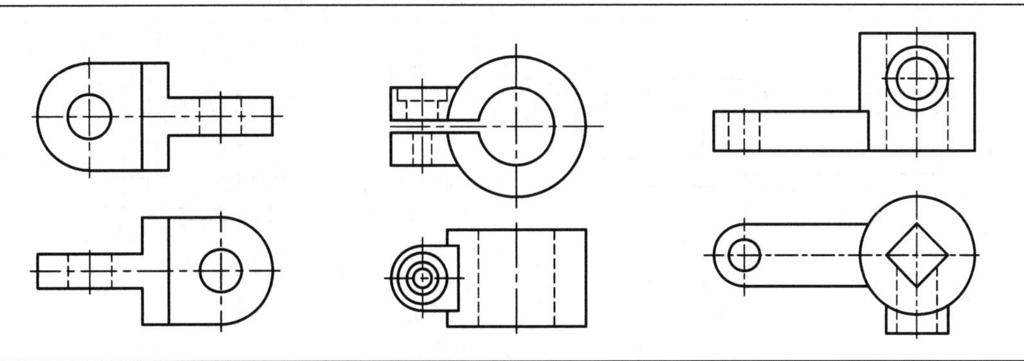

(5) 分析下列局部剖视图中的错误，画出正确的局部剖视图。

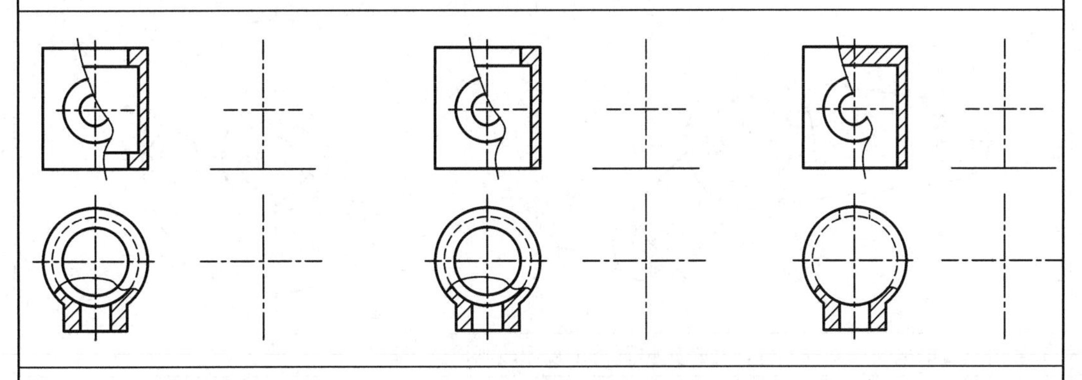

(6) 用几个平行的剖切平面剖开零件，在指定位置将主视图改画成全剖视图。

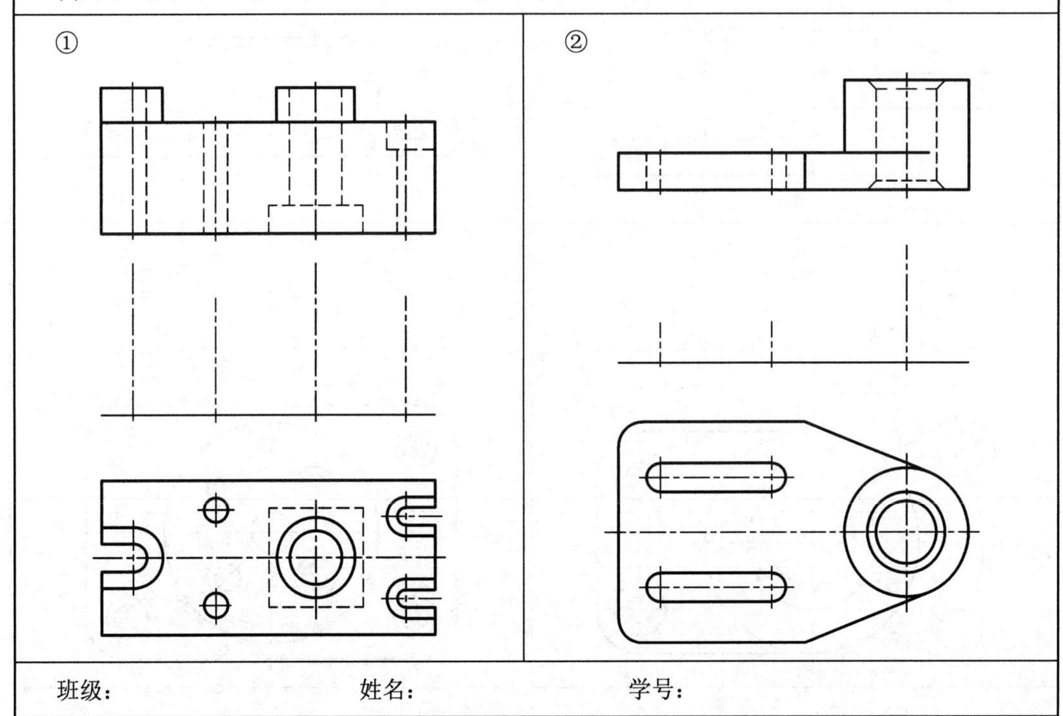

班级：　　　　　　　　姓名：　　　　　　　　学号：

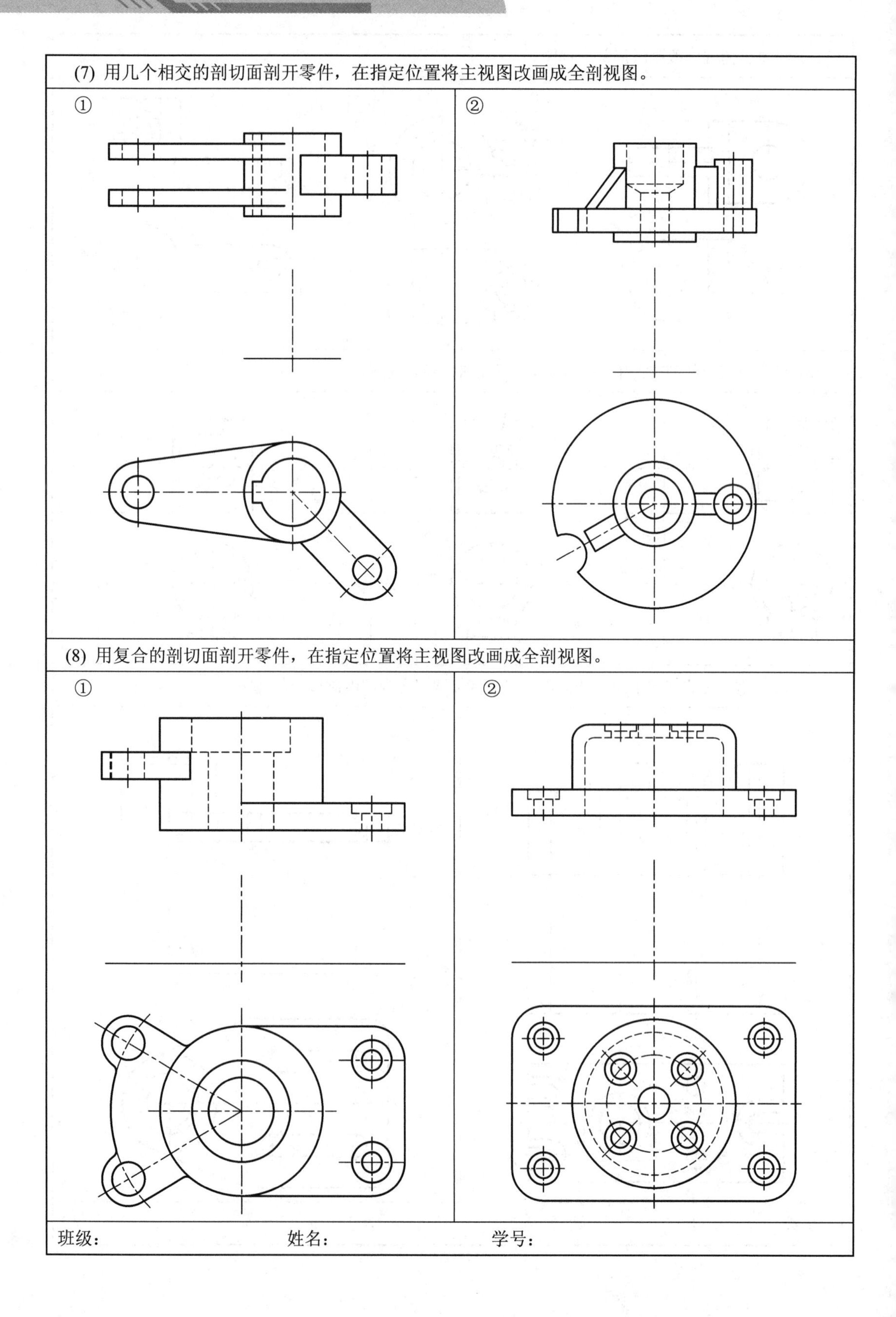
(7) 用几个相交的剖切面剖开零件，在指定位置将主视图改画成全剖视图。
①
②
(8) 用复合的剖切面剖开零件，在指定位置将主视图改画成全剖视图。
①
②
班级：
姓名：
学号：

任务三　支架结构的表达

任务导入

图 4-3-1 所示为支架的三视图，分析支架的结构形状，并选取适当的表达方法将支架的结构形状表达清楚。

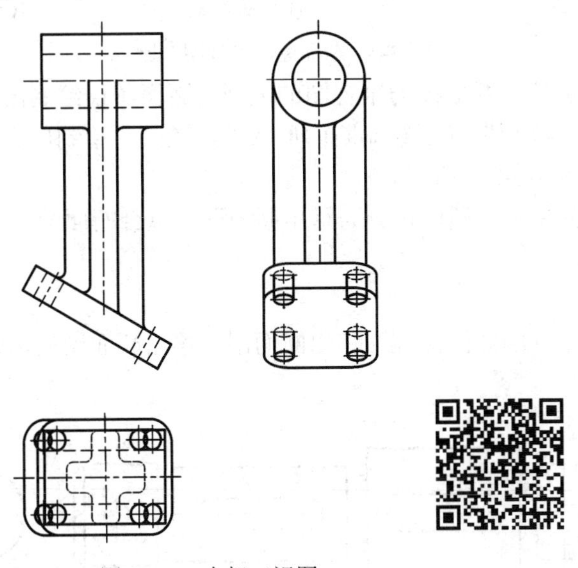

图 4-3-1　支架三视图

任务分析

分析图 4-3-1 所示的支架三视图，可知支架是由圆筒、长方形底板、十字肋板三部分构成。支架前后形状对称，十字肋板前后侧面与圆筒相切，底板与十字肋板倾斜连接，底板上有四个安装通孔。由于底板是倾斜结构，在俯视图和左视图上的投影不能反映实形。俯视图中的细虚线太多，结构表达不够清楚。要将支架的结构形状表达清楚，并力求作图简便，可选择斜视图表达底板形状，左视图的投影位置可选择局部视图，十字肋板横断面的形状需要表达清楚，可以选择断面图，这就需要掌握断面图的画法及应用的相关知识。

相关知识

一、断面图的概念

假想用剖切面将零件的某处切断，仅画出断面的图形，称为断面图(简称断面)。如图 4-3-2(a)所示的轴，为了表示键槽的深度和宽度，假想在键槽处用垂直于轴线的剖切面将轴切断，只画出断面的形状，在断面图中画出剖面线，如图 4-3-2(b)所示。

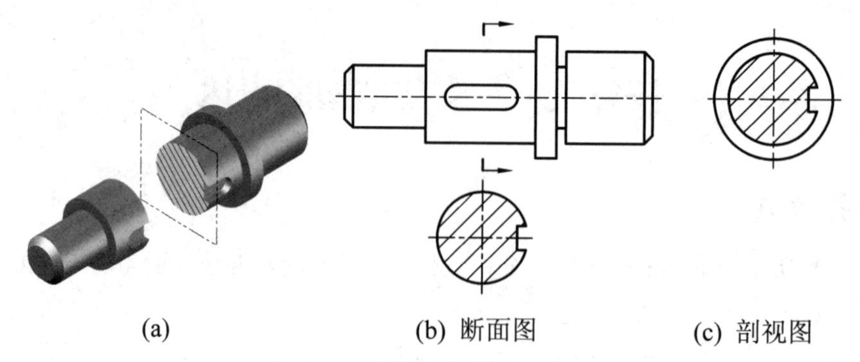
(a)　(b) 断面图　(c) 剖视图

图 4-3-2　断面图与剖视图对比

绘制断面图时，应注意断面图与剖视图的区别，断面图仅绘制出零件被切断处的断面形状，而剖视图除了绘制断面形状外，还必须绘制出剖切面之后的可见轮廓线，如图 4-3-2(c)所示。

根据断面图配置的位置，断面可分为移出断面图和重合断面图。

二、移出断面图

绘制在视图轮廓之外的断面图称为移出断面图。移出断面图的轮廓线用粗实线绘制，如图 4-3-3 所示。

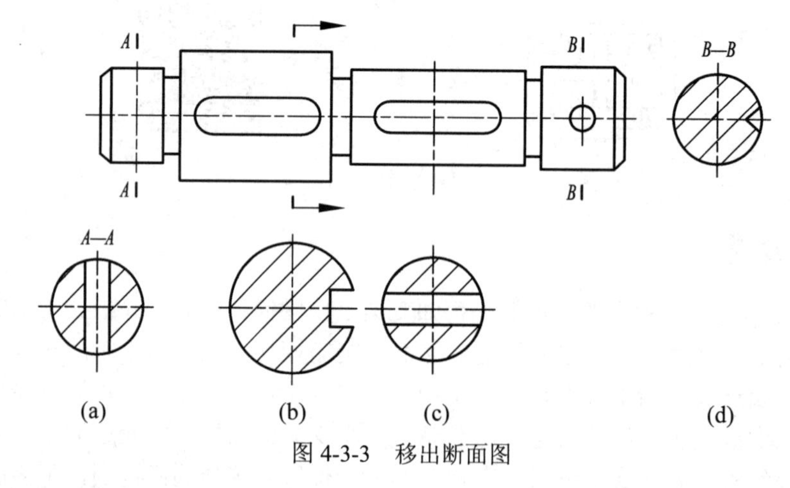

(a)　(b)　(c)　(d)

图 4-3-3　移出断面图

1. 移出断面图的配置与标注

(1) 移出断面图应尽量配置在剖切符号或剖切线的延长线上，如图 4-3-3(b)、(c)所示。必要时，也可配置在其他适当位置，如图 4-3-3(a)、(d)所示。

(2) 配置在剖切符号延长线上的不对称移出断面不必标注字母，如图 4-3-3(b)所示。

(3) 配置在剖切线延长线上的对称移出断面不必标注字母、剖切符号和箭头，如图 4-3-3(c)所示。

(4) 不配置在剖切符号延长线上的对称移出断面，以及按投影关系配置的移出断面图，一般不必标注箭头，如图 4-3-3(a)、(d)所示。

2. 移出断面图的画法

(1) 当剖切面通过由回转面形成的孔、凹坑的轴线时，这些结构应按剖视图要求绘制，如图 4-3-4(a)所示。

(2) 当剖切平面通过非圆孔，会导致出现完全分离的两个断面时，这些结构应按剖视图要求绘制，如图 4-3-4(c)所示。

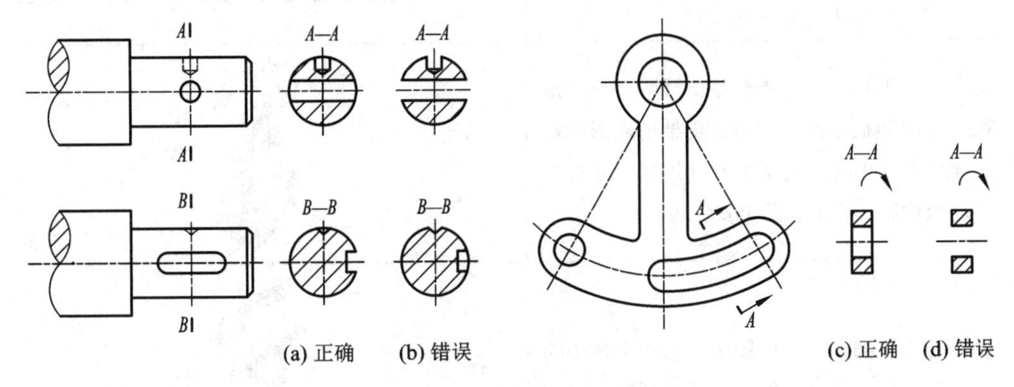

图 4-3-4　按剖视图要求绘制的断面图

(3) 当断面图形对称时，可将断面图绘制在视图的中断处，如图 4-3-5 所示。

(4) 当移出断面图是由两个或多个相交的剖切面剖切而形成时，断面图的中间应断开，如图 4-3-6 所示。

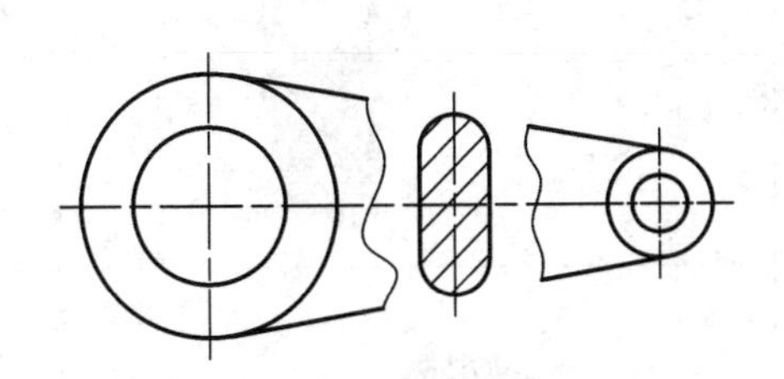

图 4-3-5　移出断面图配置在视图中断处

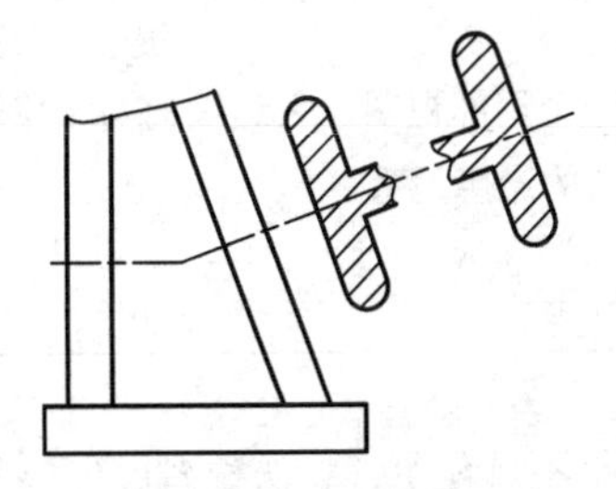

图 4-3-6　断开的移出断面

三、重合断面图

绘制在视图轮廓线之内的断面图称为重合断面图。重合断面图的轮廓线用细实线绘制，如图 4-3-7 所示。

绘制重合断面图时应注意：

(1) 当重合断面图与视图中的轮廓线重叠时，视图中的轮廓线仍需完整画出，不能间断，如图 4-3-7(a)所示。

(2) 对称的重合断面不必标注，不对称的重合断面图，在不致引起误解时可省略标注，如图 4-3-7 所示。

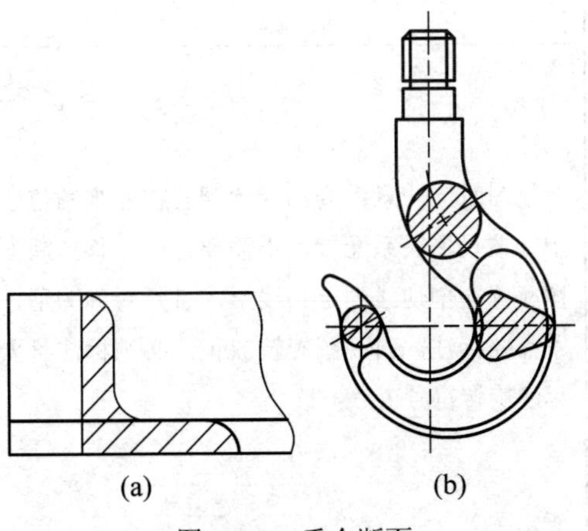

图 4-3-7　重合断面

任务实施

根据图 4-3-1 所示支架的三视图，分析支架的结构形状，并选取适当的表达方法将支架的结构形状表达清楚，其表达方案的选取如表 4-3-1 所示。

表 4-3-1　支架表达方案的选取

表达方案选取	图　　示
支架结构形状分析：支架是由圆筒、长方形底板、十字肋板三部分构成。支架前后形状对称，十字肋板两侧面与圆筒相切连接，底板与十字肋板倾斜，其上有四个安装通孔	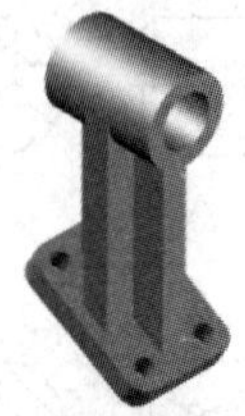
确定主视图的画法：以图示箭头为主视图的投影方向，主视图采用两处局部剖视图，用于表达圆筒通孔和底板上四个通孔的情况	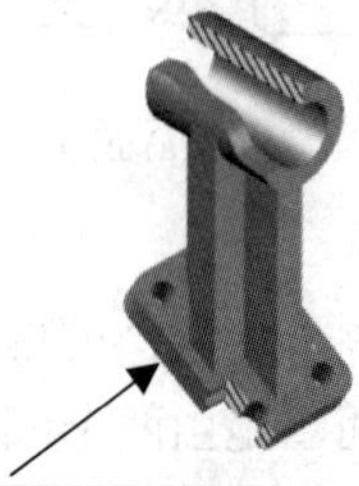
选择一个局部视图，表达圆筒与十字肋板两侧面相切的连接关系	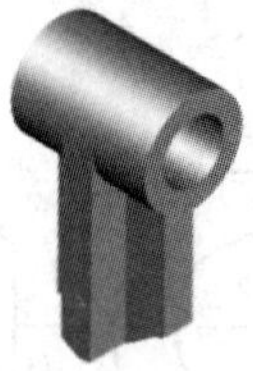
选择一个斜视图，表达倾斜底板的实形。选择一个移出断面图，表达十字肋板横断面的形状	
绘图时应注意：局部视图配置在左视图位置上，按投影关系配置，不需要标注。移出断面图配置在剖切线的延长线上，且是对称图形，不需要标注。斜视图旋转放正，必须标注且要标注旋转符号	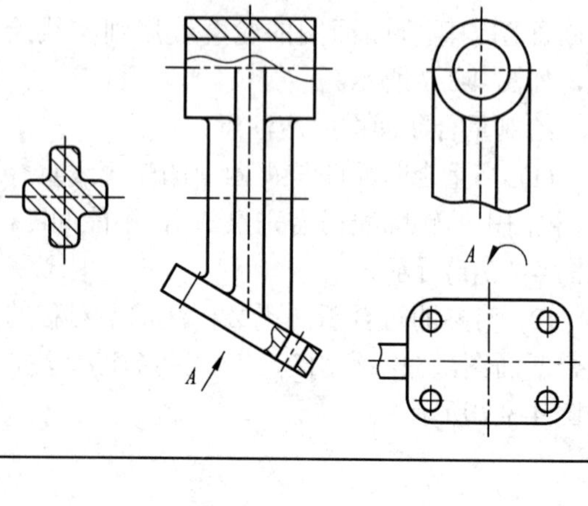 A　A

任务评价

根据本任务的学习目标，结合课堂学习情况，按照表 4-3-2 中的相应项目进行评价。

表 4-3-2 支架表达方法选取任务评价表

序号	评价项目	自评			师评		
		A	B	C	A	B	C
1	能否合理选择表达方法						
2	能否正确绘制各视图						
3	能否按要求对视图进行正确标注						

【知识拓展】

其他表达方法

一、局部放大图

当零件上某些局部细小结构在视图中表达得不够清楚或不便于标注尺寸时，可将该部分结构用大于原图形的比例画出，这种图形称为局部放大图，如图 4-3-8 所示。

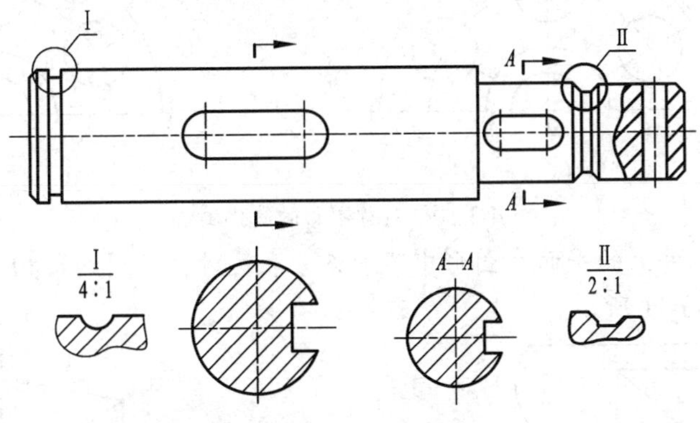

图 4-3-8 局部放大图

绘制局部放大图时应注意：

(1) 局部放大图可以画成视图、剖视图或断面图，它与被放大部分所采用的表达方式无关。

(2) 绘制局部放大图时，应在视图上用细实线圈出放大部位，并尽量将局部放大图配置在被放大部位的附近。

(3) 当同一零件上有几个放大部位时，需用罗马数字按顺序注明，并在局部放大图上方标出相应的罗马数字及所采用的比例，如图 4-3-8 所示。当零件上被放大的部位仅有一处时，只在局部放大图的上方注明所采用的比例即可。

(4) 局部放大图中标注的比例为放大图尺寸与实物尺寸之比，而与原图所采用的比例无关。

二、简化画法

(1) 若干形状相同且有规律分布的孔、槽等结构，只需要画出几个完整的结构，其余用细实线连接，或用细点画线表示其中心位置，然后在图中注明该结构的总数，这就是简化画法，如图 4-3-9 所示。

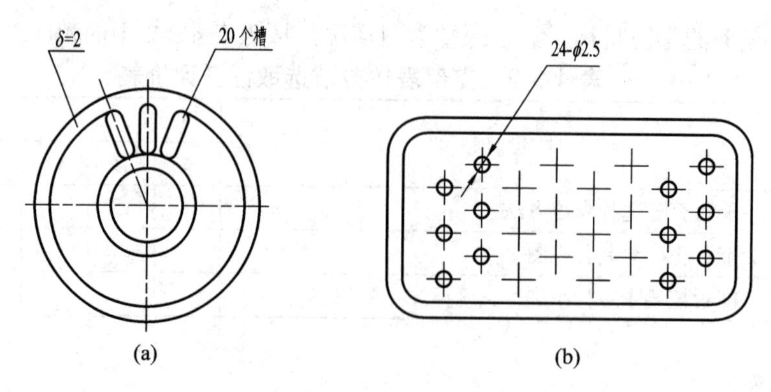

图 4-3-9 相同结构的简化画法

(2) 在不致引起误解的情况下，对称零件的视图可只画一半或四分之一，并在对称中心线的两端画出两条与其相垂直的平行细实线，如图 4-3-10 所示。

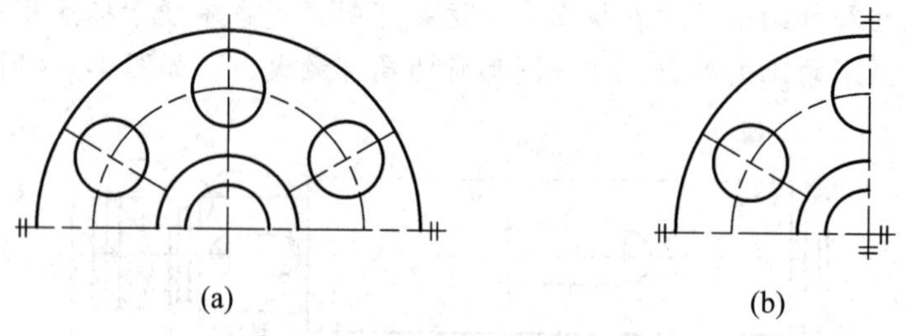

图 4-3-10 对称图形的简化画法

(3) 当回转体零件上的平面在图形中不能充分表达时，可用两条相交的细实线(平面符号)来表示，如图 4-3-11 所示。

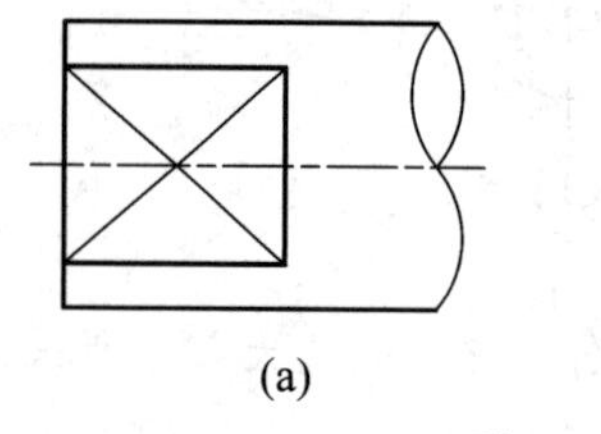

(b)

图 4-3-11 平面的简化画法

(4) 对于较长的零件(如轴、杆或型材等)，当沿长度方向的形状一致或按一定规律变化时，可将其断开缩短绘制，但尺寸仍要按零件的实际长度标注，如图 4-3-12 所示。

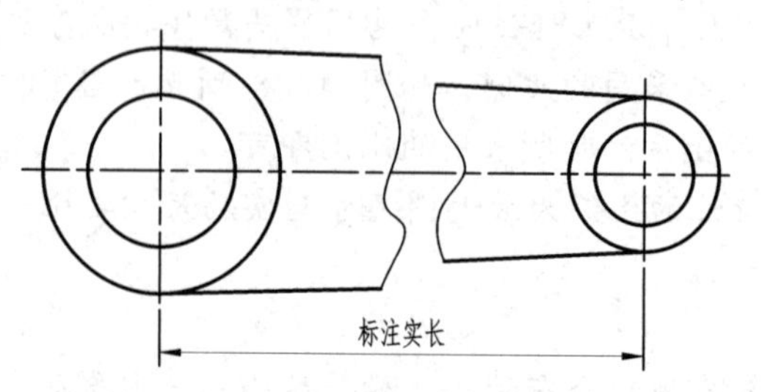

图 4-3-12 较长零件断开的画法

(5) 与投影面倾斜角度小于或等于 30°的圆或圆弧，其投影可以用圆或圆弧代替，如图 4-3-13 所示。

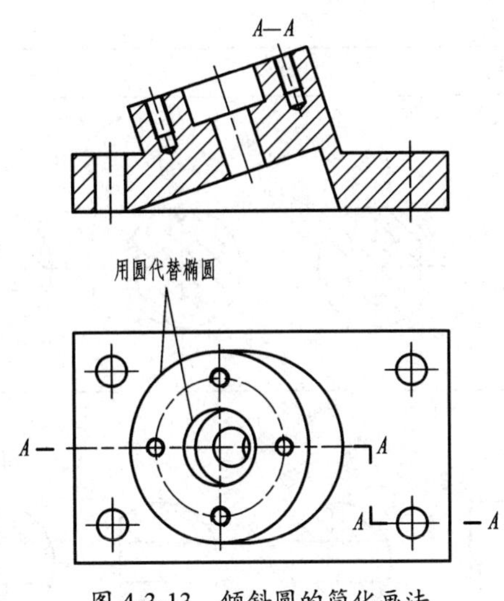

图 4-3-13 倾斜圆的简化画法

拓展练习

(1) 选择正确的移出断面图。

①

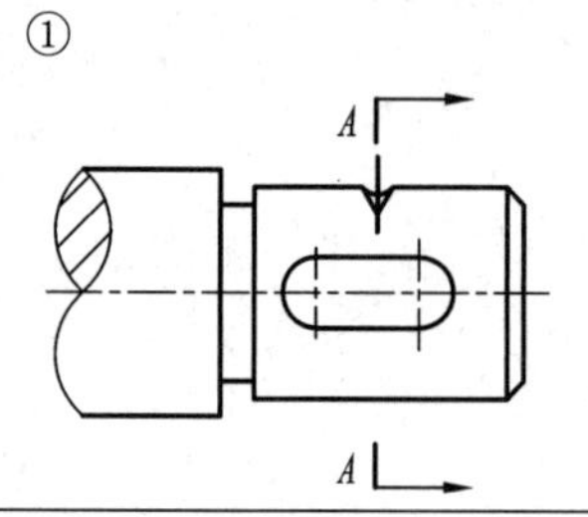

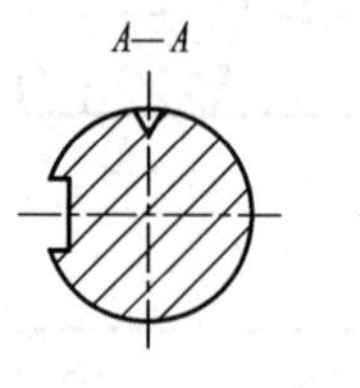

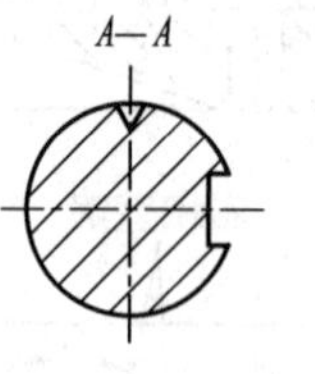

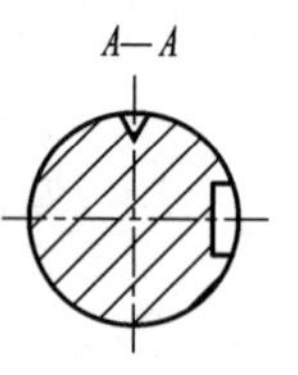

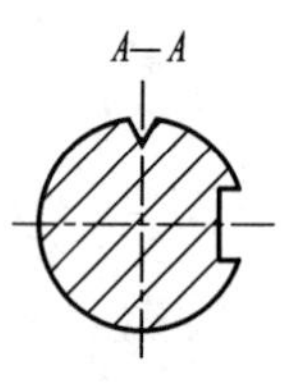

②

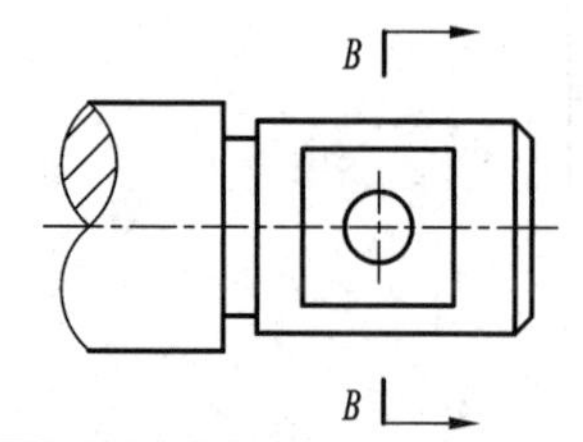

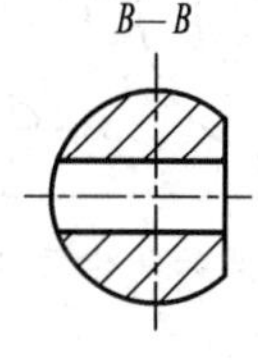

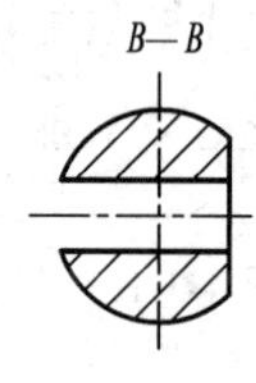

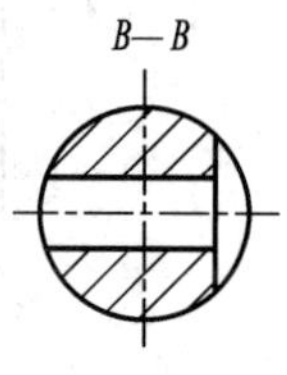

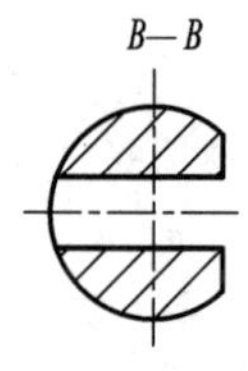

③

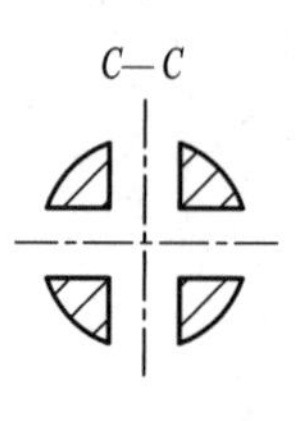

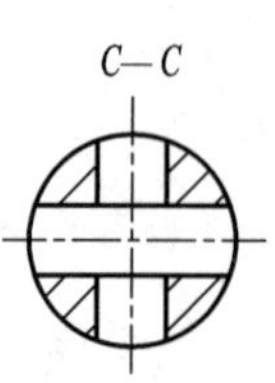

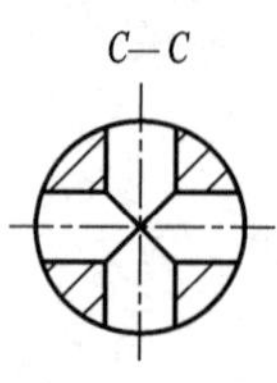

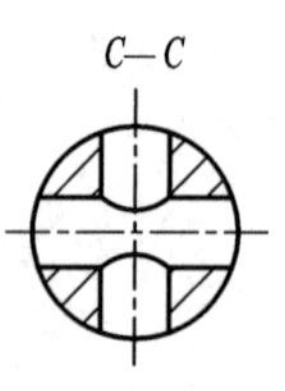

(2) 在指定位置画出移出断面图并标注：①画在任意位置；②配置在左视图位置；③④画在剖切平面迹线延长线上。

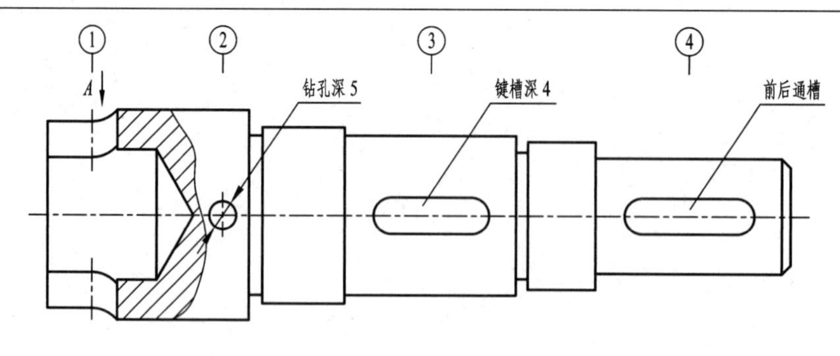

班级： 姓名： 学号：

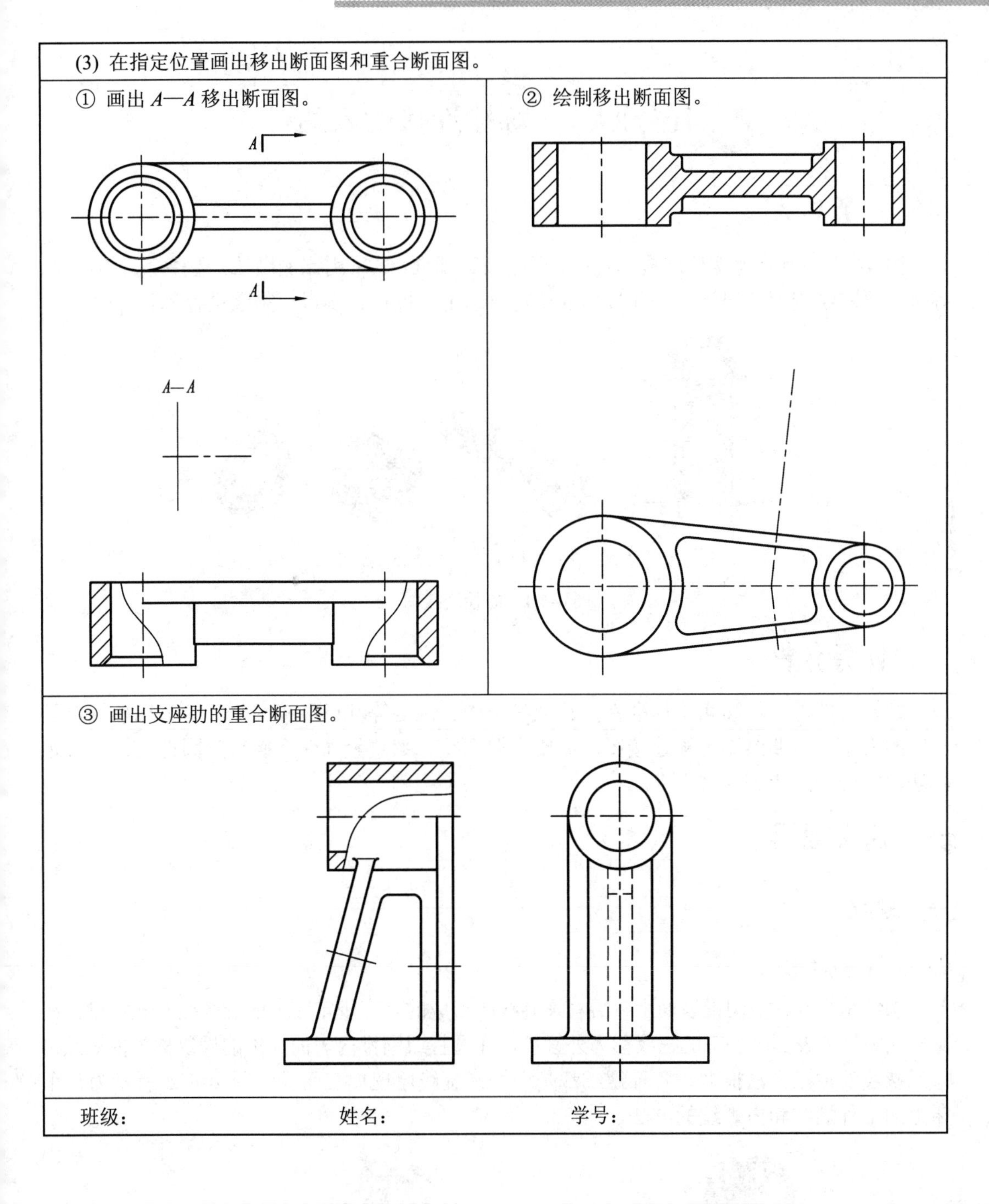
(3) 在指定位置画出移出断面图和重合断面图。
① 画出 A—A 移出断面图。
A
A
A—A
② 绘制移出断面图。
③ 画出支座肋的重合断面图。
班级：
姓名：
学号：

任务四 螺栓连接的表达

任务导入

图 4-4-1(a)所示为螺栓连接示意图，根据国家标准，试采用比例画法，选择合适的螺栓、螺母、垫圈绘制螺栓连接图，并按标准规定对选定的螺栓、螺母、垫圈进行标记。

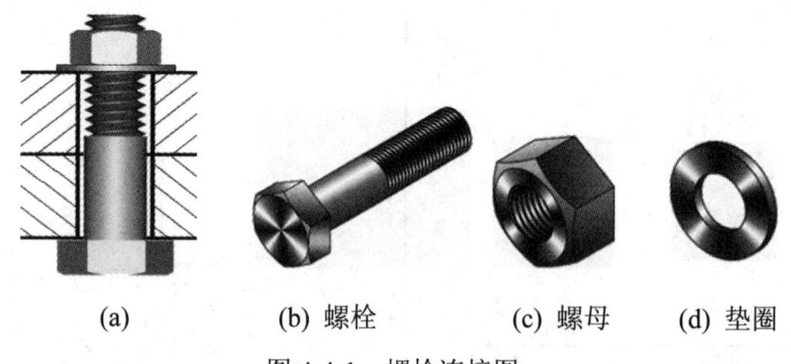

(a)　(b) 螺栓　(c) 螺母　(d) 垫圈

图 4-4-1　螺栓连接图

任务分析

螺栓、螺母、垫圈属于标准件，其形状结构、规格等都已经标准化，国家标准规定了相应的表示法。要绘制螺栓连接图，需要掌握螺纹、螺纹紧固件及螺纹紧固件连接的规定画法，学会查阅相关国家标准。

相关知识

一、螺纹

1. 螺纹的形成

螺纹是指圆柱或圆锥表面上，沿着螺旋线所形成的具有规定牙型的连续凸起和沟槽。在圆柱或圆锥外表面上加工的螺纹称为外螺纹，在圆柱或圆锥内表面加工的螺纹称为内螺纹。

螺纹的加工方法很多，各种螺纹都是根据螺旋线原理加工而成。图 4-4-2 所示为在车床上加工外螺纹和内螺纹的方法。

(a) 加工外螺纹

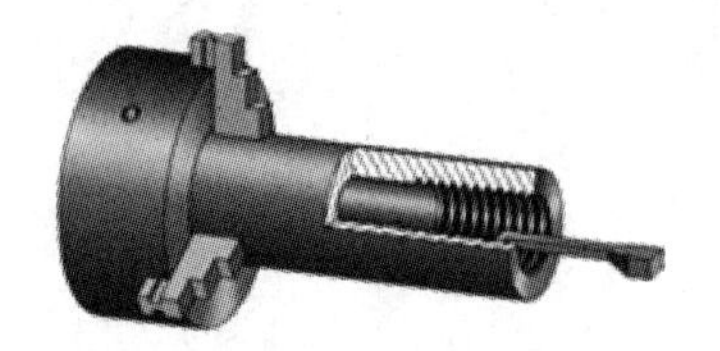

(b) 加工内螺纹

图 4-4-2　螺纹的加工方法

2. 螺纹要素

1) 牙型

在螺纹轴线的断面上显示的螺纹轮廓形状称为牙型。常见螺纹牙型有三角形、梯形、锯齿形等，如图 4-4-3 所示。

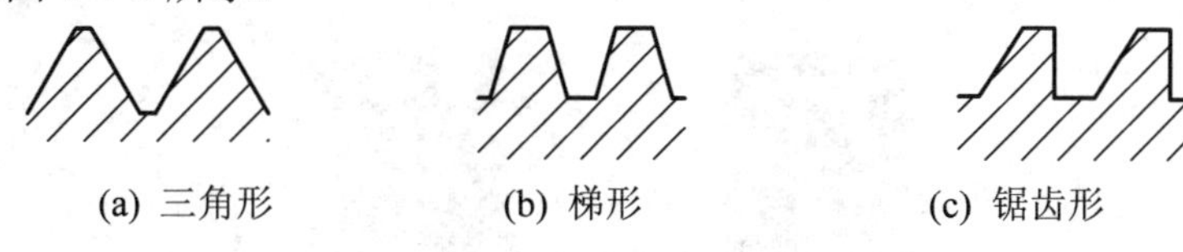

图 4-4-3　螺纹的牙型

2) 直径

螺纹的直径有大径(外螺纹 d、内螺纹 D)、中径(外螺纹 d_2、内螺纹 D_2)和小径(外螺纹 d_1、内螺纹 D_1)之分，如图 4-4-4 所示。

公称直径是代表螺纹尺寸的直径，一般指螺纹大径的基本尺寸(管螺纹除外)。

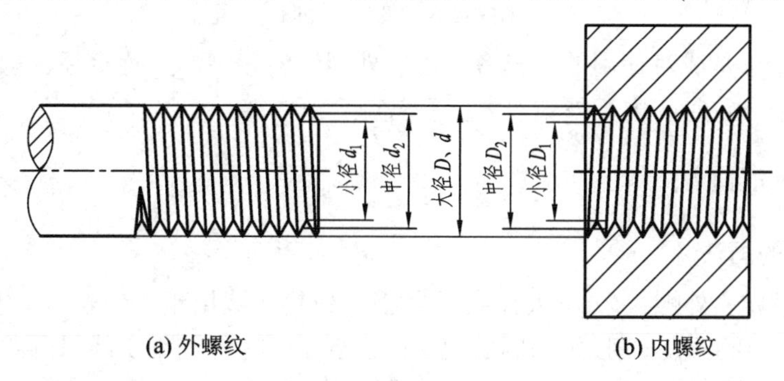

图 4-4-4　螺纹的直径

3) 线数

形成螺纹的螺旋线条数称为线数 n。螺纹有单线和多线之分，沿一条螺旋线所形成的螺纹称为单线螺纹。沿两条或两条以上螺旋线所形成的螺纹称为多线螺纹，如图 4-4-5 所示。

4) 螺距和导程

螺距 P 是指相邻两牙在中径线上对应两点间的轴向距离。导程 P_h 是指同一条螺旋线上的相邻两牙在中径线上对应两点间的轴向距离，如图 4-4-5 所示。对于单线螺纹，导程=螺距；对于线数为 n 的多线螺纹，导程=n×螺距。

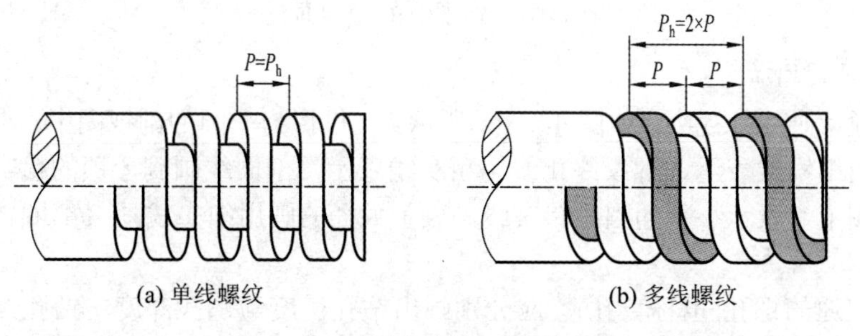

图 4-4-5　螺纹的线数、螺距和导程

5) 旋向

螺纹有左旋和右旋之分，按顺时针方向旋转旋入的螺纹称为右旋螺纹，其螺旋线的特征是左低右高；按逆时针方向旋转旋入的螺纹称为左旋螺纹，其螺旋线的特征是左高右低。螺纹的旋向也可用左右手判断，如图 4-4-6 所示。

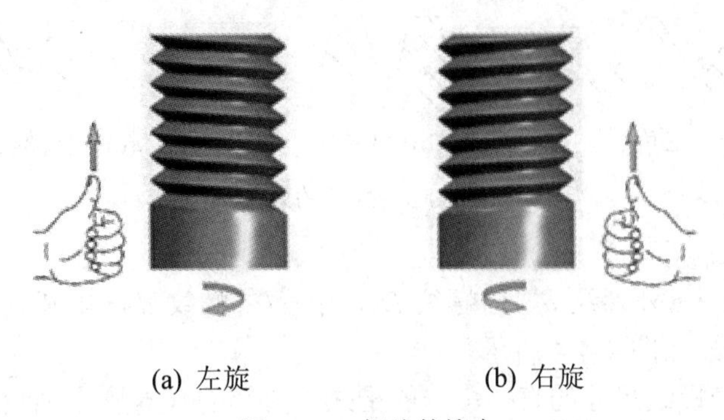

(a) 左旋　　(b) 右旋

图 4-4-6　螺纹的旋向

内、外螺纹总是成对使用的，只有当内、外螺纹的牙型、公称直径、螺距、线数和旋向五项要素完全一致时，内、外螺纹才能正常旋合。

二、螺纹的规定画法

1. 外螺纹的画法

国家标准规定，外螺纹牙顶(大径)轮廓线及螺纹终止线用粗实线表示，牙底(小径)用细实线表示(取 $d_1 = 0.85d$)。在投影为圆的视图中，表示牙底圆的细实线只画约 3/4 圈，轴端上的倒角圆省略不画，如图 4-4-7(a)所示。在螺纹的剖视图中，剖面线应画到粗实线，如图 4-4-7(b)所示。

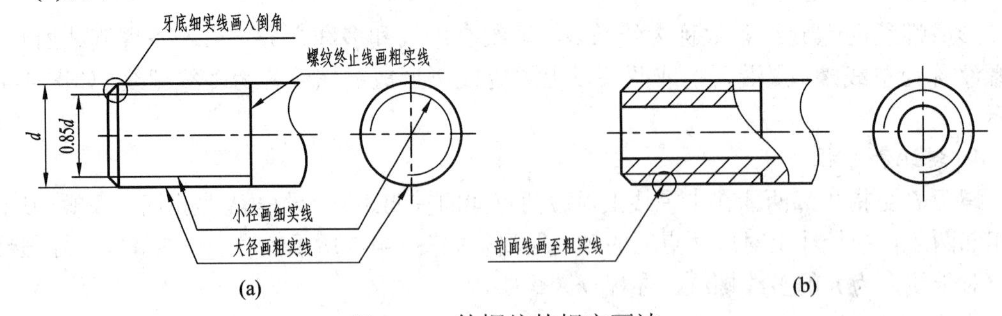

(a)　　(b)

图 4-4-7　外螺纹的规定画法

2. 内螺纹的画法

内螺纹通常画成剖视图，如图 4-4-8(a)所示。在投影为非圆的剖视图中，小径用粗实线表示，大径用细实线表示，螺纹终止线用粗实线表示，剖面线画到牙顶的粗实线处。在投影为圆的视图中，表示小径的圆画粗实线，表示大径的圆用细实线画 3/4 圈，倒角圆省略不画。

对于不穿通的螺孔(也称盲孔)，应分别画出钻孔深度与螺孔深度，钻孔深度比螺孔深度深 0.5*D*，钻孔底部锥角画成 120°，如图 4-4-8(b)所示。

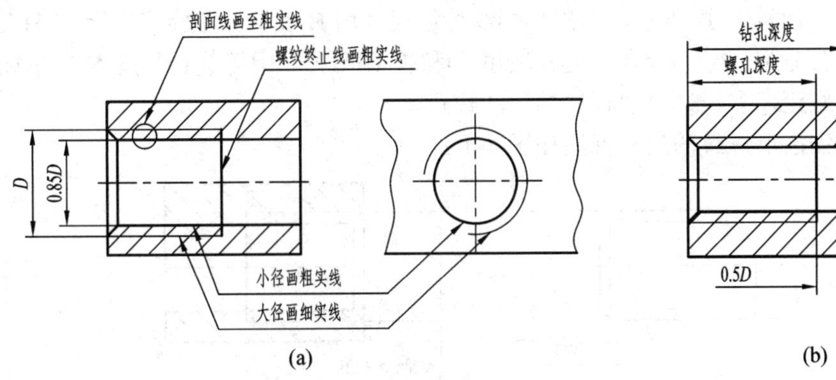

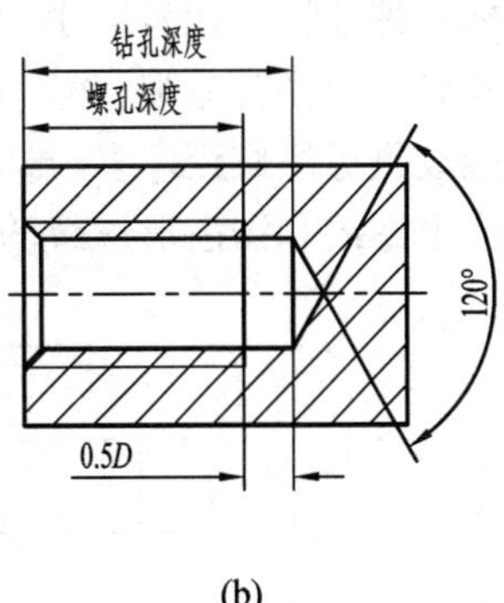

图 4-4-8　内螺纹的规定画法

3. 螺纹连接画法

用剖视图表示螺纹连接时，旋合部分按外螺纹绘制，未旋合部分按各自的画法表示，如图 4-4-9 所示。画图时必须注意：内、外螺纹牙底、牙顶的粗、细实线应对齐，以表示相互连接的螺纹具有相同的大径和小径。

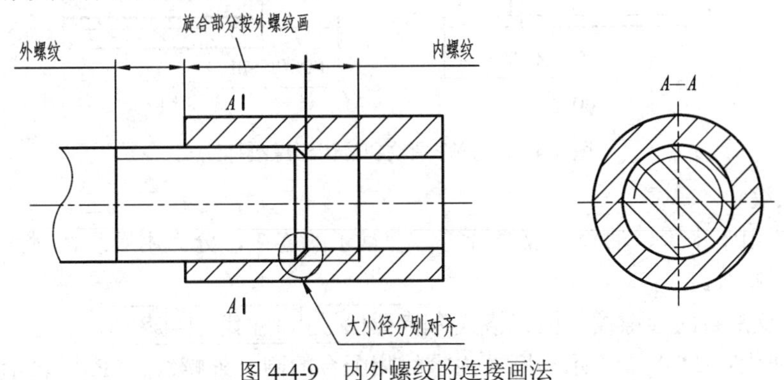

图 4-4-9　内外螺纹的连接画法

三、螺纹的标注

由于螺纹的规定画法不能表示出螺纹种类和螺纹的其他要素，因此，需要在图中对标准螺纹按照标准规定的格式和相应代号进行标注。

(1) 普通螺纹标记格式：

特征代号 公称直径 × 导程(P 螺距) - 公差带代号 - 旋合长度代号 - 旋向

① 螺纹特征代号用字母 M 表示。粗牙普通螺纹不标注螺距。右旋螺纹不必标注旋向，左旋螺纹标注代号 LH。

② 螺纹公差带代号包括中径和顶径公差带代号，若中径和顶径公差带代号相同，则只标注一个代号。

③ 旋合长度分短(S)、中(N)、长(L)三种，中等旋合长度不必标注。

普通螺纹的尺寸标注如图 4-4-10 所示。

(2) 梯形螺纹和锯齿形螺纹标注格式：

特征代号 公称直径 × 导程(P 螺距) 旋向 - 公差带代号 - 旋合长度代号

梯形螺纹特征代号用 Tr 表示，锯齿形螺纹特征代号用 B 表示。左旋螺纹标“LH”。两种螺纹只注中径公差带代号，旋合长度只注短(S)和长(L)两种，中等旋合长度 N 省略标注。单线螺纹只标注螺距，多线螺纹要标注导程和螺距。

梯形螺纹和锯齿形螺纹的尺寸标注如图 4-4-11 所示。

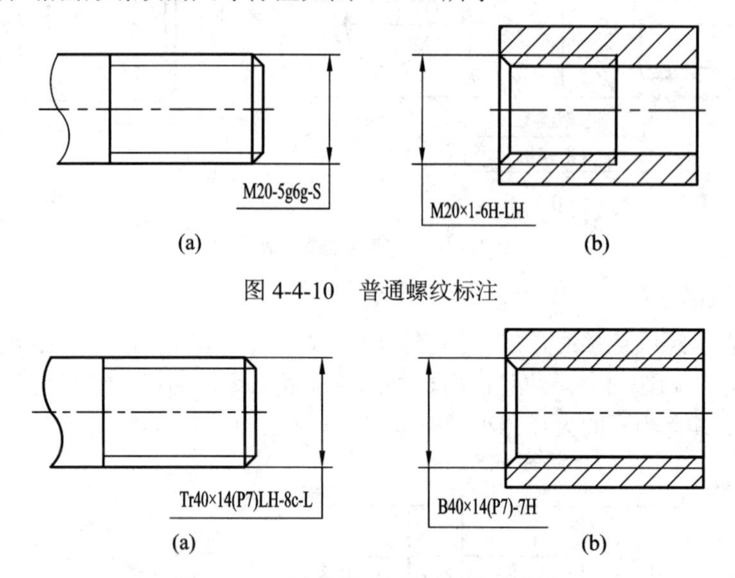

图 4-4-10　普通螺纹标注

图 4-4-11　梯形螺纹和锯齿形螺纹标注

(3) 管螺纹

管螺纹适用于水管、油管、煤气管等薄壁管子的连接，分为用螺纹密封的管螺纹和非螺纹密封的管螺纹。

① 用螺纹密封的管螺纹，标记格式为 特征代号 尺寸代号 - 旋向。

螺纹特征代号：“R_1”表示与圆柱内螺纹相配合的圆锥外螺纹；“R_2”表示与圆锥内螺纹相配合的圆锥外螺纹；“Rc”表示圆锥内螺纹；“Rp”表示圆柱内螺纹。

右旋螺纹不标注旋向代号，左旋螺纹标注“LH”。

② 非螺纹密封的管螺纹，标记格式为 特征代号 尺寸代号 公差等级代号 - 旋向。

螺纹特征代号为 G。外螺纹需标注公差等级代号，公差等级代号分 A、B 两个精度等级，内螺纹不标注此代号。

上述管螺纹标注中的“尺寸代号”并非大径数值，而是指管螺纹的通孔直径。管螺纹的尺寸标注如图 4-4-12 所示。

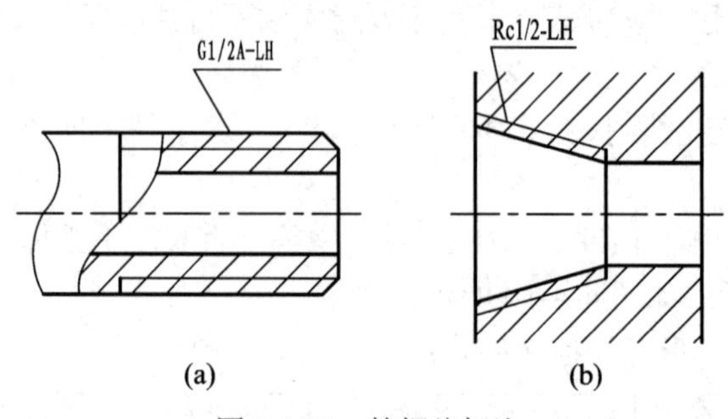

图 4-4-12　管螺纹标注

四、螺纹紧固件

1. 常用螺纹紧固件及其标记

常用的螺纹紧固件有螺栓、螺柱、螺钉、螺母、垫圈等，如图 4-4-13 所示。这些零件的结构、尺寸均已标准化，使用时可从相应的标准中查出所需的结构尺寸。常用螺纹紧固件的比例画法及标记示例如表 4-4-1 所示。

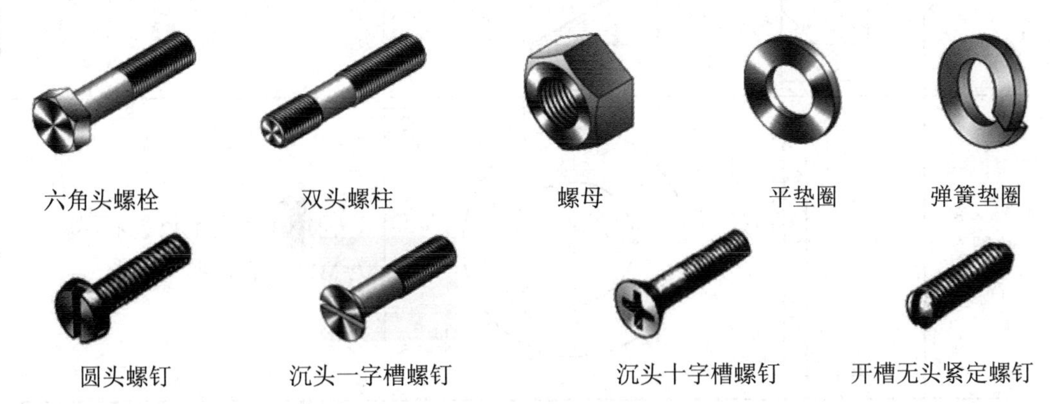

图 4-4-13　常用螺纹紧固件

表 4-4-1　常用螺纹紧固件的比例画法及标记示例

名　称	比例画法图例	标 记 示 例
六角头螺栓		螺栓 GB/T 5782 M12×50 表示螺纹规格 d=M12，公称长度 L=50(不包括头部)的六角头螺栓
双头螺柱		螺柱 GB/T 898 M12×40 表示螺纹规格 d=M12，公称长度 L=40 的双头螺栓
螺钉		螺钉 GB/T 68 M10×40 表示螺纹规格 d=M10，公称长度 L=40 的沉头螺钉

续表

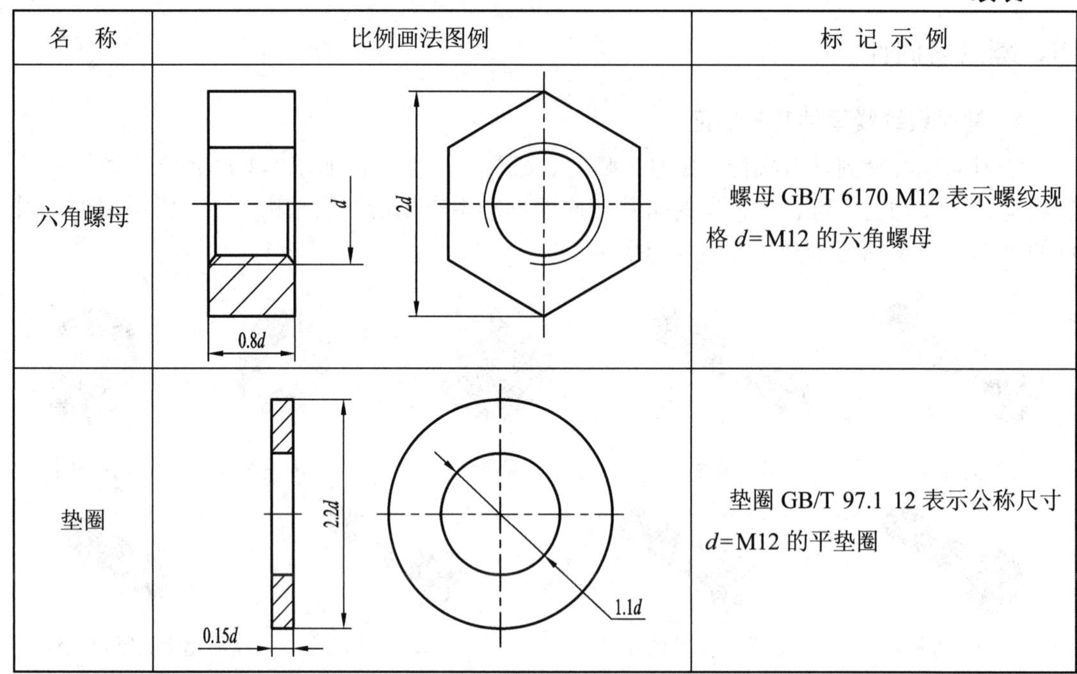

名　称	比例画法图例	标 记 示 例
六角螺母		螺母 GB/T 6170 M12 表示螺纹规格 d=M12 的六角螺母
垫圈		垫圈 GB/T 97.1 12 表示公称尺寸 d=M12 的平垫圈

2. 螺纹紧固件的连接画法

常用的螺纹紧固件连接形式有螺栓连接、螺柱连接和螺钉连接。为了作图方便，绘制螺纹紧固件的连接图时，一般不按实际尺寸作图，而是采用比例画法(也称简化画法)。所谓比例画法就是以螺栓上螺纹的公称直径为主要参数，其余各部分结构尺寸均按与公称直径成一定比例关系绘制。

1) 螺栓连接的画法

螺栓适用于连接两个不太厚，并能钻成通孔的零件。装配时先将螺栓穿过两个零件的通孔(孔径一般取 1.1d)，再套上垫圈，然后用螺母旋紧，即完成连接。

螺栓连接的比例画法如图 4-4-14 所示。画图时需先知道螺栓的形式、大径和被连接件的厚度，按比例关系计算出螺纹紧固件各部分尺寸。螺栓长度 L 按公式 $L \approx \delta_1 + \delta_2 + h + m + a$ 计算，计算后再查表取标准值。式中，δ_1、δ_2 为被连接零件厚度；h 为垫圈厚度；m 为螺母厚度；a 为螺栓末端伸出螺母长度，$a = (0.3 \sim 0.4)d$。

绘制螺栓连接图时应遵守下列规定：

(1) 当剖切平面通过螺纹紧固件的轴线时，螺栓、螺母及垫圈等均按不剖绘制。

(2) 在剖视图中，两相邻零件剖面线方向应相反。但同一零件在各个剖视图中，其剖面线倾斜方向和间距应相同。

(3) 两个零件的接触面只画一条粗实线；凡不接触的表面，不论间隙多小，在图中都应画出两条轮廓线(如螺栓与孔之间应画出间隙)。

(4) 螺栓的螺纹终止线应低于通孔顶面，以表示螺母已拧紧但螺栓还有足够的螺纹长度。

(5) 螺栓简化连接图中，螺栓末端的倒角，螺母和螺栓头部的倒角可省略不画。

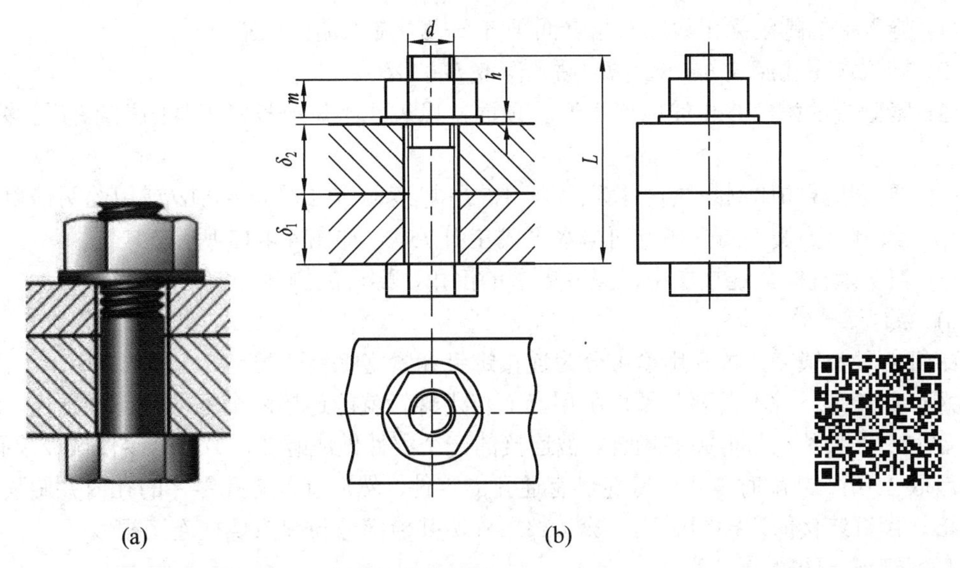

(a)　(b)

图 4-4-14　螺栓连接的画法

2) 螺柱连接的画法

当被连接件有一个比较厚或因结构的限制不宜用螺栓连接时，常采用双头螺柱连接。将较厚零件做成螺孔，较薄零件做成通孔(孔径一般取 1.1*d*)，装配时先将螺柱的一端(旋入端)旋入螺孔，另一端(紧固端)穿过通孔零件，再套上垫圈并拧紧螺母，完成连接。其中旋入端长度应根据被连接件的材料而定(钢 $bm = d$；铸铁或铜 $bm = (1.25\sim1.5)d$；轻金属 $bm = 2d$)。

双头螺柱连接的比例画法如图 4-4-15 所示。螺柱的有效长度按公式 $L = \delta + h + m + a$ 计算，其中 $a = (0.3\sim0.4)d$，计算后再查表，从表提供的系列中选取接近的标准长度。

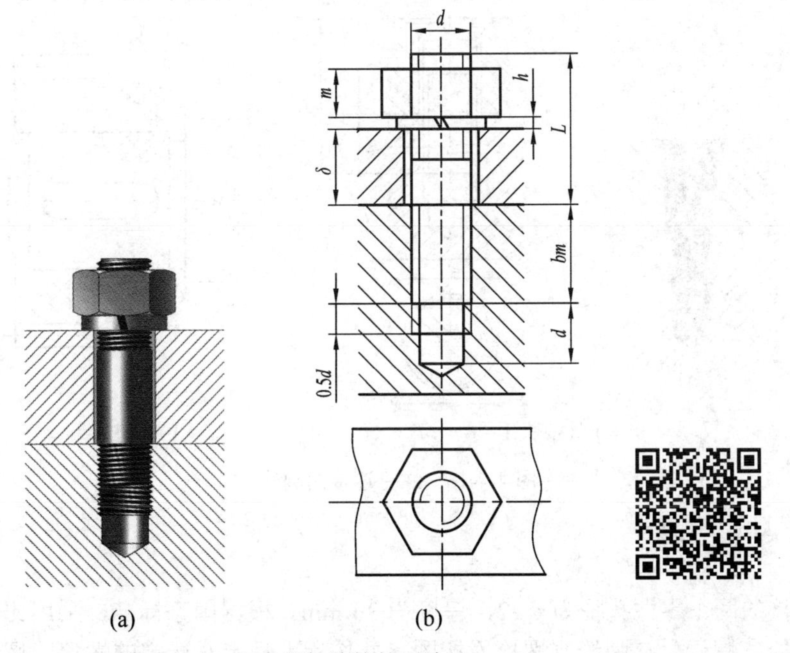

(a)　(b)

图 4-4-15　双头螺柱连接的画法

画双头螺柱连接图时应注意：

(1) 旋入端的螺纹终止线应与结合面平齐，表示旋入端已拧紧。

(2) 旋入端螺孔深取 $bm+0.5d$，钻孔深取 $bm+d$。

(3) 紧固端的螺纹终止线应低于通孔顶面，以表示螺母已拧紧但紧固端还有足够的螺纹长度。

(4) 弹簧垫圈的比例画法尺寸为：$D=1.5d$，厚度 $s=0.2d$，$m=0.1d$ 或用约两倍粗实线宽的粗线绘制。弹簧垫圈开槽方向与水平成左斜 75°，如图 4-4-15 所示。

(5) 双头螺柱简化连接图中，螺柱末端的倒角，螺母的倒角可省略不画。

3) 螺钉连接的画法

螺钉的种类很多，按其用途可分为连接螺钉和紧定螺钉两类。

螺钉连接是一种不需要与螺母配用，而仅用螺钉就能连接两个零件的连接方式。通常用于受力不大和不经常拆卸的场合。被连接的一个零件做成螺孔，另一个零件做成通孔(孔径一般取 1.1*d*)。装配时是将螺钉穿过有通孔的零件，然后旋入螺孔零件的孔内并旋紧，完成连接。螺钉连接的连接图画法，除头部之外，其他部分与双头螺柱连接相似。

画螺钉连接图时应注意：

(1) 螺纹终止线不应与结合面平齐，而应画在通孔零件的范围内，以表示螺钉尚有拧紧的余地，而上面零件已被拧紧。

(2) 具有槽口的螺钉头部，在画主视图时，槽口应被放正，而在俯视图中，槽口规定画成与水平方向成 45° 夹角，如图 4-4-16(a)所示。

(3) 螺钉的有效长度 $L=\delta+bm$，然后查表选取标准长度值。

紧定螺钉可以将轴、轮零件固定在一起，防止其轴向位移，适用于不经常拆卸和受力不大的场合。紧定螺钉连接画法如图 4-4-16(b)所示。

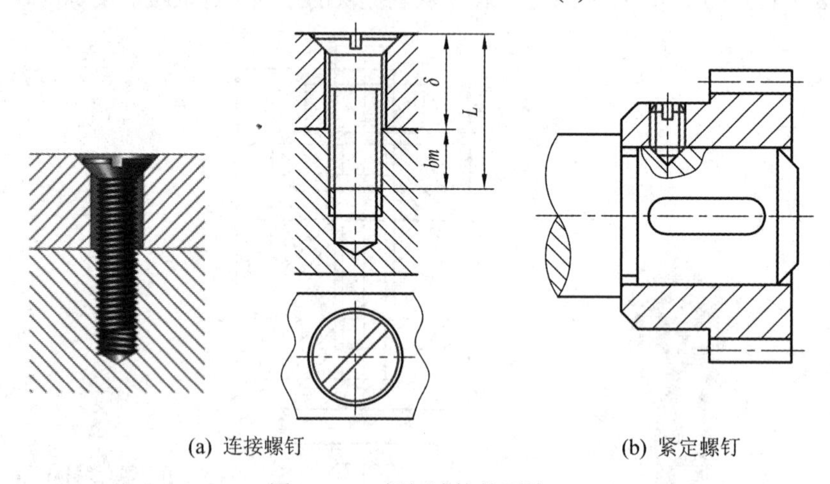

(a) 连接螺钉　　(b) 紧定螺钉

图 4-4-16　螺钉连接的画法

任务实施

螺栓连接的两个零件孔径为 $\phi22$，厚度为 30 mm。根据国家标准，采用比例画法，选择合适的螺栓、螺母、垫圈绘制螺栓连接图，并按标准规定对选定的螺栓、螺母、垫圈进行标记，其绘制方法与步骤如表 4-4-2 所示。

表 4-4-2　绘制螺栓连接图的绘制方法与步骤

作图步骤	图　示
确定螺栓规格：根据被连接零件孔径 $\phi22$，查表确定螺栓的螺纹公称直径为 M20。根据被连接零件的厚度为 30 mm，计算螺栓的公称长度 $L = \delta_1 + \delta_2 + h + m + a = 55$ mm，查表确定螺栓的公称长度 $L = 55$ mm	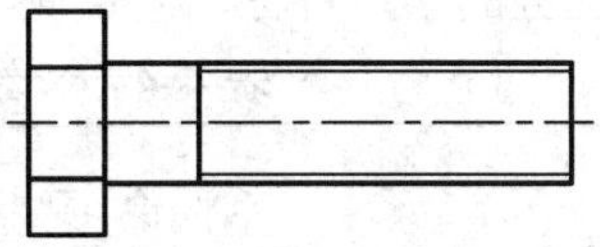 螺栓 GB/T 5782 M20×55
确定螺母、垫圈规格：根据螺栓规格确定螺母规格 D = M20，垫圈公称尺寸 d = 20 mm	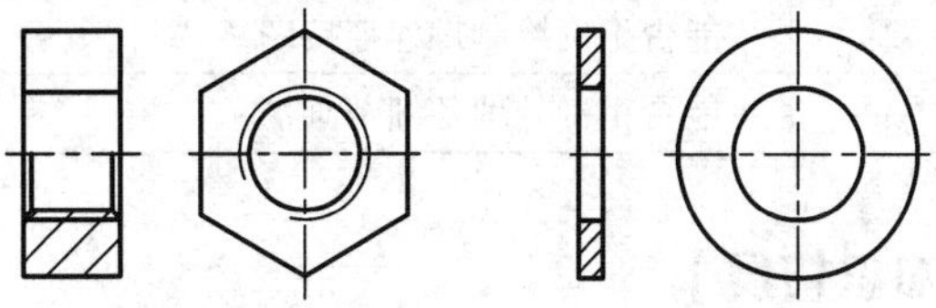 螺母　GB/T 6170 M20　　垫圈　GB/T 97.1 20
绘制被连接零件视图	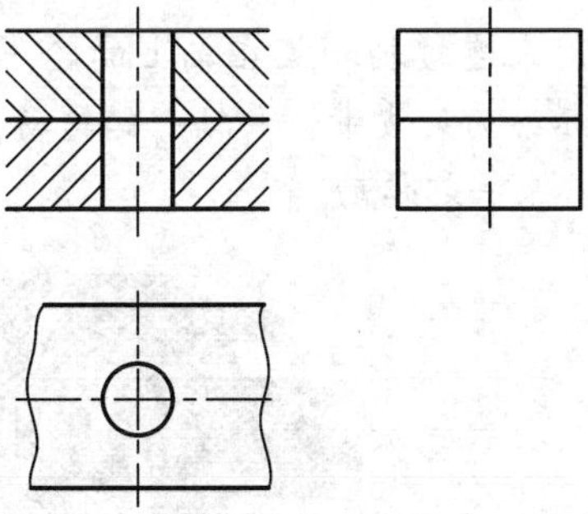
采用比例画法绘制螺栓视图	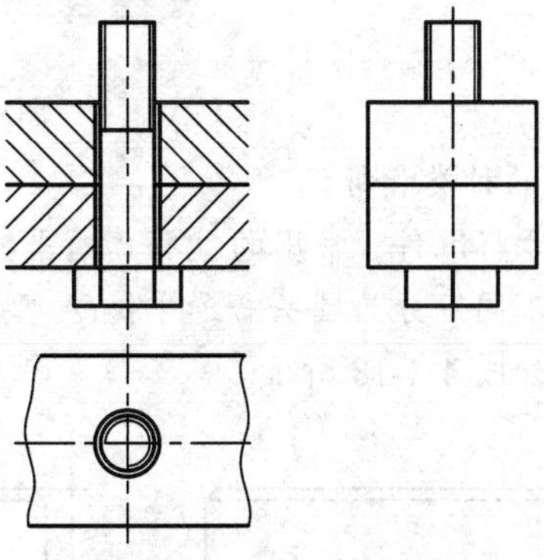
绘制螺母、垫圈视图。整理图形，完成螺栓连接图	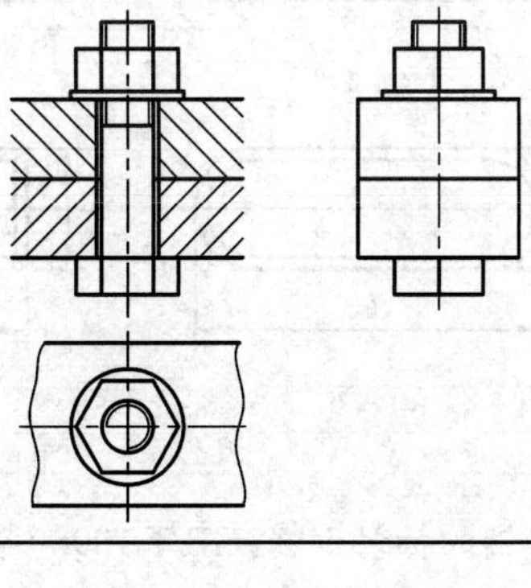

任务评价

根据本任务的学习目标，结合课堂学习情况，按照表 4-4-3 中的相应项目进行评价。

表 4-4-3 绘制螺栓连接图任务评价表

序号	评价项目	自评			师评		
		A	B	C	A	B	C
1	能否正确选择螺栓、螺母、垫圈的规格						
2	能否正确绘制螺栓连接图						
3	能否正确处理各细节画法						

【知识拓展】

一、键连接

键是用来连接轴和装在轴上的轮(如齿轮、皮带轮)以传递运动和动力的零件。如图 4-4-17 所示，为使皮带轮和轴一起转动，在轴上和轮孔中分别加工出键槽，用键将轴、皮带轮连接起来一起传动。

图 4-4-17 键连接

1. 键的种类和标记

键属于标准件，常用的键有普通平键、半圆键、钩头楔键等。其中普通平键应用最广，按形状的不同可分为圆头普通平键(A 型)，平头普通平键(B 型)和单圆头普通平键(C 型)三种形式，如图 4-4-18 所示。

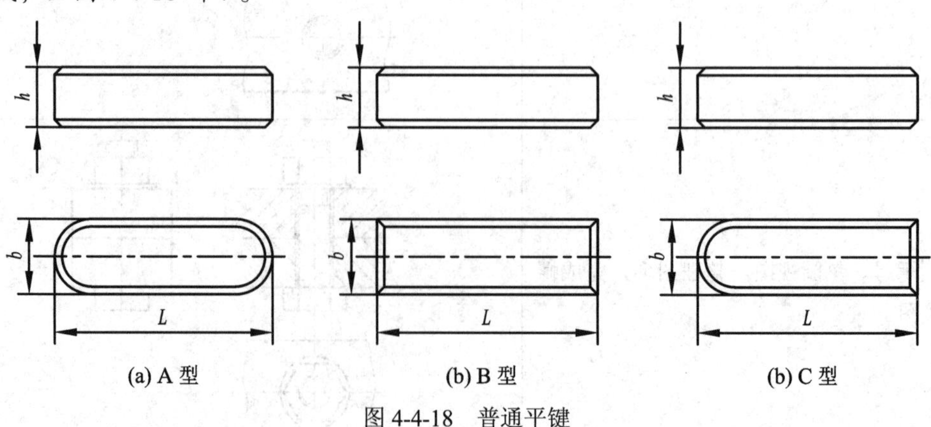

(a) A 型　(b) B 型　(b) C 型

图 4-4-18 普通平键

普通平键的标记示例：GB/T 1096 键 16 × 10 × 100，表示宽度 $b = 16$ mm、高度 $h = 10$ mm、

长度 $L=100$ mm 的普通 A 型平键。普通 A 型平键的型号 A 可省略不注，而 B 型和 C 型要在尺寸前加注“B”或“C”。

2. 键槽的尺寸及其注法

图 4-4-19 所示为普通平键的键槽及其尺寸注法。其中 b、t_1、t_2 应根据轴的直径 d 从有关标准中查出。轴上的键槽长度应等于键的长度，其数值 L 应小于或等于轮毂的宽度 B，并应选取标准值。

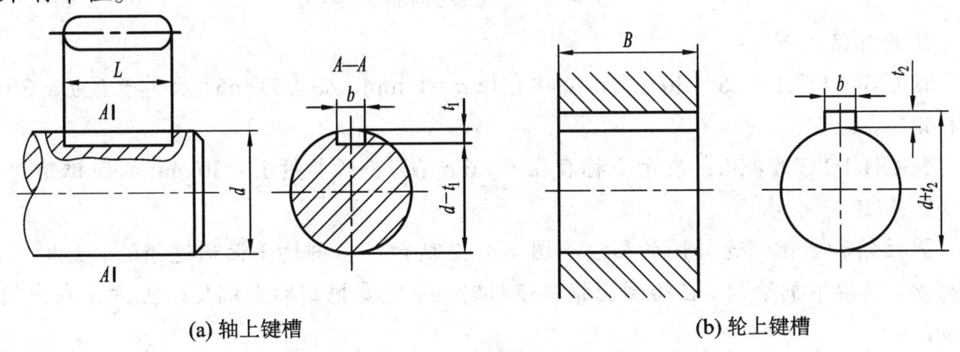

(a) 轴上键槽　　(b) 轮上键槽

图 4-4-19　键槽的尺寸及注法

3. 键连接

图 4-4-20 所示为普通平键的连接图画法，在键连接的画法中应注意：

(1) 由于普通平键的工作表面为两侧面，连接时与键槽接触，所以连接图中接触表面只画一条轮廓线。

(2) 键在安装时应首先嵌入轴上的键槽，因此键与轴上键槽底面也是接触面，连接图中也只画一条轮廓线。

(3) 键的顶端为非工作表面，与孔上的键槽顶面无接触，连接图中画出两条轮廓线表示两者之间的间隙。

(4) 为表达连接键的类型，图中采用了局部剖视图；主视图中由于是纵向剖切，所以键按不剖绘制，左视图中属于横向剖切，键上画出了剖面线。

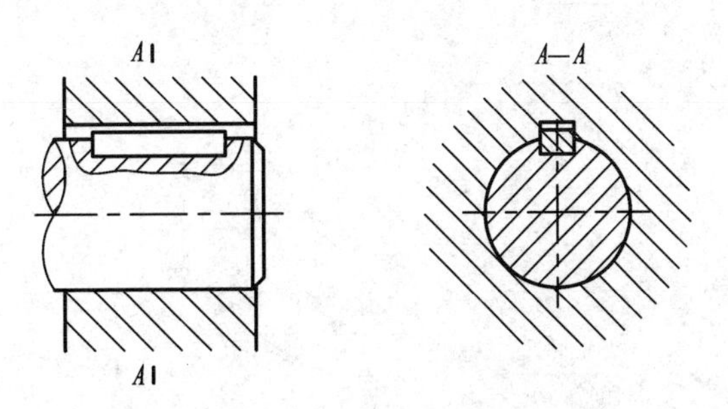

图 4-4-20　普通平键的连接画法

二、销连接

销属于标准件，通常用于零件间的连接和定位，常用的销有圆柱销、圆锥销和开口销等。其中开口销和槽型螺母配合使用，起防松止脱的作用。

1. 销的结构形状及标记

销的结构形状、尺寸如图 4-4-21 所示。

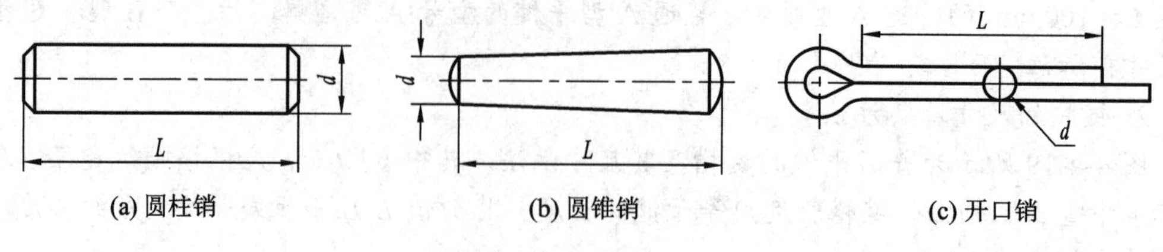

(a) 圆柱销 (b) 圆锥销 (c) 开口销

图 4-4-21 销的结构形状及尺寸

销的标记示例：

销 GB/T 119.1 6m6 × 30，表示公称直径 $d = 6$ mm，公差为 m6，公称长度 $L = 30$ mm 的圆柱销。

销 GB/T 117 6 × 30，表示公称直径 $d = 6$ mm，公称长度 $L = 30$ mm 的圆锥销。

2. 销连接

圆柱销和圆锥销连接图的画法如图 4-4-22 所示。当剖切平面通过销的轴线时，属于纵向剖切，销按不剖绘制。在绘制圆锥销连接时，一定要把销的大端处于上方并高出销孔 3～5 mm。

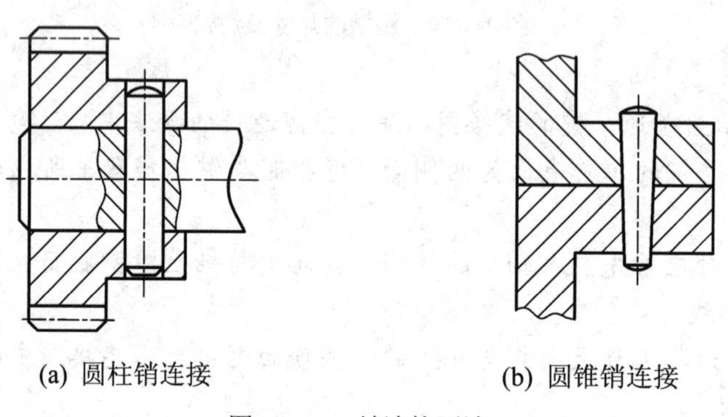
(a) 圆柱销连接 (b) 圆锥销连接

图 4-4-22 销连接画法

拓展练习

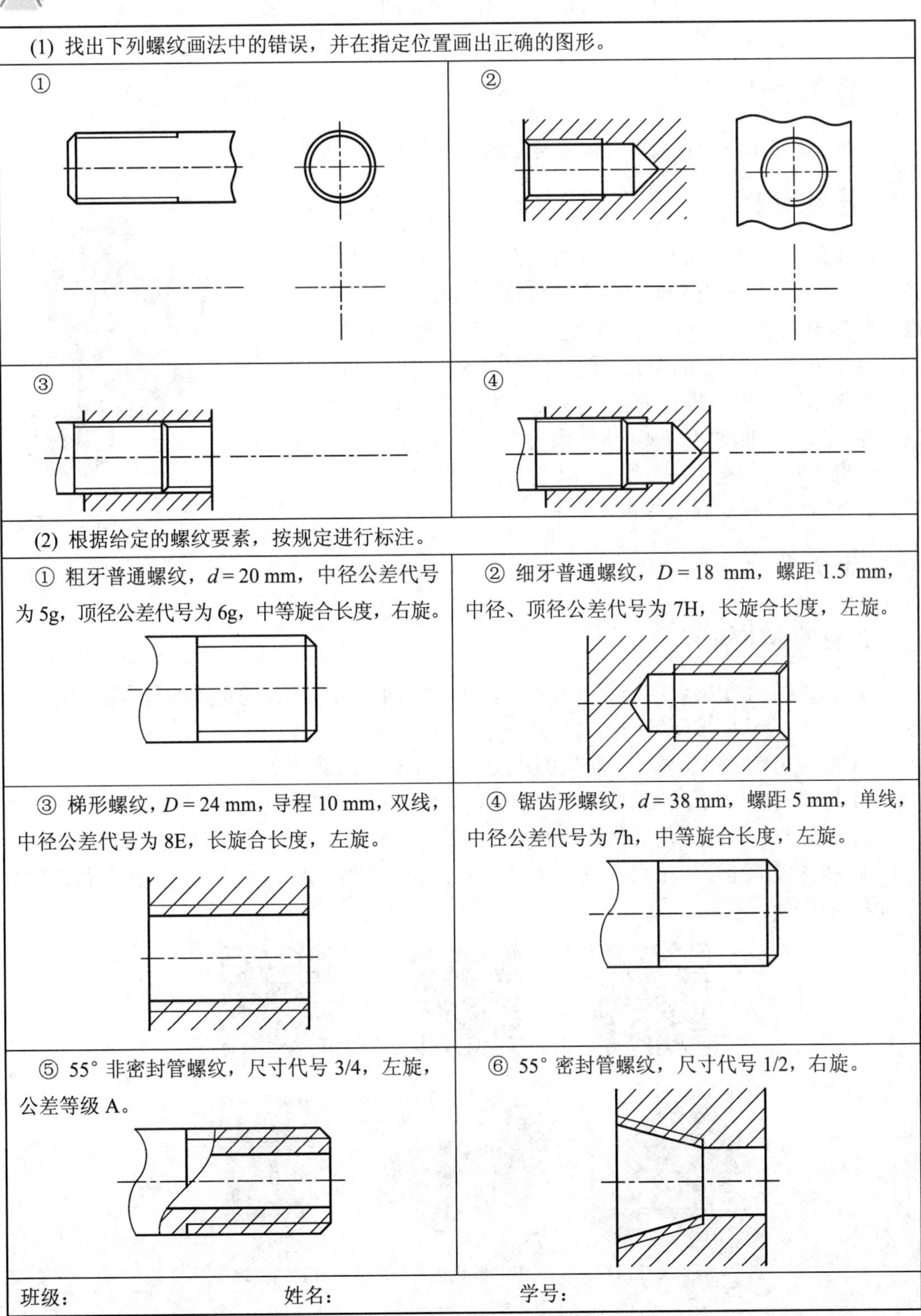

(1) 找出下列螺纹画法中的错误，并在指定位置画出正确的图形。

①

②

③

④

(2) 根据给定的螺纹要素，按规定进行标注。

① 粗牙普通螺纹，$d=20$ mm，中径公差代号为 5g，顶径公差代号为 6g，中等旋合长度，右旋。

② 细牙普通螺纹，$D=18$ mm，螺距 1.5 mm，中径、顶径公差代号为 7H，长旋合长度，左旋。

③ 梯形螺纹，$D=24$ mm，导程 10 mm，双线，中径公差代号为 8E，长旋合长度，左旋。

④ 锯齿形螺纹，$d=38$ mm，螺距 5 mm，单线，中径公差代号为 7h，中等旋合长度，左旋。

⑤ 55° 非密封管螺纹，尺寸代号 3/4，左旋，公差等级 A。

⑥ 55° 密封管螺纹，尺寸代号 1/2，右旋。

班级：　　　　　　　　姓名：　　　　　　　　学号：

任务五 圆柱齿轮的表达

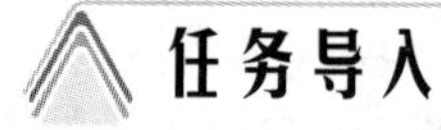

任务导入

根据图 4-5-1 所示直齿圆柱齿轮传动图，绘制两齿轮的啮合视图。

任务分析

齿轮是广泛用于机器或部件中的传动零件，除了用来传递动力外，还能改变转速和回转方向。齿轮属于常用件，国家标准只对其模数进行了标准化，其他参数需要通过公式计算而得，绘制图 4-5-1 所示的两直齿圆柱齿轮的啮合视图，首先需要根据使用要求选定齿轮的基本参数，计算出齿轮的其他参数，再按国家标准制定的规定画法画出齿轮的啮合图。要正确绘制两齿轮的啮合视图，必须掌握齿轮各部分的名称代号、主要参数及齿轮的规定画法等相关知识。

图 4-5-1　直齿圆柱齿轮传动图

相关知识

一、齿轮的基本知识

齿轮上每个用于啮合的凸起部分称为轮齿。由两个啮合的齿轮组成的基本机构称为齿轮副。常用的齿轮副按两轴的相对位置的不同可分为：

(1) 圆柱齿轮：用于两平行轴间的传动，如图 4-5-2(a)所示。

(2) 圆锥齿轮：用于两相交轴间的传动，如图 4-5-2(b)所示。

(3) 蜗轮蜗杆：用于两交错轴间的传动，如图 4-5-2(c)所示。

圆柱齿轮按轮齿方向的不同分为直齿、斜齿和人字齿三种，其中常用的是直齿圆柱齿轮(简称直齿轮)。

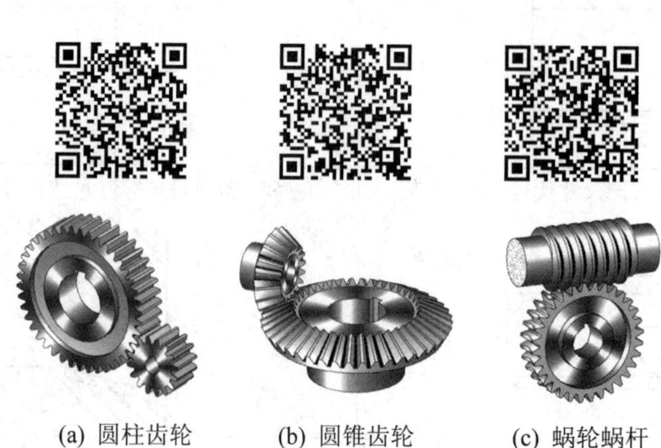

(a) 圆柱齿轮　(b) 圆锥齿轮　(c) 蜗轮蜗杆

图 4-5-2　齿轮传动

二、直齿圆柱齿轮各部分名称、代号及尺寸关系

1. 直齿圆柱齿轮各部分名称及代号

图 4-5-3 所示为齿圆柱齿轮各部分的名称及代号。

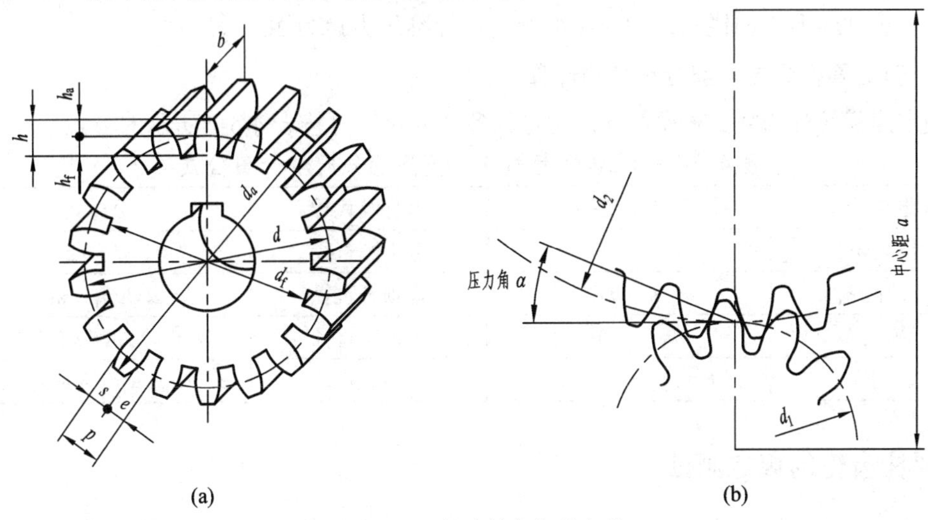

图 4-5-3　圆柱齿轮各部分名称

(1) 齿顶圆 d_a：通过轮齿顶部的圆。

(2) 齿根圆 d_f：通过轮齿根部的圆。

(3) 分度圆 d：位于齿顶圆和齿根圆之间，是一个约定的假想圆。分度圆是设计、制造齿轮时进行尺寸计算的基准圆，也是加工齿轮时作为齿数分度的圆。

(4) 齿顶高 h_a：齿顶圆与分度圆之间的径向距离。

(5) 齿根高 h_f：齿根圆与分度圆之间的径向距离。

(6) 齿高 h：齿顶圆与齿根圆之间的径向距离，$h = h_a + h_f$。

(7) 齿距(端面齿距)p：在齿轮上两个相邻而同侧的端面齿廓之间的分度圆弧长，称为端面齿距。

(8) 齿厚(端面齿厚)s：在圆柱齿轮的端平面上，一个齿的两侧端面齿廓之间的分度圆弧长。

(9) 槽宽(端面齿槽宽)e：在端平面上一个齿槽的两侧齿廓之间的分度圆弧长。标准齿轮的 $s = e = p/2$，$p = s + e$。

(10) 中心距 a：平行轴或交错轴齿轮副的两轴线之间的距离。

2. 直齿圆柱齿轮的基本参数

(1) 齿数 z：一个齿轮的轮齿总数。

(2) 模数 m：由于齿轮分度圆的周长 $\pi \cdot d = p \cdot z$，则 $d = z \cdot (p/\pi)$，式中 π 为无理数，为了计算方便，令 $m = p/\pi$，m 称为齿轮的模数，尺寸单位为 mm。

模数是设计、制造齿轮的基本参数。模数越大，轮齿就越大，齿轮各部分尺寸也按比例增大。由于不同模数的齿轮要用不同的齿轮刀具加工，为了减少刀具数量，便于设计和制造，国家标准对模数规定了标准数值，如表 4-5-1 所示。

表 4-5-1 渐开线圆柱齿轮模数的标准系列(GB/T 1357) 单位：mm

第一系列	1 1.25 1.5 2 2.5 3 4 5 6 8 10 12 16 20 25 32 40 50
第二系列	1.25 1.375 1.75 2.25 2.75 3.5 4.5 5.5 (6.5) 7 9 11 14 18 22 28 35 45

(3) 压力角 α：在一般情况下，两相啮合轮齿的端面齿廓在接触点处的公法线，与两分度圆的内公切线所夹的锐角。国家标准规定：标准压力角为 20°。

3. 直齿圆柱齿轮各部分尺寸的计算

确定出齿轮的齿数 z 和模数 m，齿轮的各部分尺寸可按表 4-5-2 所示的公式计算。

表 4-5-2 标准直齿圆柱齿轮各部分尺寸计算公式

名称及代号	公 式	名称及代号	公 式
模数 m	$m = p / \pi = d / z$	分度圆直径	$d = mz$
齿顶高 h_a	$h_a = m$	齿顶圆直径	$d_a = d + 2h_a = m(z + 2)$
齿根高 h_f	$h_f = 1.25m$	齿根圆直径	$d_f = d - 2h_f = m(z - 2.5)$
齿高 h	$h = h_a + h_f = 2.25m$	中心距	$a = (d_1 + d_2)/2 = m(z_1 + z_2)/2$

三、圆柱齿轮的规定画法

1. 单个圆柱齿轮的规定画法

国家标准规定，齿顶圆和齿顶线用粗实线绘制，分度圆和分度线用细点画线绘制，齿根圆和齿根线用细实线绘制或省略，如图 4-5-4(a)所示。

在剖视图中，当剖切平面通过齿轮的轴线时，轮齿一律按不剖处理，齿根线用粗实线绘制，如图 4-5-4(b)所示。

表示斜齿、人字齿时，可在外形视图上用三条与齿线方向一致的细实线表示，如图 4-5-4(c)、(d)所示。

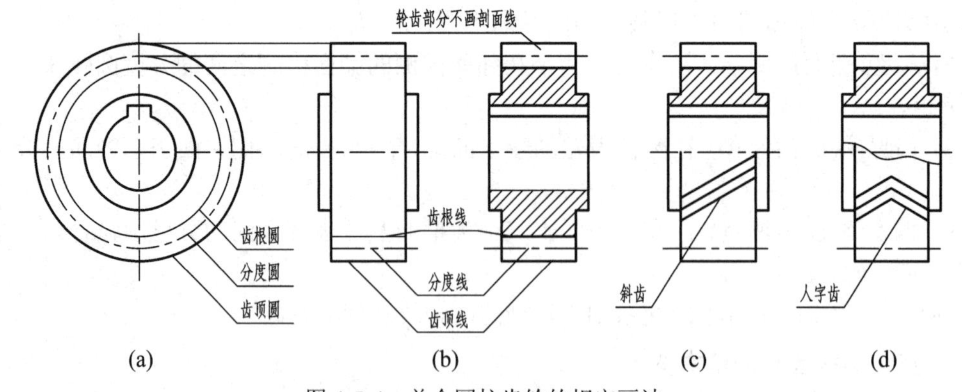

图 4-5-4 单个圆柱齿轮的规定画法

2. 圆柱齿轮啮合的规定画法

一对模数相同的标准齿轮啮合时，两齿轮分度圆相切。绘制两齿轮啮合图时，一般可采用两个视图，如图 4-5-5(a)所示。

在反映为圆的视图中，啮合区内的齿顶圆用粗实线绘制，如图 4-5-5(a)所示。也可省略不画，如图 4-5-5(b)所示。相切的两分度圆用细点画线画出，两齿根圆省略不画。

在非圆视图中若不作剖视图，则啮合区内的齿顶线不必画出，此时分度线用粗实线绘制，如图 4-5-5(b)所示。

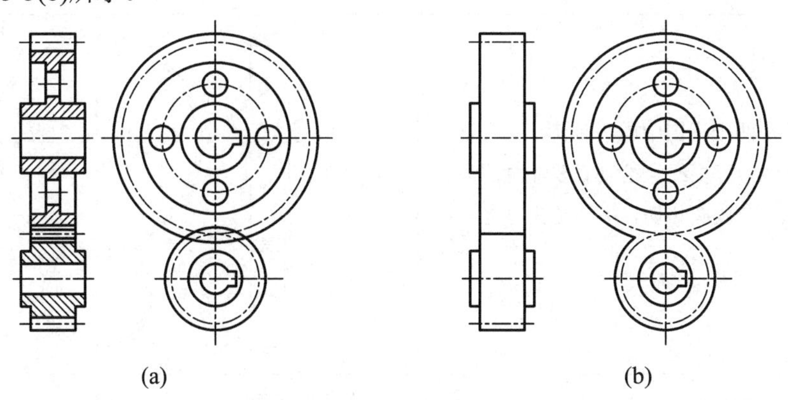

图 4-5-5　圆柱齿轮啮合的规定画法

在剖视图中，啮合区内一个齿轮的轮齿用粗实线绘制，另一个齿轮的轮齿被遮挡的部分用细虚线绘制，如图 4-5-6 所示。一个齿轮的齿顶线和另一个齿轮的齿根线之间，应有 0.25m 的间隙。

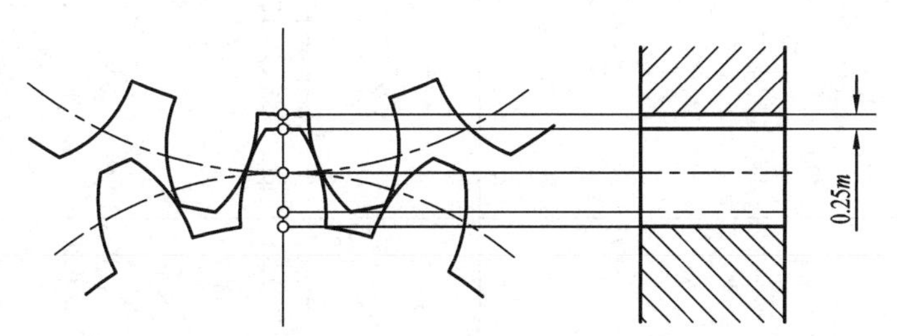

图 4-5-6　两个齿轮啮合的间隙

任务实施

根据如图 4-5-1 所示的直齿圆柱齿轮传动图，绘制两齿轮的啮合视图。已知标准直齿圆柱齿轮 $m = 4$，$z_1 = 40$，$z_2 = 20$，齿宽 $B = 27$ mm，孔径为 35 mm，轮毂直径为 65 mm，轮毂宽为 34 mm，其作图方法与步骤如表 4-5-3 所示。

表 4-5-3　绘制两直齿圆柱齿轮啮合视图的绘制方法与步骤

作 图 步 骤	图　　示
计算绘图时所需两齿轮的尺寸：d_1、d_{a1}、d_{f1}、d_2、d_{a2}、d_{f2}、a	
根据中心距尺寸，绘制两齿轮的中心线、轴线	

续表

作 图 步 骤	图 示
绘制两齿轮在两个视图中的齿顶圆、齿顶线，分度圆、分度线，齿根线。绘制时要注意两齿轮啮合区的画法，分度圆相切，齿顶与齿根之间画出间隙	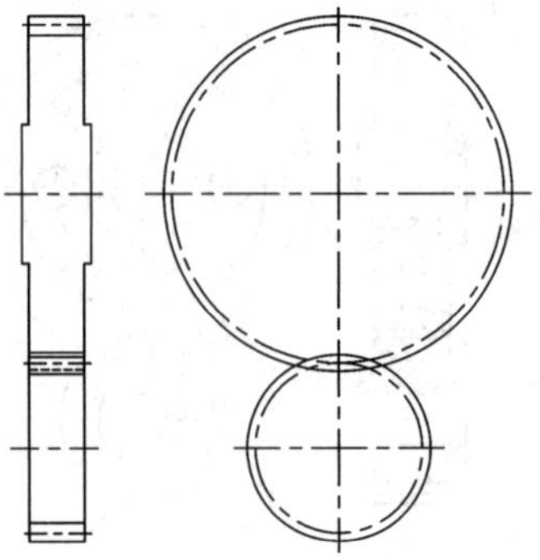
绘制两齿轮的轮毂部分	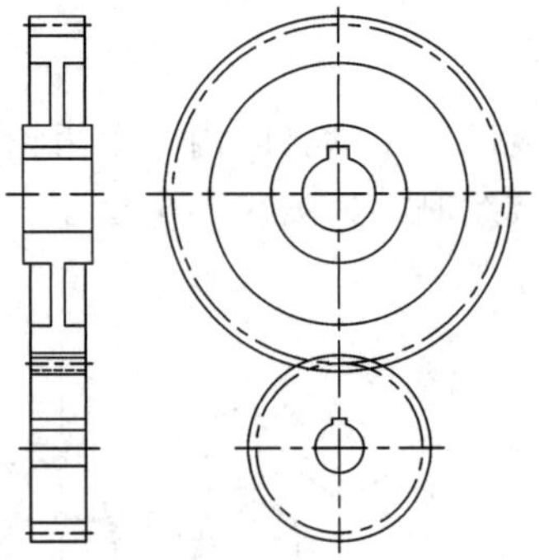
整理图形，绘制剖面线，加粗图线，完成作图	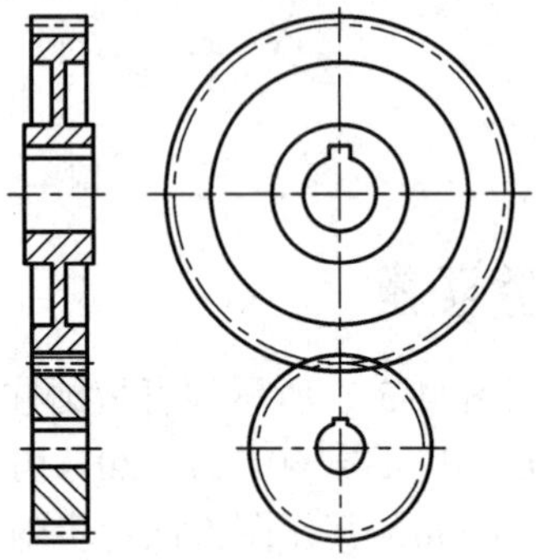

任务评价

根据本任务学习内容及任务要求，结合课堂学习情况，按照表 4-5-4 中的相应项目进行评价。

表 4-5-4 绘制两直齿圆柱齿轮啮合视图任务评价表

序号	评 价 项 目	自 评			师 评		
		A	B	C	A	B	C
1	能否正确计算两齿轮各部分尺寸						
2	能否正确绘制齿轮啮合视图						
3	能否按要求规范使用图线						

【知识拓展】

一、滚动轴承

滚动轴承是用于支承旋转轴的标准件，它具有结构紧凑、摩擦阻力小，能在较大载荷、转速及较高的精度范围内工作。滚动轴承的规格、型号较多，都已标准化，选用时可查阅有关标准。滚动轴承从结构上看，一般都由内圈、外圈、滚动体和保持架四部分组成，如图 4-5-7 所示。其外圈装在机座上固定不动，内圈套在轴上随轴转动。

滚动轴承的类型很多，按所承受载荷的方向不同可分为以下三类：

(1) 向心轴承：主要承受径向载荷，常见的有深沟球轴承，如图 4-5-7(a)所示。

(2) 向心推力轴承：同时承受轴向和径向载荷，常见的有圆锥滚子轴承，如图 4-5-7(b)所示。

(3) 推力轴承：只承受轴向载荷，常见的有推力球轴承，如图 4-5-7(c)所示。

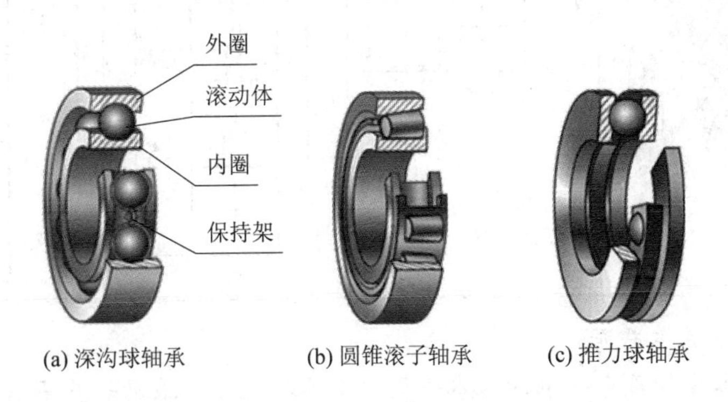

(a) 深沟球轴承　(b) 圆锥滚子轴承　(c) 推力球轴承

图 4-5-7　滚动轴承的结构与类型

1. 滚动轴承的画法

国家标准规定了滚动轴承的通用画法、特征画法和规定画法，如表 4-5-5 所示。

表 4-5-5　常用滚动轴承的表示法

轴承类型	结构形式	通用画法	特征画法	规定画法
		(均指滚动轴承在所属装配图中的剖视图画法)		
深沟球轴承 GB/T 276 6000 型				

续表

轴承类型	结构形式	通用画法	特征画法	规定画法
		(均指滚动轴承在所属装配图中的剖视图画法)		
圆锥滚子轴承 GB/T 297 30000 型	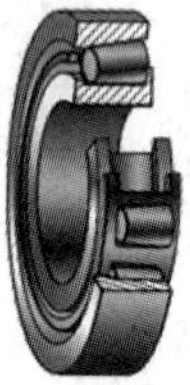	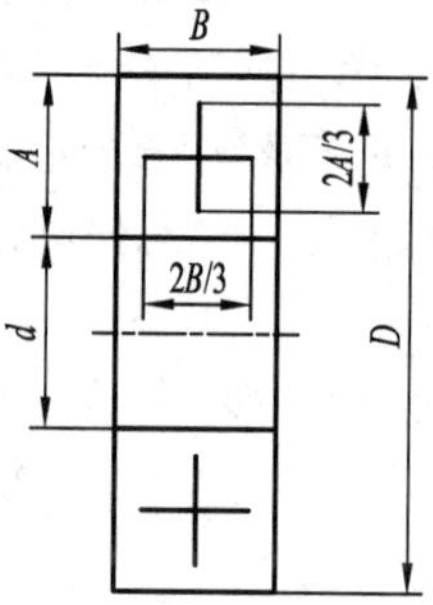	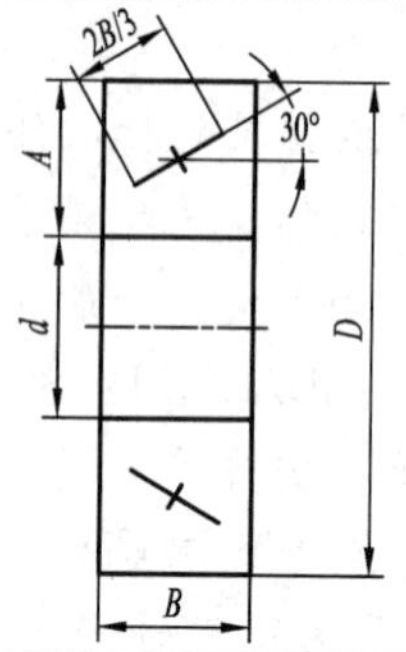	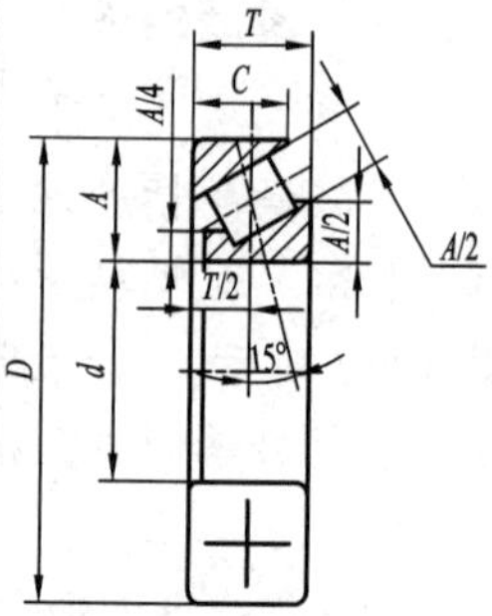
推力球轴承 GB/T 301 51000 型			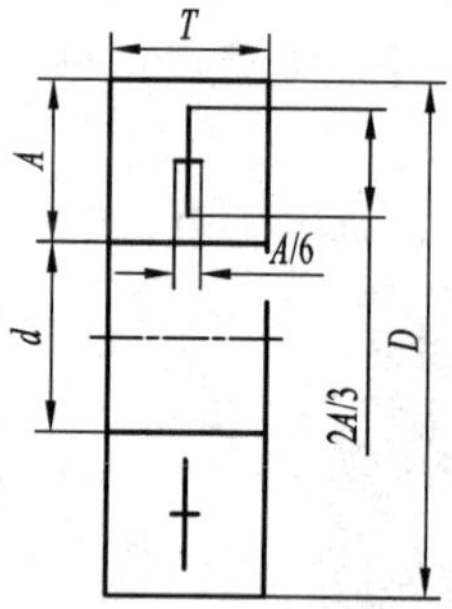	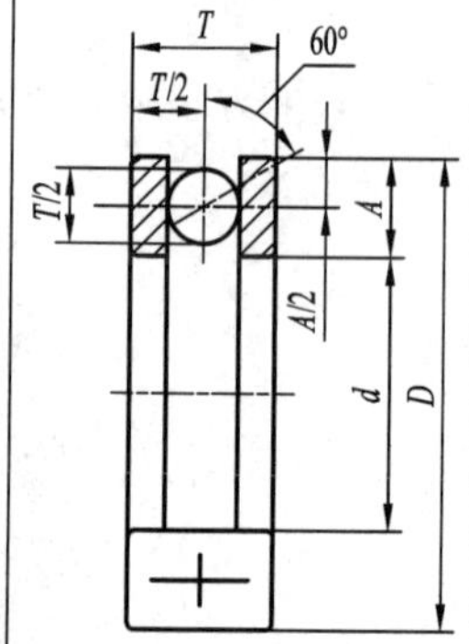

2. 滚动轴承的基本代号

滚动轴承基本代号表示轴承的基本类型、结构和尺寸。滚动轴承基本代号由轴承类型代号、尺寸系列代号和内径代号构成。

1) 类型代号

类型代号用数字或字母表示，如表 4-5-6 所示。

表 4-5-6 滚动轴承的类型代号

代号	轴 承 类 型	代号	轴 承 类 型
0	双列角接触球轴承	6	深沟球轴承
1	调心球轴承	7	角接触球轴承
2	调心滚子轴承和推力调心滚子轴承	8	推力圆柱滚子轴承
3	圆锥滚子轴承	N	圆柱滚子轴承
4	双列深沟球轴承	U	外球面球轴承
5	推力球轴承	QJ	四点接触球轴承

2) 尺寸系列代号

为适应不同的工作受力情况，在内径相同时，有各种不同的外径尺寸，它们构成一定的系列，称为轴承尺寸系列，用数字表示。如数字“1”和“7”为特轻系列，“2”为轻窄系列，“3”为中窄系列，“4”为重窄系列等。

3) 内径代号

内径代号表示滚动轴承的内圈孔径，是轴承的公称内径，用两位数字表示。

当代号数字为 00，01，02，03 时，分别表示内径 $d = 10$，12，15，17 mm。

当代号数字为 04～99 时，代号数字乘以“5”，即为轴承内径。

滚动轴承基本代号标注示例：

6204：表示轴承类型代号为深沟球轴承，尺寸系列代号(02)为宽度系列代号 0 省略，直径系列代号为 2，内径代号 $d = (04 \times 5)$ mm = 20 mm。

30312：表示轴承类型代号为圆锥滚子轴承，尺寸系列代号(03)为宽度系列代号 0，直径系列代号为 3，内径代号 $d = 60$ mm。

51315：表示轴承类型代号为推力球轴承，尺寸系列代号(13)为高度系列代号为 1，直径系列代号为 3，内径代号 $d = 75$ mm。

二、弹簧

弹簧是一种用于减震、夹紧、储存能量和测力的常用零件。其特点是在弹性限度内受外力作用而变形，去除外力后能立即恢复原状。弹簧的种类很多，其中螺旋弹簧应用较广泛，这里主要介绍圆柱螺旋压缩弹簧的表示法。

1. 圆柱螺旋压缩弹簧各部分名称及尺寸关系

图 4-5-8 所示为圆柱螺旋压缩弹簧各部分名称及尺寸关系。

(1) 簧丝直径 d：弹簧的钢丝直径。

(2) 弹簧中径 D：弹簧的规格直径。

(3) 弹簧内径 D_1：弹簧的最小直径，$D_1 = D - d$。

(4) 弹簧外径 D_2：弹簧的最大直径，$D_2 = D + d$。

(5) 节距 t：螺旋弹簧两相邻有效圈截面中心线的轴向距离。

(6) 支承圈数 n_2：弹簧端部用于支承或固定的圈数。

为了使弹簧受压时受力均匀，工作平稳，制造时需将弹簧两端的几圈并紧、磨平。这些并紧、磨平的几圈不参与弹簧的受力变形，只起支承或固定作用，故称支承圈。支承圈有 1.5 圈、2 圈和 2.5 圈三种。

(7) 有效圈数 n：除支承圈外，保持相等节距的圈数称为有效圈数，它是计算弹簧刚度时的圈数。

(8) 总圈数 n_1：沿螺旋轴线两端间的螺纹圈数，$n_1 = n + n_2$。

(9) 自由高度(长度)H_0：弹簧无负荷时的高度(长度)，$H_0 = nt + (n_2 - 0.5)d$。

(10) 弹簧的展开长度 L：制造弹簧时的坯料长度。

2. 圆柱螺旋压缩弹簧的画法

圆柱螺旋压缩弹簧可绘制成视图、剖视图或示意图，如图 4-5-8 所示。

画弹簧图时应注意：

(1) 弹簧平行于轴线的投影面上的图形，其各圈的轮廓应画成直线。

(2) 当有效圈数 n 大于四圈时，允许两端只画两圈，中间部分可省略不画，长度也可适当缩短。

(3) 螺旋弹簧不分左旋或右旋，在图样上均可画成右旋；对左旋弹簧需加注代号“LH”。

(4) 两端并紧且磨平的压缩弹簧，不论其支承圈的圈数多少及端部并紧情况，都按支承圈数为 2.5 圈，磨平圈数为 1.5 圈画出。

(5) 装配图中，弹簧中间各圈采用省略画法后，弹簧后面被挡住的零件轮廓一般不画出，如图 4-5-9(a)所示。

(6) 当弹簧被剖切，弹簧丝直径在图形中小于或等于 2 mm 时，可用涂黑表示，如图 4-5-9(b)所示。也可采用示意画法，如图 4-5-9(c)所示。

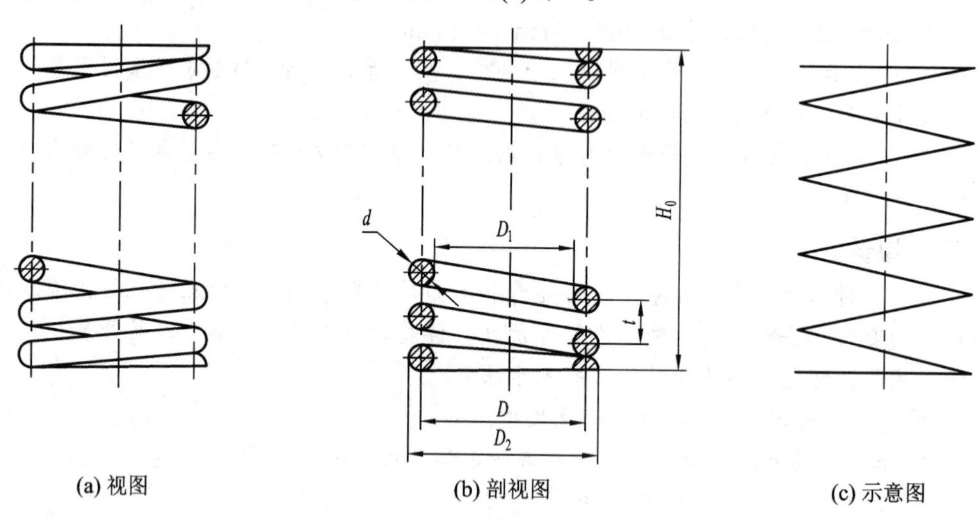

图 4-5-8　圆柱螺旋压缩弹簧

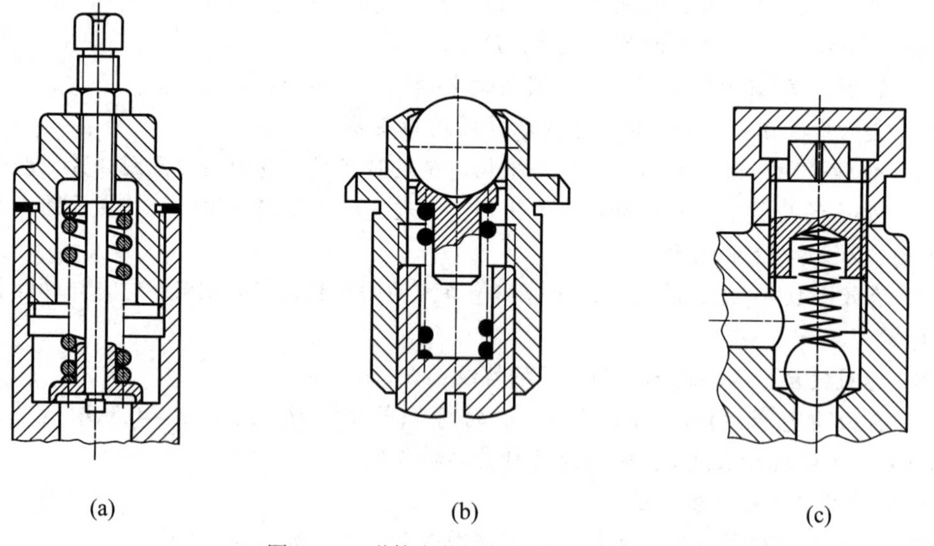

图 4-5-9　弹簧在装配图中的示意画法

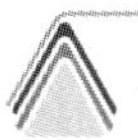

拓展练习

(1) 已知标准直齿圆柱齿轮 $m = 5$ mm，$z = 42$，轮齿端部倒角为 $C2$，选择合适的比例完成齿轮两面视图，并标注尺寸。

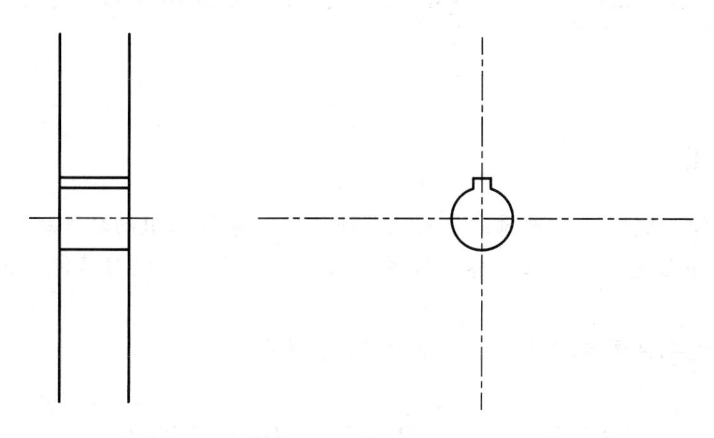

(2) 已知大齿轮 $m = 3$，$z = 25$，两轮中心距 $a = 54$ mm，试计算大、小齿轮的基本尺寸，选择合适比例完成啮合图。

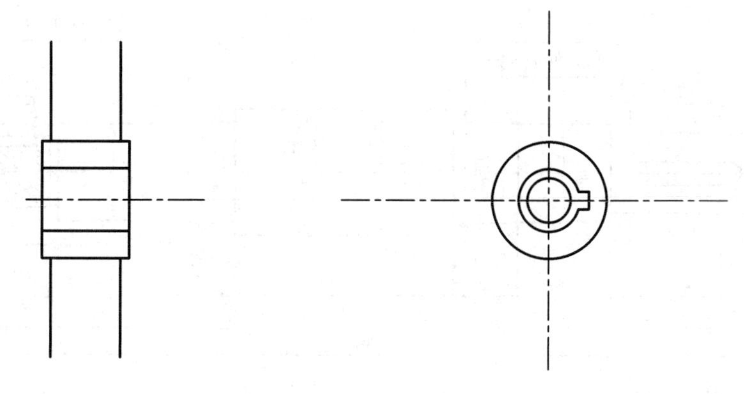

班级：　　　　　　　　姓名：　　　　　　　　学号：

项目五　典型零件图的识读

学习目标

(1) 掌握零件图视图选择的原则和表达方法，能对零件图中的零件结构进行分析。

(2) 掌握零件图的尺寸标注和各项技术要求的标注方法，能对零件图进行尺寸和技术要求分析。

(3) 掌握典型零件图的识读方法，能识读典型零件图。

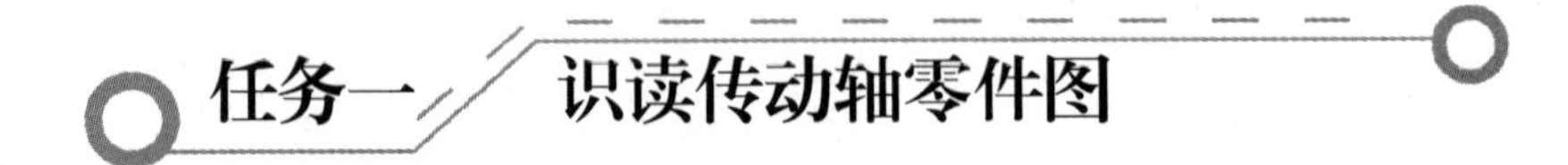

任务一　识读传动轴零件图

任务导入

识读图 5-1-1 所示的传动轴零件图，分析传动轴零件视图中的表达方法、尺寸标注和技术要求，想象其结构形状。

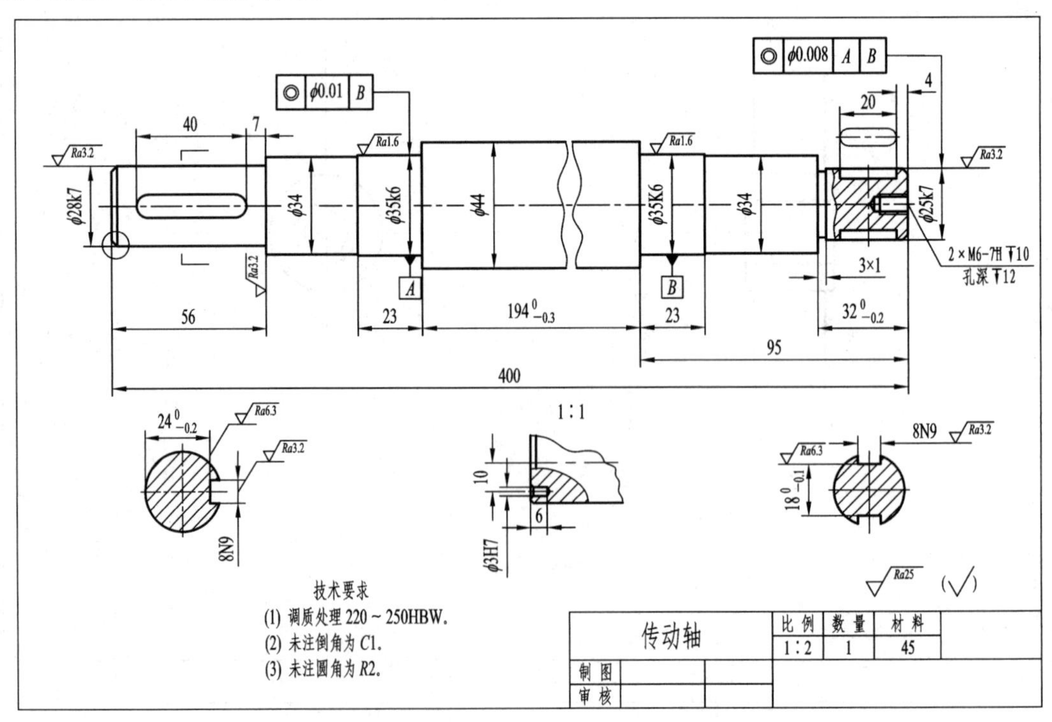

图 5-1-1　传动轴零件图

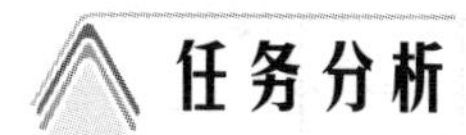

任务分析

在设计和制造机械零件的过程中，识读零件图是一项非常重要的工作。识读零件图的目的就是根据零件图想象出零件的结构形状，理解零件尺寸的作用和要求，清楚各项技术要求的内容和实现的工艺措施等，以便于加工出符合图样要求的合格零件。如图 5-1-1 所示的传动轴属于轴套类零件。轴套类零件包括轴、螺杆、阀杆和空心套等，主体结构由同轴回转体组成，且轴向尺寸大于径向尺寸。轴类零件在机器中主要起支承和传递动力的作用。套类零件的主要作用是支承和保护转动零件，或保护与它相配合的表面。为此，要读懂轴套类零件图，需要掌握轴套类零件的结构特点以及轴套类零件图的表达方法、尺寸标注和技术要求等相关知识。

相关知识

一、零件图的作用和内容

用来表达零件结构、大小及技术要求的图样称为零件图。零件图是制造和检验零件的依据，是指导零件生产的重要技术文件，也是技术交流的重要资料。

如图 5-1-1 所示，一张完整的零件图应包括以下内容：

(1) 一组视图：用于表达零件的形状和结构。

(2) 完整的尺寸：加工制造零件所需要的全部尺寸。

(3) 技术要求：零件在制造和检验时应达到的要求，如尺寸公差、几何公差、表面粗糙度、热处理、表面处理以及其他要求。

(4) 标题栏：用于注明零件名称、数量、材料、图样比例及图号等内容。

二、轴套类零件的工艺结构

轴套类零件主要在车床、磨床上加工，轴上常加工螺纹、倒角、倒圆、键槽、挡圈槽、退刀槽、砂轮越程槽和中心孔等结构。

1. 倒角和倒圆

如图 5-1-2(a)(b)所示，为了去除零件的毛刺、锐边和便于装配，在轴、孔的端部，一般都加工出 45°、30° 或 60° 的倒角。为了避免因应力集中而产生裂纹，轴肩处往往加工成圆角，称为倒圆。倒角值和倒圆值可根据轴、孔直径查阅相关标准得到。

2. 退刀槽和砂轮越程槽

在切削加工中，特别是在车螺纹和磨削时，为了便于退出刀具或使砂轮稍稍越过加工面，通常在零件待加工面的末端先车出螺纹退刀槽或砂轮越程槽。退刀槽、砂轮越程槽的结构形状和尺寸可根据轴、孔直径查阅相关标准来确定。尺寸标注可按“槽宽×槽深”或“槽宽×直径”的形式集中标注，如图 5-1-2(c)、(d)所示。

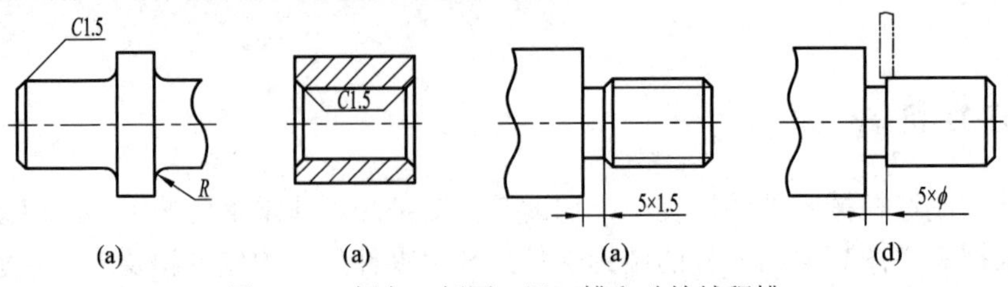

图 5-1-2 倒角、倒圆、退刀槽和砂轮越程槽

三、轴套类零件的视图选择

零件视图的选择是指在分析零件结构形状特点的基础上选用适当的表达方法。选择零件视图时，应在完整、清楚地表达零件特征的前提下，使视图数量最少，力求制图简便。

1. 主视图的选择

1) 确定主视图的投射方向

应以能清楚地反映零件结构形状特征的方向作为主视图的投射方向。如图 5-1-3(a)所示的轴，按箭头 *A* 方向进行投射所得到的视图(如图 5-1-3(b)所示)与按箭头 *B* 向进行投射所得到的视图(如图 5-1-3(c)所示)相比较，前者很好地反映了轴的形状特征，因此应以 *A* 向作为主视图的投射方向。

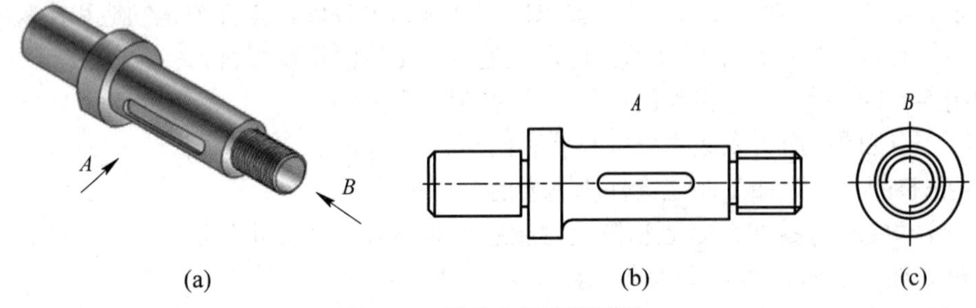

图 5-1-3 零件主视图的选择

2) 确定零件的安放位置

轴套类零件主要在车床上加工，主视图最好能与零件在加工时的装夹位置一致，以便于加工时看图、看尺寸，如图 5-1-4 所示。

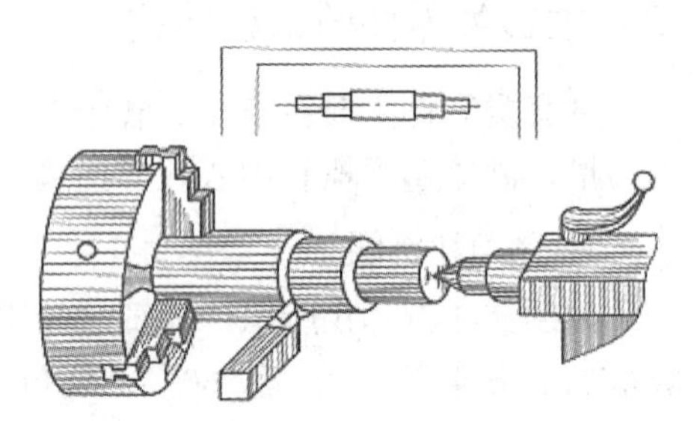
图 5-1-4 轴在车床上的加工位置

绘制轴套类零件的主视图时，一般将轴线水平放置，轴上键槽、孔可朝前或朝上，用一个基本视图来表达轴的主体结构。形状简单且较长的零件可采用折断画法。空心轴套可用剖视图(全剖、半剖或局部剖)表达。

2. 其他视图的选择

除主视图外，还必须选择一定数量的其他视图才能将零件各部分的形状和相对位置表达清楚。轴上未表达清楚的局部结构一般采用局部视图、局部剖视图、断面图、局部放大图来表达。用移出断面来反映键槽的深度，用局部放大图来表达退刀槽、砂轮越程槽、定位中心孔的结构。

四、轴套类零件图的尺寸标注

尺寸标注是零件图的重要内容之一，它不仅表达零件的大小，还关系到零件的加工方法、加工顺序和制造质量。

在零件图中标注尺寸，应做到正确、完整、清晰、合理。标注的尺寸既要满足设计要求，又要满足工艺要求，换言之，既要保证零件在机器中的工作性能，又要使加工测量方便。

1. 正确选择尺寸基准

要合理标注尺寸，必须恰当选择尺寸基准。零件有长、宽、高三个方向的尺寸，每个方向至少要有一个尺寸基准。根据作用不同，可将尺寸基准分为设计基准和工艺基准两类。

(1) 设计基准：根据设计要求确定零件结构位置的基准。

(2) 工艺基准：零件在加工和测量时使用的基准。

轴套类零件属于回转体，设计中通常采用轴向基准和径向基准。常选择零件上一些重要端面和主要轴线作为基准。

如图 5-1-5 所示的阶梯轴，在设计时考虑到轴在部件中要同轮类零件的孔或轴承孔配合，装配后应保证两者处在同一轴线上，因此确定轴线作为阶梯轴径向尺寸的设计基准，标注出各段回转体的直径尺寸。阶梯轴在车床上加工时，车刀每一次车削的最终位置都是以右端面为起点来测定的，所以右端面是轴向尺寸的工艺基准。尺寸 26 左侧尺寸界线所在端面是轴向尺寸的设计基准，又是主要基准；尺寸 26 右侧尺寸界线所在端面的轴肩属于轴向尺寸的辅助基准。轴向基准除一个主要基准外，还可以有一个或几个辅助基准。

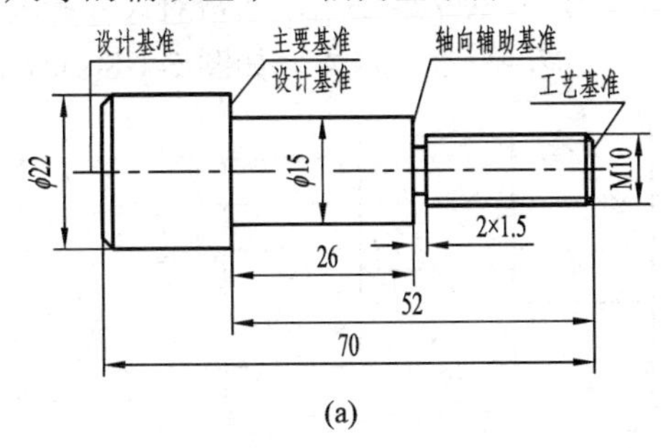

(a)

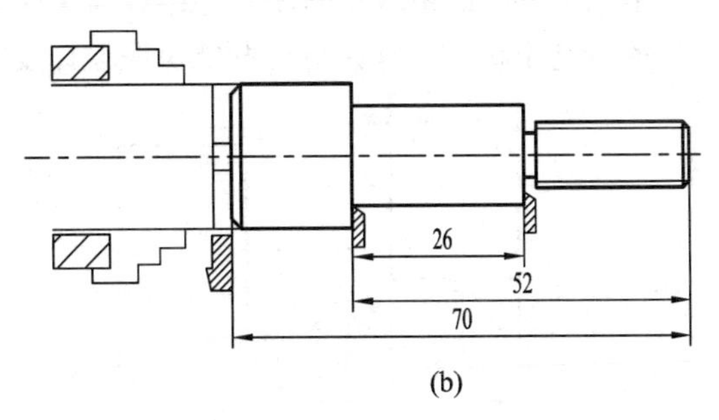

(b)

图 5-1-5　轴的尺寸基准

选择尺寸基准时，尽量使设计基准与工艺基准重合。当两者不能做到统一时，应选择设计基准作为主要尺寸基准，工艺基准作为辅助尺寸基准。主要基准和辅助基准之间要有一个尺寸相联系。

2. 直接注出重要尺寸

设计中的重要尺寸直接影响零件的装配精度和使用性能，所以必须优先保证、直接注出，如图 5-1-6 中的齿轮部分宽度尺寸 21。

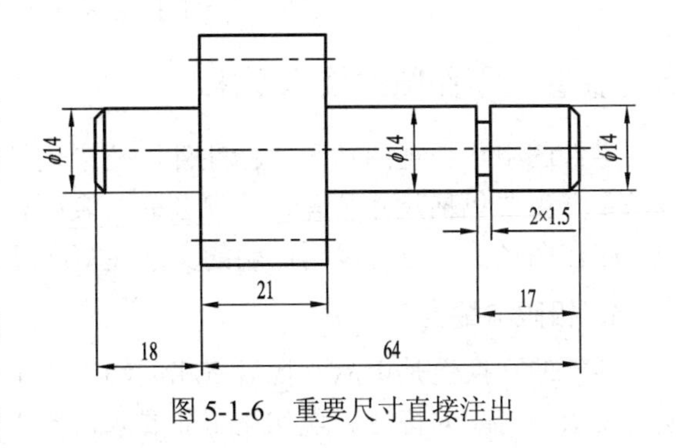

图 5-1-6　重要尺寸直接注出

3. 应符合加工顺序且便于测量

按加工顺序标注尺寸便于看图、测量，且容易保证加工精度。在加工阶梯孔时，一般先加工小孔，再依次加工出大孔。因此，在标注轴向尺寸时，应从端面注出大孔的深度，以便于测量。图 5-1-7(a)所示为零件的加工顺序。图 5-1-7(b)所示的尺寸标注符合加工顺序，便于测量。图 5-1-7(c)所示的尺寸标注不符合加工顺序，也不便于测量。

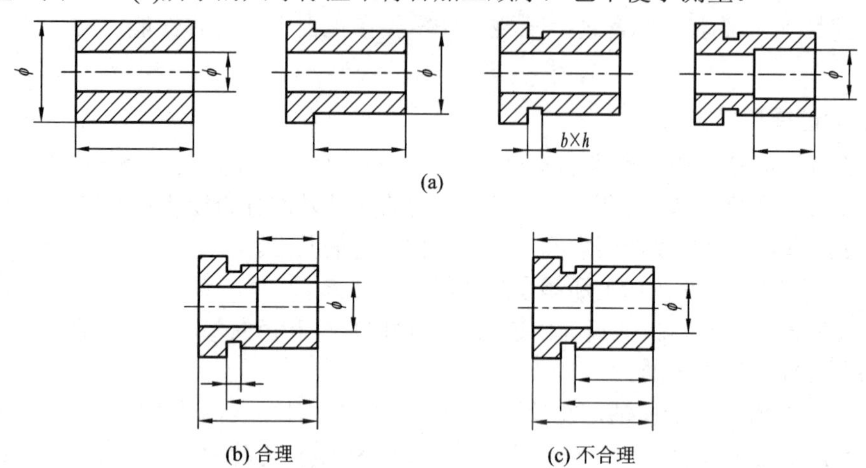

图 5-1-7 按加工顺序标注尺寸

4. 应避免出现封闭的尺寸链

在标注尺寸时，应避免零件的某一方向上的尺寸首尾相接，形成封闭尺寸链。如图 5-1-8(b)所示，*A*、*B*、*C*、*L* 组成了封闭尺寸链。为了保证每个尺寸的精度要求，通常对尺寸精度要求最低的一环不标注尺寸，这样既能保证设计要求，又能降低加工成本，如图 5-1-8(a)所示。

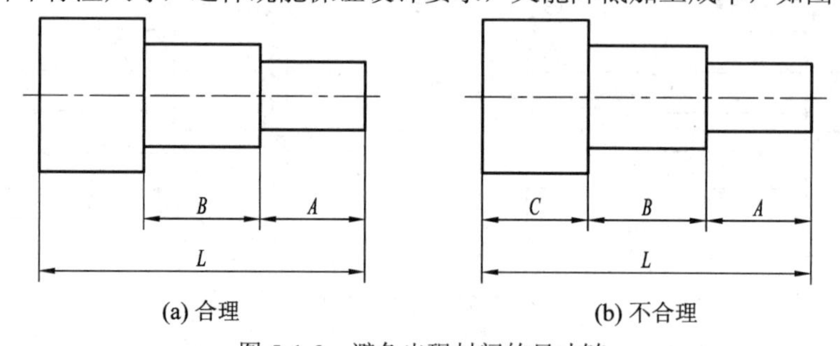

图 5-1-8 避免出现封闭的尺寸链

五、轴套类零件图的技术要求

零件图中除了视图和尺寸标注外，还应包括加工和检验零件的技术要求。零件图中的技术要求主要包括尺寸公差、几何公差、表面粗糙度等。技术要求通常用代号、符号或标记标注在图形上，也可以用简明的文字注写在标题栏附近。

1. 极限与配合

零件的互换性是指从一批规格相同的零件中任取一件，不经修配就能顺利装配成符合使用要求的产品的特性。现代化工业要求机器零件具有互换性，这样既能满足各生产部门广泛的协作要求，又能进行高效率的专业化生产。

1) 尺寸公差

制造零件时，为了使零件具有互换性，要求零件的尺寸在一个合理范围之内，由此就规定了极限尺寸。零件制成后的实际尺寸应在规定的最大极限尺寸和最小极限尺寸范围内。允许尺寸的变动量称为尺寸公差，简称公差。以图 5-1-9(a)所示的圆柱孔尺寸 $\phi30\pm0.010$ 为例，有关公差的术语说明如下：

(1) 公称尺寸：设计时给定的尺寸，如 $\phi30$ 是根据计算和结构上的需要所确定的尺寸。

(2) 极限尺寸：允许尺寸变动的两个极限值，它是以公称尺寸为基数来确定的。例如，图 5-1-9(a)中孔的最大极限尺寸是 $\phi30 + 0.010 = \phi30.010$，最小极限尺寸是 $\phi30 - 0.010 = \phi29.990$。

(3) 偏差：某一实际尺寸减其公称尺寸所得的代数差。

(4) 极限偏差：指上偏差和下偏差。最大极限尺寸减其公称尺寸所得的代数差就是上偏差；最小极限尺寸减其公称尺寸所得的代数差即为下偏差。

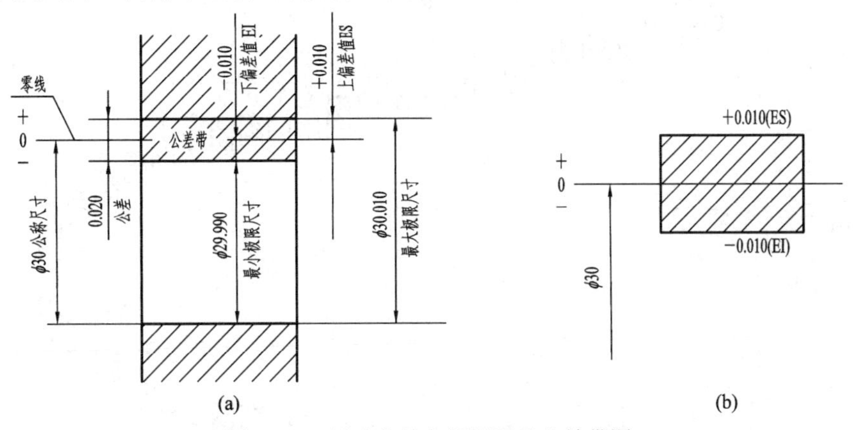

图 5-1-9　尺寸公差名词解释及公差带图

国家标准规定：孔的上、下偏差分别用 ES 和 EI 表示；轴的上、下偏差分别用 es 和 ei 表示。例如：

上偏差 ES = 30.010 − 30 = + 0.010。

下偏差 EI = 29.990 − 30 = − 0.010。

(5) 尺寸公差(简称公差)：允许尺寸的变动量，就是最大极限尺寸与最小极限尺寸之差，即 30.010 − 29.990 = 0.020，也等于上偏差与下偏差之代数差的绝对值，即|0.010 − (− 0.010)| = 0.020。

(6) 零线：在公差带图(极限与配合图解)中确定偏差的一条基准直线，即零偏差线。通常以零线表示公称尺寸。

(7) 公差带：在公差带图中，由代表上、下偏差的两条直线所限定的区域。图 5-1-9(b)就是图 5-1-9(a)的公差带图。

(8) 标准公差与基本偏差：公差带由公差带大小和公差带位置这两个要素组成。公差带大小由标准公差确定，公差带位置由基本偏差确定，如图 5-1-10 所示。

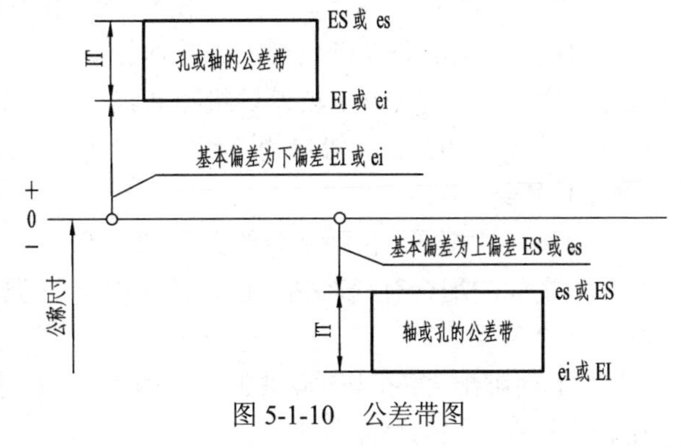

图 5-1-10　公差带图

① 标准公差：标准公差分为20个等级，即IT01、IT0、IT1至IT18。IT表示标准公差，阿拉伯数字表示公差等级，它是反映尺寸精度的等级。IT01公差数值最小，精度最高；IT18公差数值最大，精度最低。各级标准公差的数值，可查阅相关手册。

② 基本偏差：用以确定公差带相对零线位置的上偏差或下偏差，一般指靠近零线的那个偏差。当公差带在零线的上方时，基本偏差为下偏差；反之，则为上偏差，如图5-1-10所示。

基本偏差共有28个，它的代号用拉丁字母表示，大写为孔，小写为轴。图5-1-11所示为基本偏差系列示意图，图中各公差带只表示公差带的位置，不表示公差的大小，另一端开口由相应的标准公差确定。

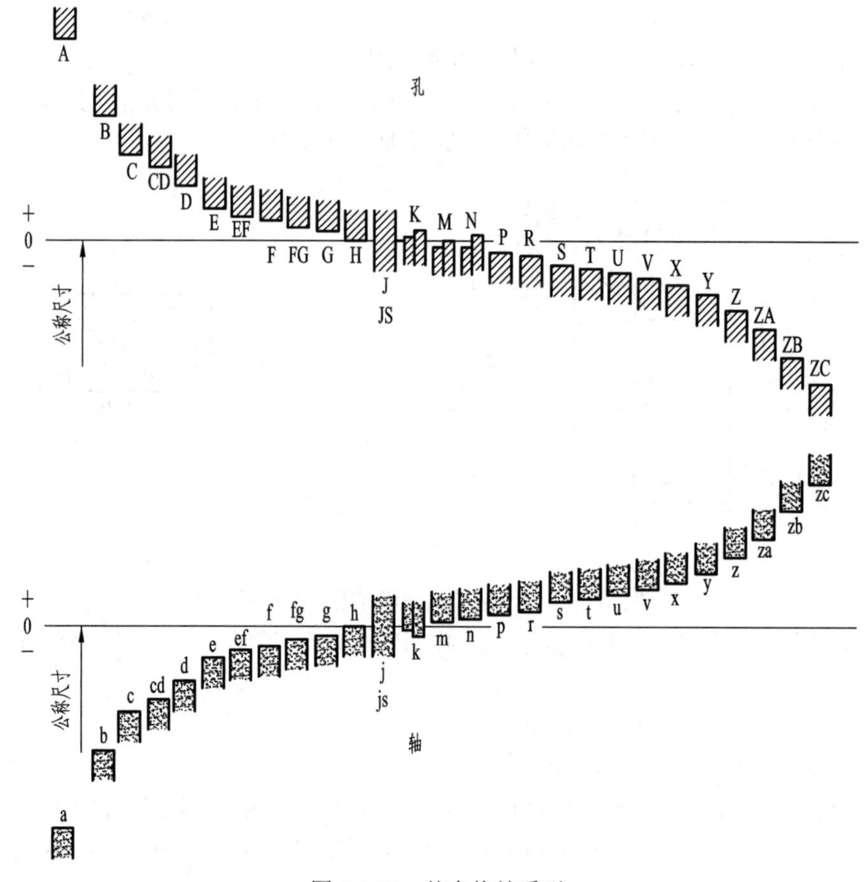

图5-1-11　基本偏差系列

(9) 孔、轴的公差带代号：由基本偏差代号与公差等级代号组成。例如，ϕ50H8的含义是：公称尺寸为ϕ50、公差等级为8级、基本偏差为H的孔的公差带。ϕ50f7的含义是：公称尺寸为ϕ50、公差等级为7级、基本偏差为f的轴的公差带。

2) 配合

公称尺寸相同、相互结合的孔和轴公差带之间的关系称为配合。根据使用的要求不同，孔和轴之间的配合有松有紧，因而配合分为三类，即间隙配合、过渡配合和过盈配合，如图5-1-12所示。

(1) 间隙配合：孔与轴装配时有间隙(包括最小间隙等于零)的配合。如图5-1-12(a)所示，孔的公差带在轴的公差带之上。

(2) 过渡配合：孔与轴装配时可能有间隙或过盈的配合。如 5-1-12(b)所示，孔的公差带与轴的公差带互相交叠。

(3) 过盈配合：孔与轴装配时有过盈(包括最小过盈等于零)的配合。如图 5-1-12(c)所示，孔的公差带在轴的公差带之下。

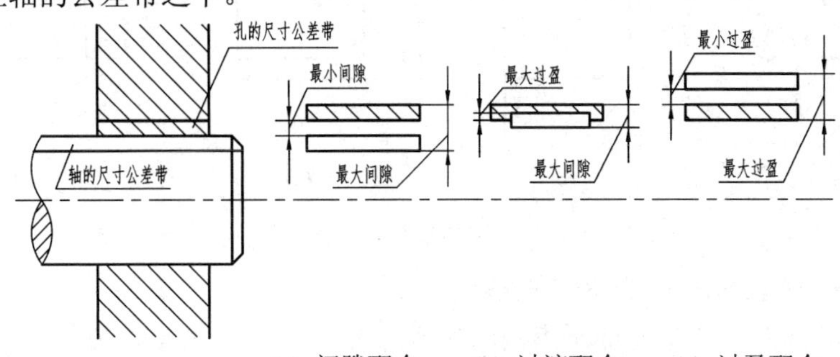

(a) 间隙配合　(b) 过渡配合　(c) 过盈配合

图 5-1-12　常用的三种配合

3) 配合制

在制造相互配合的零件时，用其中一种零件作为基准件，它的基本偏差固定，通过改变另一种零件的基本偏差来获得各种不同性质配合的制度称为配合制。根据生产实际需要，国家标准规定了两种配合制。

(1) 基孔制配合：基本偏差一定的孔的公差带与不同基本偏差的轴的公差带形成各种配合的一种制度，如图 5-1-13(a)所示。基准孔的下偏差为零，用代号 H 表示。

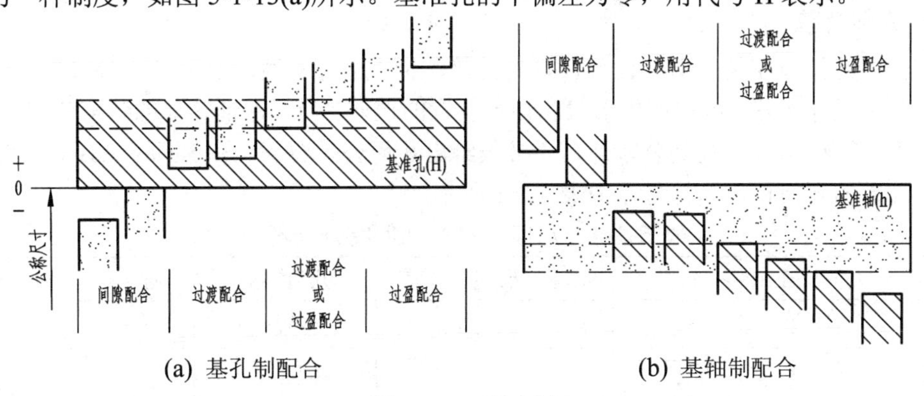

(a) 基孔制配合　(b) 基轴制配合

图 5-1-13　配合制

(2) 基轴制配合：基本偏差一定的轴的公差带与不同基本偏差的孔的公差带形成各种配合的一种制度，如图 5-1-13(b)所示。基准轴的上偏差为零，用代号 h 表示。

4) 极限与配合的标注及查表

在装配图中标注极限与配合时，采用组合式注法，具体是在公称尺寸后面用分数形式表示，分子为孔的公差带代号，分母为轴的公差带代号。通常分子中含 H 的为基孔制配合，分母中含 h 为基轴制配合，如图 5-1-14(a)所示。

在零件图中标注公差的形式有三种：

(1) 只标注公差带代号，如图 5-1-14(b)所示。

(2) 只标注极限偏差数值，如图 5-1-14(c)所示。

(3) 同时标注公差带代号和极限偏差数值，如图 5-1-14(d)所示。

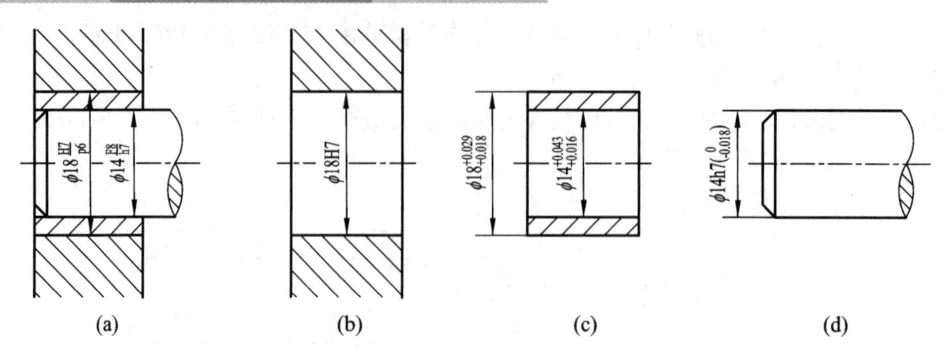

图 5-1-14 极限与配合在图样上的标注

【例 5-1】 查表写出 ϕ18H8/f7 的极限偏差数值。

解 对照如图 5-1-11 所示的基本偏差系列图可知，H8/f7 是基孔制配合，其中 H8 是基准孔的公差带代号，f7 是配合轴的公差带代号。

ϕ18H8 基准孔的极限偏差，可由附表中查得。在表中由公称尺寸从大于 14 至 18 的行和公差带 H8 的列相交处查得 $^{+27}_{0}$ (即+0.027 mm 和 0 mm)，这是基准孔的上、下偏差，所以 ϕ18H8 可写成 $\phi 18^{+0.027}_{0}$。

ϕ18f7 配合轴的极限偏差可由附表查得。在表中由公称尺寸从大于 14 至 18 的行和公差带 f7 的列相交处查得 $^{-16}_{-34}$ (即−0.016 mm 和−0.034 mm)，这是配合轴的上、下偏差，所以 ϕ18f7 可写成 $\phi 18^{-0.016}_{-0.034}$。

2. 几何公差

零件的几何公差是指形状公差、方向公差、位置公差和跳动公差。零件在加工过程中不仅会产生尺寸误差，也会产生形状和相对位置的误差。为了保证零件的装配和使用要求，零件图上除了给出尺寸及其公差外，还必须给出几何公差要求。国家标准 GB/T 1182 规定了几何公差的几何特征和符号，如表 5-1-1 所示。

表 5-1-1 几何公差的几何特征与符号

公差	几何特征	符号	有无标准	公差	几何特征	符号	有无标准
形状公差	直线度	—	无	位置公差	位置度	⌖	有或无
	平面度	▱	无		同心度(用于中心点)	◎	有
	圆度	○	无				
	圆柱度	⌭	无		同轴度(用于轴线)	◎	有
	线轮廓度	⌒	无				
	面轮廓度	⌓	无		对称度	⌯	有
方向公差	平行度	//	有		线轮廓度	⌒	有
	垂直度	⊥	有		面轮廓度	⌓	有
	倾斜度	∠	有	跳动公差	圆跳动	↗	有
	线轮廓度	⌒	有		全跳动	⌰	有
	面轮廓度	⌓	有				

1) 几何公差在图样中的标注

(1) 公差框格：在图样中几何公差应以两格或多格矩形框格的形式进行标注，框格中的内容从左到右按几何特征符号、公差值、基准字母的次序填写，如图 5-1-15 所示。

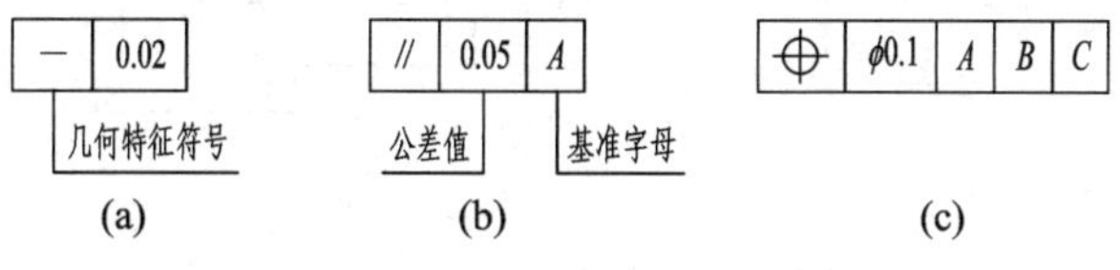

图 5-1-15　公差框格

(2) 被测要素的标注：用带箭头的指引线将框格与被测要素相连，指引线一般放在框格的左端，如图 5-1-16 所示。

当被测要素为轮廓要素时，箭头应指向轮廓线，如图 5-1-16(a)、(b)所示，也可指向轮廓线的延长线，应与尺寸线错开，如图 5-1-16(b)所示。

当被测要素为中心要素时，如轴线、中心平面、球心等，指引线应与对应的尺寸线对齐，如图 5-1-16(c)、(d)所示。

对于实际被测表面，箭头可置于带点的参考线上，该点指在实际表面上，如图 5-1-16(e)所示。

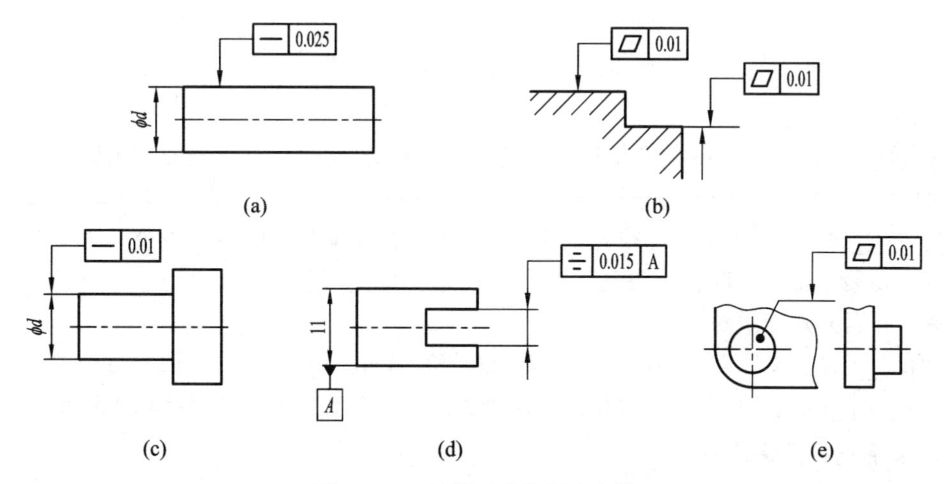

图 5-1-16　被测要素的标注方法

(3) 基准要素的标注：基准要素用基准符号表示，基准符号由涂黑或空白基准三角形、连线、框格、基准字母组成。GB/T 1182 规定的基准符号的画法如图 5-1-17(*a*)所示。表示基准的字母与相应公差框格内的字母应一致。基准符号引向基准要素时，其方框中的字母应水平书写。

当基准要素为轮廓要素时，基准三角形应靠近基准要素的轮廓线或轮廓面，但基准符号中的连线应与尺寸线错开，如图 5-1-17(b)所示。

当基准要素为中心线时，如轴线、中心平面、球心等，基准符号中的连线应与对应的尺寸线对齐，如图 5-1-17(c)所示。

基准符号可以置于用点指向的表面的参考线上，如图 5-1-17(d)所示。

2) 几何公差标注示例

图 5-1-18 所示为气门阀杆几何公差标注示例。

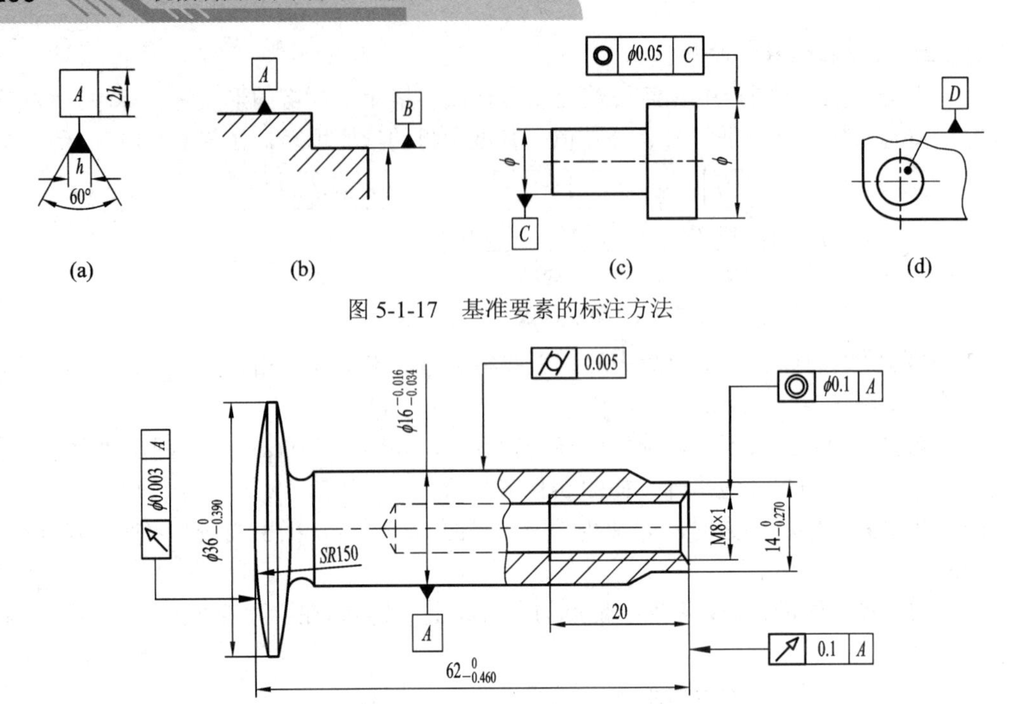

图 5-1-17 基准要素的标注方法

图 5-1-18 气门阀杆几何公差标注示例

图 5-1-18 中：

⌭ 0.005 表示杆身 ϕ16 的圆柱度公差为 0.005 mm。此时被测定的要素为轮廓表面，从框格引出的指引线箭头应指在该要素的轮廓线上。

◎ ϕ0.1 A 表示 M8 × 1 的螺纹孔轴线对于 ϕ16 轴线(基准 *A*)的同轴度公差为 ϕ0.1 mm。此时被测要素是轴线，应将箭头与该要素的尺寸线对齐。基准要素也是轴线，应将基准符号与基准要素的尺寸线对齐。

↗ 0.1 A 表示零件右端面对于 ϕ16 轴线(基准 *A*)的圆跳动公差为 0.1 mm。

↗ ϕ0.003 A 表示 *R*150 的球面对于 ϕ16 轴线(基准 *A*)的圆跳动公差是 0.003 mm。

3. 表面结构的表示法

表面结构是指零件表面的几何形貌，它是表面粗糙度、表面波纹度、表面纹理、表面缺陷和表面几何形状的总称。表面结构的各项要求在图样中的表示法在 GB/T 131 中均有具体规定。下面主要介绍常用的表面粗糙度表示法。

1) 表面粗糙度及其评定参数

零件在机械加工过程中，会受到刀具在零件表面上留下的刀痕和切削分裂时金属表面的塑性变形等影响，加工表面经放大后存在着高低不平的现象，如图 5-1-19 所示。这种表面上具有较小间距的峰谷所组成的微观几何形状特性称为表面粗糙度。它与零件的加工方法、材料性质以及其他因素有关。

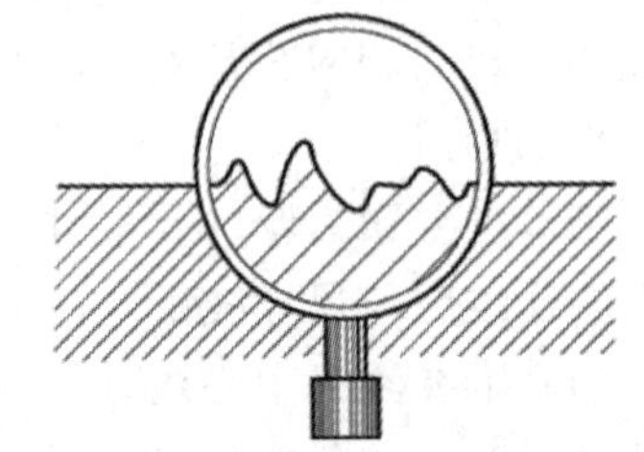

图 5-1-19 零件表面的微观不平分布

表面粗糙度是衡量零件表面质量的一项技术指标。零件的表面粗糙度要求越高，即表面粗糙度参数值越小，零件表面性能越好，其加工成本也越高。因此，应在满足零件使用要求和寿命的前提下，尽量降低对表面粗糙度的要求。

零件表面粗糙度的评定参数有两种：轮廓算术平均偏差 *Ra* 和轮廓最大高度 *Rz*。在常用的参数值范围内，推荐优先选用轮廓算术平均偏差 *Ra*。轮廓算术平均偏差 *Ra* 是指在一个取样长度 *L* 内，被测轮廓上各点到中线之间的距离的绝对值的算术平均值。标准规定了如下轮廓算术平均偏差 *Ra* 的优选系列值，供设计时选用。

0.012	0.025	0.05	0.10	0.20	0.40	0.80
1.6	3.2	6.3	12.5	25	50	100

2) 表面结构的图形符号、代号

标注表面结构要求时图形符号的种类、名称、尺寸及含义如表 5-1-2 所示。

表 5-1-2　表面结构的符号及含义

符号名称	符　　号	含义及说明
基本图形符号	H_2　H_1　60°　60°　符号线宽 $d=h/10$　$H_1=1.4h$　$H_2=3h$　h=字高	未指定工艺方法的表面，当作为注解时，可单独使用
扩展图形符号		用去除材料的方法获得的表面
		用不去除材料的方法获得的表面，也可表示保持上道工序形成的表面
完整图形符号		在上述三个符号的长边上加一横线，用于标注有关参数和说明

3) 表面结构要求在图样中的注法

(1) 表面结构要求对每一个表面只标注一次，并尽可能标注在相应的尺寸及其公差的同一视图中。除非另有说明，所标注的表面结构要求是对完工零件表面的要求。

(2) 表面结构的注写和读取方向与尺寸的注写和读取方向一致。

(3) 表面结构要求可标注在轮廓线或其延长线上，符号的尖端应从材料外指向并接触表面，如图 5-1-20 所示。必要时表面结构符号也可以用带箭头或黑点的指引线引出标注，如图 5-1-21 所示。

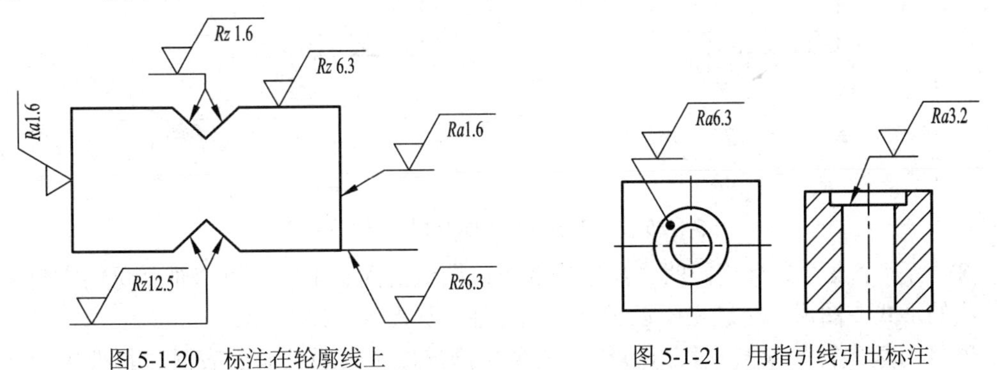

图 5-1-20　标注在轮廓线上　　图 5-1-21　用指引线引出标注

(4) 在不引起误解的情况下，表面结构要求可以标注在给定的尺寸线上，如图 5-1-22

所示。

(5) 表面结构要求可标注在几何公差框格的上方，如图 5-1-23 所示。

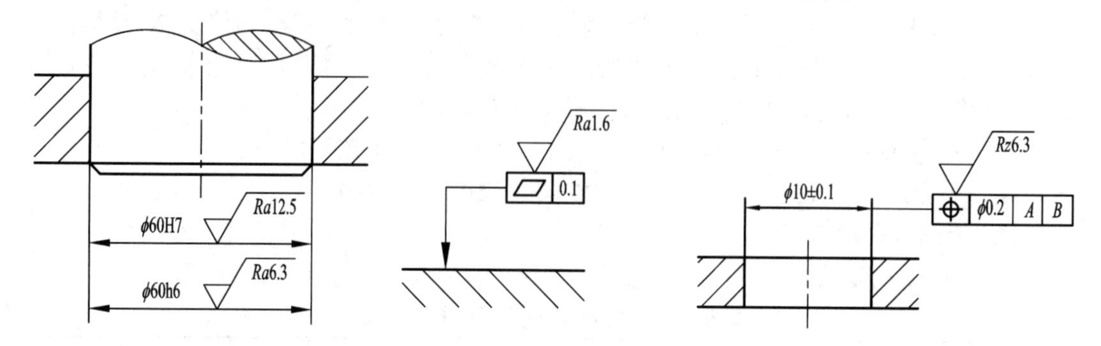

图 5-1-22　标注在尺寸线上　　图 5-1-23　标注在几何公差框格的上方

(6) 圆柱表面的表面结构要求只标注一次，表面结构要求可标注在圆柱特征的延长线上，如图 5-1-24 所示。

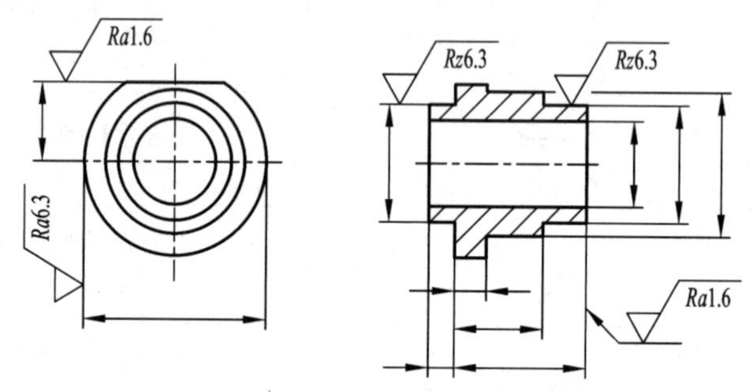

图 5-1-24　标注在圆柱特征的延长线上

(7) 如果在零件的多数(包括全部)表面有相同的表面结构要求，则其表面结构要求可统一标注在图样的标题栏附近。此时(除全部表面有相同要求的情况外)，表面结构要求的后面应在圆括号内给出无任何其他标注的基本符号，如图 5-1-25(a)所示，或在圆括号内给出不同的表面结构要求，如图 5-1-25(b)所示。不同的表面结构要求应直接标注在图形中，如图 5-1-25(a)、(b)所示。

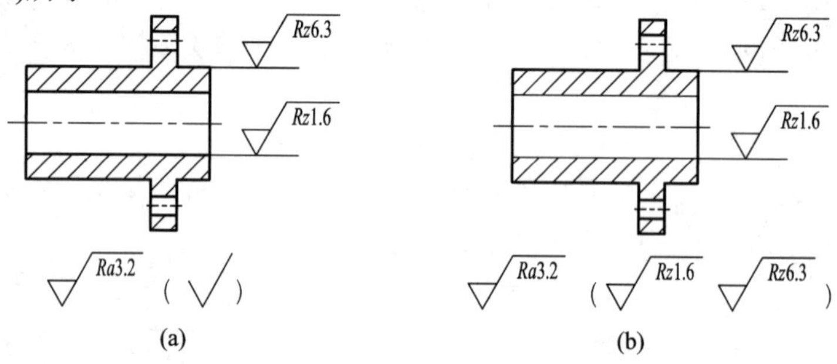

图 5-1-25　全部或多数表面有相同要求的标注

(8) 当多个表面具有相同的表面结构要求或图纸空间有限时，可用带字母的完整符号以等式的形式在图形或标题栏附近进行简化标注，如图 5-1-26 所示。

也可用基本符号或扩展符号以等式的形式给出多个表面共同的表面结构要求，如图 5-1-27 所示。

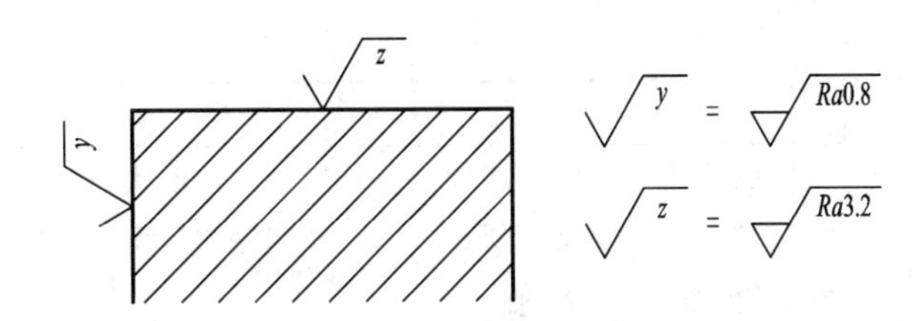

图 5-1-26　图纸空间有限时的简化注法

= Ra0.8　　= Ra0.8　　= Ra0.8

(a) 未指定工艺方法　(b) 要求去除材料　(c) 不允许去除材料

图 5-1-27　多个表面结构要求的简化注法

任务实施

识读图 5-1-1 所示的传动轴零件图。

分析：识读零件图时，首先要了解零件的名称、用途和材料，然后分析视图、尺寸和技术要求，想象出零件各组成部分的结构形状和相对位置，确定一个完整、具体的零件形状。识读传动轴零件图的具体方法和步骤如表 5-1-3 所示。

表 5-1-3　识读传动轴零件图的读图方法与步骤

方法与步骤	分 析 过 程
概括了解	从标题栏可知，该零件名称为传动轴，材料为 45 号钢，绘图比例为 1∶2。传动轴主要用来传递动力和运动
分析视图	零件图共有五个图形：一个主视图、一个局部视图、两个移出断面图和一个局部放大图。 从主视图中可以看出，传动轴由几段不同直径的圆柱体组成，轴的左、右两端面进行倒角并开有中心孔，中间采用了折断画法。在轴的左端开有一键槽，右端采用局部剖视图和局部视图，表达右端两个键槽结构。在右端由 ϕ25 过渡到 ϕ34 的轴颈处开有退刀槽。移出断面图表达键槽深度和宽度。局部放大图表达了轴左端面安装孔的结构和尺寸
分析尺寸	从图中可知，传动轴的径向尺寸以轴线为基准。轴向尺寸以 ϕ44 轴段的右端面为主要基准，标注出尺寸 194、95、23；轴的右端面为轴向尺寸的第一辅助基准，标注出尺寸 400、4；轴的左端面为轴向尺寸的另一辅助基准，标注出尺寸 56。左侧键槽长度 40，靠尺寸 7 定位，右侧键槽长度 20，靠尺寸 4 定位
分析技术要求	从图中可知，从动轴与其他零件的有配合要求的轴径尺寸均注有尺寸公差，如 ϕ28k7、ϕ35k6、ϕ25k7，相应的表面粗糙度加工工艺为去除材料的方法，*Ra* 值为 1.6 μm 和 3.2 μm。左侧 ϕ35 轴颈的轴线对于右侧 ϕ35 轴颈的轴线提出了同轴度要求，公差值为 ϕ0.01 mm；ϕ25 轴颈的轴线对于两处 ϕ35 轴颈的轴线也提出了同轴度要求，公差值为 ϕ0.008 mm。键槽与键采用正常连接，键槽宽度尺寸为 8N9，键槽工作面 *Ra* 值为 3.2 μm。对零件进行调质处理，图中未注倒角尺寸为 *C*1，圆角尺寸为 *R*2

续表

方法与步骤	分 析 过 程
归纳总结	通过上述读图分析，对传动轴的作用、结构形状、尺寸大小、主要加工方法及加工中的主要技术指标要求，有了较清楚的认识。综合起来可想象出传动轴的结构形状如图 5-1-28 所示 图 5-1-28　传动轴的结构形状

任务评价

根据本任务的学习目标，结合课堂学习情况，按照表 5-1-4 中的相应项目进行评价。

表 5-1-4　识读传动轴零件图任务评价表

序号	评 价 项 目	自 评			师 评		
		A	B	C	A	B	C
1	能否正确分析各视图的表达重点						
2	能否正确分析尺寸基准及各项尺寸						
3	能否正确分析各项技术要求						
4	能否想象零件的结构形状						

拓展练习

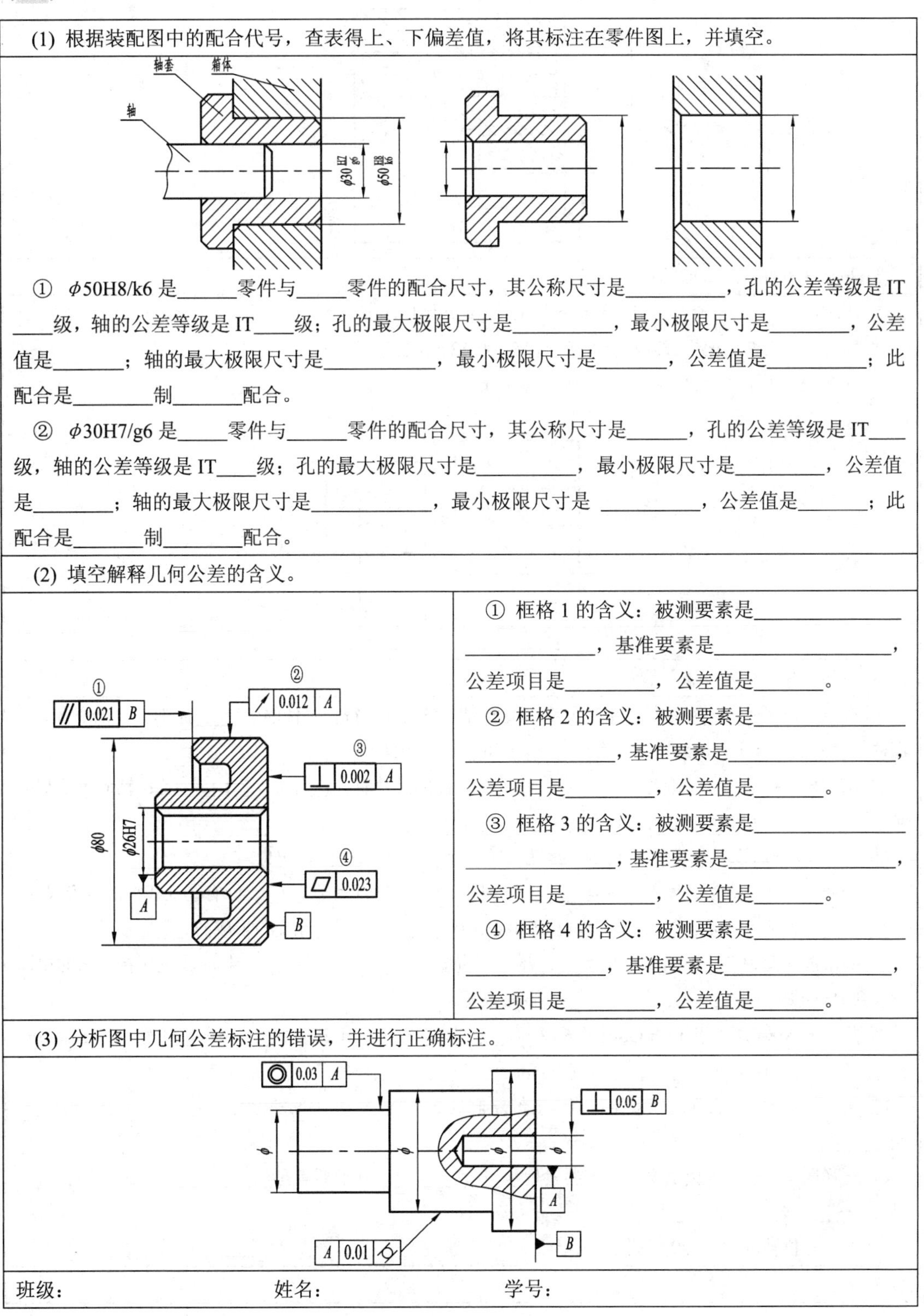

(1) 根据装配图中的配合代号，查表得上、下偏差值，将其标注在零件图上，并填空。

① φ50H8/k6 是______零件与_____零件的配合尺寸，其公称尺寸是__________，孔的公差等级是 IT____级，轴的公差等级是 IT____级；孔的最大极限尺寸是__________，最小极限尺寸是________，公差值是_______；轴的最大极限尺寸是___________，最小极限尺寸是_______，公差值是__________；此配合是________制_______配合。

② φ30H7/g6 是_____零件与______零件的配合尺寸，其公称尺寸是______，孔的公差等级是 IT____级，轴的公差等级是 IT____级；孔的最大极限尺寸是__________，最小极限尺寸是_________，公差值是________；轴的最大极限尺寸是____________，最小极限尺寸是 __________，公差值是_______；此配合是_______制________配合。

(2) 填空解释几何公差的含义。

① 框格 1 的含义：被测要素是________________________，基准要素是__________________，公差项目是_________，公差值是_______。

② 框格 2 的含义：被测要素是________________________，基准要素是__________________，公差项目是_________，公差值是_______。

③ 框格 3 的含义：被测要素是________________________，基准要素是__________________，公差项目是_________，公差值是_______。

④ 框格 4 的含义：被测要素是________________________，基准要素是__________________，公差项目是_________，公差值是_______。

(3) 分析图中几何公差标注的错误，并进行正确标注。

班级：　　　　　　　　　姓名：　　　　　　　　　学号：

(4) 分析图中表面粗糙度代号标注的错误，并进行正确标注。

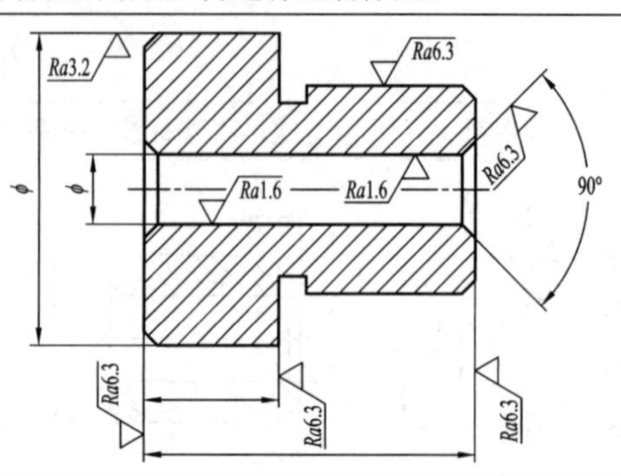

(5) 按要求标注零件表面的粗糙度代号。

① 小轴 ϕ22、ϕ15 圆柱面用去除材料的工艺，*Ra* 为 1.6 μm。

② 零件左、右两端面用去除材料的工艺，*Ra* 为 12.5 μm。

③ 其余表面用不去除材料的工艺，*Ra* 为 6.3 μm。

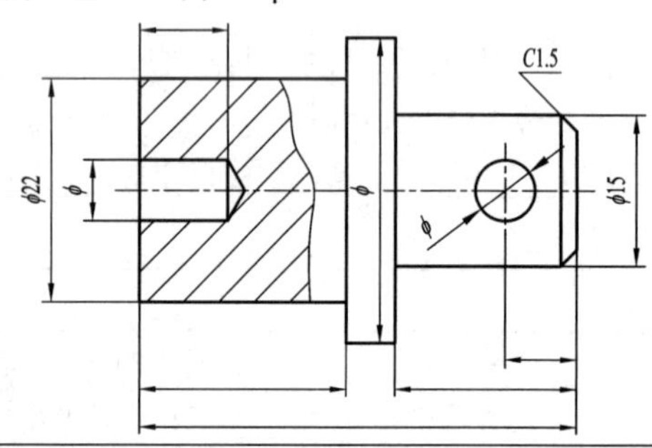

(6) 读套筒零件图，回答问题。

① 该零件属于______类零件，主视图将轴线放置水平位置，符合零件的_______原则，主视图采用__图的表达方法，除主视图外图中还有_______图和_______图。

② 该零件的径向尺寸基准是_________，由此标注出的尺寸有_____、_____、____等；轴向尺寸基准是__________，由此标注出的尺寸有______、______、______等。

③ 尺寸 142±0.1 为__________尺寸，49 为__________尺寸。(定形、定位)

④ 套筒左端两条虚线之间的距离是_____，图中标有①处的直径是_____，标有②处线框的定形尺寸是_______，定位尺寸是_____，标有③处的曲线是由______和______相交而形成的______线。

⑤ 局部放大图中有一段凹槽，称为_____槽，其宽度是____，深度是____，标有④处所指表面的粗糙度参数 *Ra* 值是________，用____________方法获得。

⑥ 尺寸 6×M8-6H↧8 孔↧10EQS 中：6 表示______________，M 表示____________代号，8 表示__________，10 表示___________，EQS 表示____________。

⑦ 尺寸 ϕ60H7 查表确定极限偏差值：上偏差值是 _________，下偏差值是_________，公差值是__________。

⑧ 解释图中几何公差的含义：被测要素是_____________，基准要素是___________，公差项目是________，公差值是_________。

⑨ 在指定位补画 *C*—*C* 断面图。

班级： 姓名： 学号：

套筒零件图

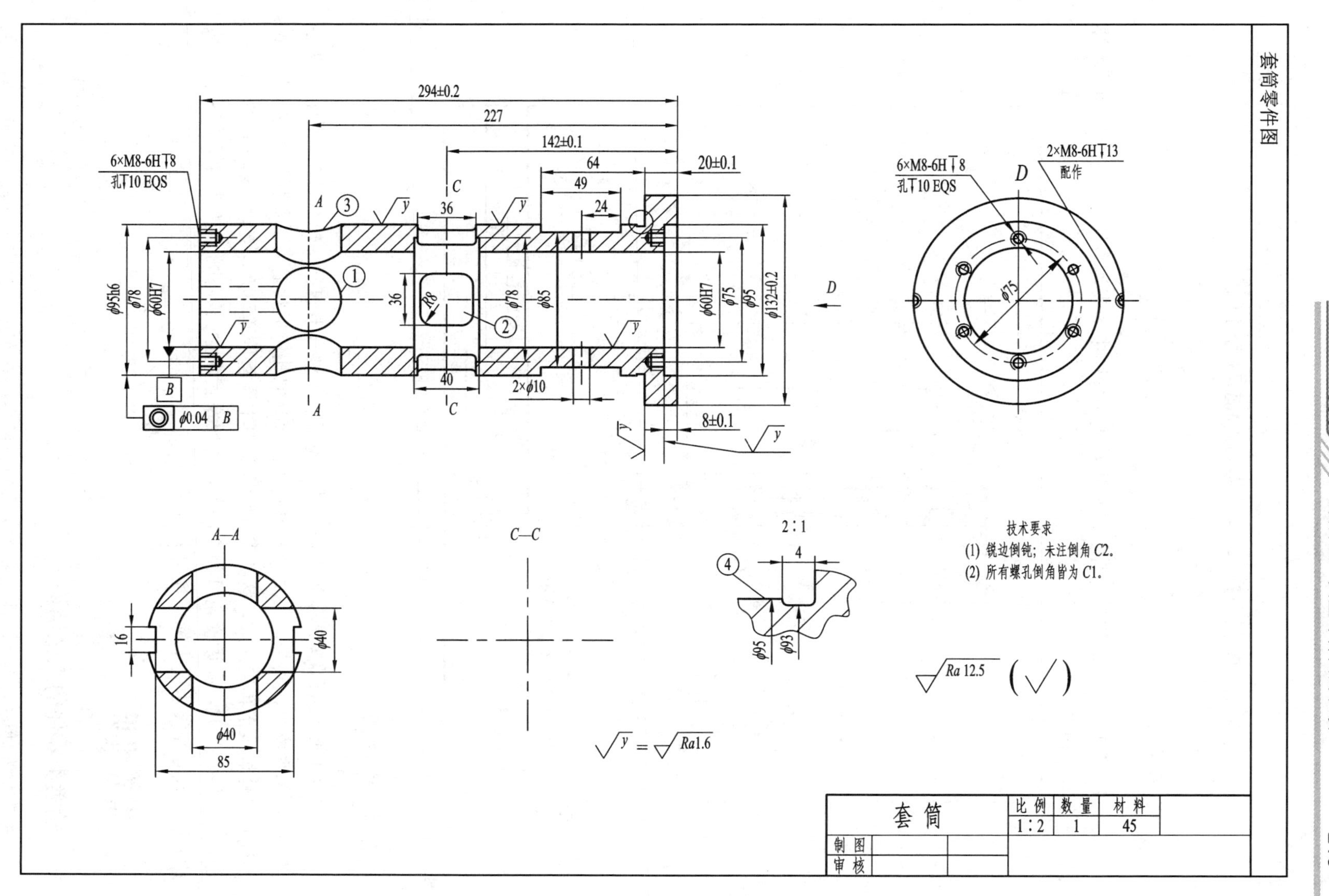
294±0.2
227
142±0.1
64
49
24
20±0.1
6×M8-6H↧8
孔↧10 EQS
A
3
C
36
y
1
2
36
R8
ϕ95h6
ϕ78
ϕ60H7
ϕ78
ϕ85
ϕ60H7
ϕ75
ϕ95
ϕ132±0.2
D
40
2×ϕ10
B
ϕ0.04 B
8±0.1
6×M8-6H↧8
孔↧10 EQS
2×M8-6H↧13
配作
ϕ75
A—A
16
ϕ40
ϕ40
85
C—C
2∶1
4
ϕ95
ϕ93
y = Ra1.6
技术要求
(1) 锐边倒钝；未注倒角C2。
(2) 所有螺孔倒角皆为C1。
Ra 12.5
套筒
比例 1∶2
数量 1
材料 45
制图
审核

任务二 识读端盖零件图

任务导入

识读图 5-2-1 所示的端盖零件图，分析端盖零件图中的表达方法、尺寸标注和技术要求，想象其结构形状。

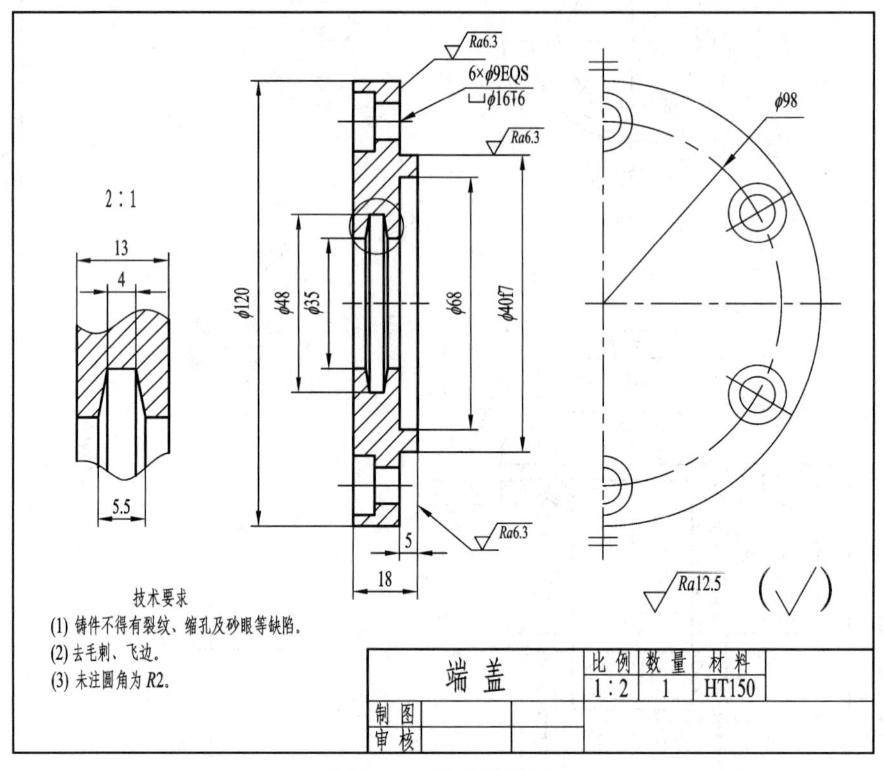

图 5-2-1 端盖零件图

任务分析

图 5-2-1 所示的端盖属于轮盘类零件。轮盘类零件一般包括手轮、带轮、齿轮、法兰盘、端盖和盘座等，其基本形状一般为回转体或其他几何形状的扁平盘状体。轮盘类零件的径向尺寸远大于轴向尺寸，这类零件在机器中主要起传递动力、支承、轴向定位、防尘、密封的作用。为此，要读懂轮盘类零件图，需要掌握轮盘类零件的结构特点，零件图的表达方法、尺寸和技术要求标注等相关知识。

相关知识

一、轮盘类零件的工艺结构

轮盘类零件的毛坯有铸件或锻件，多数表面主要在车床、镗床上加工，零件上常见的有倒角、键槽、销孔、凸缘、均布孔、轮辐、螺纹、退刀槽、砂轮越程槽、肋等结构。

二、轮盘类零件的视图选择

1. 主视图的选择

由于轮盘类零件的多数表面主要是在车床、镗床上加工，为方便工人对照看图，主视图往往也按加工位置摆放，选择轴线水平放置的方向作为主视图的投射方向。

主视图选择的一般原则：按形状特征和加工位置来选择主视图；为了表达零件的内部结构，主视图常采用全剖、半剖或局部剖视图来表达。

2. 其他视图的选择

轮盘类零件除主视图外，一般还用左视图(或右视图)表达轮盘上连接孔或轮辐、筋板等的数目和分布情况。零件上未表达清楚的局部结构，常用局部视图、局部放大图和简化画法等来补充表达。

三、轮盘类零件图的尺寸标注

轮盘类零件的尺寸标注与轴套类零件的尺寸标注要求相同。

(1) 轮盘类零件的宽度和高度方向尺寸以轴线为基准，长度方向尺寸的基准通常选择经过加工并与其他零件相接触的较大端面。

(2) 零件上各圆柱体的直径尺寸及较大的孔径尺寸，多注在非圆视图上。位于盘上小孔的定位圆直径尺寸注在投影为圆的视图上较为清晰。

(3) 零件上多个等径、均布的小孔一般常用“$n \times \phi$”“EQS”等形式标注。

(4) 零件上常见孔的尺寸注法如表 5-2-1 所示。

表 5-2-1　零件上常见孔的尺寸标注

结构类型		一般注法	简化注法	说　明
光孔	一般孔	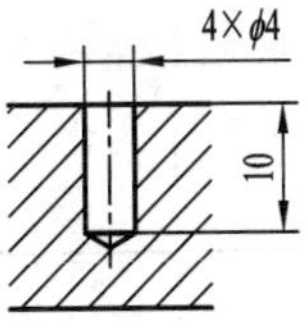 4×φ4 10	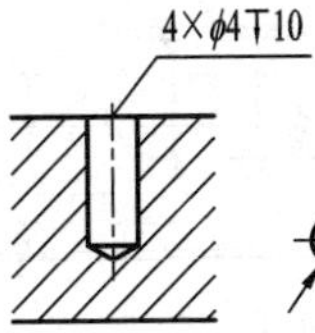 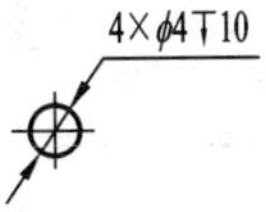 4×φ4↧10 4×φ4↧10	“↧”为孔深符号。 4 个直径为 φ4，深度为 10 的光孔
	精加工孔	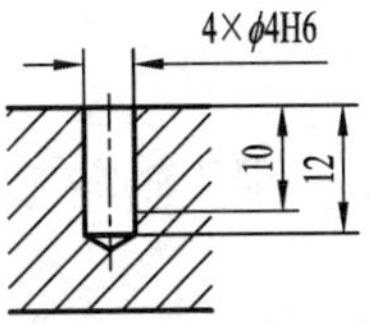 4×φ4H6 10 12	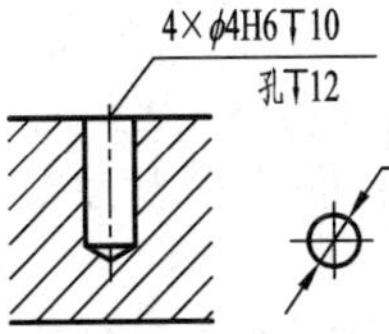 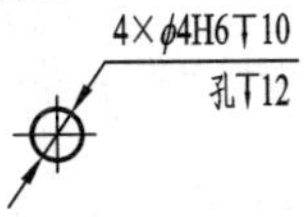 4×φ4H6↧10 孔↧12 4×φ4H6↧10 孔↧12	孔深度为 12，钻孔后精加工孔深度为 10
	锥销孔	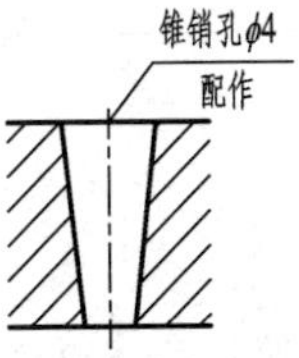 锥销孔φ4 配作	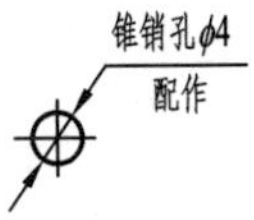 锥销孔φ4 配作	φ4 是指与其相配的圆锥销的公称直径(小端直径)。 “配作”是指该孔与相邻零件的同位锥销孔一起加工

续表

结构类型		一般注法	简化注法	说明
螺孔	不通孔	3×M6-7H 10 12	3×M6-7H↧10 孔↧12 3×M6-7H↧10 孔↧12	3 个公称直径为 $\phi6$，中径、顶径公差带代号为 7H 的普通螺纹孔。螺孔深度为 10，钻孔深度为 12
	通孔	3×M6-7H	3×M6-7H 3×M6-7H	3 个公称直径为 $\phi6$，中径、顶径公差带代号为 7H 的普通螺纹孔
沉孔	锥形沉孔	90° $\phi13$ 6×$\phi7$	6×$\phi7$ ⌵$\phi13$×90° 6×$\phi7$ ⌵$\phi13$×90°	“⌵”为锥形沉孔的符号。6 个直径为 $\phi7$ 的锥形沉孔，沉孔的直径为 $\phi13$，锥角为 90°
	柱形沉孔	$\phi13$ 3 $\phi7$	6×$\phi7$ ⌴$\phi13$↧3 6×$\phi7$ ⌴$\phi13$↧3	“⌴”为柱形沉孔的符号。柱形沉孔的直径为 $\phi13$，深度为 3
	锪平孔	$\phi13$ 6×$\phi7$	6×$\phi7$ ⌴$\phi13$ 6×$\phi7$ ⌴$\phi13$	锪平面 $\phi13$ 的深度不需标注，一般锪平到不出现毛面为止

四、轮盘类零件图的技术要求

(1) 零件上有配合关系的内、外表面粗糙度参数值较小；用于轴向定位的端面，表面粗糙度参数值较小。

(2) 零件上有配合关系的孔和轴应给出恰当的尺寸公差；与其他运动零件相接触的表面应有平行度、垂直度的要求。

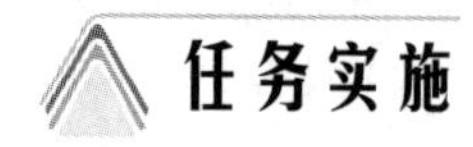

任务实施

识读图 5-2-1 所示的端盖零件图的具体方法和步骤见表 5-2-2 所示。

表 5-2-2　识读端盖零件图的读图方法与步骤

方法与步骤	分析过程
概括了解	从标题栏可知该零件为端盖，具有轮盘类零件的典型结构，是铣刀头上的一个零件，它在铣刀头上起连接、轴向定位及密封的作用。材料为 HT150，绘图比例为 1∶2
分析视图	零件图共有三个图形：一个主视图、一个左视图和一个局部放大图。 主视图将轴线水平放置，采用了全剖视图，表达了端盖的内部结构；左视图采用了对称图形的简化画法，反映了端盖的形状和沉孔的位置；局部放大图清楚地反映出密封槽的内部结构形状和尺寸
分析尺寸	从图中可知，端盖的径向尺寸以轴线为基准；轴向尺寸基准是端盖的右端面，标注出尺寸 18、5。在端盖上均布了 6 个柱形沉孔，柱形沉孔的直径为 $\phi16$，深度为 6，定位尺寸为 $\phi98$
分析技术要求	从图中可知，端盖右侧凸缘 $\phi80$ 的圆柱面与其他零件有配合要求，标注有尺寸公差 $\phi80f7$，相应的表面粗糙度加工工艺为去除材料的方法，*Ra* 值为 6.3 μm。图中未注圆角尺寸为 *R*2，同时对铸件提出不得有裂纹、砂眼缺陷，去毛刺、飞边等要求
归纳总结	通过上述读图分析，对端盖的作用、结构形状、尺寸大小、主要加工方法及加工中的主要技术指标要求，有了较清楚的认识。综合起来可想象出端盖的结构形状如图 5-2-2 所示 图 5-2-2

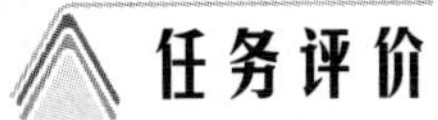

任务评价

根据本任务的学习目标，结合课堂学习情况，按照表 5-2-3 中的相应项目进行评价。

表 5-2-3　识读端盖零件图任务评价表

序号	评价项目	自评			师评		
		A	B	C	A	B	C
1	能否正确分析各视图的表达重点						
2	能否正确分析尺寸基准及各项尺寸						
3	能否正确分析各项技术要求						
4	能否想象零件的结构形状						

拓展练习

识读端盖零件图，回答问题

(1) 该零件属于________类零件，材料是____________ 。

(2) 该零件的主视图采用__________剖切平面，其表达方法属于__________图。选用轴线水平放置，既符合________位置，又符合_______位置，主视图中没有画剖面线的部分属于________结构。

(3) 该零件的径向尺寸基准是__________，由此标注出的尺寸有____、____、____等；轴向尺寸基准是__________，由此标注出的尺寸有_____、_____、______ 。

(4) 零件左侧 $6\times\phi7$ 沉孔的定位尺寸是____，右端面上 $\phi10$ 圆柱孔的定位尺寸是___。

(5) $\phi90$ 表面的粗糙度参数 Ra 值是_____，粗糙度要求精度最高的地方在_________。

(6) 尺寸 $\phi16$H7 中，$\phi16$ 表示________，H7 表示_________代号，H 表示________代号，7 表示_________代号。

(7) 解释图中几何公差的含义：

第一个几何公差被测要素是____________________，基准要素是_________________，公差项目是_______，公差值是_______。

第二个几何公差被测要素是____________________，基准要素是_________________，公差项目是_______， 公差值是_______。

(8) 补画右视图(外形)。

班级： 姓名： 学号：

端盖零件图

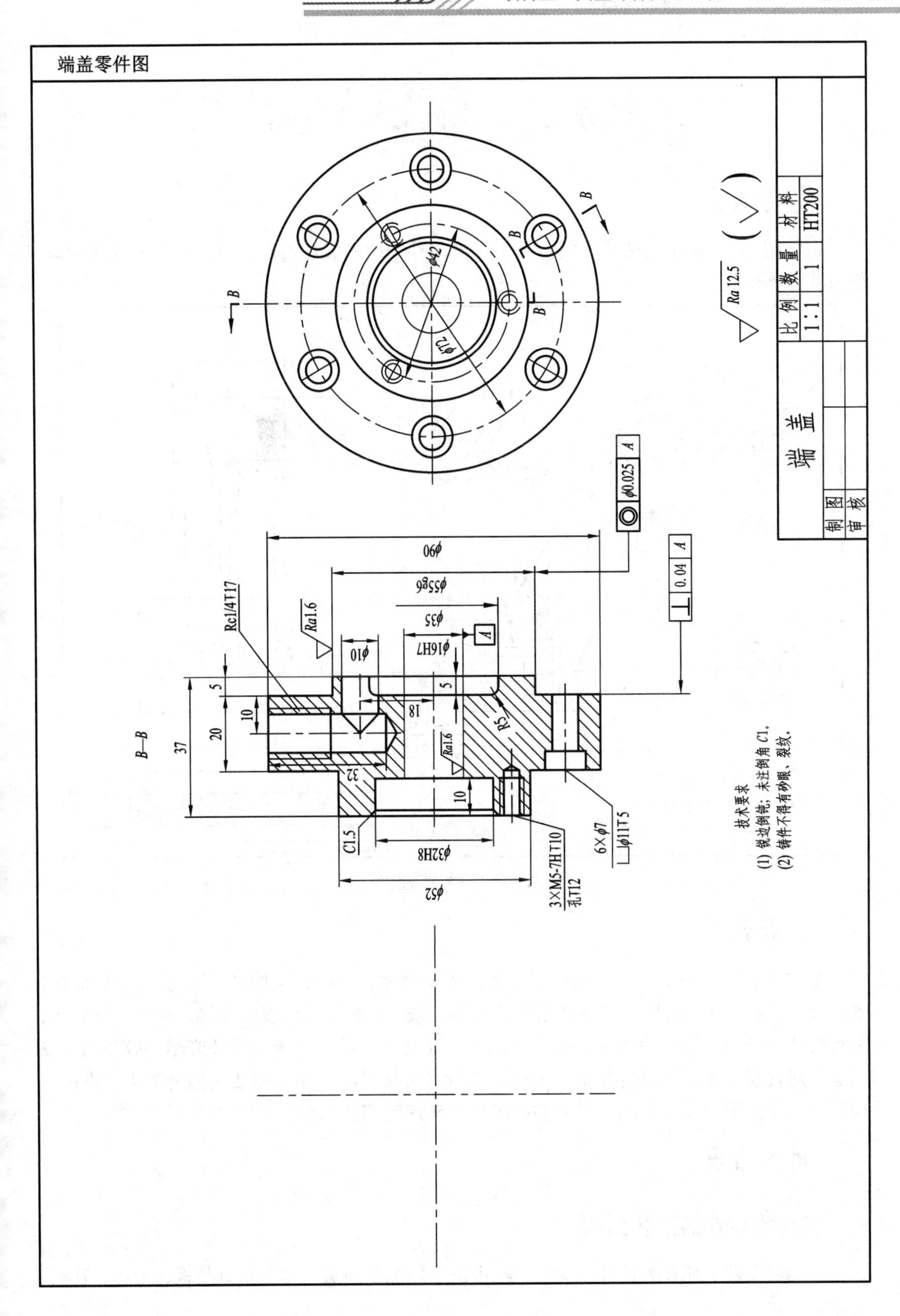
B—B
Rc1/4T17
Ra1.6
ϕ90
ϕ55g6
ϕ35
ϕ16H7
ϕ10
ϕ32H8
ϕ52
ϕ42
ϕ72
ϕ0.025 A
⊥ 0.04 A
A
5
10
20
37
18
32
R5
C1.5
3×M5-7HT10
孔T12
6×ϕ7
⌴ϕ11T5
Ra 12.5
技术要求
(1) 锐边倒钝；未注倒角C1。
(2) 铸件不得有砂眼、裂纹。
端盖
比例 1:1
数量 1
材料 HT200
制图
审核

任务三 识读支架零件图

任务导入

识读图 5-3-1 所示支架零件图，分析支架零件图中的表达方法、尺寸标注和技术要求，想象其结构形状。

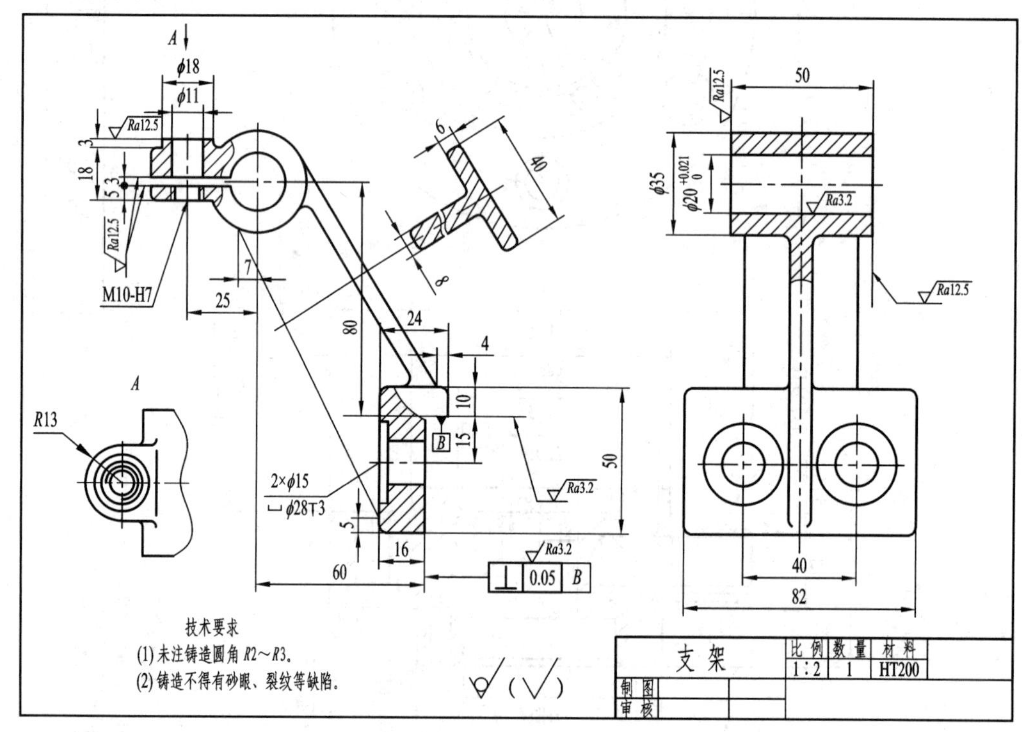

图 5-3-1 支架零件图

任务分析

图 5-3-1 所示的支架属于叉架类零件。叉架类零件一般包括拨叉、连杆、杠杆和各种支架等。多数形状不规则，其外形结构比内腔复杂，且整体结构复杂多样，形状差异较大，常有弯曲或倾斜结构。拨叉零件多为运动件，通常起传动、连接、调节或制动等作用。支架零件通常起支撑、连接等作用。为此，要读懂叉架类零件图，需要掌握叉架类零件的结构特点、零件图的表达方法、尺寸和技术要求标注等相关知识。

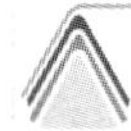

相关知识

一、叉架类零件的工艺结构

叉架类零件毛坯多为铸件或锻件，经多道工序加工而成。其上常有肋板、轴孔、耳板、底板等结构，局部结构常有油槽、油孔、螺孔、沉孔等，表面常有铸造圆角和过渡线。

1. 起模斜度

为了便于在型砂中取出模型，一般沿模型起模方向做成 1°～3° 的斜度，叫作起模斜度，如图 5-3-2(a)所示。起模斜度的画法及标注如图 5-3-2(b)所示。一般情况下，因起模斜度较小，故在图上可以不画，也不用标注，如图 5-3-2(c)所示，必要时可以在技术要求中加以说明。

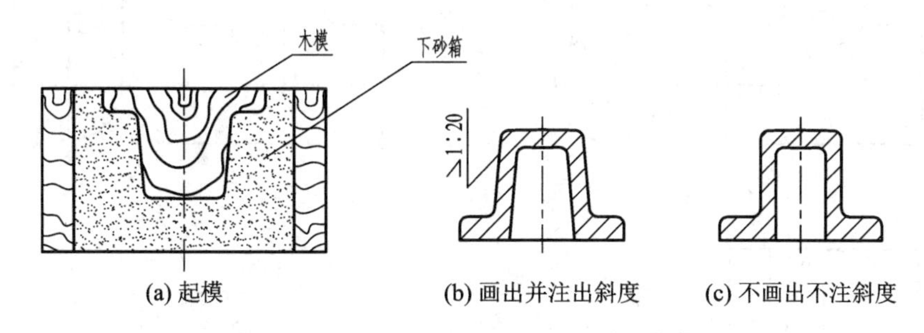

图 5-3-2　起模示意图及起模斜度的标注

2. 铸造圆角

铸件毛坯在表面的相交处，都有铸造圆角，如图 5-3-3 所示。这样既能方便起模，又能防止浇铸铁水时将砂型转角处冲坏，还可以避免铸件在冷却时产生裂缝或缩孔。铸造圆角在零件图中一般应画出， 圆角半径尺寸一般取 3～5 mm 或壁厚的 0.2～0.4 倍。在零件图中一般不标注，常在技术要求中注写。图 5-3-3 所示的铸件毛坯的底面(作为安装底面)，需要经过切削加工，这时铸造圆角被削平。

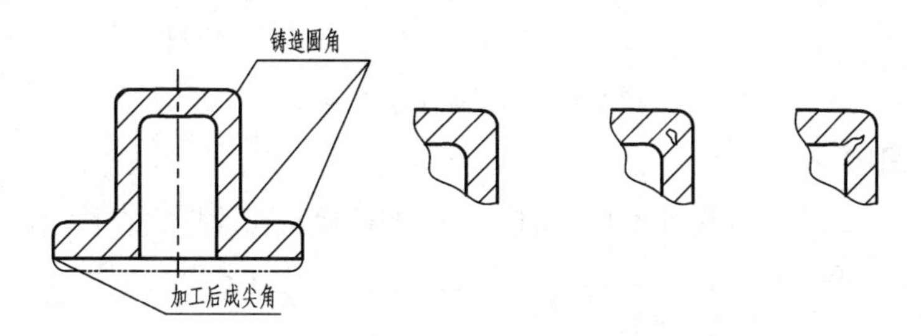

图 5-3-3　铸造圆角

3. 铸件壁厚

在浇铸零件时，为了避免各部分因冷却速度不同而产生缩孔或裂缝，铸件壁厚应均匀变化、逐渐过渡，如图 5-3-4 所示。

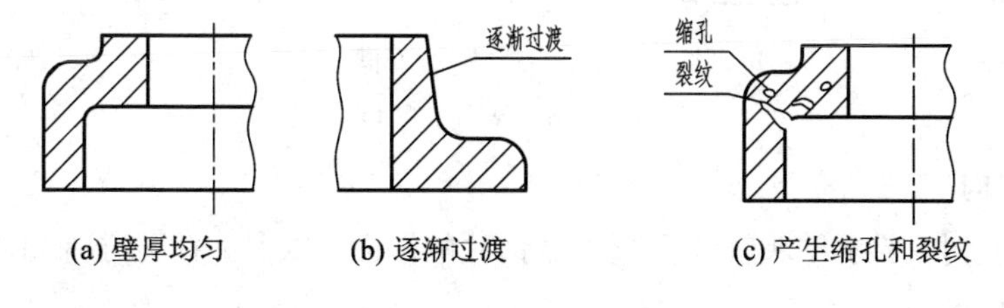

图 5-3-4　铸件壁厚

4. 过渡线

由于铸造圆角的影响，铸件表面的交线变得不明显，为了便于看图时明确相邻两形体的分界面，在零件图中仍画出两表面的交线，称为过渡线(可见的过渡线用细实线表示)。过渡线的画法与相贯线的画法基本相同，只是在交线两端或一端留出空隙。图 5-3-5(a)、(b)所示是两曲面相交时过渡线的画法。图 5-3-5(c)、(d)所示是常见的几种过渡的画法。

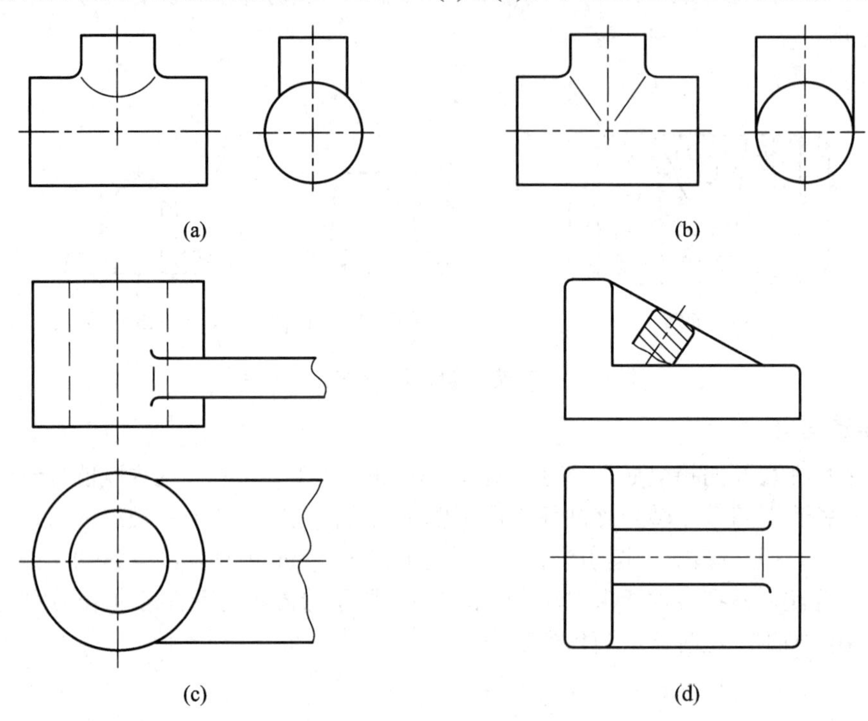

(a) (b) (c) (d)

图 5-3-5　过渡线的几种画法

5. 凸台和凹坑

为了减少加工面积，并保证零件表面之间接触，通常在铸件上设计出凸台或加工成凹坑，如图 5-3-6 所示。

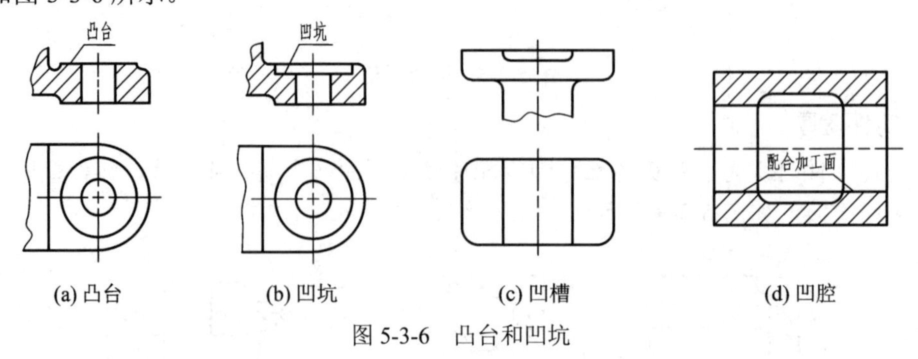

(a) 凸台　(b) 凹坑　(c) 凹槽　(d) 凹腔

图 5-3-6　凸台和凹坑

6. 钻孔结构

用钻头钻孔时，要求钻头轴线垂直于被钻孔的端面，以保证钻孔准确和避免钻头折断，如图 5-3-7 所示。

(a) 合理

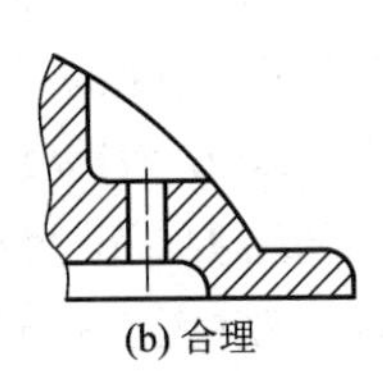
(b) 合理

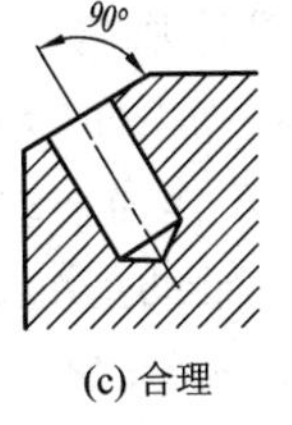

(c) 合理

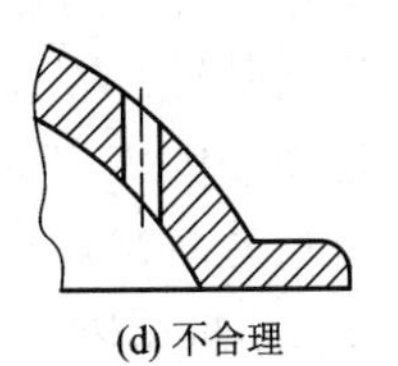
(d) 不合理

图 5-3-7　钻孔端面结构

二、叉架类零件的视图选择

1. 主视图的选择

由于叉架类零件的加工工序较多，加工位置经常变化，因此选择主视图时，一般在符合主视图投射方向“形状特征性原则”的前提下，按工作(安装)位置安放主视图。当工作位置是倾斜或不固定时，可将其放正来画主视图。主视图常用全剖视图、半剖视图、局部剖视图来表达主体外形和局部内形。

2. 其他视图的选择

叉架类零件一般需用两个或两个以上的基本视图。为表达零件上的弯曲或扭斜结构，还常常采用斜视图、局部视图、用斜剖切平面剖切的剖视图和断面图等表达方法。对某些细小结构可采用局部放大图。

三、叉架类零件图的尺寸标注

叉架类零件的尺寸标注与前两类零件的尺寸标注要求相同。

(1) 正确选择尺寸基准，零件的长度、宽度、高度方向的尺寸基准一般为孔的中心线、轴线、对称平面和较大的加工平面。

如图 5-3-8 所示的轴承挂架，在机器中是以安装接触面 *I*、*III* 和对称平面 *II* 来定位的，以保证孔 $\phi 20$ 的轴线与对面另一个挂架(或其他的零件)上轴孔的轴线在同一直线上，并使相对两个轴孔端面间的距离达到必要的精确度。因此，挂架的安装接触面 *I* 为高度方向上的主要基准，对称平面 *II* 为长度方向的主要基准，安装接触面 *III* 为宽度方向上的主要基准。

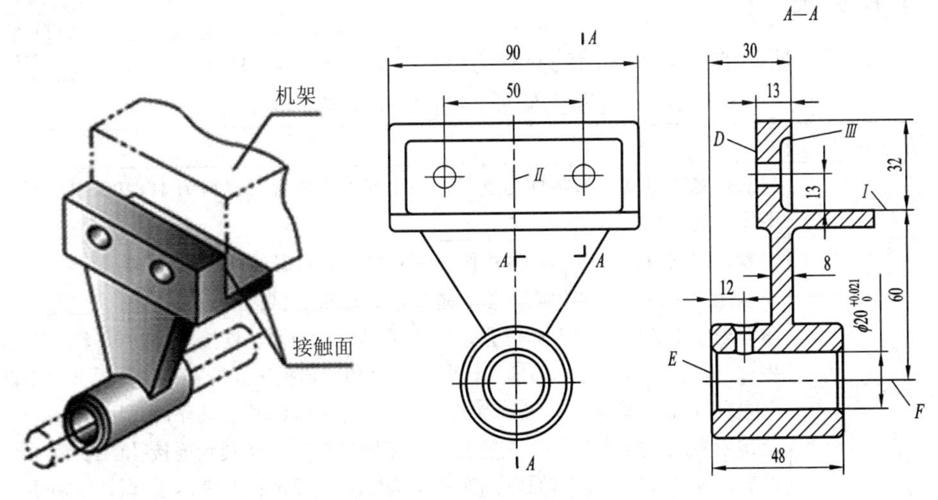

图 5-3-8　挂架的基准选择

主要基准 *I*、*II*、*III* 都是设计基准。*I* 又是加工 $\phi20$ 和顶面的工艺基准，*II* 是加工两个螺钉孔的工艺基准，*III* 又是加工平面 D 和 E 的工艺基准。考虑到某些尺寸要求不高或测量方便，可选用端面 E 和轴线 F 作为辅助基准，以 E 为辅助基准标注尺寸 12、48，以 F 辅助基准标注尺寸 $\phi20$。此时，辅助基准 E、F 与主要基准尺寸之间联系尺寸是 30 和 60。

(2) 重要尺寸直接标注。如图 5-3-9(a)所示，轴承座轴孔的中心高尺寸 a 应直接标出，如果按图 5-3-9(b)所示标注，则其孔的中心高尺寸由尺寸 b 和 e 的组成，那么此时中心高尺寸的误差就是尺寸 b 和 e 的误差累加，从而使其误差超过设计要求。图 5-3-9(b)所示的机座的两个螺纹孔的孔距标注也是不合理的。

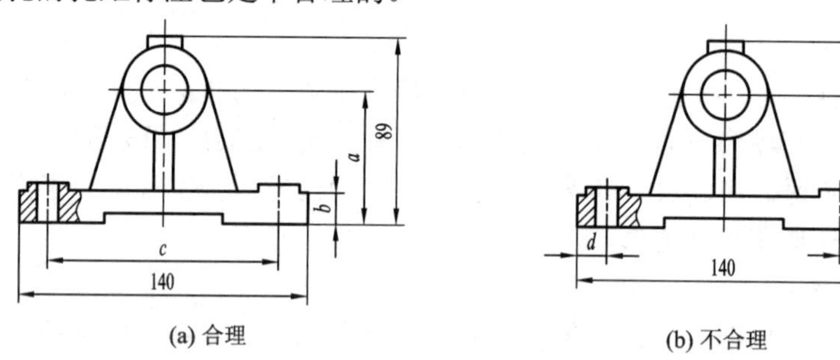

(a) 合理　　(b) 不合理

图 5-3-9　重要尺寸直接标注

(3) 叉架类零件的定位尺寸较多，标注时应注意定位尺寸的精度。一般要标注出孔中心线(或轴线)间的距离，或孔中心线(或轴线)到平面的距离、平面到平面的距离。

(4) 叉架类零件的定形尺寸的标注一般采用形体分析法。还应注意拔模斜度、铸造圆角的标注。

四、叉架类零件图的技术要求

叉架类零件一般对支撑部分、运动配合面均有较严的尺寸公差、几何公差和表面粗糙度要求，对支承孔应按配合要求标注尺寸，某些角度或某部分的长度尺寸应按一定要求标注公差。

任务实施

识读图 5-3-1 所示的支架零件图的具体方法和步骤如表 5-3-1 所示。

表 5-3-1　识读支架零件图的读图方法与步骤

方法与步骤	分 析 过 程
概括了解	从标题栏可知，该零件为支架，属于叉架类零件。材料为 HT200，属于铸件，绘图比例为 1∶2
分析视图	零件图共有四个图形：主视图、左视图、A 向局部视图和移出断面图。 从图中可知，支架由固定板、连接板、肋板、圆筒及圆筒左侧的耳板组成。主视图考虑了形状特征和工作位置，表达了耳板、圆筒、连接板、肋板及固定板之间的相对位置，采用两处局部剖视，表达耳板和固定板上孔的结构；耳板分上下两部分，中间有 3 mm 间隙，上部分为光孔，下部分为螺纹孔，其作用是用来固定与圆筒中 $\phi20$ 孔配合的轴类零件。左视图表达了固定板的形状及其连接孔的位置，采用一处局部剖视，表达了圆筒的内部通孔结构。A 向局部视图表达了耳板上端面孔的结构形状。移出断面图表达连接板与肋板的断面形状及互相垂直的关系

续表

方法与步骤	分 析 过 程
分析尺寸	从图中可知，固定板右侧的竖直安装面与标有基准符号 *B* 的水平安装面，分别为支架长度和高度两个方向的尺寸基准，从基准出发标注出圆筒的定位尺寸 60、80，固定板上沉孔的上下定位尺寸 15。圆筒的轴线为辅助基准，从辅助基准标注出肋板、连接板的定位尺寸 25、7 等。左视图的对称中心线为支架宽度方向的尺寸基准，标注了圆筒定形、定位尺寸 50，固定板的定形、定位尺寸 82，以及固定板上孔的定位尺寸 40
分析技术要求	从图中可知，支架表面粗糙度的加工工艺为去除材料的方法。长度、高度方向基准面是定位的接触面，圆筒 $\phi 20$ 孔的内表面是配合面，表面粗糙度要求高，其 *Ra* 值为 3.2 μm，其他加工面的 *Ra* 值为 12.5 μm，其余为不加工表面。圆筒的直径尺寸 $\phi 20$，带有极限偏差值，且下极限偏差为 0，属于基孔制配合的基准孔。长度方向的基准面相对于高度方向的基准面 *B*，有垂直度要求，公差值为 0.05 mm。由于支架为铸件，铸造圆角较多，未注铸造圆角均为 *R*2～*R*3，同时对铸件提出不得有裂纹、砂眼等缺陷的要求
归纳总结	通过上述读图分析，对支架的作用、结构形状、尺寸大小、主要加工方法及加工中的主要技术指标要求，有了较清楚的认识。综合起来可想象出支架的结构形状，如图 5-3-10 所示 图 5-3-10

任务评价

根据本任务的学习目标，结合课堂学习情况，按照表 5-3-2 中的相应项目进行评价。

表 5-3-2　识读支架零件图任务评价表

序号	评 价 项 目	自 评			师 评		
		A	B	C	A	B	C
1	能否正确分析各视图的表达重点						
2	能否正确分析尺寸基准及各项尺寸						
3	能否正确分析各项技术要求						
4	能否想象零件的结构形状						

拓展练习

识读托架零件图，回答问题。

(1) 该零件属于__________类零件，材料是____________。

(2) 该零件用____个视图表示，主视图采用________图，俯视图采用________图，并采用了_____图来表示凹槽的形状，另一个 *B* 视图称为_________图，主要表达托架右侧的___________________结构。

(3) 该零件的长度方向的尺寸基准是_________________________________；宽度方向的尺寸基准是___________________________；高度方向的尺寸基准是 ______________________。

(4) 尺寸 114 为_______尺寸，90 为______尺寸，70 为______尺寸。(定形、定位)

(5) 尺寸 2 × *C*1 表示_____结构，其中 2 表示______，*C* 表示_______，1 表示_______。

(6) 在该零件的加工表面中，表面结构要求最高的粗糙度参数 *Ra* 值是_______，其单位是________；要求最低的表面粗糙度参数 *Ra* 值是______，共有____处，其他表面的表面结构要求是用__________方法获得。

(7) 尺寸 ϕ35H8 中，公称尺寸是_____，基本偏差代号为______，标准公差为 IT___级。当把尺寸 ϕ35k7 的轴装入该孔中时，所形成的配合叫______配合，采用的是______制。

(8) 解释图中几何公差的含义：被测要素是_____________________________________，基准要素是______________________________，公差项目是_______，公差值是_______。

(9) 在指定位置补画左视图(外形)。

班级： 姓名： 学号：

托架零件图

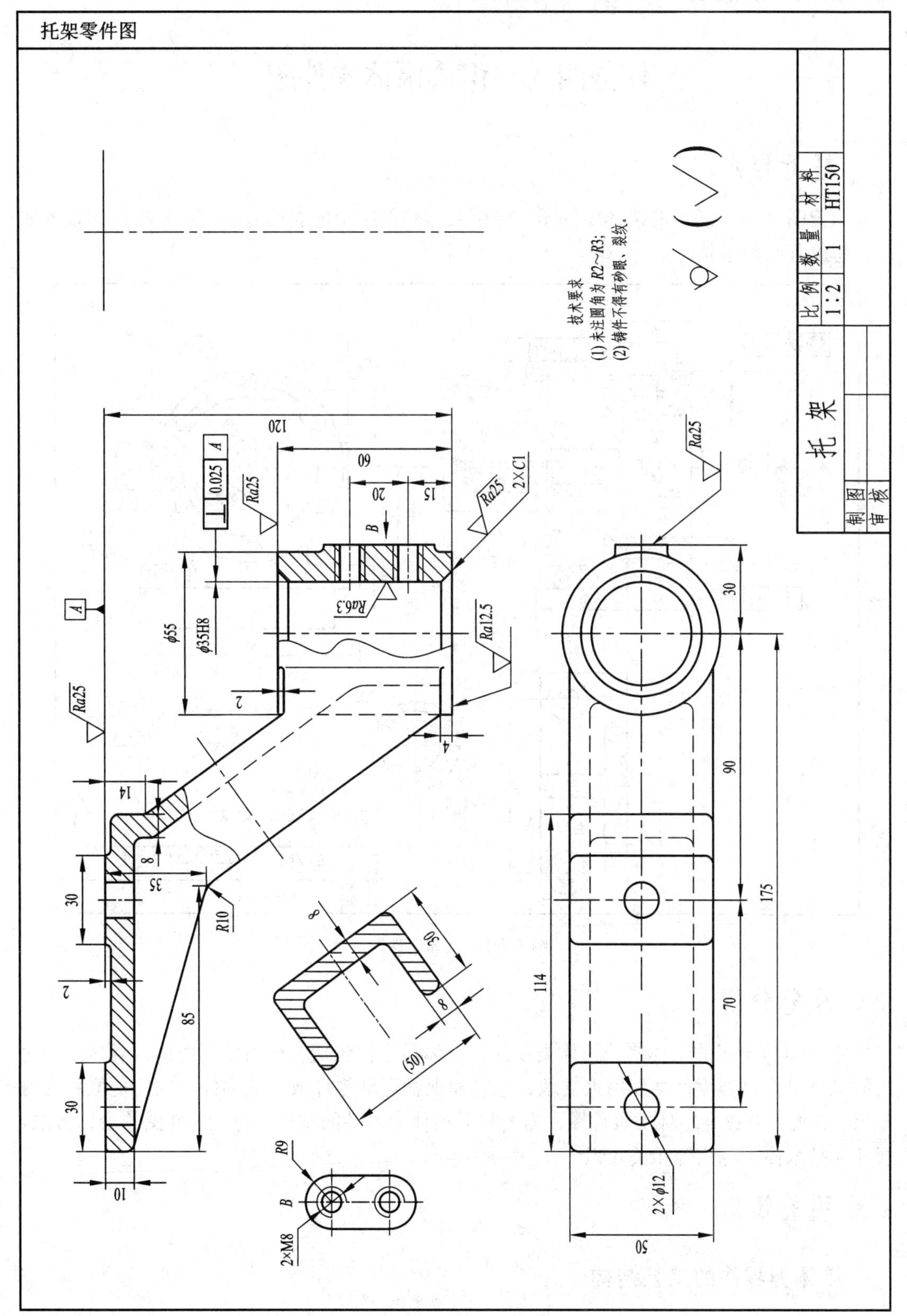
技术要求
(1) 未注圆角为R2~R3;
(2) 铸件不得有砂眼、裂纹。
托架
比例 1:2
数量 1
材料 HT150
制图
审核
120
60
20
15
2×C1
Ra25
Ra6.3
Ra12.5
0.025 A
A
B
ϕ55
ϕ35H8
R10
R9
2×M8
2×ϕ12
30
90
175
114
70
50
85
35
14
8
10
2
4
(50)

任务四 识读泵体零件图

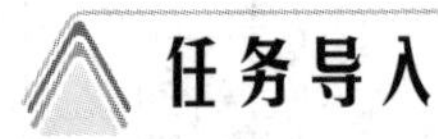

任务导入

识读图 5-4-1 所示的泵体零件图，分析泵体零件图中的表达方法、尺寸标注和技术要求，想象其结构形状。

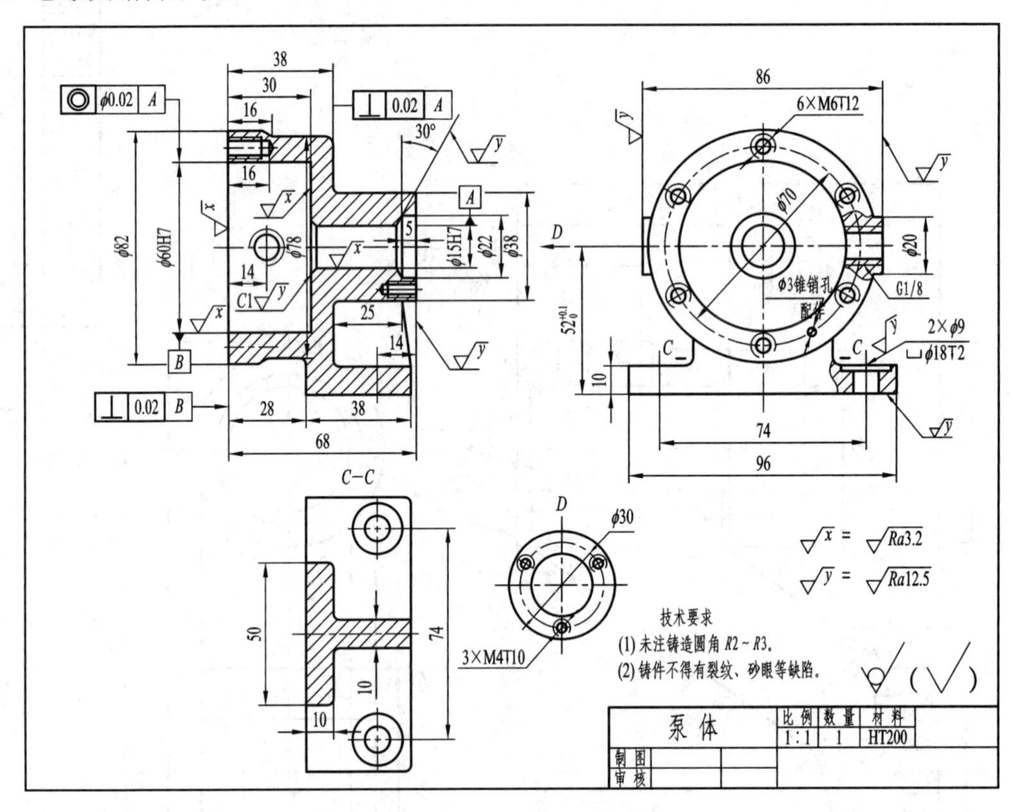

图 5-4-1 泵体零件图

任务分析

图 5-4-1 所示的泵体属于箱体类零件。箱体类零件包括各种箱体、壳体、泵体及减速机的机体等。这类零件主要用来支承、包容和保护运动零件或其他零件，也起定位和密封作用。为此，要读懂箱体类零件图，需要掌握箱体类零件的结构特点、零件图的表达方法、尺寸和技术要求标注等相关知识。

相关知识

一、箱体类零件的工艺结构

箱体类零件的内、外结构比前三类零件都复杂，且加工工序多。此类零件通常都有一个由薄壁所围成的较大空腔和与其相连供安装用的底板，其上常有凹坑、凸台结构或有供连接端盖用的凸缘结构，还有螺孔、销孔等结构。支撑孔处常设有加厚凸台或加强筋，箱体表面过渡线较多。毛坯多为铸件，具有许多铸造工艺结构，如铸造圆角、拔模斜度等，部分表面需要经过机械加工。

二、箱体类零件的视图选择

1. 主视图的选择

由于箱体类零件结构复杂，加工工序较多，加工位置不尽相同，但箱体在机器中的工作位置是固定的，因此一般以零件的工作位置及能较多反映其各组成部分形状和相对位置的一面作为主视图的投射方向。主视图常采用剖视图来表达箱体零件的主体结构形状。

2. 其他视图的选择

箱体类零件一般需要用三个或三个以上的基本视图、向视图，并常常选择剖视。对于还未表达清楚的结构还可用局部视图、局部剖视图和断面图等表达方法。

三、箱体类零件图的尺寸标注

箱体类零件结构复杂，尺寸较多。要充分运用形体分析法进行标注，标注尺寸的要求与前三类零件的尺寸标注要求相同。

(1) 正确选择尺寸基准，常以主要孔的轴线、对称面、较大的加工平面或结合面作为长、宽、高方向的主要基准。

如图 5-4-2 所示，泵体结构左右对称，长度方向的尺寸基准为左、右对称平面，这样可

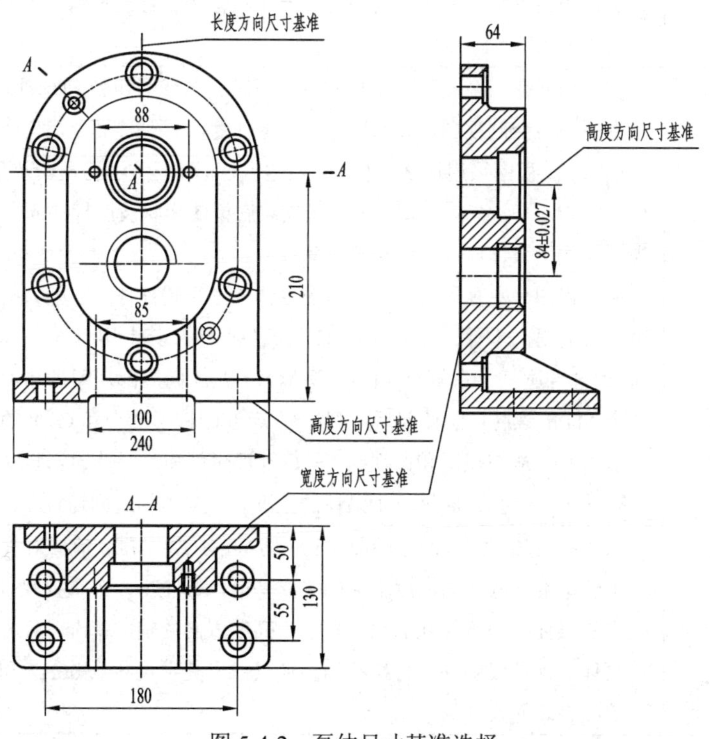

图 5-4-2　泵体尺寸基准选择

保证安装孔、螺钉孔之间的长度方向距离及其对于轴孔的对称关系。宽度方向的尺寸基准为后端面，此面是泵体的装配结合面，也是最大的加工表面，可保证底板上安装孔的宽度方向的距离。高度方向的尺寸基准为泵体的底面，可保证主动轴孔到底面的距离尺寸 210。这三个基准均为泵体的设计基准。在高度方向上，两齿轮的中心距 84 是一个有严格要求的尺寸，为保证尺寸精度，这个尺寸必须以上轴孔的轴线为基准往下标注，因此底面称为泵体高度方向的主要基准，上孔轴线为高度方向的辅助基准。主要基准与辅助基准之间靠尺寸 210 相联系。

(2) 重要尺寸直接标注。箱体中的重要尺寸指的是直接影响机器工作性能和质量好坏的尺寸，如底座孔轴线中心高、配合尺寸和与安装有关的尺寸等。图 5-4-2 中的尺寸 210、84 就属于重要尺寸。

(3) 在标注定形、定位尺寸时应充分运用形体分析法，逐个标注各形体的定形、定位尺寸。

四、箱体类零件图的技术要求

(1) 箱体重要的孔、重要的中心距和重要表面应有尺寸公差和几何公差的要求。

(2) 箱体重要的孔、重要表面的表面粗糙度要求都较高。

任务实施

识读图 5-4-1 所示的泵体零件图的具体方法和步骤如表 5-4-1 所示。

表 5-4-1 识读泵体零件图的读图方法与步骤

方法与步骤	分 析 过 程
概括了解	从标题栏可知，该零件为泵体，属于箱体类零件。材料为 HT200，属于铸件，绘图比例为 1∶1
分析视图	零件图共有四个图形：主视图、俯视图、左视图和 *D* 向局部视图。 主视图为全剖视图，其剖切位置在零件的前后对称面上，表达了泵体内部空腔的形状。左视图采用局部剖视图，表达了外形结构、螺孔及安装孔的结构和位置。俯视图为 *C*—*C* 全剖视图，表达了安装底板的形状及肋板的断面形状。*D* 向局部视图表达了泵体右端面的结构形状。 从主视图和左视图可知，泵体的主体外形为圆柱体，空腔为圆柱阶梯孔，用来容纳泵的内部零件。左侧有 ϕ82 的圆柱凸缘，其上均布 6 个 M6 的螺孔，中间为 ϕ78 的圆柱，右侧有一圆柱形凸台，从 *D* 向局部视图可知，该凸台端面均布 3 个 M4 的螺孔。泵体前后两侧各有 ϕ20 圆柱形凸台和 G1/8 的管螺纹孔，泵体前后对称。从左视图和俯视的 *C*—*C* 剖视图可知，泵体的安装底板为长方体，其上有两个安装孔，底板位于泵体的正下方，与主体之间通过 T 形连接板相连
分析尺寸	从图中可知，泵体的左端面为长度方向的主要基准；前后对称平面为宽度方向的主要基准；底面为高度方向的主要基准，标注出一个重要尺寸 52，由尺寸 52 确定的泵体内腔阶梯孔的水平轴线为高度方向的辅助基准，从这个辅助基准标注出泵体内外各段圆柱、阶梯孔的直径尺寸，其中尺寸 ϕ60H7 和 ϕ15H7 属于重要的配合表面尺寸

续表

方法与步骤	分 析 过 程
分析技术要求	从图中可知，$\phi 60$ 和 $\phi 15$ 内孔属于泵体的重要结构和配合表面，有配合要求，标注有尺寸公差 $\phi 60H7$、$\phi 15H7$。$\phi 60$ 和 $\phi 15$ 内孔的表面粗糙度要求较高，其加工工艺为去除材料的方法，*Ra* 值为 3.2 μm，其他加工面的 *Ra* 值为 12.5 μm，其余为不加工表面。$\phi 60H7$ 孔轴线相对于 $\phi 15H7$ 内孔轴线有同轴度要求，公差值为 $\phi 0.02$ mm；$\phi 60H7$ 孔左端面相对于该孔轴线、$\phi 78$ 圆柱右端面相对于 $\phi 15H7$ 内孔轴线都有垂直度要求，公差值为 0.02 mm。泵体材料为铸铁，未注铸造圆角为 *R*2～*R*3，同时对铸件提出不得有裂纹、砂眼等缺陷的要求
归纳总结	通过上述读图分析，对泵体的作用、结构形状、尺寸大小、主要加工方法及加工中的主要技术指标要求，有了较清楚的认识。综合起来可想象出泵体的结构形状，如图 5-4-3 所示 图 5-4-3

任务评价

根据本任务的学习目标，结合课堂学习情况，按照表 5-4-2 中的相应项目进行评价。

表 5-4-2　识读泵体零件图任务评价表

序号	评 价 项 目	自 评			师 评		
		A	B	C	A	B	C
1	能否正确分析各视图的表达重点						
2	能否正确分析尺寸基准及各项尺寸						
3	能否正确分析各项技术要求						
4	能否想象零件的结构形状						

拓展练习

识读阀体零件图，回答问题。
(1) 该零件属于__________类零件，材料是_____________。 (2) 该零件用____个视图表示，主视图采用_________图，主要表达________________结构形状，俯视图采用____________________________图，主要表达____________________结构形状，左视图采用________________图，主要表达________________________结构形状。 (3) 主视图中直径为 $\phi25$ 的槽，称为______________槽；俯视图中 90° 的扇形限位凸块，其作用是_____________________________。 (4) 该零件长度方向的尺寸基准为____________________________________，由此标注出的尺寸有________、_____、_____、_____等；宽度方向的尺寸基准为 _________________，由此标注出的尺寸有________、_______、______；高度方向的尺寸基准为_________________，由此标注出的尺寸有_______ 、______、______、_____等。 (5) 尺寸 $\phi50H11$ 中：公称尺寸是______，基本偏差代号是____，标准公差为 IT___级。查表得该尺寸的上偏差值是________，下偏差值是___________，公差是________。 (6) 在该零件的加工表面中，表面结构要求最高的表面粗糙度参数 *Ra* 值是_________，要求最低的表面粗糙度参数 *Ra* 值是__________。 (7) 解释图中几何公差的含义：被测要素是____________________________________，基准要素是________________________，公差项目是________，公差值是_______。
班级：　　　　　　　　姓名：　　　　　　　　学号：

阀体零件图

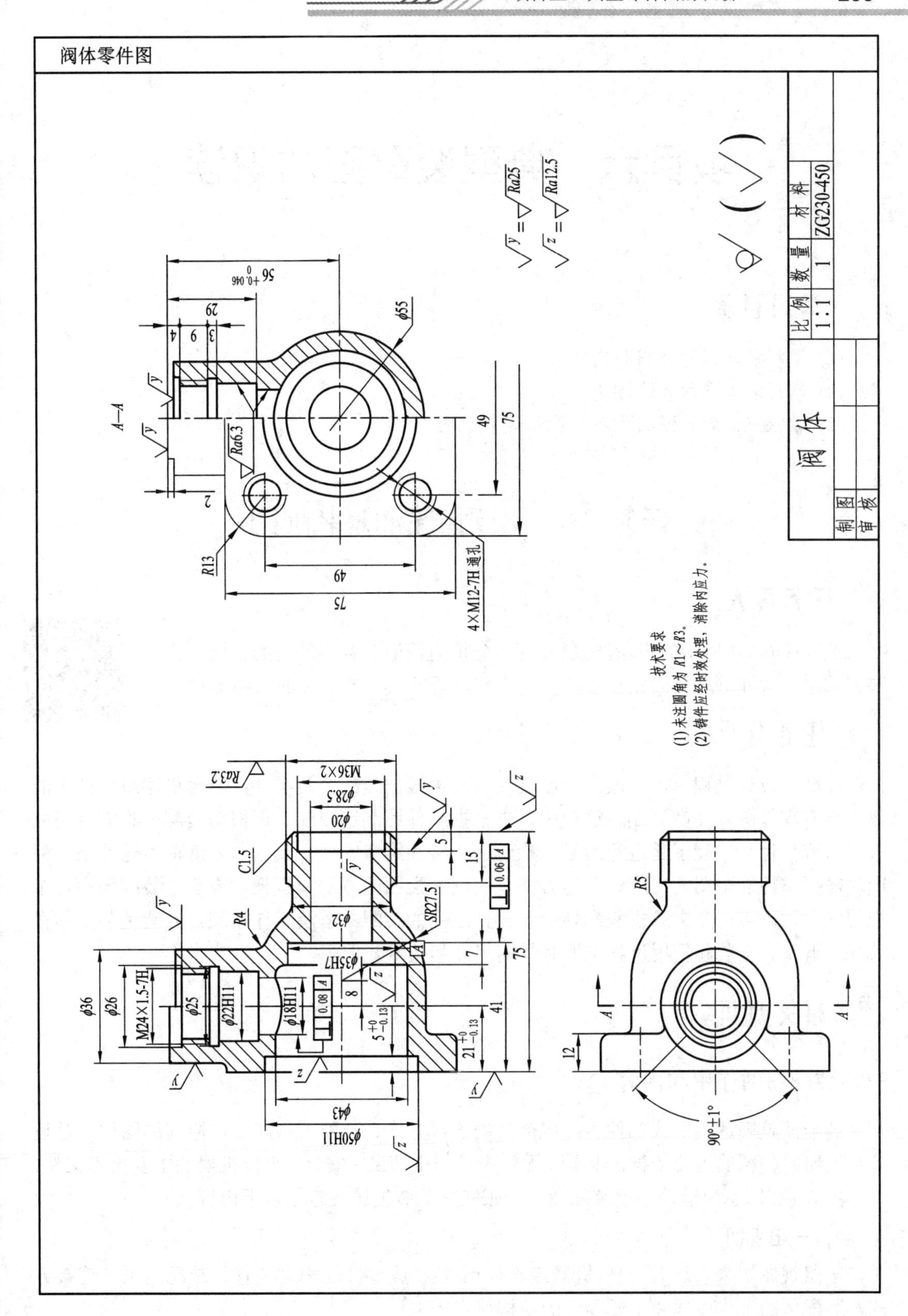

A—A
Ra6.3
4×M12-7H 通孔
R13
49
75
φ55
29
56 +0.046 0
Ra25
Ra12.5
Ra3.2
M36×2
φ28.5
φ20
φ32
φ35H7
SR27.5
C1.5
R4
R5
M24×1.5-7H
φ36
φ26
φ25
φ22H11
φ18H11
φ43
φ50H11
0.06 A
0.08 A
90°±1°
12
技术要求
(1) 未注圆角为 R1～R3。
(2) 铸件应经时效处理，消除内应力。
阀体
比例 1:1
数量 1
材料 ZG230-450
制图
审核

项目六　典型装配图的识读

学习目标

(1) 了解装配图的作用和内容。
(2) 掌握装配图的表达方法。
(3) 掌握识读装配图的方法，能识读装配图。

任务　识读齿轮油泵装配图

任务导入

识读图 6-1-1 所示的齿轮油泵装配图，分析齿轮油泵各零件间的连接方式、装配关系、拆卸顺序及齿轮油泵的工作原理，想象其主要零件的结构形状。

任务分析

在产品设计过程中，一般先绘制装配图，再根据装配图及零件在整台机器或部件上的作用绘制零件图。在产品制造过程中，先根据零件图制造零件，再根据装配图将零件装配成机器或部件。装配图是进行装配、检验、安装和维修的技术依据。要读懂齿轮油泵装配图，需要掌握装配图的内容、表达方法，识读装配图的方法和步骤，弄清楚装配图中每个视图的表达重点，学会分析装配体中各零件之间的装配关系及工作原理，弄清楚装配体在装配、调试、安装和使用过程中所必需的尺寸和技术要求等。

相关知识

一、装配图的作用和内容

装配图是表达机器或部件各组成部分的连接方式、装配关系和工作原理的图样，是设计和绘制零件图的主要依据，也是装配生产过程中调试、安装、维修机器的主要技术文件。

图 6-1-2 所示为滑动轴承装配图。一张完整的装配图应包括以下内容：

1. 一组视图

一组视图用来表达装配体(机器或部件)中各组成零件的相对位置、装配关系、连接方式及装配体的工作原理和主要零件的结构特点等。

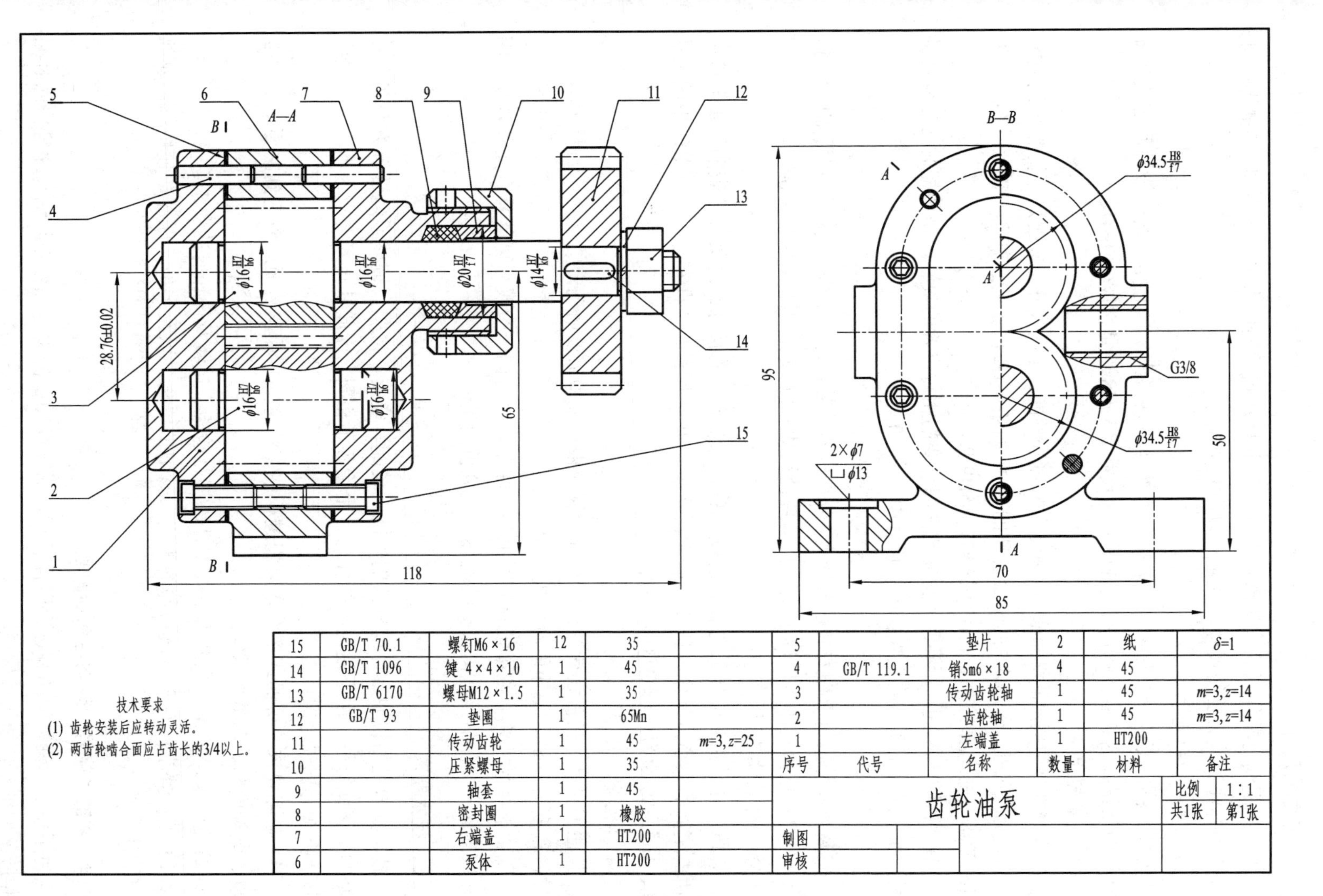

序号	代号	名称	数量	材料	备注
15	GB/T 70.1	螺钉M6×16	12	35	
14	GB/T 1096	键 4×4×10	1	45	
13	GB/T 6170	螺母M12×1.5	1	35	
12	GB/T 93	垫圈	1	65Mn	
11		传动齿轮	1	45	m=3, z=25
10		压紧螺母	1	35	
9		轴套	1	45	
8		密封圈	1	橡胶	
7		右端盖	1	HT200	
6		泵体	1	HT200	
5		垫片	2	纸	δ=1
4	GB/T 119.1	销5m6×18	4	45	
3		传动齿轮轴	1	45	m=3, z=14
2		齿轮轴	1	45	m=3, z=14
1		左端盖	1	HT200	

图 6-1-1　齿轮油泵装配图

2．必要的尺寸

由于装配图与零件图的表达重点不同，因此标注尺寸的要求也有所不同。装配图中的尺寸只需标注一些必要的尺寸，通常有以下几类尺寸：

1) 性能(规格)尺寸

性能(规格)尺寸用于表明装配体的工作性能或规格大小，它是了解、设计和选用机器或部件的依据。图 6-1-2 所示的主视图中的尺寸 ϕ50H8 就是性能(规格)尺寸。

2) 装配尺寸

装配尺寸是用来保证机器或部件的工作精度和性能要求的尺寸。装配尺寸包括以下两类：

(1) 配合尺寸：表示零件间配合性质的尺寸，如图 6-1-2 所示的主视图中的尺寸 90H9/f9、ϕ10H8/s8，左视图中的尺寸 ϕ60H8/k7、65H9/f9。

(2) 相对位置尺寸 表示零件间或部件间重要的相对位置的尺寸，是装配时必须保证的尺寸，如图 6-1-1 所示的主视图中的尺寸中心高 70。

3) 安装尺寸

安装尺寸是指将部件安装在机器上，或将机器安装在地基上进行连接固定所需的尺寸，如图 6-1-2 中的滑动轴承底座上安装孔的直径尺寸 ϕ17 及孔间距尺寸 180 等。

4) 总体尺寸

总体尺寸是指装配体的总长、总宽、总高三个方向的尺寸。这类尺寸表明了机器或部件所占空间的大小，是作为包装、运输、安装、车间平面布置的依据。图 6-1-2 中的尺寸 240、160、80 即为外形的总体尺寸。

5) 其他重要尺寸

其他重要尺寸指在设计过程中经过计算或根据某种需要而确定的尺寸，如图 6-1-2 中的轴衬宽度尺寸 80、底座的宽度尺寸 55 等。

以上五类尺寸并非在每张装配图上都需注全，有时同一个尺寸可能具有几种含义，因此在装配图上标注的尺寸需根据装配体情况分析而定。

3．技术要求

技术要求是指说明部件或机器的性能、装配、安装、检验、调整或运转等方面要求和规则的文字或符号。由于装配体的性能、用途各不相同，因此其技术要求也不同。一般应从以下几个方面来考虑：

(1) 装配要求：机器或部件在装配过程中需注意的事项及装配后应达到的要求，如准确度、装配间隙、润滑要求等。

(2) 检验要求：对机器或部件基本性能进行检验、试验及操作时的要求。

(3) 使用要求：对机器或部件的规格、参数的要求，以及维护、保养、使用机器或部件时的注意事项。

4．零部件序号、明细栏和标题栏

为了便于阅读装配图和进行图样管理，对装配图中的零、部件必须编写序号，同时编制相应的明细栏，填写标题栏。

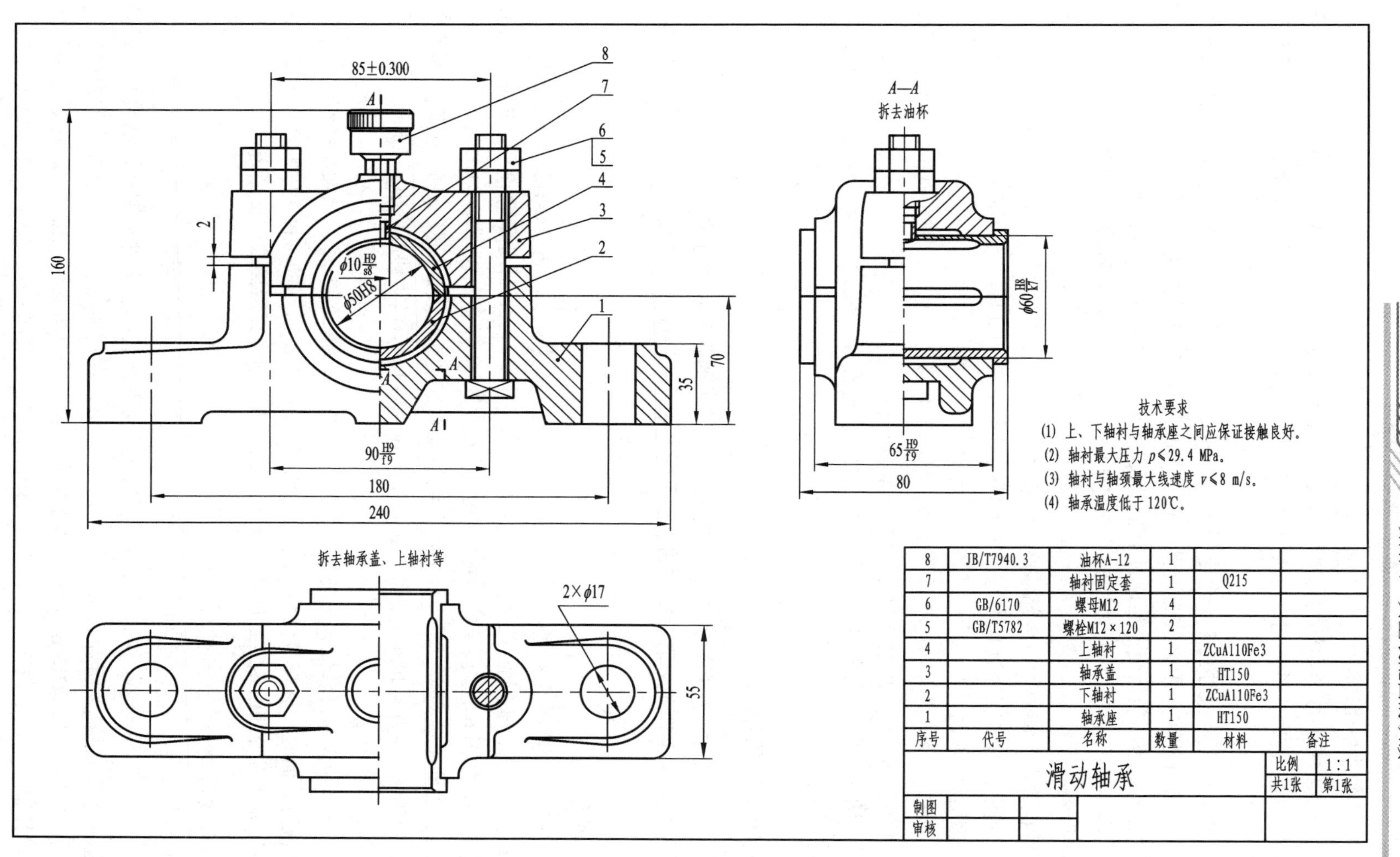

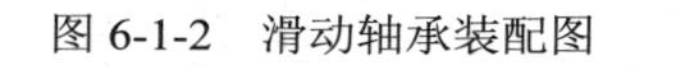
图 6-1-2　滑动轴承装配图

1) 零、部件序号编写方法

(1) 在装配图中每个零件的可见轮廓范围内画一小黑点，用细实线引出指引线，并在其末端的横线上注写零件序号，如图 6-1-2 所示。若所指的零件很薄或涂黑，可用箭头代替小黑点。

(2) 相同的零件只对其中一个进行编号，其数量填写在明细栏内。一组紧固件或装配关系清楚的零件组可采用公共的指引线编号，如图 6-1-2 中螺栓连接序号 5、6 的形式。

(3) 各指引线不能相交，当通过剖面区域时，指引线不能与剖面线平行。

(4) 零件序号应按顺时针或逆时针方向顺序编号，并沿水平和垂直方向排列整齐。

2) 明细栏

明细栏是机器或部件中全部零件的详细目录。

(1) 明细栏绘制在标题栏上方，按零件序号由下向上填写。当位置不够时，可紧靠在标题栏左边继续编写。

(2) 明细栏的填写内容包括零件序号、名称、数量、材料等。对于标准件，要注明标准号，并在名称一栏注出规格尺寸，可不填写材料。

(3) 明细栏中的编号与装配图中的零、部件序号必须一致。明细栏和标题栏的格式如图 6-1-2 所示。

二、装配图的表示法

装配图的表达方法和零件图基本相同，零件图中的各种表达方法都适合用于装配图。但由于装配图和零件图所需要表达的重点不同，因此在装配图中增加了一些规定画法和特殊画法。

1. 规定画法

(1) 规定相邻两个零件的接触面和配合面只画一条轮廓线，如图 6-1-2 中左视图所示。不接触表面和非配合表面，如孔、轴配合的基本尺寸不同时，即便间隙很小，也必须画出两条轮廓线，如图 6-1-2 所示的主视图中的螺栓连接、轴承盖与轴承座之间。

(2) 相邻两个或两个以上零件的剖面线的倾斜方向应相反或间隔不同。但同一零件在各视图中的剖面线方向和间隔必须一致，如图 6-1-2 所示。当零件厚度小于 2 mm 时，允许将剖面线以涂黑代替。

(3) 当剖切面通过紧固件以及轴、连杆、拉杆、手柄、球、键、销和钩子等实心零件的轴线或对称面时，这些零件均按不剖绘制，如图 6-1-2 所示的主视图中的螺栓连接。如需要特别表明零件的结构，如凹槽、键槽、销孔等，则可采用局部剖视图表示。

2. 特殊画法

1) 拆卸画法

为了表达那些被遮挡住的零件的装配情况，可假想将某些零件拆卸后绘制欲表达的部分，这种表达方法称为拆卸画法。采用拆卸画法后，在需要说明时，可在相应的视图上方加注“拆去××等”。如图 6-1-2 所示，俯视图右半部分是拆去轴承盖、上轴衬等零件后画出的半剖视图。

2) 沿零件结合面的剖切画法

为了把装配体中的某部分零件表达得更清楚，可假想沿某些零件的结合面剖切绘出其图形，以表达装配体内部零件间的装配情况。如图 6-1-2 所示，俯视图右半部分是沿轴承盖与轴承座结合面剖切。如图 6-1-3(a)所示，转子泵的右视图为 *A—A* 剖视图，是沿泵体和垫片的结合面剖切后得到的投影，沿结合面剖开的零件不画剖面线。

3) 假想画法

在装配图中，为了表示运动零件的极限位置，可用细双点画线画出极限位置处的轮廓；当需要表示装配体与相邻零件的连接关系或夹具中工件的位置时，可用细双点画线画出其轮廓形状，如图 6-1-3(b)所示。

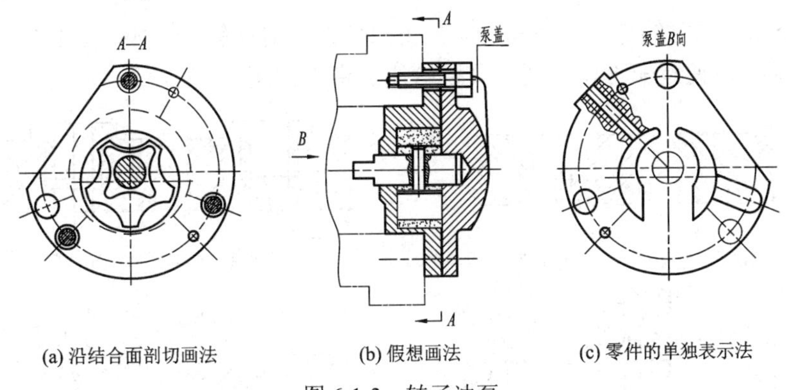

(a) 沿结合面剖切画法　(b) 假想画法　(c) 零件的单独表示法

图 6-1-3　转子油泵

4) 单独表达某零件的画法

在装配图中，当某个零件的结构形状未表达清楚且对理解装配关系有影响时，可单独画出该零件的视图，但必须在视图上方注明该零件的名称或序号，在相应的视图附近用箭头指明投射方向，并注上同样的字母，如图 6-1-3(c)所示的转子油泵中的泵盖 *B* 向视图。

5) 简化画法

对于装配图中若干相同的零件组，如螺栓连接等，可仅详细画出一组或几组，其余用细点画线表示其装配位置即可，如图 6-1-4(a)所示。

在装配图中，零件的工艺结构，如倒角、倒圆、退刀槽等，允许省略不画；螺纹紧固件、滚动轴承也可采用简化画法，如图 6-1-4(b)所示。

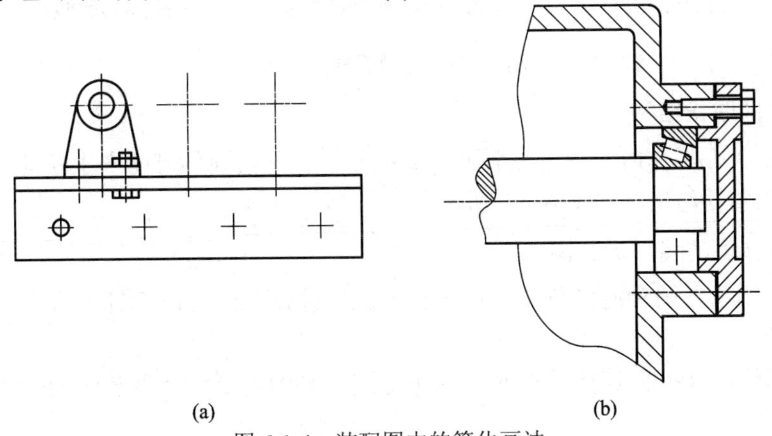

(a)　(b)

图 6-1-4　装配图中的简化画法

6) 夸大画法

对于直径或厚度小于 2 mm 的较小零件或较小间隙，如薄片零件、细丝弹簧等，当按它们的实际尺寸在装配图中很难画出或难以明显表示时，可不按比例而采用夸大画法，如图 6-1-3(b)所示的垫片的画法。

三、装配结构的合理性

为了保证装配体的质量，在设计装配体时，应注意到零件之间装配结构的合理性，装配图上需要把这些结构正确反映出来。

1. 接触面结构

(1) 两个相互接触的零件，在同一方向上只能有一对接触面，如图 6-1-5 所示。这样既可保证配合质量，使装配工作顺利，又可给加工带来方便。

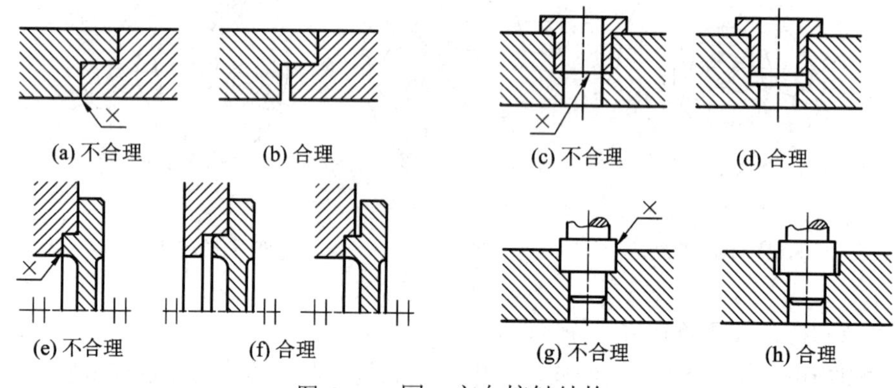

图 6-1-5　同一方向接触结构

(2) 为了保证零件在转折面处接触良好，应将转折处加工成圆角、倒角或退刀槽等，如图 6-1-6 所示。

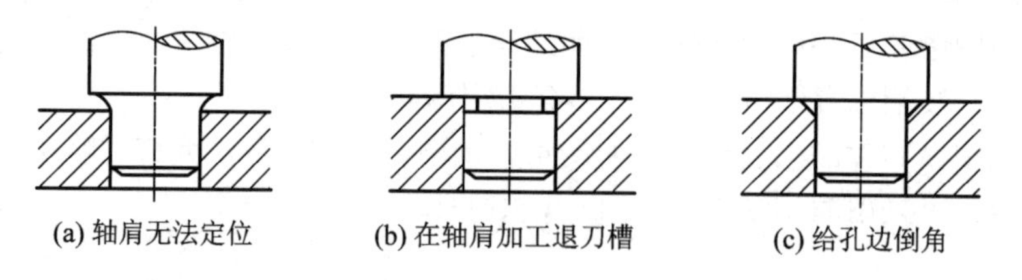

图 6-1-6　接触面转折处结构

2. 零件的防松结构

机器或部件在工作时，由于受到冲击或振动，一些紧固件可能产生松动，因此在某些装置中需采用防松结构，如图 6-1-7 所示。

3. 装配体上的装、拆结构

(1) 滚动轴承在用轴肩定位或孔肩定位时，应注意到维修时拆卸的方便与可能性，如图 6-1-8 所示。

(2) 当用螺纹连接件连接零件时，应考虑到拆装的可能性及拆装时的操作空间，如图 6-1-9 所示。

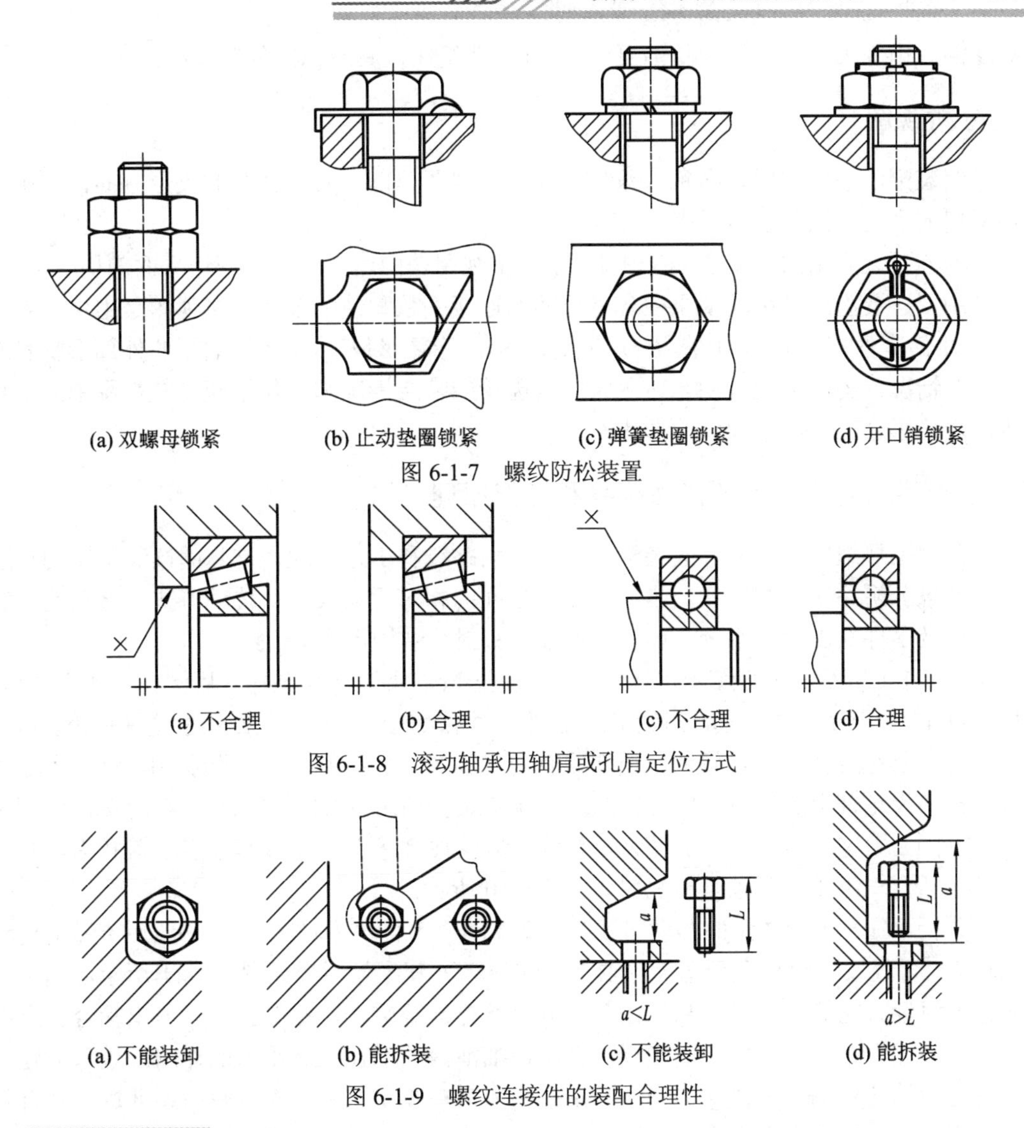

(a) 双螺母锁紧　(b) 止动垫圈锁紧　(c) 弹簧垫圈锁紧　(d) 开口销锁紧

图 6-1-7　螺纹防松装置

(a) 不合理　(b) 合理　(c) 不合理　(d) 合理

图 6-1-8　滚动轴承用轴肩或孔肩定位方式

(a) 不能装卸　(b) 能拆装　(c) 不能装卸　(d) 能拆装

图 6-1-9　螺纹连接件的装配合理性

任务实施

识读图 6-1-1 所示的齿轮油泵的装配图。

分析：识读装配图，要了解装配体的名称、用途、结构；弄清各零件的作用和它们之间的相对位置、连接方式、装配关系和工作原理；弄清主要零件的结构形状，以及装配体中各零件的动作过程；清楚装配体标注的尺寸和技术要求。

下面介绍识读装配图的方法与步骤。

一、概括了解

从标题栏和附加的产品说明书中了解装配体的名称、用途，从明细栏中了解组成装配体各零件的名称、数量、材料及标准件的规格。

由图 6-1-1 所示的装配图中的标题栏可知，该装配体名称为齿轮油泵。齿轮油泵是一种安装在油路中的供油装置，用于输送润滑油，体积较小，要求传动平稳、保证供油、不能有渗漏。由明细栏可知，齿轮油泵由 15 种零件组成，其中标准件有 5 种。

二、分析视图

了解装配图中各视图的名称、数量，找出主视图，确定其他视图的投影方向，明确各视图所用的表达方法及表达重点。

齿轮油泵装配图共采用了两个基本视图。主视图是由两个相交的剖切平面剖切的 *A—A* 全剖视图，主要表达了齿轮油泵中各零件间的连接关系和装配关系。左视图是由单一剖切平面剖切(沿零件接合面剖切)的 *B—B* 半剖视图，一半视图表达了齿轮油泵的外部形状和螺钉的分布情况，另一半剖视图表达了泵腔内齿轮的啮合情况和工作原理。左视图中的局部剖视图表达了进油口和出油口的形状。

三、分析装配关系，了解传动路线和工作原理

对照视图仔细研究装配体的装配关系、传动路线和工作原理，这是阅读装配图的重要阶段。通过分析各条装配干线，弄清各零件之间的相对运动关系、传动方式、传动路线、工作原理及零件的支承、定位、调整、连接、密封等结构形式。

从图 6-1-1 所示的主视图中可以看出，左端盖 1、右端盖 7 与泵体 6 用圆柱销 4 定位后，再用螺钉 15 紧固装配在一起。齿轮油泵主要有两条装配线：一条是传动齿轮轴系统，传动齿轮轴 3 安装在泵体 6 内，轴的伸出端装有密封圈 8、轴套 9 和压紧螺母 10，这三个零件组成了传动齿轮轴上的油封装置，轴的最右端安装传动齿轮 11，通过键 14 连接，用螺母 13 及垫圈 12 固定；另一条是从动齿轮系统，齿轮轴 2 安装在泵体和左右端盖孔内，与传动齿轮轴啮合。齿轮油泵轴测装配图如图 6-1-10 所示。

经分析可知，齿轮油泵的传动路线是：外部动力由传动齿轮 11 输入，然后传递给传动齿轮轴 3，再经过齿轮啮合带动齿轮轴 2 一起转动。其工作原理如图 6-1-11 所示，当主动齿轮作逆时针方向旋转，带动从动齿轮作顺时针方向旋转时，在轮齿逐渐退出啮合状态的右侧，空间增大，压力降低，产生局部真空，油池内的油在大气压力的作用下进入齿轮油泵，随着齿轮的转动，齿槽中的油不断沿箭头方向被带至左侧，左侧轮齿逐渐进入啮合状态，空间减小，油的压力升高，最后在出油口把油压出，送至机器中需要润滑的部位。

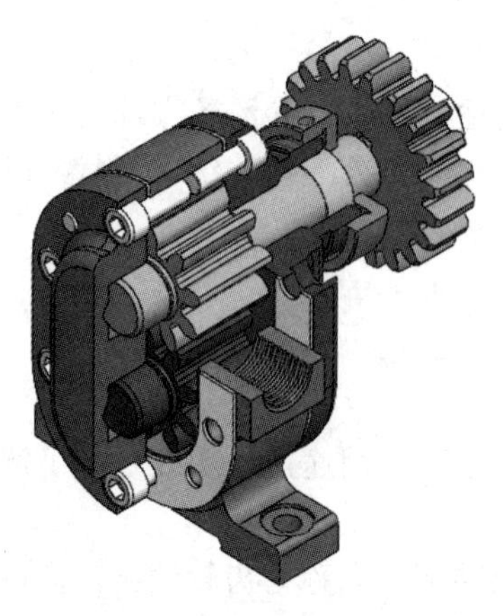

图 6-1-10　齿轮油泵轴测装配图

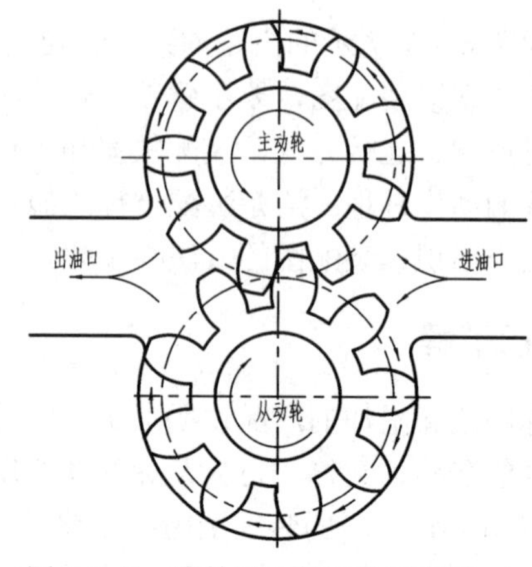

图 6-1-11　齿轮油泵的工作原理图

四、分析主要零件的结构形状

经过前面的分析，弄清了装配体的装配关系、传动路线和工作原理。在此基础上，再分析零件的结构形状，以加深对工作原理和装配关系的理解。分析时，一般先看主要零件，再看次要零件。借助零件序号的指引、零件剖面线的不同方向与间隔，对照投影关系以及相邻零件的装配情况，想象出主要零件的结构形状。

齿轮油泵的主要零件是泵体和左、右端盖，其余零件大部分为标准件与常用件，其结构形状比较容易看懂。

下面以右端盖为例进行分析。右端盖上有传动齿轮轴 3 穿过，下部有齿轮轴 2 轴颈的支撑孔，在右端凸缘的外圆柱面上有外螺纹，用压紧螺母 10 通过轴套 9 将密封圈 8 压紧在轴的四周。先从主视图区分出右端盖的视图轮廓，在主视图中右端盖的一部分被其他零件挡住，所以它是一个不完整的图形，如图 6-1-12(a)所示。根据零件的作用及与其他零件的装配关系补全所缺的轮廓线，如图 6-1-12(b)所示。在装配图的左视图中，其螺钉孔、销孔、轴孔都被泵体 6、齿轮轴 2、传动齿轮轴 3 等零件挡住，不能完整表达出来。这些缺少的结构形状可以通过对装配体整体的理解和装配体的工作情况进行补充表达和设计。右端盖的外形为长圆形，沿周围分布有六个螺钉沉孔和两个圆柱销孔。图 6-1-12(c)所示为从装配图中分离、补充想象出的右端盖左视图。结合主、左视图即可想出其结构形状，如图 6-1-12(d)所示。

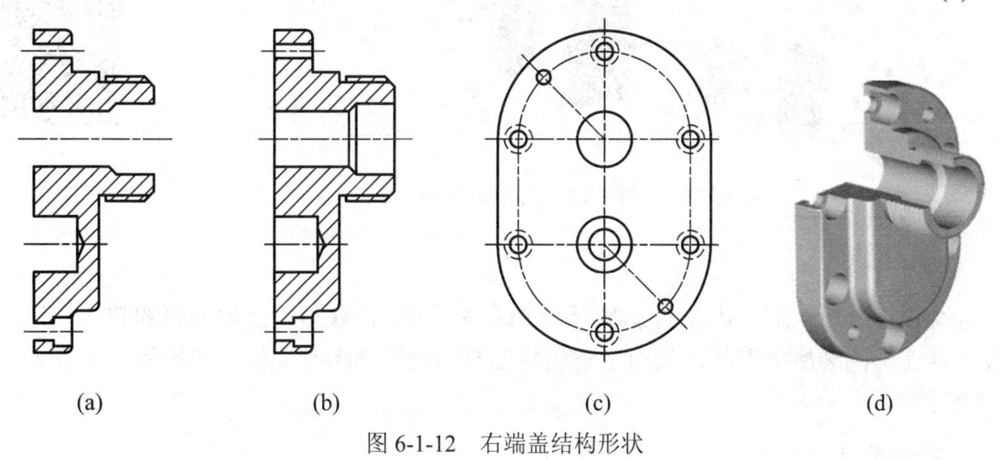

图 6-1-12　右端盖结构形状

五、分析重要尺寸和技术要求

在以上分析的基础上，还需进一步分析装配图尺寸和技术要求，弄清各零件之间的相互配合要求，了解装配体的检验、安装方法和装拆顺序等。

(1) 主视图 ϕ14H7/k6 为传动齿轮 11 与传动齿轮轴 3 的配合尺寸，属于基孔制的过渡配合，这种轴、孔两零件间较紧的配合有利于和键一起将两零件连成一体传递动力。

(2) ϕ16H7/h6、ϕ20H7/f7 为基孔制的间隙配合，采用了间隙配合中间隙为最小的方法，以保证轴在孔中既能转动，又可减小或避免轴的径向跳动。ϕ34.5H8/f7 是两齿轮的齿顶圆与泵体内腔的配合尺寸，属于基孔制的间隙配合。

(3) 尺寸 28.76±0.02 是一对啮合齿轮的中心距，这个尺寸直接关系到齿轮的啮合传动，是装配图中的相对位置尺寸。

(4) 尺寸G3/8为齿轮油泵吸油口和压油口的规格性能尺寸，为55° 非螺纹密封管螺纹，它从侧面反映了齿轮泵的进出油能力。

(5) 左视图下部两个安装孔之间的尺寸 70，属于装配图的安装尺寸，用于安装或固定齿轮泵。

(6) 尺寸 118、85、95 分别为齿轮泵的总长、总宽和总高，为装配图外形的总体尺寸，反映了机器或部件的大小，是确定装配体在包装、运输和安装过程中所占空间大小的依据。

(7) 主视图中的尺寸 65 是传动齿轮轴轴线离泵体安装面的高度尺寸；左视图中的尺寸 50 是进出油口中心线距泵体底面的高度尺寸，属于装配图的其他重要尺寸。

(8) 齿轮油泵装配图中还注明了两条技术要求，用于说明该齿轮油泵安装后检验的要求。

齿轮油泵的拆卸顺序是：先分别及左、右端盖上拧下六个螺钉，拆下两个圆柱销，两端盖、泵体和垫片 5 即可分开，再从泵体中抽出两齿轮轴，然后拧下螺母 13 和垫圈 12，把传动齿轮、键从传动齿轮轴上拆下，再把压紧螺母从右端盖上拧下，取下轴套和密封圈，将从动齿轮轴从右端盖上抽出。泵体上的圆柱定位销用于泵体与端盖的连接定位，可不必卸下。如果需要重新装配上，可按拆卸的相反次序进行。齿轮油泵拆卸开的轴测分解图(俗称爆炸图)，如图 6-1-13 所示。

图 6-1-13 齿轮油泵的轴测分解图

六、归纳总结

综合以上分析，把对齿轮油泵的所有了解进行归纳，获得对齿轮油泵的整体认识，可想象出其完整的装配体形状，从而了解齿轮油泵的设计意图和装配工艺性等，完成读装配图的全过程。

任务评价

根据本任务的学习目标，结合课堂学习情况，按照表 6-1-1 中的相应项目进行评价。

表 6-1-1 识读齿轮油泵装配图任务评价表

序号	评价项目	自评			师评		
		A	B	C	A	B	C
1	能否正确分析各视图的表达重点						
2	能否正确分析装配体的装配关系、工作原理、传动路线						
3	能否正确分析重要尺寸及各项技术要求						
4	能否正确分析装配体的拆装顺序						
5	能否想象各零件的用途和结构						

拓展练习

(1) 读拆卸器装配图，回答问题。

拆卸器用来拆卸紧固在轴上的零件(轴套或轴承)。

① 该装配体由_____种零件组成，其中标准件有_____种，分别是__________________。

② 装配图共用______个图形表达，主视图采用__________图，为表达各零件的装配关系，又作了__________剖，有_____处，细双点画线表示的部分属于____________画法，把手采用__________画法，俯视图采用__________画法。

③ 拆卸器工作时，顺时针(由上向下看)转动件 2，将带动件__________转动，此时件 5 作运动，通过件 5 两端的销轴，带着件____作_________运动，便可使轴上所装的轴套或轴承等从轴上拆下。在此过程中，件 8 下端面与轴端面间将_____(会或不会)有相对运动。

④ 尺寸 82 属于______________尺寸，尺寸 112、200 属于_____________尺寸，尺寸 M18 属于____________尺寸。

⑤ 尺寸 ϕ10H8/k7 是件_____与件_____的_________尺寸，采用了_______制_________配合，销的公差带代号为__________。

⑥ 整个拆卸器的装配顺序是：先把件______拧过件______，把件_____固定在件_____的球头上，在件_____的两旁用件_____各穿上一个件_____，最后穿上件_____，再将把手的穿入端用件_____将件_____拧紧，以防止把手从压紧螺杆上脱落。

(2) 读钻模装配图，回答问题。

钻模是在钻床上钻孔用的夹具，该钻模用于对工件中孔的加工。

① 该钻模由_______种零件组成，有_____个标准件。

② 主视图采用__________图，俯视图采用__________图，左视图采用__________图，被加工件采用___________画法表达。

③ 件 2 钻模板上有_____个 ϕ16H7/h6 配合的钻套孔，其孔的定位尺寸是_______；件 3 钻套的材料是__________，主要作用是___________________________________；件 1 底座侧面弧形槽的作用是________________________________，共有______个槽；俯视图中细虚线表示件______的结构。

④ 根据视图想象零件形状，分析零件类型：属于轴套类的零件有________________；属于轮盘类的零件有____________________；属于箱体类的零件有______________。

⑤ ϕ32H7/k6 是件______与件______的_________尺寸，是_________制_________配合。H7 是件_____的_________代号，k6 是件_____的_________代号。

⑥ ϕ98H6 属于______________尺寸，128、100 属于_______________尺寸。

⑦ 件 8 的作用是____。

⑧ 拆卸被加工零件时，应先旋松件_________，再取下件_______和件_______，被加工的零件便可取出。

班级：　　　　　　　　姓名：　　　　　　　　学号：

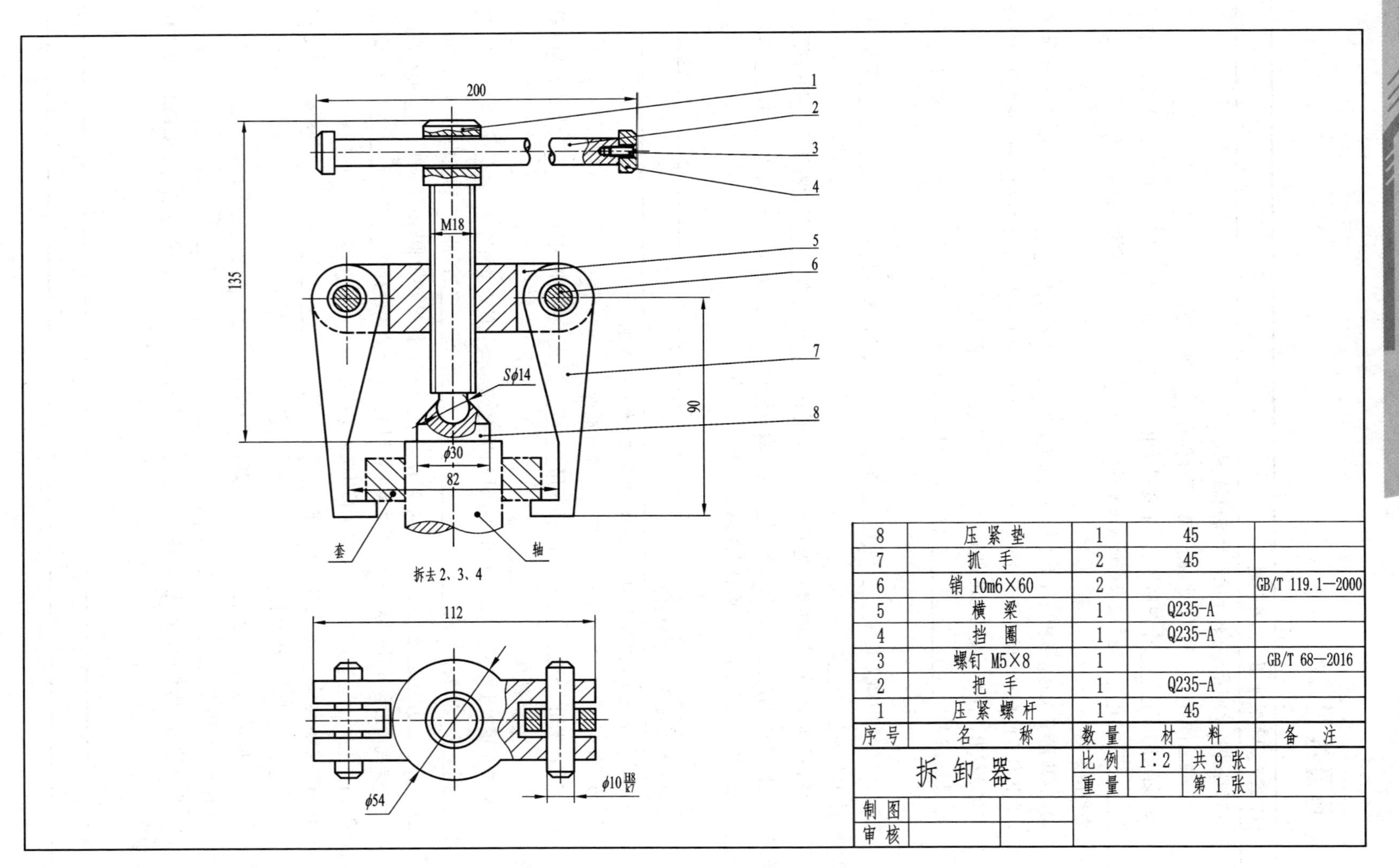

序号	名称	数量	材料	备注
8	压紧垫	1	45	
7	抓手	2	45	
6	销 10m6×60	2		GB/T 119.1—2000
5	横梁	1	Q235-A	
4	挡圈	1	Q235-A	
3	螺钉 M5×8	1		GB/T 68—2016
2	把手	1	Q235-A	
1	压紧螺杆	1	45	

拆卸器	比例	1:2	共 9 张
	重量		第 1 张
制图			
审核			

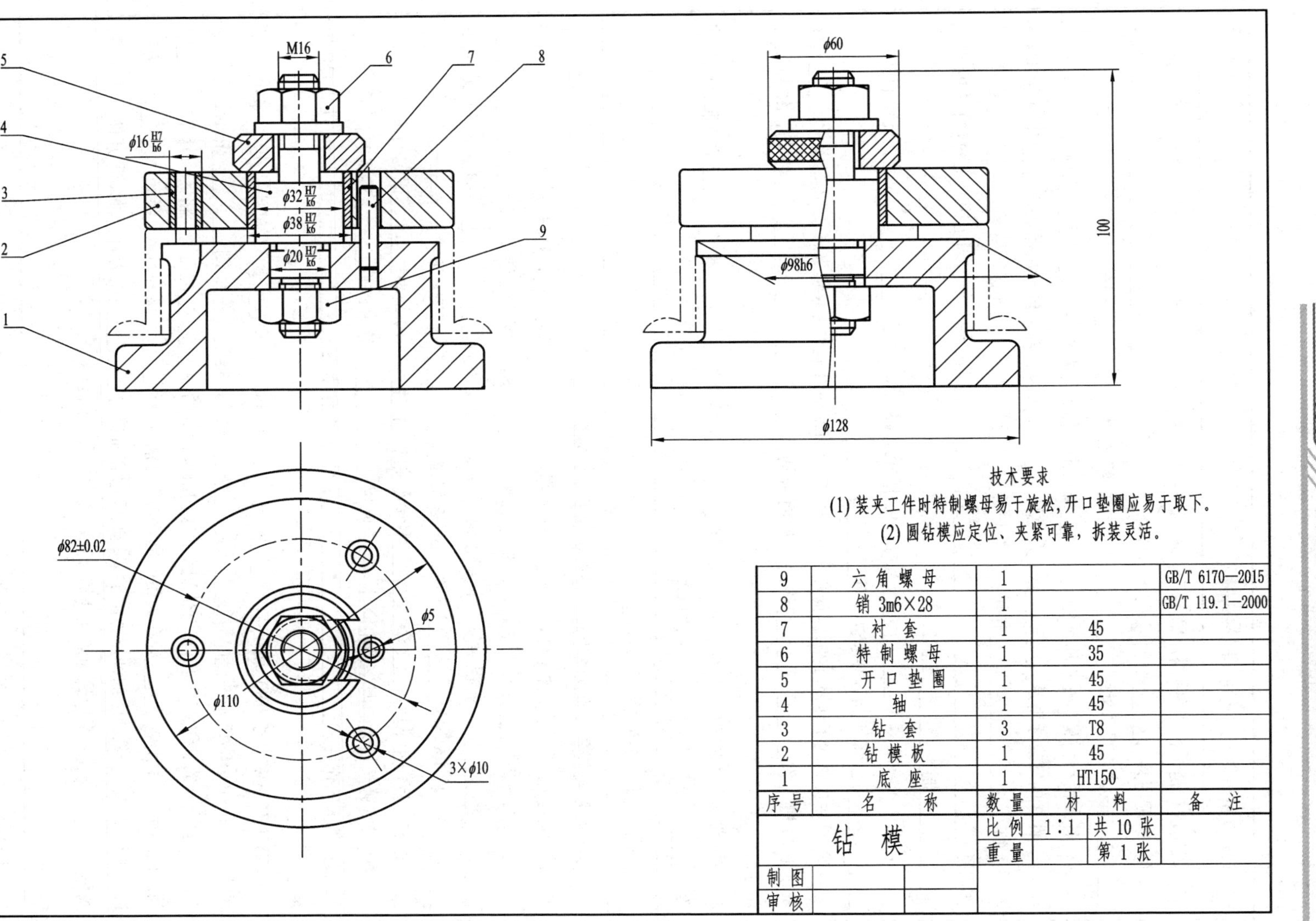

技术要求

(1) 装夹工件时特制螺母易于旋松，开口垫圈应易于取下。

(2) 圆钻模应定位、夹紧可靠，拆装灵活。

序号	名称	数量	材料	备注
9	六角螺母	1		GB/T 6170—2015
8	销 3m6×28	1		GB/T 119.1—2000
7	衬套	1	45	
6	特制螺母	1	35	
5	开口垫圈	1	45	
4	轴	1	45	
3	钻套	3	T8	
2	钻模板	1	45	
1	底座	1	HT150	

钻模	比例	1:1	共 10 张
	重量		第 1 张
制图			
审核			

(3) 读机用虎钳装配图，回答问题。

机用虎钳是一种装在机床工作台上，以钳口夹持工件进行加工的夹具。

① 装配图共用______个图形表达，分别是______________________________；主视图采用__________图，俯视图采用____________图，左视图采用____________图。

② 件 4 活动钳身与件 6 通过件__________来固定，件 5 与件 6 属于___________连接。

③ 件 7 的螺纹牙型是_________形，大径是_______；该零件右端的轴肩通过件_____在固定钳身的右端起到____________________作用；左端与件______通过件______连接，属于___________连接，其作用是__________________________________；件 7 的左、右两端轴颈部与固定钳身上两轴孔的配合属于__________制__________配合。

④ 尺寸 0～70 属于____________尺寸，尺寸 210、136、60 属于____________尺寸，尺寸 116 属于____________尺寸，尺寸 24H8/f7 是件______与件_______的_______尺寸。

⑤ 机用虎钳的工作原理是：当操作者转动件 7 螺杆顺时针旋入件 6 螺母时，螺母沿着件________底部的长方槽内作_______________移动，从而带动件___________作_____________移动，钳口闭合工件。

⑥ 欲拆下件 7 螺杆，先要拆下左端的件_________，拿下件_________和件_______，再旋下中间的件_______，拿掉件_______，再旋出件______，才能拿出螺杆。

(4) 读安全阀装配图，回答问题。

安全阀是安装在供油管路上起安全保护的安全装置。

① 该装配体有_____种零件，其中件 6 的名称是______，数量为____，材料为______。

② 装配图共用____个图形表达，主视图采用_________图，主要表达装配体的__________________________________，俯视图采用了装配图的特殊表达方法中的_______________画法，左视图采用________图，件 1A 称为___________图，*B*—*B* 称为_______________图。

③ 件 1 与件 4 是通过____个_______零件连接的，件 4 与件 10 是靠件______固定的。

④ 件 5 弹簧压力的调整是由同件 4 阀盖间用______________连接的件_______实现的。

⑤ 件 8 的作用是______________________；件 10 的作用是 ____________________；件 2 的作用是______________________。

⑥ 主视图中尺寸 180 属于__________尺寸，尺寸 240 属于__________尺寸，尺寸 ϕ80 属于尺寸，尺寸 ϕ69H8/f7 是件____与件____的__________尺寸，是_________制__________配合。

⑦ 安全阀的工作原理是：正常情况下，阀门靠调整好的件________的压力，将其顶紧在件_____中间的锥形孔上，使件________处在关闭的位置，此时油从阀体_______端孔流入，经阀体_________方孔进入工作系统；当系统中的油压力由于某些原因增高而超过__________压力时，油就顶开件_____，顺阀体________端孔经另一管道流回油箱，这样保证了管路的安全。

班级： 姓名： 学号：

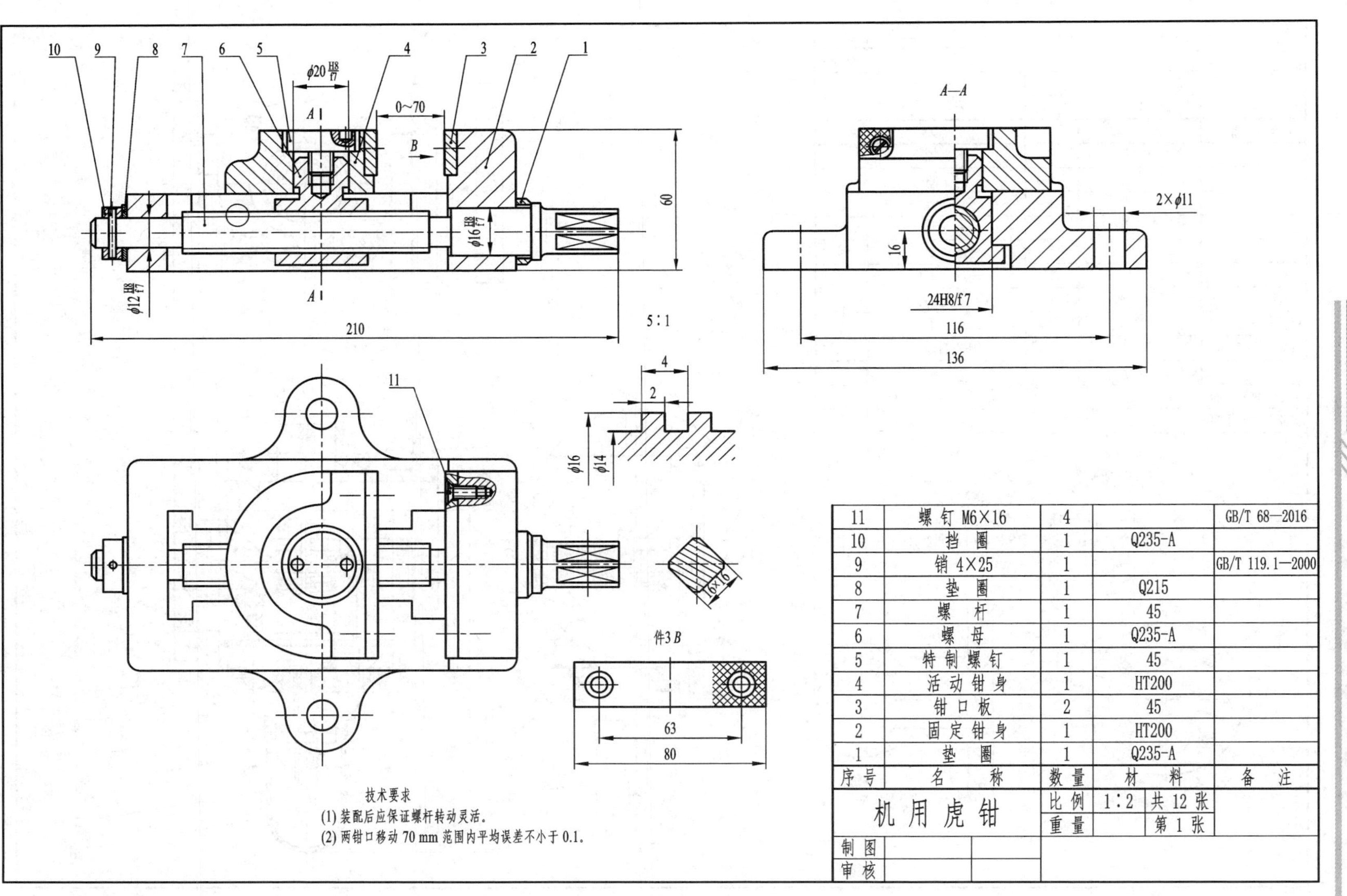
10
9
8
7
6
5
4
3
2
1
ϕ20 H8/f7
0~70
A
B
ϕ16 H8/f7
60
ϕ12 H8/f7
210
5:1
A—A
2×ϕ11
16
24H8/f7
116
136
11
4
2
ϕ16
ϕ14
16×16
件3 B
63
80
技术要求
(1) 装配后应保证螺杆转动灵活。
(2) 两钳口移动 70 mm 范围内平均误差不小于 0.1.
11 螺钉 M6×16 4 GB/T 68—2016
10 挡圈 1 Q235-A
9 销 4×25 1 GB/T 119.1—2000
8 垫圈 1 Q215
7 螺杆 1 45
6 螺母 1 Q235-A
5 特制螺钉 1 45
4 活动钳身 1 HT200
3 钳口板 2 45
2 固定钳身 1 HT200
1 垫圈 1 Q235-A
序号 名称 数量 材料 备注
机用虎钳
比例 1:2 共 12 张
重量 第 1 张
制图
审核

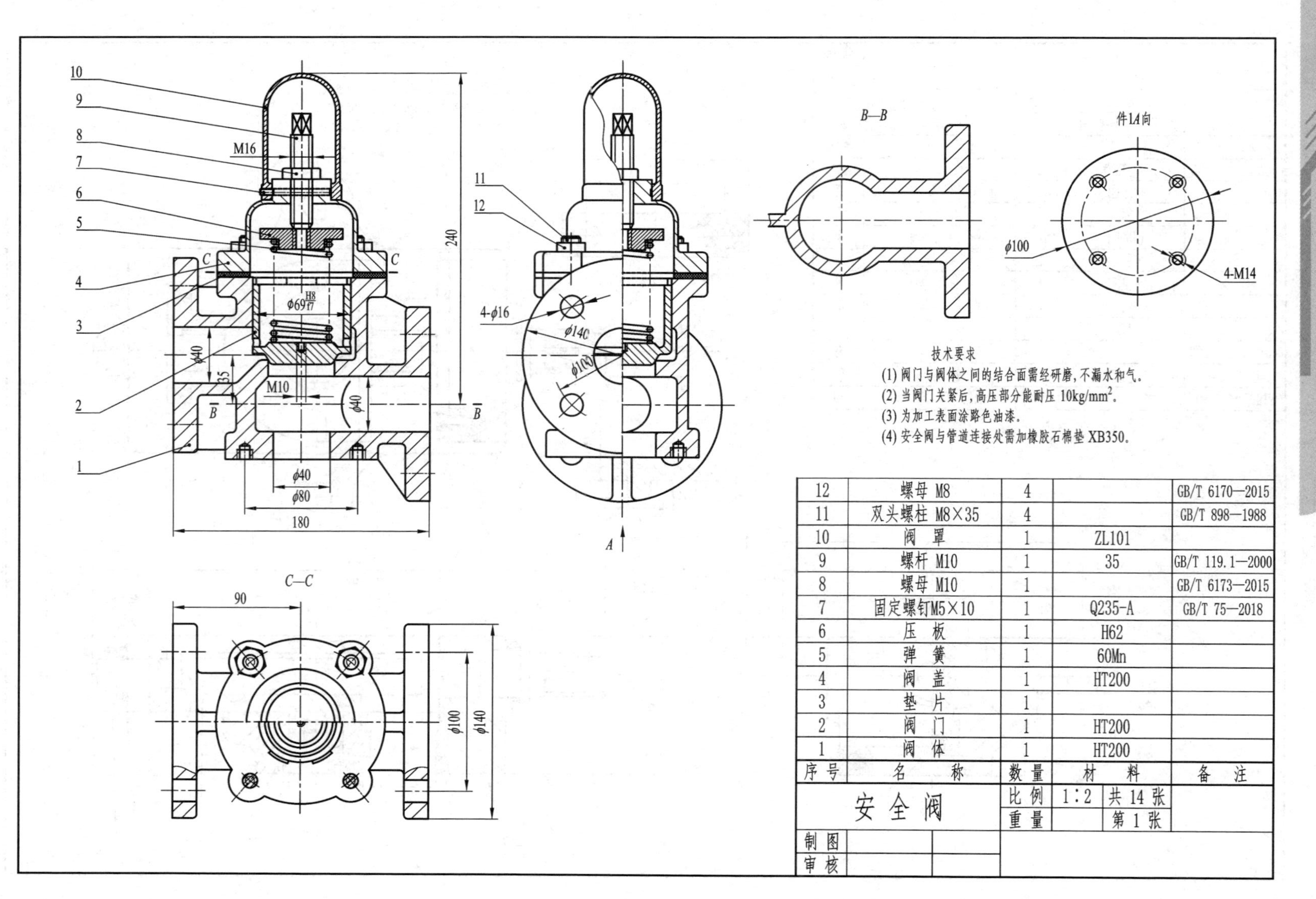
10
9
8
7
6
5
4
3
2
1
M16
C
ϕ69H8/f7
ϕ40
35
M10
B
ϕ40
ϕ80
180
240
11
12
4-ϕ16
ϕ140
ϕ100
A
B—B
件1A向
ϕ100
4-M14
技术要求
(1) 阀门与阀体之间的结合面需经研磨，不漏水和气。
(2) 当阀门关紧后，高压部分能耐压 10kg/mm²。
(3) 为加工表面涂路色油漆。
(4) 安全阀与管道连接处需加橡胶石棉垫 XB350。
C—C
90
ϕ100
ϕ140
12 螺母 M8 4 GB/T 6170—2015
11 双头螺柱 M8×35 4 GB/T 898—1988
10 阀罩 1 ZL101
9 螺杆 M10 1 35 GB/T 119.1—2000
8 螺母 M10 1 GB/T 6173—2015
7 固定螺钉M5×10 1 Q235-A GB/T 75—2018
6 压板 1 H62
5 弹簧 1 60Mn
4 阀盖 1 HT200
3 垫片 1
2 阀门 1 HT200
1 阀体 1 HT200
序号 名称 数量 材料 备注
安全阀
比例 1:2 共 14 张
重量 第 1 张
制图
审核

附　录

一、螺纹

附表 1　普通螺纹直径与螺距(摘自 GB/T 193—2003、GB/T 196—2003)

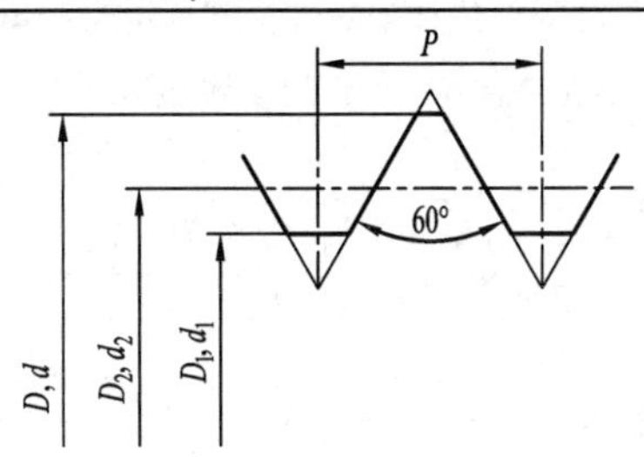

标记示例：

公称直径 24 mm，螺距 3 mm，右旋，粗牙普通螺纹，其标记为 M24。

公称直径 24 mm，螺距 1.5 mm，左旋，细牙普通螺纹，公差带代号为 6H，其标记为 M24 × 1.5LH-6H

公称直径 D，d/mm		螺距 P/mm		粗牙螺纹
第一系列	第二系列	粗牙	细牙	小径 D_1，d_1/mm
3		0.5	0.35	2.459
4		0.7	0.5	3.242
5		0.8		4.134
6		1	0.75	4.917
8		1.25	1、0.75	6.647
10		1.5	1.25、1、0.75	8.376
12		1.75	1.25、1	10.106
	14	2	1.5、*1.25、1	11.835
16		2	1.5、1	13.835
	18	2.5	2、1.5、1	15.294
20				17.294
	22			19.294
24		3	2、1.5、1	20.752
30		3.5	(3)、2、1.5、1	26.211
36		4	3、2、1.5	31.670
	39			34.670

注：应优先选用第一系列，括号内的尺寸尽可能不用，带*号仅用于火花塞。

附表 2 梯形螺纹直径与螺距(摘自 GB/T 5796.2～5796.4—2022)

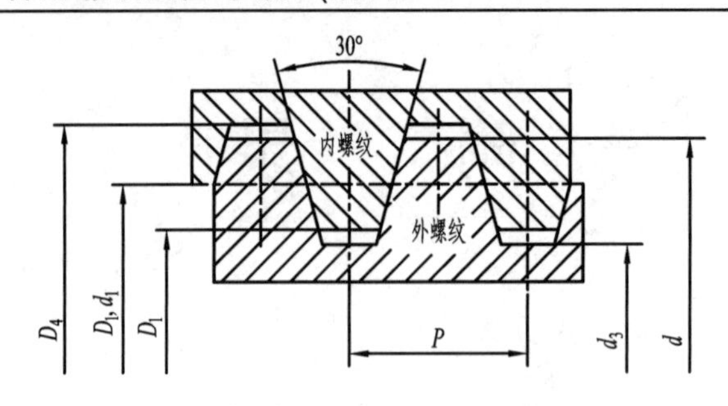

标记示例：

公称直径 40 mm，螺距 7 mm，右旋的单线梯形螺纹，其标记为 Tr40 × 7。

公称直径 40 mm，导程 14 mm，螺距 7 mm，左旋的双线梯形螺纹，其标记为 Tr40 × 14(P7)LH

单位：mm

公称直径		螺距 P	大径 D_4	小径		公称直径		螺距 P	大径 D_4	小径	
第一系列	第二系列			d_3	D_1	第一系列	第二系列			d_3	D_1
16		2	16.5	13.5	14	24		3	24.5	20.5	21
		④		11.5	12			⑤		18.5	19
	18	2	18.5	15.5	16			8	25	15	16
		④		13.5	14		26	3	26.5	22.5	23
20		2	20.5	17.5	18			⑤		20.5	21
		④		15.5	16			8	27	17	18
	22	3	22.5	18.5	19	28		3	28.5	24.5	25
		⑤		16.5	17			⑤		22.5	23
		8	23	13	14			8	29	19	20

附表 3 管螺纹尺寸代号及公称尺寸

55° 非密封管螺纹(摘自 GB/T 7307—2001)

标记示例：

尺寸代号为 1/2，右旋内螺纹，其标记为 G1/2；

尺寸代号为 1/2，A 级右旋外螺纹，其标记为 G1/2A；

尺寸代号为 1/2，B 级左旋外螺纹，其标记为 G1/2B-LH。

55° 密封管螺纹(摘自 GB/T 73006.2—2000)

标记示例：

尺寸代号为 1/2 的右旋圆锥外螺纹，其标记为 $R_2$1/2；

尺寸代号为 1/2 的右旋圆锥内螺纹，其标记为 Rc1/2；

尺寸代号为 3/4 的右旋圆柱内螺纹，其标记为 RP3/4

单位：mm

续表

尺寸代号	每 25.4 mm 内的牙数 n	螺距 P	基本直径		基准距离
			大径 $d=D$	小径 $d_1=D_1$	
1/4	19	1.337	13.157	11.445	6
3/8	19	1.337	16.662	14.950	6.4
1/2	14	1.814	20.995	18.631	8.2
3/4	14	1.814	26.441	24.117	9.5
1	11	2.039	33.249	30.291	10.4
$1\frac{1}{4}$	11	2.039	41.910	38.952	12.7
$1\frac{1}{2}$	11	2.039	47.803	44.845	12.7
2	11	2.039	59.614	56.656	15.9

二、常用标准件

附表 4　六角头螺栓

六角头螺栓-A 和 B 级(摘自 GB/T 5782—2016)　六角头螺栓-全螺纹(摘自 GB/T 5783—2016)

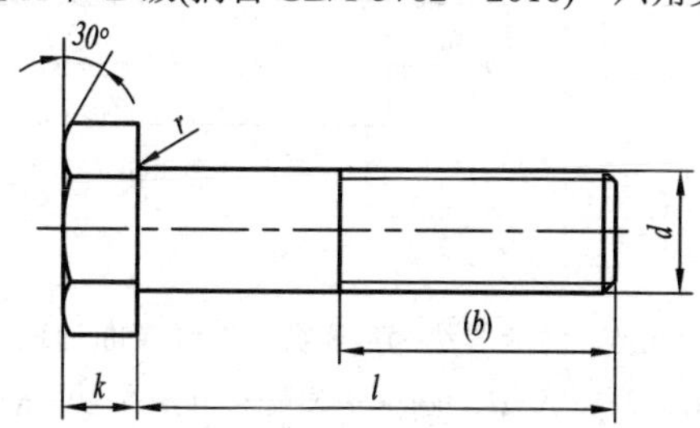

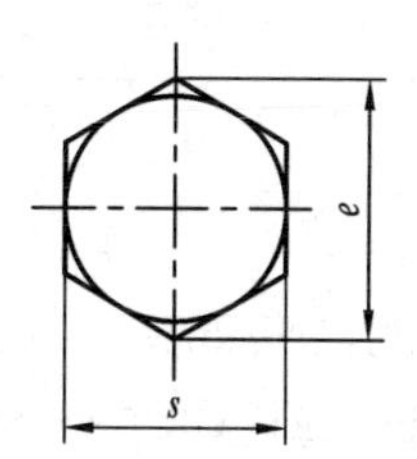

标记示例：

螺纹规格 d = M12，公称长度 l = 80 mm，性能等级为 8.8 级，表面氧化，A 级的六角螺栓，其标记为螺栓 GB/T 5782 M12 × 80

单位：mm

螺纹规格 d		M3	M4	M5	M6	M8	M10	M12	M16	M20	M24	M30	M36
s		5.5	7	8	10	13	16	18	24	30	36	46	55
k		2	2.8	3.5	4	5.3	6.4	7.5	10	12.5	15	18.7	22.5
r		0.1	0.2	0.2	0.25	0.4	0.4	0.6	0.6	0.6	0.8	1	1
e	A	6.01	7.66	8.79	11.05	14.38	17.77	20.03	26.75	33.53	39.98	—	—
	B	5.88	7.50	8.63	10.89	14.20	17.59	19.85	26.17	32.95	39.55	50.85	51.11
(b) GB/T 5782	l≤125	12	14	16	18	22	26	30	38	46	54	66	—
	125<l≤200	18	20	22	24	28	32	36	44	52	60	72	84
	l>200	31	33	35	37	41	45	49	57	65	73	85	97

续表

螺纹规格 d	M3	M4	M5	M6	M8	M10	M12	M16	M20	M24	M30	M36
l 范围 (GB/T 5782)	20～30	25～40	25～50	30～60	40～80	45～100	50～120	65～160	80～200	90～240	110～300	140～360
l 范围 (GB/T 5783)	6～30	8～40	10～50	12～60	16～80	20～100	25～120	30～150	40～150	50～150	60～200	70～200
l 系列	6，8，10，12，16，20，25，30，35，40，45，50，55，60，65，70，80，90，100，110，120，130，140，150，160，180，200，220，240，260，280，300，320，340，360，380，400，420，440，460，480，500											

附表 5 双头螺柱

GB/T 897—1988($b_m = d$)　　　GB/T 898—1988($b_m = 1.25d$)

GB/T 899—1988($b_m = 1.5d$)　　　GB/T 900—1988($b_m = 2d$)

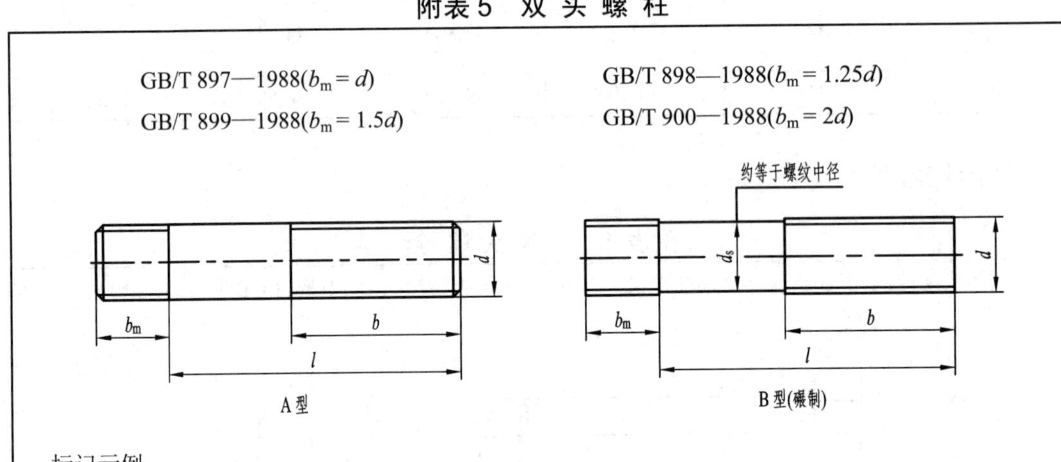

标记示例：

两端均为粗牙普通螺纹，$d = 10$ mm，$l = 50$ mm，性能等级为 4.8 级，不经表面处理，B 型，$b_m = d$ 的双头螺柱，其标记为螺柱 GB/T 897 M10 × 50。若为 A 型，则标记为螺柱 GB/T 897 AM10 × 50

单位：mm

螺纹规格 d		M3	M4	M5	M6	M8
b_m 公称	GB/T 897—1988			5	6	8
	GB/T 898—1988			6	8	10
	GB/T 899—1988	4.5	6	8	10	12
	GB/T 900—1988	6	8	10	12	16
$\frac{l}{b}$		$\frac{16\sim20}{6}$ $\frac{(22)\sim40}{12}$	$\frac{16\sim(22)}{8}$ $\frac{25\sim40}{14}$	$\frac{16\sim(22)}{10}$ $\frac{25\sim50}{16}$	$\frac{16\sim(22)}{10}$ $\frac{25\sim30}{14}$ $\frac{(32)\sim(75)}{18}$	$\frac{20\sim(22)}{12}$ $\frac{25\sim30}{16}$ $\frac{(32)\sim90}{22}$

续表

螺纹规格 d		M10	M12	M16	M20	M24
b_m 公称	GB/T 897—1988	10	12	16	20	24
	GB/T 898—1988	12	15	20	25	30
	GB/T 899—1988	15	18	24	30	36
	GB/T 900—1988	20	24	32	40	48
$\frac{l}{b}$		$\frac{25\sim(28)}{14}$	$\frac{25\sim30}{16}$	$\frac{30\sim(38)}{20}$	$\frac{35\sim40}{25}$	$\frac{45\sim50}{45}$
		$\frac{30\sim(38)}{16}$	$\frac{(32)\sim40}{20}$	$\frac{40\sim(55)}{30}$	$\frac{(45)\sim(65)}{35}$	$\frac{(55)\sim(75)}{45}$
		$\frac{40\sim120}{26}$	$\frac{45\sim120}{30}$	$\frac{60\sim120}{38}$	$\frac{70\sim120}{46}$	$\frac{80\sim120}{54}$
		$\frac{130}{32}$	$\frac{130\sim180}{36}$	$\frac{130\sim200}{44}$	$\frac{130\sim200}{52}$	$\frac{130\sim200}{60}$

注：(1) GB/T 897—1988 和 GB/T 898—1988 规定螺柱的螺纹规格 d = M5～M48，公称长度 l = 16～300 mm；GB/T 899—1988 和 GB/T 900—1988 规定螺柱的螺纹规格 d = M2～M48，公称长度 l = 12～300 mm

(2) 螺柱公称长度 l(系列)：12，(14)，16，(18)，20，(22)，25，(28)，30，(32)，35，(38)，40，45，50，(55)，60，(65)，70，(75)，80，(85)，90，(95)，100～260(10 进位)，280，300mm，尽可能不采用括号内的数值。

(3) 材料为钢的螺柱性能等级有 4.8、5.8、6.8、8.8、10.9、12.9 级，其中 4.8 级为常用。

附表 6　六角螺母

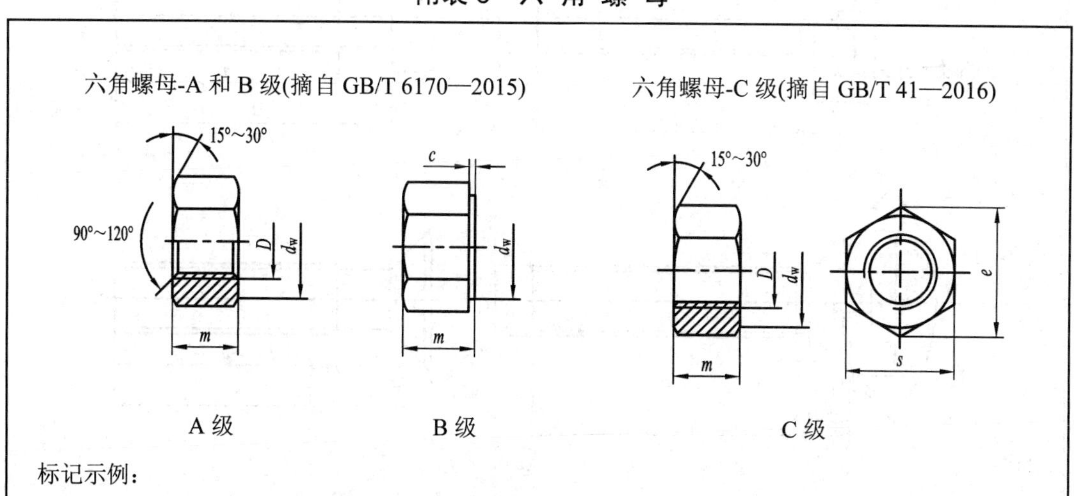

标记示例：

螺纹规格 D = M12，性能等级为 8 级，不经表面处理，产品等级为 A 级的六角螺母，其标记为：螺母 GB/T 6170 M12

续表

单位：mm

螺纹规格 D		M4	M5	M6	M8	M10	M12	M16	M20	M24	M30
c		0.4	0.5		0.6			0.8			
s_{max}		7	8	10	13	16	18	24	30	36	46
e_{min}	A、B 级	7.66	8.79	11.05	14.38	17.77	20.03	26.75	32.95	39.55	50.85
	C 级	—	8.63	10.89	14.20	17.59	19.85	26.17	32.95	39.55	50.85
d_{wmin}	A、B 级	5.9	6.9	8.9	11.6	14.6	16.6	22.5	27.7	33.2	42.7
	C 级	—	6.9	8.7	11.5	14.5	16.5	22	27.7	33.2	42.7
m_{max}	A、B 级	3.2	4.7	5.2	6.8	8.4	10.8	14.8	18	21.5	25.6
	C 级	—	5.6	6.1	7.9	9.5	12.2	15.9	18.7	22.3	26.4

注：(1) A 级用于 $D \leqslant 16$ 的螺母；B 级用于 $D > 16$ 的螺母；C 级用于 $D \geqslant 5$ 的螺母。

(2) 螺纹公差：A、B 级为 6H，C 级为 7H；力学性能等级：A、B 级为 6、8、10 级，C 级为 4、5 级。

附表 7 开 槽 螺 钉

开槽圆柱头螺钉(GB/T 65—2016)

开槽盘头螺钉(GB/T 67—2016)

开槽沉头螺钉(GB/T 68—2016)

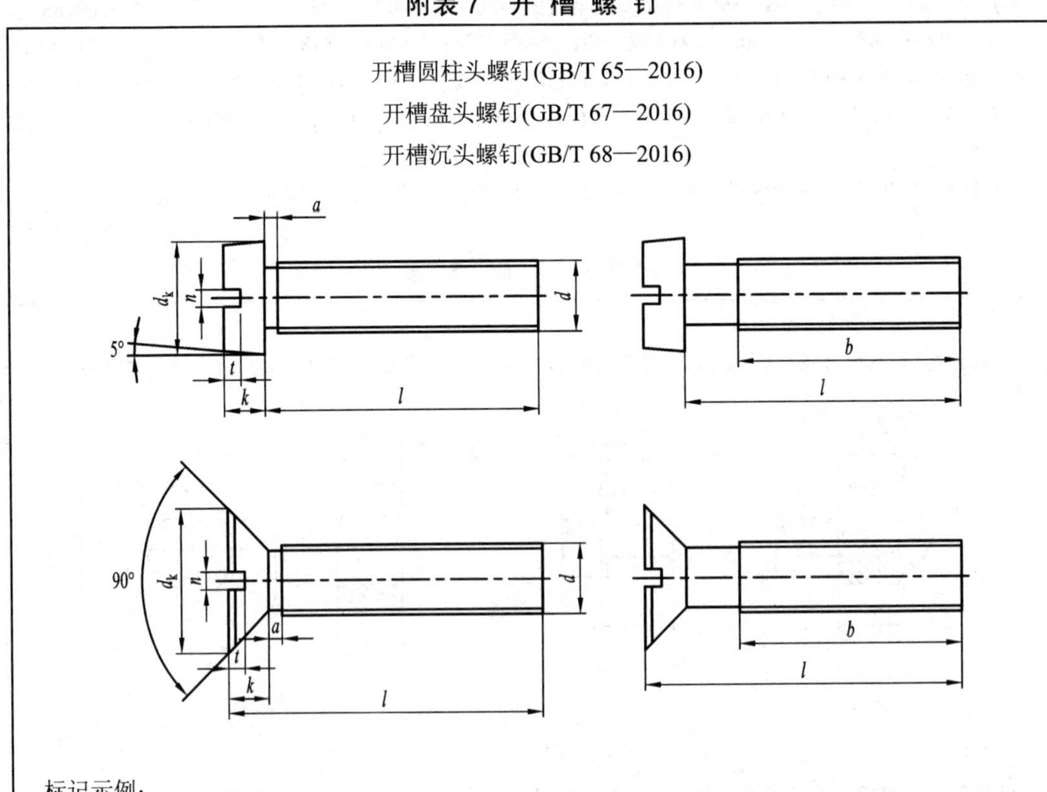

标记示例：

螺纹规格 d = M5，公称长度 l = 20 mm，性能等级为 4.8 级，不经表面处理的 A 级开槽圆柱头螺钉，其标记为螺钉 GB/T 65 M5×20

续表

单位：mm

螺纹规格 d		M3	M4	M5	M6	M8	M10
a_{max}		1	1.4	1.6	2	2.5	3
b_{min}		25	38	38	38	38	38
n 公称		0.8	1.2	1.2	1.6	2	2.5
GB/T 65—2016	d_k 公称 = max	5.5	7	8.5	10	13	16
	k 公称 = max	2	2.6	3.3	3.9	5	6
	t_{min}	0.85	1.1	1.3	1.6	2	2.4
	$\frac{l}{b}$	$\frac{4\sim30}{l-a}$	$\frac{5\sim40}{l-a}$	$\frac{6\sim40}{l-a}$ $\frac{45\sim50}{b}$	$\frac{8\sim40}{l-a}$ $\frac{45\sim60}{b}$	$\frac{10\sim40}{l-a}$ $\frac{45\sim80}{b}$	$\frac{12\sim40}{l-a}$ $\frac{45\sim80}{b}$
GB/T 67—2016	$d_{k\,公称}$ = max	5.6	8	9.5	12	16	20
	$k_{公称}$ = max	1.8	2.4	3	3.6	4.8	6
	t_{min}	0.7	1	1.2	1.4	1.9	2.4
	$\frac{l}{b}$	$\frac{4\sim30}{l-a}$	$\frac{5\sim40}{l-a}$	$\frac{6\sim40}{l-a}$ $\frac{45\sim50}{b}$	$\frac{8\sim40}{l-a}$ $\frac{45\sim60}{b}$	$\frac{10\sim40}{l-a}$ $\frac{45\sim80}{b}$	$\frac{12\sim40}{l-a}$ $\frac{45\sim80}{b}$
GB/T 68—2016	$d_{k\,公称}$ = max	5.5	8.4	9.3	11.3	15.8	18.3
	$k_{公称}$ = max	1.65	2.7	2.7	3.3	4.65	5
	t max	0.85	1.3	1.4	1.6	2.3	2.6
	t min	0.6	1	1.1	1.2	1.8	2
	$\frac{l}{b}$	$\frac{5\sim30}{l-(k+a)}$	$\frac{6\sim40}{l-(k+a)}$	$\frac{8\sim45}{l-(k+a)}$ $\frac{50}{b}$	$\frac{8\sim45}{l-(k+a)}$ $\frac{50\sim80}{b}$	$\frac{10\sim45}{l-(k+a)}$ $\frac{50\sim80}{b}$	$\frac{12\sim45}{l-(k+a)}$ $\frac{50\sim80}{b}$

注：(1) 标准规定螺纹规格 d = M1.6～M10。

(2) 公称长度 l(系列)为 2、2.5、3、4、5、6、8、10、12、(14)、16、20、25、30、35、40、45、50、(55)、60、(65)、70、(75)、80 mm(GB/T 65 的 l 长无 2.5 mm，GB/T 68 的 l 长无 2 mm，尽可能不用括号内的数值)。

(3) 当表中 l/b 中的 $b = l - a$ 或 $b = l-(k + a)$时表示全螺纹。

(4) 无螺纹部分杆径约等于中径或允许等于螺纹大径。

(5) 材料为钢的螺钉性能等级有 4.8、5.8 级，其中 4.8 级为常用。

附表8 紧 定 螺 钉

开槽锥端紧定螺钉(GB/T 71—2018)　开槽平端紧定螺钉(GB/T 73—2017)　开槽长圆柱端紧定螺钉(GB/T 75—2018)

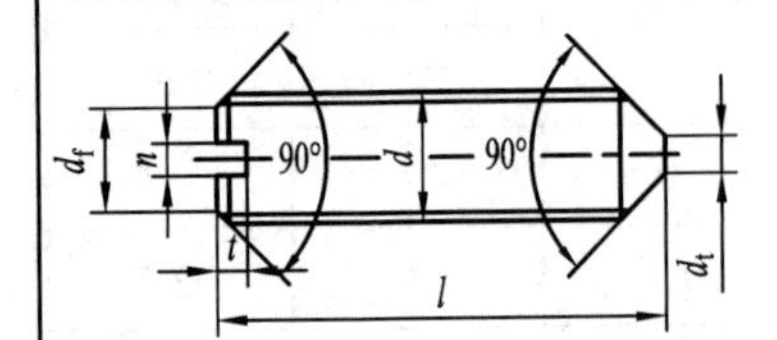

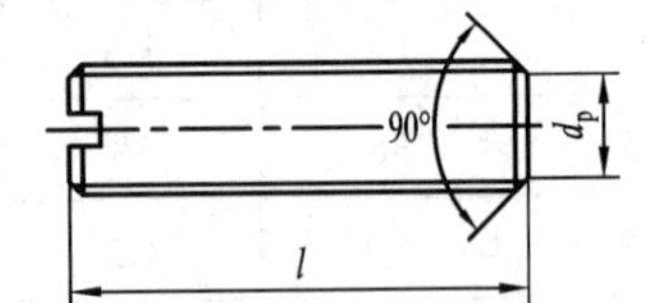

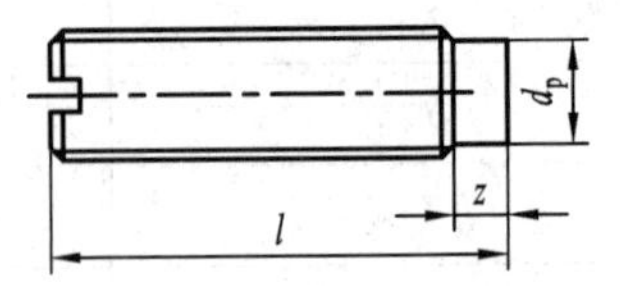

标记示例：

螺纹规格 d = M5，公称长度 l = 12 mm，性能等级为14H级，表面氧化处理的开槽锥端紧定螺钉，其标记为螺钉 GB/T 71 M5 × 12

单位：mm

螺纹规格 d			M2	M2.5	M3	M4	M5	M6	M8	M10	M12
d_f≤			螺纹小径								
n			0.25	0.4	0.4	0.6	0.8	1	1.2	1.6	2
t		max	0.84	0.95	1.05	1.42	1.63	2	2.5	3	3.6
		min	0.64	0.72	0.8	1.12	1.28	1.6	2	2.4	2.8
GB/T 71—2018	d_t max		0.2	0.25	0.3	0.4	0.5	1.5	2	2.5	3
	l	120°	—	3	—	—	—	—	—	—	—
		90°	3～10	4～12	4～16	6～20	8～25	8～30	10～40	12～50	(14)～60
GB/T 73—2017 GB/T 75—2018	d_p	max	1	1.5	2	2.5	3.5	4	5.5	7	8.5
		min	0.75	1.25	1.75	2.25	3.2	3.7	5.2	6.64	8.14
GB/T 73—2017	l	120°	2～2.5	2.5～3	3	4	5	6	—	—	—
		90°	3～10	4～12	4～16	5～20	6～25	8～30	8～40	10～50	12～60
GB/T 75—2018	z	max	1.25	1.5	1.75	2.25	2.75	3.25	4.3	5.3	6.3
		min	1	1.25	1.5	2	2.5	3	4	5	6
	l	120°	3	4	5	6	8	8～10	10～(14)	12～16	(14)～20
		90°	4～10	5～12	6～16	8～20	10～25	12～30	16～40	20～25	25～60

注：(1) GB/T 71—2018 和 GB/T 73—2017 规定螺钉的螺纹规格 d = M1.2～M12，公称长度 l = 2～60 mm；GB/T 75—2018 规定螺钉的螺纹规格 d = M1.6～M12，公称长度 l = 2.5～60 mm。

(2) 公称长度 l(系列)为 2、2.5、3、4、5、6、8、10、12、(14)、16、20、25、30、35、40、45、50、(55)、60 mm，尽可能不用括号内的数值。

(3) 材料为钢的紧定螺钉性能等级有14H、22H级，其中14H级为常用。性能等级的标记代号由数字和字母两部分组成，数字表示最低维氏硬度的1/10，字母H表示硬度。

附表 9　平　垫　圈

平垫圈-A 级(摘自 GB/T 97.1—2002)　　平垫圈倒角型-A 级(摘自 GB/T 97.2—2002)

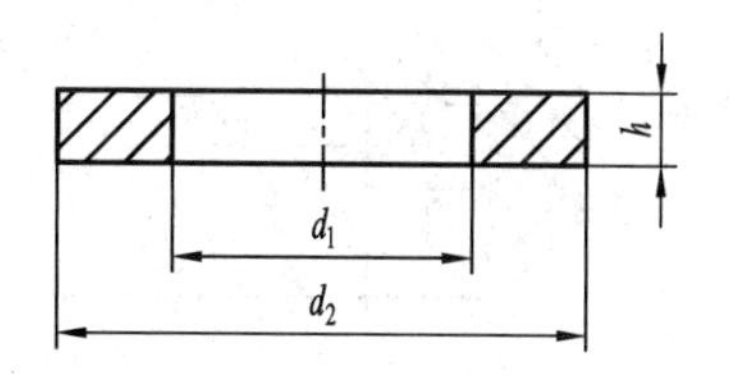

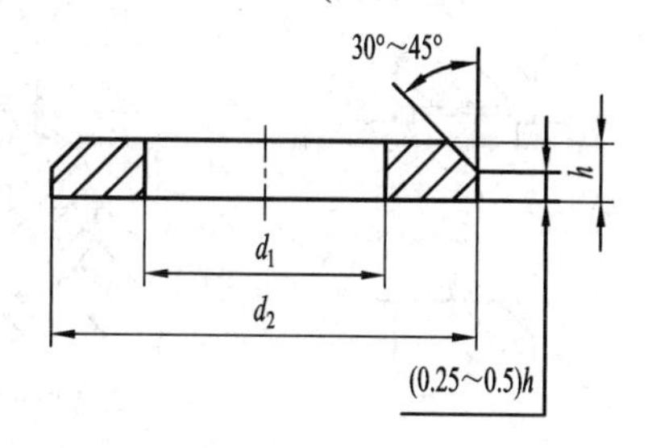

标记示例：

标准系列、公称规格 8 mm，由钢制造的硬度等级为 200HV 级，不经表面处理，产品等级为 A 级的平垫圈，其标记为垫圈　GB/T 97.1　8

单位：mm

公称规格(螺纹大径 d)	2	2.5	3	4	5	6	8	10	12	14	16	20	24	30
内径 d_1	2.2	2.7	3.2	4.3	5.3	6.4	8.4	10.5	13	15	17	21	25	31
外径 d_2	5	6	7	9	10	12	16	20	24	28	30	37	44	56
厚度 h	0.3	0.5	0.5	0.8	1	1.6	1.6	2	2.5	2.5	3	3	4	4

附表 10　标准型弹簧垫圈(摘自 GB/T 93—1987)和轻型弹簧垫圈(摘自 GB/T 859—1987)

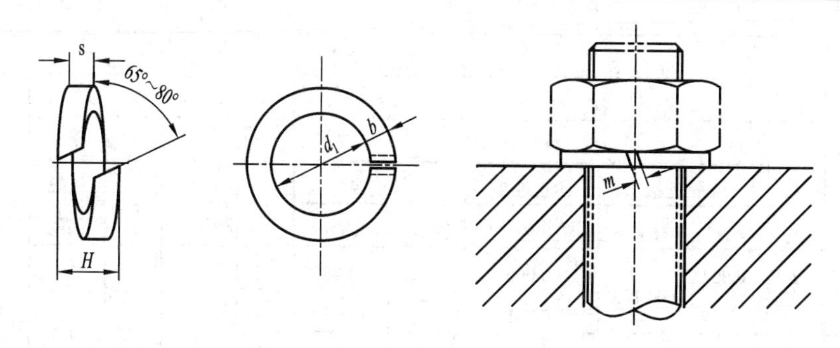

标记示例：

规格为 16 mm，材料为 65Mn，表面氧化处理的标准型弹簧垫圈，其标记为垫圈　GB/T 93 16

单位：mm

规格(螺纹大径)		4	5	6	8	10	12	16	20	24	30
d_1	max	4.4	5.4	6.68	8.68	10.9	12.9	16.9	21.04	25.5	31.5
	min	4.1	5.1	6.1	8.1	10.2	12.2	16.2	20.2	24.5	30.5
$s(b)$公称		1.1	1.3	1.6	2.1	2.6	3.1	4.1	5	6	7.5
H	max	2.75	3.25	4	5.25	6.5	7.75	10.25	12.5	15	18.75
	min	2.2	2.6	3.2	4.2	5.2	6.2	8.2	10	12	15
$m \leqslant$		0.55	0.65	0.8	1.05	1.3	1.55	2.05	2.5	3	3.75

附表 11 普通型平键的尺寸与公差

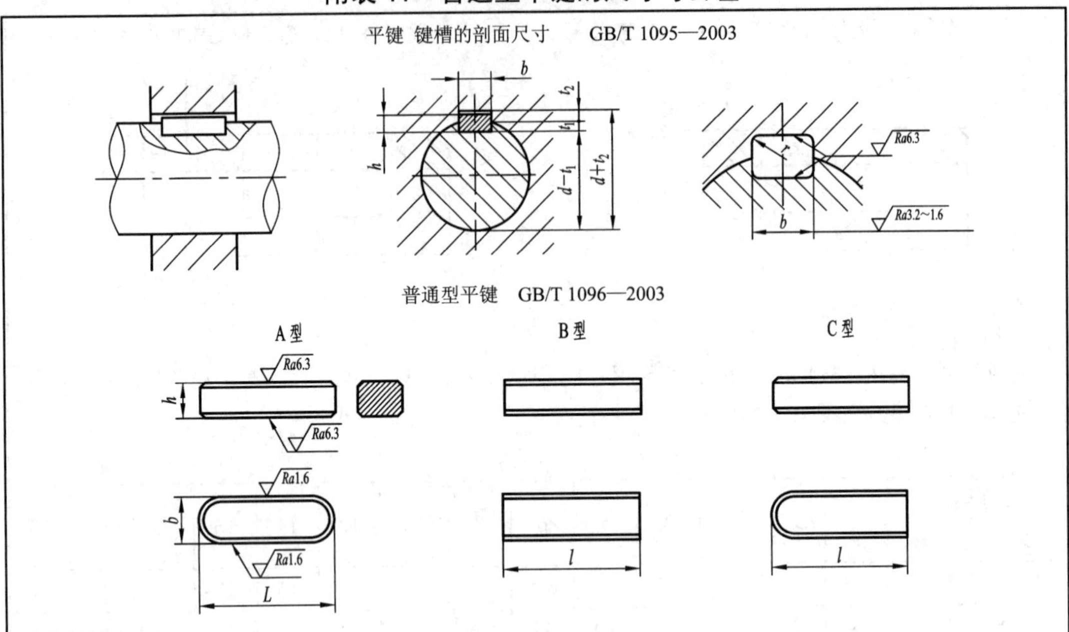

标记示例：

宽度 $b = 16$ mm，高度 $h = 10$ mm，长度 $l = 100$ mm 普通 A 型平键，其标记为 GB/T 1096 键 16 × 10 × 100。

宽度 $b = 16$ mm，高度 $h = 10$ mm，长度 $l = 100$ mm 普通 B 型平键，其标记为：GB/T 1096 键 B16 × 10 × 100。

宽度 $b = 16$ mm，高度 $h = 10$ mm，长度 $l = 100$ mm 普通 C 型平键，其标记为 GB/T 1096 键 C16 × 10 × 100

单位：mm

轴径 d	键尺寸 $b \times h$	键槽										半径 r	
		宽度 b						深度					
		b	极限偏差					轴 t_1		毂 t_2			
			正常连接		紧密连接	松连接		t_1	极限偏差	t_2	极限偏差		
			轴 N9	毂 JS9	轴和毂 P9	轴 H9	毂 D10					min	max
6～8	2 × 2	2	−0.004 −0.029	±0.0125	-0.006 -0.031	+0.025 0	+0.060 +0.020	1.2	+0.1 0	1.0	+0.1 0	0.08	0.16
8～10	3 × 3	3						1.8		1.4			
10～12	4 × 4	4	0 −0.030	±0.015	-0.012 -0.042	+0.030 0	+0.078 +0.030	2.5		1.8		0.16	0.25
12～17	5 × 5	5						3.0		2.3			
17～22	6 × 6	6						3.5		2.8			
22～30	8 × 7	8	0 −0.036	±0.018	-0.015 -0.051	+0.036 0	+0.098 +0.040	4.0	+0.2 0	3.3	+0.2 0	0.25	0.40
30～38	10 × 8	10						5.0		3.3			
38～44	12×8	12	0 −0.043	±0.0215	-0.018 -0.061	+0.043 0	+0.120 +0.050	5.0		3.3			
44～50	14×9	14						5.5		3.8			
50～58	16×10	16						6.0		4.3			
58～65	18×11	18						7.0		4.4			
L 系列	6、8、10、12、14、16、18、20、22、25、28、32、36、40、45、50、56、63、70、80、90、100、110、125、140、160、180、200												

注：$d - t_1$ 和 $d + t_2$ 两组组合尺寸的极限偏差按相应的 t_1 和 t_2 的极限偏差选取，但 $d - t_1$ 极限偏差应取负号(−)。

附表 12 圆柱销(摘自 GB/T 119.1—2000)

不淬硬钢和奥氏体不锈钢

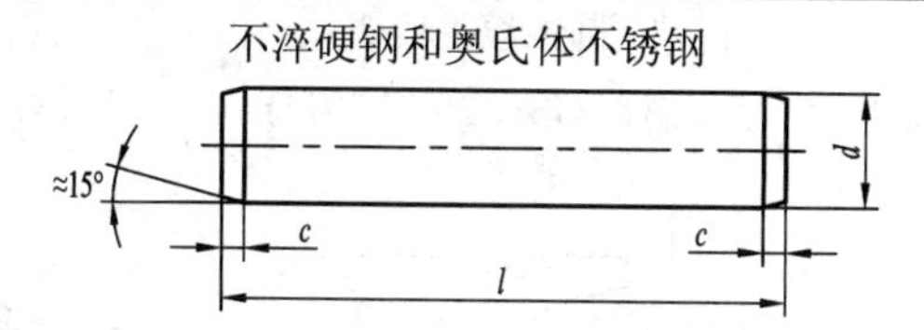

标记示例：

公称直径 $d=6$ mm，公差 m6，公称长度 $l=30$ mm，材料为钢，不经淬火，不经表面处理的圆柱销，其标记为：销 GB/T 119.1 6m6 × 30

公称直径 $d=6$ mm，公称长度 $l=30$ mm，材料为钢，普通淬火(A 型)，表面氧化处理的圆柱销，其标记为：销 GB/T 119.2 6 × 30

单位：mm

公称直径 d	3	4	5	6	8	10	12	16	20	25	30	40	50
$c\approx$	0.5	0.63	0.8	1.2	1.6	2.0	2.5	3.0	3.5	4.0	5.0	6.3	8.0
公称长度 l	8～30	8～40	10～50	12～60	14～80	18～95	22～140	26～180	35～200	50～200	60～200	80～200	98～200
l 系列	8、10、12、14、16、18、20、22、24、26、28、30、32、35、40、45、50、55、60、65、70、75、80、85、90、95、100、120、140、160、180、200												

注：(1) GB/T 119.1—2000 规定圆柱销的公称直径 $d=0.6$～50 mm，公称长度 $l=2$～200 mm，公差有 m6 和 h8。

(2) GB/T 119.2—2000 规定圆柱销的公称直径 $d=1$～20 mm，公称长度 $l=3$～100 mm，公差仅有 m6。

(3) 当圆柱销公差为 h8 时，其表面粗糙度 $Ra\leqslant 1.6$ μm

附表 13 圆锥销(摘自 GB/T 117—2000)

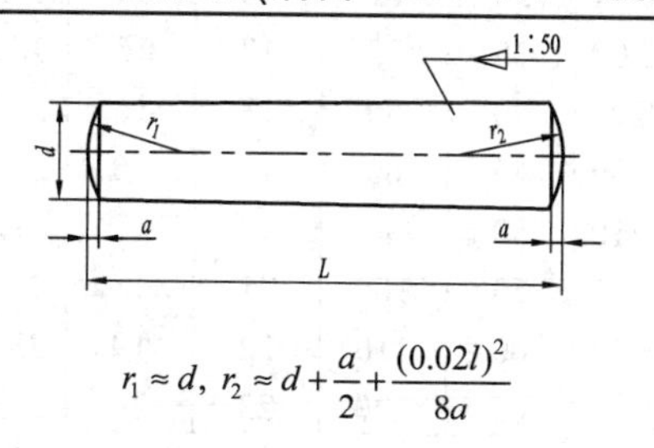

$$r_1\approx d,\ r_2\approx d+\frac{a}{2}+\frac{(0.02l)^2}{8a}$$

标记示例：

公称直径 $d=10$ mm，公称长度 $l=60$ mm，材料为 35 钢，热处理硬度(28～38)HRC，表面氧化处理的圆锥销，其标记为销 GB/T 117 10 × 60

单位：mm

公称直径 d	4	5	6	8	10	12	16	20	25	30	40	50
$a\approx$	0.5	0.63	0.8	1	1.2	1.6	2	2.5	3	4	5	6.3
公称长度 L	14～55	18～60	22～90	22～120	26～160	32～180	40～200	45～200	50～200	55～200	60～200	65～200
1 系列	2、3、4、5、6、8、10、12、14、16、18、20、22、24、26、28、30、32、35、40、45、50、55、60、65、70、75、80、85、90、95、100、120、140、160、180、200											

注：(1) 标准规定圆锥销的公称直径 $d=0.6$～50 mm。

(2) 有 A 型和 B 型。A 型为磨削，锥面表面粗糙度 $Ra=0.8$ μm；B 型为切削或冷镦，锥面表面粗糙度 $Ra=3.2$ μm。

附表 14 滚动轴承

深沟球轴承（摘自 GB/T 276—2013）　圆锥滚子轴承（摘自 GB/T 297—2015）　推力球轴承（摘自 GB/T 301—2015）

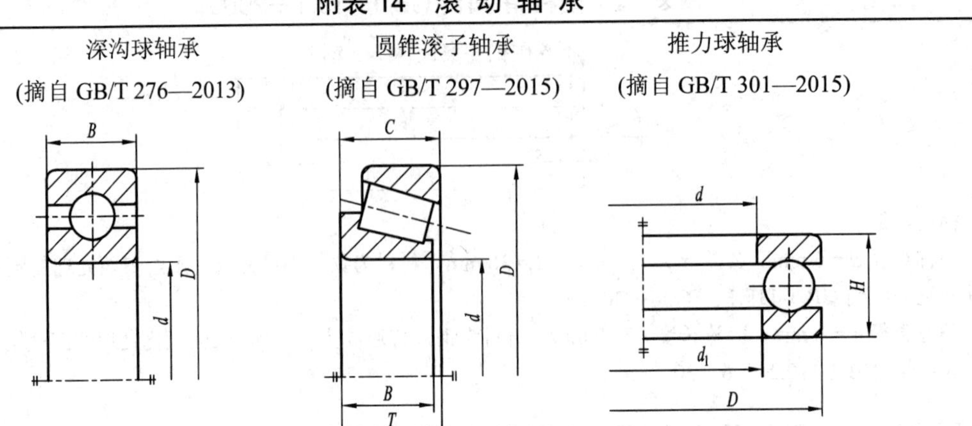

标记示例：

尺寸系列代号为 02、内径代号为 06 的深沟球轴承，其标记为滚动轴承 6206 GB/T 276；

尺寸系列代号为 03、内径代号为 12 的圆锥滚子轴承，其标记为滚动轴承 30312 GB/T 297；

尺寸系列代号为 13、内径代号为 10 的推力球轴承，其标记为滚动轴承 51310 GB/T 301

轴承型号	尺寸/mm			轴承型号	尺寸/mm					轴承型号	尺寸/mm		
	d	*D*	*B*		*d*	*D*	*B*	*C*	*T*		*d*	*D*	*B*
尺寸系列(02)				尺寸系列(02)						尺寸系列(12)			
6202	15	35	11	30203	17	40	12	11	13.25	51202	15	32	17
6203	17	40	12	30204	20	47	14	12	15.25	51203	17	35	19
6204	20	47	14	30205	25	52	15	13	16.25	51204	20	40	22
6205	25	52	15	30206	30	62	16	14	17.25	51205	25	47	27
6206	30	62	16	30207	35	72	17	15	18.25	51206	30	52	32
6207	35	72	17	30208	40	80	18	16	19.75	51207	35	62	37
6208	40	80	18	30209	45	85	19	16	20.75	51208	40	68	42
6209	45	85	19	30210	50	90	20	17	21.75	51209	45	73	47
6210	50	90	20	30211	55	100	21	18	22.75	51210	50	78	52
6211	55	100	21	30212	60	110	22	19	23.75	51211	55	90	57
6212	60	110	22	30213	65	120	23	20	24.75	51212	60	95	62
尺寸系列(03)				尺寸系列(03)						尺寸系列(13)			
6302	15	42	13	30302	15	42	13	11	14.25	51304	20	47	22
6303	17	47	14	30303	17	47	14	12	15.25	51305	25	52	27
6304	20	52	15	30304	20	52	15	13	16.25	51306	30	60	32
6305	25	62	17	30305	25	62	17	15	18.25	51307	35	68	37
6306	30	72	19	30306	30	72	19	16	20.75	51308	40	78	42
6307	35	80	21	30307	35	80	21	18	22.75	51309	45	85	47
6308	40	90	23	30308	40	90	23	20	25.75	51310	50	95	52
6309	45	100	25	30309	45	100	25	22	27.75	51311	55	105	57
6310	50	110	27	30310	50	110	27	23	29.75	51312	60	110	62
6311	55	120	29	30311	55	120	29	25	31.5	51313	65	115	67
6312	60	130	31	30312	60	130	31	26	33.5	51314	70	125	72
6313	65	140	33	30313	65	140	33	28	36.0	51315	75	135	77

三、极限与配合

附表 15　标准公差数值(摘自 GB/T 1800.1—2020)

公称尺寸/mm		标准公差等级																	
		IT1	IT2	IT3	IT4	IT5	IT6	IT7	IT8	IT9	IT10	IT11	IT12	IT13	IT14	IT15	IT16	IT17	IT18
>	至	μm											mm						
—	3	0.8	1.2	2	3	4	6	10	14	25	40	60	0.1	0.14	0.25	0.4	0.6	1	1.4
3	6	1	1.5	2.5	4	5	8	12	18	30	48	75	0.12	0.18	0.3	0.48	0.75	1.2	1.8
6	10	1	1.5	2.5	4	6	9	15	22	36	58	90	0.15	0.22	0.36	0.58	0.9	1.5	2.2
10	18	1.2	2	3	5	8	11	18	27	43	70	11	0.18	0.27	0.43	0.7	1.1	1.8	2.7
18	30	1.5	2.5	4	6	9	13	21	33	52	84	130	0.21	0.33	0.52	0.84	1.3	2.1	3.3
30	50	1.5	2.5	4	7	11	16	25	39	62	100	160	0.25	0.39	0.62	1.	1.6	2.5	3.9
50	80	2	3	5	8	13	19	30	46	74	120	190	0.3	0.46	0.74	1.2	1.9	3	4.6
80	120	2.5	4	6	10	15	22	35	54	87	140	220	0.35	0.54	0.87	1.4	2.2	3.5	5.4
120	180	3.5	5	8	12	18	25	40	63	100	160	250	0.4	0.63	1	1.6	2.5	4	6.3
180	250	4.5	7	10	14	20	29	46	72	115	185	290	0.46	0.72	1.15	1.85	2.9	4.6	7.2
250	315	6	8	12	16	23	32	52	81	130	210	320	0.52	0.81	1.3	2.1	3.2	5.2	8.1

附表 16　优先配合中轴的极限偏差(摘自 GB/T 1800.2—2020)

公称尺寸/mm		公差带/μm												
		c	d	f	g	h				k	n	p	s	u
大于	至	11	9	7	6	6	7	9	11	6	6	6	6	6
—	3	-60	-20	-6	-2	0	0	0	0	+6	+10	+12	+20	+24
		-120	-45	-16	-8	-6	-10	-25	-60	0	+4	+6	+14	+18
3	6	-70	-30	-10	-4	0	0	0	0	+9	+16	+20	+27	+31
		-145	-60	-22	-22	-8	-12	-30	-75	+1	+8	+12	+19	+23
6	10	-80	-40	-13	-5	0	0	0	0	+10	+19	+24	+32	+37
		-170	-76	-28	-14	-9	-15	-36	-90	+1	+10	+15	+23	+28
10	14	-95	-50	-16	-6	0	0	0	0	+12	+23	+29	+39	+44
14	18	-205	-93	-34	-17	-11	-18	-43	-110	+1	+12	+18	+28	+33
18	24	-110	-65	-20	-7	0	0	0	0	+15	+28	+35	+48	+54
														+41
24	30	-240	-117	-41	-20	-13	-21	-52	-130	+2	+15	+22	+35	+61
														+48
30	40	-120	-80	-25	-9	0	0	0	0	+18	+33	+42	+59	+76
		-280	-142	-50	-25	-16	-25	-62	-160	+2	+17	+26	+43	+60

续表

公称尺寸/mm		公差带/μm												
		c	d	f	g	h				k	n	p	s	u
40	50	−130 −290												+86 +70
50	65	−140 −330	−100 −174	−30 −60	−10 −29	0 −19	0 −30	0 −74	0 −190	+21 +2	+39 +20	+51 +32	+72 +53	+106 +87
65	80	−150 −340											+78 +59	+121 +102
80	100	−170 −390	−120 −207	−36 −71	−12 −34	0 −22	0 −35	0 −87	0 −220	+25 +3	+45 +23	+59 +37	+93 +71	+146 +124
100	120	−180 −400											+101 +79	+166 +144
120	140	−200 −450	−145 −245	−43 −83	−14 −39	0 −25	0 −40	0 −100	0 −250	+28 +3	+52 +27	+68 +43	+117 +92	+195 +170
140	160	−210 −460											+125 +100	+215 +190
160	180	−230 −480											+133 +108	+235 +210
180	200	−240 −530	−170 −285	−50 −96	−15 −44	0 −29	0 −46	0 −115	0 −290	+33 +4	+60 +31	+79 +50	+151 +122	+265 +236
200	225	−260 −550											+159 +130	+287 +258
225	250	−280 −570											+169 +140	+313 +284
250	280	−300 −620	−190 −320	−56 −108	−17 −49	0 −32	0 −52	0 −130	0 −320	+36 +4	+66 +34	+88 +56	+190 +158	+347 +315
280	315	−330 −650											+202 +170	+382 +350
315	355	−360 −720	−210 −350	−62 −119	−18 −54	0 −36	0 −57	0 −140	0 −360	+40 +4	+73 +37	+98 +62	+226 +190	+426 +390
355	400	−400 −760											+244 +208	+471 +435
400	450	−440 −840	−230 −385	−68 −131	−20 −60	0 −40	0 −63	0 −155	0 −400	+45 +5	+80 +40	+108 +68	+272 +232	+530 +490
450	500	−480 −880											+292 +252	+580 +540

附表 17　优先配合中孔的极限偏差(摘自 GB/T 1800.2—2020)

<table>
<tr><th colspan="2">公称尺寸</th><th colspan="13">公差带/μm</th></tr>
<tr><th colspan="2">/mm</th><th>C</th><th>D</th><th>F</th><th>G</th><th colspan="4">H</th><th>K</th><th>N</th><th>P</th><th>S</th><th>U</th></tr>
<tr><th>大于</th><th>至</th><th>11</th><th>9</th><th>8</th><th>7</th><th>7</th><th>8</th><th>9</th><th>11</th><th>7</th><th>7</th><th>7</th><th>7</th><th>7</th></tr>
<tr><td>—</td><td>3</td><td>+120
+60</td><td>+45
+20</td><td>+20
+6</td><td>+12
+2</td><td>+10
0</td><td>+14
0</td><td>+25
0</td><td>+60
0</td><td>0
−10</td><td>−4
−14</td><td>−6
−196</td><td>−14
−24</td><td>−18
−28</td></tr>
<tr><td>3</td><td>6</td><td>+145
+70</td><td>+60
+30</td><td>+28
+10</td><td>+16
+4</td><td>+12
0</td><td>+18
0</td><td>+30
0</td><td>+75
0</td><td>+3
−9</td><td>−4
−16</td><td>−8
−20</td><td>−15
−27</td><td>−19
−31</td></tr>
<tr><td>6</td><td>10</td><td>+170
+80</td><td>+76
+40</td><td>+35
+13</td><td>+20
+5</td><td>+15
0</td><td>+22
0</td><td>+36
0</td><td>+90
0</td><td>+5
−10</td><td>−4
−19</td><td>−9
−24</td><td>−17
−32</td><td>−22
−37</td></tr>
<tr><td>10</td><td>14</td><td rowspan="2">+205
+95</td><td rowspan="2">+93
+50</td><td rowspan="2">+43
+16</td><td rowspan="2">+24
+6</td><td rowspan="2">+18
0</td><td rowspan="2">+27
0</td><td rowspan="2">+43
0</td><td rowspan="2">+110
0</td><td rowspan="2">+6
−12</td><td rowspan="2">−5
−23</td><td rowspan="2">−11
−29</td><td rowspan="2">−21
−39</td><td rowspan="2">−26
−44</td></tr>
<tr><td>14</td><td>18</td></tr>
<tr><td>18</td><td>24</td><td rowspan="2">+240
+110</td><td rowspan="2">+117
+65</td><td rowspan="2">+53
+20</td><td rowspan="2">+28
+7</td><td rowspan="2">+21
0</td><td rowspan="2">+33
0</td><td rowspan="2">+52
0</td><td rowspan="2">+130
0</td><td rowspan="2">+6
−15</td><td rowspan="2">−7
−28</td><td rowspan="2">−14
−35</td><td rowspan="2">−27
−48</td><td>−33
−54</td></tr>
<tr><td>24</td><td>30</td><td>−40
−61</td></tr>
<tr><td>30</td><td>40</td><td>+280
+120</td><td rowspan="2">+142
+80</td><td rowspan="2">+64
+25</td><td rowspan="2">+34
+9</td><td rowspan="2">+25
0</td><td rowspan="2">+39
0</td><td rowspan="2">+62
0</td><td rowspan="2">+160
0</td><td rowspan="2">+7
−18</td><td rowspan="2">−8
−33</td><td rowspan="2">−17
−42</td><td rowspan="2">−34
−59</td><td>−51
−76</td></tr>
<tr><td>40</td><td>50</td><td>+290
+130</td><td>−61
−86</td></tr>
<tr><td>50</td><td>65</td><td>+330
+140</td><td rowspan="2">+174
+100</td><td rowspan="2">+76
+30</td><td rowspan="2">+40
+10</td><td rowspan="2">+30
0</td><td rowspan="2">+46
0</td><td rowspan="2">+74
0</td><td rowspan="2">+190
0</td><td rowspan="2">+9
−21</td><td rowspan="2">−9
−39</td><td rowspan="2">−21
−51</td><td>−42
−72</td><td>−76
−106</td></tr>
<tr><td>65</td><td>80</td><td>+340
+150</td><td>−48
−78</td><td>−91
−121</td></tr>
<tr><td>80</td><td>100</td><td>+390
+170</td><td rowspan="2">+207
+120</td><td rowspan="2">+90
+36</td><td rowspan="2">+47
+12</td><td rowspan="2">+35
0</td><td rowspan="2">+54
0</td><td rowspan="2">+87
0</td><td rowspan="2">+220
0</td><td rowspan="2">+10
−25</td><td rowspan="2">−10
−45</td><td rowspan="2">−24
−59</td><td>−58
−93</td><td>−111
−146</td></tr>
<tr><td>100</td><td>120</td><td>+400
+180</td><td>−66
−101</td><td>−131
−166</td></tr>
<tr><td>120</td><td>140</td><td>+450
+200</td><td rowspan="3">+245
+145</td><td rowspan="3">+106
+43</td><td rowspan="3">+54
+14</td><td rowspan="3">+40
0</td><td rowspan="3">+63
0</td><td rowspan="3">+100
0</td><td rowspan="3">+250
0</td><td rowspan="3">+12
−28</td><td rowspan="3">−12
−52</td><td rowspan="3">−28
−68</td><td>−77
−117</td><td>−155
−195</td></tr>
<tr><td>140</td><td>160</td><td>+460
+210</td><td>−85
−125</td><td>−175
−215</td></tr>
<tr><td>160</td><td>180</td><td>+480
+230</td><td>−93
−133</td><td>−195
−235</td></tr>
<tr><td>180</td><td>200</td><td>+530
+240</td><td rowspan="2">+285
+170</td><td rowspan="2">+122
+50</td><td rowspan="2">+61
+15</td><td rowspan="2">+46
0</td><td rowspan="2">+72
0</td><td rowspan="2">+115
0</td><td rowspan="2">+290
0</td><td rowspan="2">+13
−33</td><td rowspan="2">−14
−60</td><td rowspan="2">−33
−79</td><td>−105
−151</td><td>−219
−265</td></tr>
<tr><td>200</td><td>225</td><td>+550
+260</td><td>−113
−159</td><td>−241
−287</td></tr>
</table>

续表

公称尺寸/mm		公差带/μm												
		C	D	F	G	H				K	N	P	S	U
225	250	+570 +280											−123 −169	−267 −313
250	280	+620 +300	+320 +190	+137 +56	+69 +17	+52 0	+81 0	+130 0	+320 0	+16 −36	−14 −66	−36 −88	−138 −190	−295 −347
280	315	+650 +330											−150 −202	−330 −382
315	355	+720 +360	+350 +210	+151 +62	+75 +18	+57 0	+89 0	+140 0	+360 0	+17 −40	−16 −73	−41 −98	−169 −226	−369 −426
355	400	+760 +400											−187 −244	−414 −471
400	450	+840 +440	+385 +230	+165 +68	+83 +20	+63 0	+97 0	+155 0	+400 0	+18 −45	−17 −80	−45 −108	−209 −272	−467 −530
450	500	+880 +480											−229 −292	−517 −580

四、常用金属材料及热处理

附表 18　常用热处理和表面处理(GB/T 7232—2012 和 JB/T 8555—2008)

名称	有效硬化层深度和硬度标注举例	说　明	目　的
退火	退火(163～197)HBW 或退火	加热→保温→缓慢冷却	用来消除铸、锻、焊零件的内应力，降低硬度，以利切削加工，细化晶粒，改善组织，增加韧性
正火	正火(170～217)HBW 或正火	加热→保温→空气冷却	用于处理低碳钢、中碳结构钢及渗碳零件，细化晶粒，增加强度与韧性，减少内应力，改善切削性能
淬火	淬火(42～47)HRC	加热→保温→急冷 工件加热奥氏体化后以适当方式冷却获得马氏体或(和)贝氏体的热处理工艺	提高机件强度及耐磨性。但淬火后引起内应力，使钢变脆，所以淬火后必须回火
回火	回火	回火是将淬硬的钢件加热到临界点(Ac_1)以下的某一温度，保温一段时间，然后冷却到室温	用来消除淬火后的脆性和内应力，提高钢铁塑性和冲击韧性
调质	调质(200～230)HBW	淬火→高温回火	提高韧性及强度，重要的齿轮、轴及丝杆等零件需调质

续表

名称	有效硬化层深度和硬度标注举例	说　明	目　的
感应淬火	感应淬火 DS = 0.8～1.6，(48～52)HRC	用感应电流将零件表面加热→急速冷却	提高机件表面的硬度及耐磨性，而心部保持一定的韧性，使零件既耐磨又能承受冲击，常用来处理齿轮
渗碳淬火	渗碳淬火 DC = 0.8～1.2，(58～63)HRC	将零件在渗碳介质中加热、保温，使碳原子渗入钢的表面后，再淬火回火渗碳深度 0.8～1.2 mm	提高机件表面的硬度、耐磨性、抗拉强度等，适用于低碳、中碳($\omega_c < 0.40\%$)结构钢的中小型零件
渗氮	渗氮 DN = 0.25～0.4，≥850HRC	将零件放入氨气内加热，使氮原子渗入钢表面。氮化层 0.25～0.4 mm，氮化时间 40～50 h	提高机件的表面硬度、耐磨性、疲劳强度和抗蚀能力，适用于合金钢、碳钢、铸铁件，如机床主轴、丝杆、重要液压元件中的零件
碳氧共渗淬火	碳氧共渗淬火 DC = 0.5～0.8，(58～63)HRC	钢件在含碳氮的介质中加热，使碳、氮原子同时渗入钢表面。可得到 0.5～0.8 mm 硬化层	提高表面硬度、耐磨性、疲劳强度和耐蚀性，用于要求硬度高、耐磨的中小型、薄片零件刀具等
时效	自然时效 人工时效	机件精加工前，加热到 100～150℃后，保温 5～20 h，空气冷却，铸件也可自然时效(露天放一年以上)	消除内应力，稳定机件形状和尺寸，常用于处理精密机件，如精密轴承、精密丝杆等
发蓝、发黑	发蓝或发黑	将零件置于氧化剂内加热氧化、使表面形成一层氧化铁保护膜	防腐蚀、美化，如用于螺纹紧固件
镀镍	镀镍	用电解方法，在钢件表面镀一层镍	防腐蚀、美化
镀铬	镀铬	用电解方法，在钢件表面镀一层铬	提高表面硬度、耐磨性和耐蚀能力，用于修复零件上磨损了的表面
硬度	HBW(布氏硬度见 GB/T 231.1—2018) HRC(洛氏硬度见 GB/T 230.1—2018) HV(维氏硬度见 GB/T 4340.1—2009)	材料抵抗硬物压入其表面的能力。 依测定方法不同而有布氏、洛氏、维氏等几种	检验材料经热处理后的力学性能。 硬度 HBS 用于退火、正火、调质的零件及铸件。 HRC 用于经淬火、回火及表面渗碳、渗氮等处理的零件 HV 用于薄层硬化零件

附表19 铁 和 钢

牌号	统一数字代号	使用举例	说 明
灰铸铁(摘自GB/T 9439—2010)、一般工程用铸造碳钢件(摘自GB/T 11352—2009)			
牌号	统一数字代号	使用举例	说 明
HT150 HT200 HT350		中强度铸铁：底座、刀架、轴承座、端盖。 高强度铸铁：床身、机座、齿轮、凸轮、联轴器、箱体、支架。	“HT”表示灰铸铁，后面的数字表示最小抗拉强度(MPa)
ZG230-450 ZG310-570		各种形状的机件、齿轮、飞轮、重负荷机架	“ZG”表示铸钢，第一组数字表示屈服强度(MPa)最低值，第二组数字表示抗拉强度(MPa)最低值
碳素结构钢(摘自GB/T 700—2006)、优质碳素结构钢(摘自GB/T 699—2015)			
牌号	统一数字代号	使 用 举 例	说 明
Q195 Q215 Q235 Q275		受力不大的螺钉、轴、凸轮、焊件等。 螺栓、螺母、拉杆、钩、连杆、轴、焊件。 金属构造物中的一般机件、拉杆、轴、焊件。 重要的螺钉、拉杆、钩、连杆、轴、销、齿轮	“Q”表示钢的屈服点，数字为屈服点数值(MPa)，同一钢号下分质量等级，用A，B，C，D表示质量依次下降，例如Q235A
30 35 40 45 65Mn	U20302 U20352 U20402 U20452 U21652	曲轴、轴销、连杆、横梁。 曲轴、摇杆、拉杆、键、销、螺栓。 齿轮、齿条、凸轮、曲柄轴、链轮。 齿轮轴、联轴器、衬套、活塞销、链轮 大尺寸的各种扁、圆弹簧，如座板簧/弹簧发条	牌号数字表示钢中平均含碳量的万分数，例如：“45”表示平均含碳量为0.45%，数字依次增大，表示抗拉强度、硬度依次增加，延伸率依次降低。当含锰量在0.7%～1.2%时需注出“Mn”
合金结构钢(摘自GB/T 3077—2015)			
牌号	统一数字代号	使 用 举 例	说 明
15Cr 40Cr 20CrMnTi	A20152 A20402 A26202	用于渗透零件、齿轮、小轴、离合器、活塞销。 用于心部韧性较高的渗碳零件，如活塞销、凸轮。 工艺性好，汽车拖拉机的重要齿轮，供渗碳处理	符号前数字表示含碳量的万分数，符号后数字表示元素含量的百分数，当含量小于1.5%时不注数字

附表 20 有色金属及其合金

加工黄铜(摘自 GB/T 5231—2022)、铸造铜合金(摘自 GB/T 1176—2013)		
牌号或代号	使 用 举 例	说 明
H62(代号)	散热器、垫圈、弹簧、螺钉等	“H”表示普通黄铜，数字表示铜含量的平均百分数
ZCuZn38Mn2Pb2 ZCuSn5Pb5Zn5 ZCuAl10Fe3	铸造锰黄铜：用于轴瓦、轴套及其他耐磨零件。 铸造锡黄铜：用于承受摩擦的零件，如轴承。 铸造铝黄铜：用于制造蜗轮、衬套和耐蚀性零件	“ZCu”表示铸造铜合金，合金中其他主要元素用化学符号表示，符号后数字表示该元素含量的平均百分数
2.铝及铝合金(摘自 GB/T 3190—2020)、铸造铝合金(摘自 GB/T 1173—2013)		
牌 号	使 用 举 例	说 明
1060 1050A 2A12 2A13	适于制作储槽、塔、热交换器、防止污染及深冷设备。 适用于中等强度的零件，焊接性能好	铝及铝合金牌号用 4 位数字或字符表示，部分新旧牌号对照如下： 新 旧 新 旧 1060 L2 2A12 LY12 1050A L3 2A13 LY13
ZAlCu5Mn (代号 ZL201) ZAlMg10 (代号 ZL301)	砂型铸造，工作温度在 175～300℃的零件，如内燃机缸头、活塞。 在大气或海水中工作，承受冲击载荷，外形不太复杂的零件，如舰艇配件、氨用泵体等	“ZAl”表示铸造铝合金，合金中的其他元素用化学符号表示，符号后数字表示该元素含量的平均百分数。代号中的数字表示合金系列代号和顺序号

参 考 文 献

[1] 金大鹰. 机械制图[M]. 北京：机械工业出版社，2020.
[2] 胡建生. 机械制图[M]. 北京：机械工业出版社，2020.
[3] 钱可强. 机械制图[M]. 北京：高等教育出版社，2018.
[4] 成海涛. 机械制图与 CAD[M]. 合肥：合肥工业大学出版社，2016.
[5] 高红英. 机械制图项目教程[M]. 北京：高等教育出版社，2018.